建筑信息模型（BIM）技术应用系列新形态教材

BIM 技术应用
——Revit 建筑与机电建模技术

汤燕飞　李　享　主编

清华大学出版社
北　京

内 容 简 介

本书以Revit软件建模为基础，结合工程实例系统地介绍BIM技术在建筑建模、结构建模、建筑电气系统、给排水系统、暖通系统建模及工程建设领域中的应用，并重点讲解了Revit软件在建筑建模中的应用方法和技巧。本书由易到难、循序渐进、思路清晰、重点突出，采用案例教学法，按照学中做、做中学的教学思路编写，力争突出专业性、实用性和可操作性。本书按照项目法进行编写，每个项目以任务为导向，并将完成任务的过程按照学习目标→项目导入→学习任务→项目实施的步骤展开，让学习者在完成每一步任务的同时，掌握每一个项目的实施步骤和内容。

本书主要面向高职院校建筑、暖通、机电、给排水、建筑智能、建筑设备类等相关专业学生，也可作为与建筑业有关的工程与设计人员的参考用书。本书定位于从校园到职场对BIM技术实战化的需求，培养在校学生的BIM技术实操能力，力争为高校的教学培养和企业的实际需求之间架设一道桥梁，大幅提高学生的实际工作能力。

图书在版编目（CIP）数据

BIM技术应用：Revit建筑与机电建模技术 / 汤燕飞，李享主编 . —北京：清华大学出版社，2021.8
（2024.2重印）
建筑信息模型（BIM）技术应用系列新形态教材
ISBN 978-7-302-58057-7

Ⅰ. ①B… Ⅱ. ①汤… ②李… Ⅲ. ①建筑设计－计算机辅助设计－应用软件－高等学校－教材
Ⅳ. ①TU201.4

中国版本图书馆CIP数据核字（2021）第107224号

责任编辑：杜 晓
封面设计：曹 来
责任校对：李 梅
责任印制：宋 林

出版发行：清华大学出版社
网 址：https://www.tup.com.cn, https://www.wqxuetang.com
地 址：北京清华大学学研大厦A座 邮 编：100084
社 总 机：010-83470000 邮 购：010-62786544
投稿与读者服务：010-62776969，c-service@tup.tsinghua.edu.cn
质量反馈：010-62772015，zhiliang@tup.tsinghua.edu.cn
课件下载：https://www.tup.com.cn, 010-83470410
印 装 者：三河市龙大印装有限公司
经 销：全国新华书店
开 本：185mm×260mm 印 张：15.25 字 数：355千字
版 次：2021年8月第1版 印 次：2024年2月第3次印刷
定 价：49.00元

产品编号：092203-01

丛书编写指导委员会名单

序

BIM（Building Information Modeling，建筑信息模型）源于欧美国家，21世纪初进入中国。它通过参数模型整合项目的各种相关信息，在项目策划、设计、施工、运行和维护的全生命周期过程中进行共享和传递，为各方建设主体提供协同工作的基础，在提高生产效率、节约成本和缩短工期方面发挥着重要的作用，在设计、施工、运维方面很大程度改变了传统模式和方法。目前，我国已成为全球BIM技术发展最快的国家之一。

建筑业信息化是建筑业发展战略的重要组成部分，也是建筑业转变发展方式、提质增效、节能减排的必然要求。为了增强建筑业信息化的发展能力，优化建筑信息化的发展环境，加快推动信息技术与建筑工程管理发展的深度融合，2016年9月，住房和城乡建设部发布了《2016—2020年建筑业信息化发展纲要》，提出："建筑企业应积极探索'互联网+'形势下管理、生产的新模式，深入研究BIM、物联网等技术的创新应用，创新商业模式，增强核心竞争力，实现跨越式发展。"可见，BIM技术被上升到了国家发展战略层面，必将带来建筑行业广泛而深刻的变革。BIM技术对建筑全生命周期的运营管理是实现建筑业跨越式发展的必然趋势，同时，也是实现项目精细化管理、企业集约化经营的最有效途径。

然而，人才缺乏已经成为制约BIM技术进一步推广应用的瓶颈，培养大批掌握BIM技术的高素质技术技能人才成为工程管理类专业的使命和机遇，这对工程管理类专业教学改革特别是教学内容改革提出了迫切要求。

教材是体现教学内容和教学要求的载体，在人才培养中起着重要的基础性作用，优秀的教材更是提高教学质量、培养优秀人才的重要保证。为了满足工程管理类专业教学改革和人才培养的需求，清华大学出版社借助清华大学一流的学科优势，聚集全国优秀师资，启动基于BIM技术应用的专业信息化教材建设工作。该系列教材具有以下特点。

（1）规范性。本系列教材以专业目录和专业教学标准为依据，同时参照各院校的教学实践。

（2）科学性。教材建设遵循教育的教学规律，开发理实一体化教材，在内容选取、结构安排等方面体现了职业性和实践性特色。

（3）灵活性。我国地域辽阔，自然条件和经济发展水平差异较大，本系列教材编写了不同课程体系的教材，以满足各院校的个性化需求。

（4）先进性。教材建设体现新规范、新技术、新方法，以及最新法律、法规及行业相关规定，不仅突出了BIM技术的应用，而且反映了装配式建筑、PPP、营改增等内容。同时，配套开发了数字资源（包括但不限于课件、视频、图片、习题库等），80%的图书配套有富媒体素材，通过二维码的形式链接到出版社平台，供学生扫描学习。

教材建设是一项浩大而复杂的千秋工程，为培养建筑行业转型升级所需的合格人才贡献力量是我们的夙愿。BIM 技术在我国的应用尚处于起步阶段，在教材建设中有许多课题需要探索，本系列教材难免存在不足，恳请专家和读者批评、指正，希望更多的同人与我们共同努力！

丛书主任　胡兴福
2018 年 1 月

前　言

我国在BIM技术方面的研究始于2000年左右，2016年8月，住房和城乡建设部发布《2016—2020年建筑业信息化发展纲要》，明确提出“十三五”期间要全面提高建筑业信息化水平，着力增强BIM、大数据、智能化、移动通信、云计算、物联网等信息技术的集成应用能力，建筑业数字化、网络化、智能化要取得突破性进展，并初步建成一体化行业监管和服务平台。BIM技术的应用为建筑业的发展带来了巨大的效益，使规划设计、工程施工、运营管理，乃至整个工程的质量和管理效率得到显著提高。BIM技术如今正处于快速发展的阶段，BIM作为一种工具手段和平台，今后必然会成为选拔人才的一个硬性指标。BIM是工程行业的发展趋势，掌握BIM技术不仅是从事建筑类工作所必备的一项技能，也是提高自身竞争力的必要工具。因此作为建筑类相关专业的学生掌握BIM技术尤为重要。

本书共7个项目，项目1为BIM技术概论及基本操作，主要包括Revit软件基础理论知识、Revit软件常用术语、Revit软件基本操作等；项目2为结构模型的创建，依托一个实际案例，对结构建模步骤进行剖析，使建模过程形象化，更具操作性；项目3为建筑模型的创建，依托工程实际案例，对建筑模型的建模进行详细介绍；项目4为建筑电气系统模型的创建，依托工程实际案例，对建筑电气系统的桥架、线管、电气设备、开关照明灯具等相关内容的建模进行详细的介绍；项目5为建筑给排水系统模型的创建，依托工程实际案例，对给排水系统中管道的建立、阀门阀件的放置，以及复杂水泵房和消火栓系统、自喷系统的建模等进行详细的介绍；项目6为建筑暖通系统模型的创建，依托工程实际案例，对暖通系统模型的建立过程进行详细的介绍，包括风管的绘制、风管附件、风管末端设备及机械设备的放置等，并对暖通空调水系统等的建模作了一定的介绍；项目7为工程量统计、出图、项目协同。

本书通过提炼并总结大量的Revit软件教学和实际工程应用的经验，从高职教育特点出发，结合实际工程案例，由易到难、循序渐进、思路清晰、重点突出，按照学中做、做中学的教学思路编写，力争突出专业性、实用性和可操作性。本书将知识学习、能力训练与职业岗位工作相结合，帮助学生能以最快捷、最高效、最直观的方式进行学习，掌握实际工程项目中BIM技术应用的工作流程，为以后进行BIM技术应用打下坚实的基础。

本书具有以下特色。

（1）本书的编写按照高等职业教育新形态一体化教材要求，结合校企合作人才培养经验，紧紧围绕职业能力的培养安排书中内容。

（2）按照学习目标→项目导入→学习任务→项目实施的步骤，以项目案例教学法的方式和思路，采用工学结合的模式编写本书。

（3）本书在知识大纲的选择上采用结构、建筑、电气、给排水、暖通等分系统的方式进行单元章节的区分，使教材更有连贯性和衔接性。

（4）书中的载体选择工程实际工程案例，按照工程实际工作流程的思路编写每个项目的内容，使实际工作流程与教学内容相对应，提高学生的实际工作能力。

（5）本书的编写采用最新版本的 BIM 应用软件，编写内容紧跟市场发展趋势。

（6）本书配有对应的教学视频、教学课件及教案。

为使本书更加适合高水平应用型人才培养的需求，编者做出了全新的尝试与探索，但由于水平有限，书中难免有疏漏之处，还请广大读者谅解并指正，以便及时修订与完善。

编　者

2021 年 3 月

目　录

项目 1　BIM 技术概论及基本操作……………………………………………… **1**
任务 1.1　BIM 技术概论 ……………………………………………………… 1
1.1.1　BIM 技术的基本概念、特征及其发展 ………………………………… 1
1.1.2　BIM 模型的工作方式与建立步骤 ……………………………………… 7
任务 1.2　Revit 软件界面以及基本操作 ……………………………………… 10
1.2.1　工作界面介绍 ……………………………………………………… 10
1.2.2　Revit 软件基本操作 ………………………………………………… 11
1.2.3　各类视图的相关生成 ………………………………………………… 13

项目 2　结构模型的创建 …………………………………………………… **16**
任务 2.1　新建项目、标高与轴网创建 ………………………………………… 16
2.1.1　新建项目 …………………………………………………………… 16
2.1.2　标高创建 …………………………………………………………… 18
2.1.3　分图 ………………………………………………………………… 22
2.1.4　轴网创建 …………………………………………………………… 25
2.1.5　标高与轴网修改 ……………………………………………………… 29
任务 2.2　结构墙、柱的创建 ………………………………………………… 34
2.2.1　结构墙创建 ………………………………………………………… 34
2.2.2　结构柱的创建 ……………………………………………………… 44
任务 2.3　梁、板的创建 ……………………………………………………… 47
2.3.1　梁的创建 …………………………………………………………… 47
2.3.2　板的创建 …………………………………………………………… 54

项目 3　建筑模型的创建 …………………………………………………… **63**
任务 3.1　新建项目、复制标高与轴网 ………………………………………… 63
3.1.1　新建项目 …………………………………………………………… 63
3.1.2　复制标高与轴网 ……………………………………………………… 64
任务 3.2　建筑墙、幕墙创建 ………………………………………………… 70
3.2.1　普通墙创建 ………………………………………………………… 70
3.2.2　幕墙创建 …………………………………………………………… 74

任务 3.3 门、窗创建 …… 77
3.3.1 门创建 …… 77
3.3.2 窗创建 …… 80
任务 3.4 屋顶、楼梯并绘制栏杆扶手创建 …… 82
3.4.1 屋顶创建 …… 82
3.4.2 楼梯创建 …… 84
3.4.3 栏杆扶手创建 …… 86
任务 3.5 地面、内建模型、场地创建 …… 87
3.5.1 地面创建 …… 87
3.5.2 内建模型创建 …… 89
3.5.3 室外场地创建 …… 94

项目 4 建筑电气系统模型的创建 …… 96
任务 4.1 机电相关 CAD 图纸的处理 …… 96
任务 4.2 机电项目的创建及标高轴网的绘制 …… 99
4.2.1 新建项目文件 …… 99
4.2.2 标高轴网的创建 …… 100
任务 4.3 电缆桥架模型的创建 …… 106
4.3.1 电缆桥架的常见类型、涂色规定及连接方式 …… 106
4.3.2 电缆桥架模型的绘制 …… 107
任务 4.4 电缆桥架的显示设置 …… 119
4.4.1 电缆桥架的显示 …… 119
4.4.2 电缆桥架过滤器的设置 …… 120
任务 4.5 电气开关、照明、电气设备的放置 …… 125
4.5.1 照明设备的放置 …… 125
4.5.2 电气开关与电气设备的放置 …… 127
任务 4.6 线管的创建及与设备表面的连接 …… 129
4.6.1 线管的创建 …… 129
4.6.2 线管与设备表面的连接 …… 133

项目 5 建筑给排水系统模型的创建 …… 136
任务 5.1 给排水管道模型的创建 …… 136
5.1.1 项目准备 …… 136
5.1.2 给排水模型的创建 …… 138
任务 5.2 阀门阀件的添加和消火栓箱的连接 …… 149
5.2.1 阀门阀件的添加 …… 149
5.2.2 连接消火栓箱 …… 153
任务 5.3 喷头的绘制及过滤器的创建 …… 155

5.3.1 喷头的创建 …… 155
5.3.2 管道过滤器的创建 …… 159

项目 6 建筑暖通系统模型的创建 …… 165
任务 6.1 项目准备 …… 166
6.1.1 风管常见类型、涂色规定和连接方式的表达 …… 166
6.1.2 暖通水管常见类型及涂色规定 …… 167
6.1.3 CAD 底图的导入 …… 168
任务 6.2 风管的创建 …… 169
任务 6.3 风管附件和风道末端的创建 …… 177
6.3.1 风管附件的创建 …… 178
6.3.2 风道末端的创建 …… 178
任务 6.4 暖通防排烟机械设备的创建 …… 180
6.4.1 添加轴流风机和消声器 …… 180
6.4.2 排烟机房的创建 …… 183
任务 6.5 暖通空调风系统的创建 …… 188
6.5.1 空调风系统风机盘管的绘制 …… 188
6.5.2 风系统过滤器的添加 …… 192
任务 6.6 暖通空调水系统的创建 …… 196

项目 7 工程量统计、出图、项目协同 …… 199
任务 7.1 工程量统计、出图 …… 199
7.1.1 工程量统计 …… 199
7.1.2 平面图、剖面图出图 …… 205
任务 7.2 项目协同 …… 216

参考文献 …… 230

项目 1　BIM 技术概论及基本操作

学习目标

1. 了解 BIM 技术的概念及其基本特征。
2. 了解建立 BIM 模型的基本步骤。
3. 掌握 Revit 软件界面的基本操作。

项目导入

建筑类的学生需要了解 BIM 技术相关的基本概念、特征、发展历史和发展趋势，以及目前 BIM 技术相关的前沿知识。与此同时为更好地与后面相应的内容进行衔接，在进行建筑模型、结构模型及机电相关模型等建模时，需要对 Revit 软件的界面以及相关的基本操作有所掌握，从而更好地为后面的学习奠定相应的基础。

学习任务

本项目的学习任务为对 BIM 技术的基本概念、特征及其发展有所了解，对 BIM 技术的前沿知识有所了解，了解 BIM 建模的基本步骤，熟练掌握 Revit 软件的基本相关操作。

项目实施

BIM 技术概论→ Revit 软件界面及基本操作。

图纸下载

任务 1.1　BIM 技术概论

1.1.1　BIM 技术的基本概念、特征及其发展

1. BIM 技术的概念

BIM（Building Information Modeling，建筑信息模型）技术强调信息模型，注重信息集成化，将建筑相关的各类信息在平台上进行体现。美国的 *National BIM Standard United States Version* 3 中认为：建筑信息模型是设施的物理和功能特性的数字化表达，为设施在生命周期中进行的决策提供可靠依据的知识共享平台，贯穿设施的概念阶段到拆除阶段。BIM 技术应用的前提是不同利益相关者在设施的生命周期中的不同阶段，通过插入、提取、更新或修改 BIM 模型中的信息来进行协作，达到支持和反映各方职责的效果。

当前，BIM 技术正逐步应用于建筑业的多个方面，包括建筑设计、施工现场管理、建筑运营维护管理等。

2. BIM 基本特征

我国 BIM 标准中对 BIM 的定义：在建设工程及设施全生命周期内，对其物理和功能特性进行数字化表达，并依此设计、施工、运营的过程和结果的总称。BIM 技术在建筑对象全生命周期内具备以下基本特征。

1）可视化

BIM 技术将建筑对象以三维立体图形的方式进行展示。不同于建筑业中的效果图，BIM 技术的可视化能够在同构件之间形成互动和反馈。BIM 技术可视化可方便效果图的展示及报表的生成。与此同时，在整个项目的全生命周期中有关建筑的活动都可以在可视化的状态下进行。

2）参数化

参数化建模是指通过参数而不是数字建立和分析模型，改变模型中的参数值就能建立和分析新的模型。BIM 技术的参数化设计分为两个部分："参数化图元"和"参数化修改引擎"。"参数化图元"是指 BIM 中的图元是以构件的形式出现，这些构件之间的不同是通过参数的调整反映出来的，参数保存图元作为数字化建筑构件的所有信息。"参数化修改引擎"是指参数更改技术使用户对建筑设计或文档部分做的任何改动，都可以自动在其他相关联的部分反映出来。参数化设计的本质是在可变参数的作用下，系统能够自动维护所有的不变参数。

3）模拟性

BIM 技术的模拟性包括建筑物性能分析、施工仿真、施工进度模拟、运维仿真等。其中，建筑物性能分析是基于 BIM 技术建筑师在设计过程中赋予所创建的虚拟建筑模型大量建筑信息（几何信息、材料性能、构件属性等），然后将 BIM 模型导入相关性能分析软件，就可得到相应分析结果。建筑物性能分析主要包括能耗分析、光照分析、设备分析、绿色分析等。施工仿真包括施工方案模拟、优化；工程量自动计算；消除现场施工过程干扰或施工工艺冲突等。施工进度模拟是通过将 BIM 技术与施工进度计划相连接，把空间信息与时间信息整合在一个可视的 4D 模型中，直观、精确地反映整个施工过程。运维仿真包括设备的运行监控、能源运行管理及建筑空间管理等。

4）协调性

协调是工程建设工作的重要内容，也是难点问题。BIM 技术应用的协调性主要包括设计协调；整体进度规划协调；成本预算、工程量估算协调；运维协调等。借助即时建筑信息模型 BIM（修改具有可记录性），在一个数据源的基础上，可以大幅减少矛盾和冲突的产生，这是 BIM 最重要的特点和在实践中发挥广泛作用的价值体现。

5）优化性

工程建设过程是一个需要不断优化的过程，没有完整、全面、准确、及时的信息，就不能在一定时间内做出判断并提出合理的优化方案。BIM 技术及其配套的各种优化工具提供了对复杂项目进行优化的可能。

6）完备性

BIM 信息的完备性体现在应用 BIM 技术可对工程对象进行 3D 几何信息和拓扑关系的描述及完整的工程信息描述。信息的完备性使得 BIM 模型具有良好的条件来支持可视化、优化分析、模拟仿真等功能。

7）可出图性

运用 BIM 技术，除能够进行建筑平面图、立面图、剖面图及详图的输出外，还可以出碰撞报告以及构件加工图等。

8）一体化

几何信息与材料、结构、性能信息等设计阶段信息，建造过程信息和运维管理信息，对象与对象之间、对象与环境之间的关系信息，由不同参与方建立、提取、修改与完善，将支撑对项目全生命周期的管理，也是 BIM 技术未来的主要发展方向。

3. BIM 技术的价值

BIM 技术的使用可提升项目生产效率、提高建筑质量、缩短工期、降低建造成本。因参与方不同，其应用点与价值各有不同的侧重（见图 1-1）。

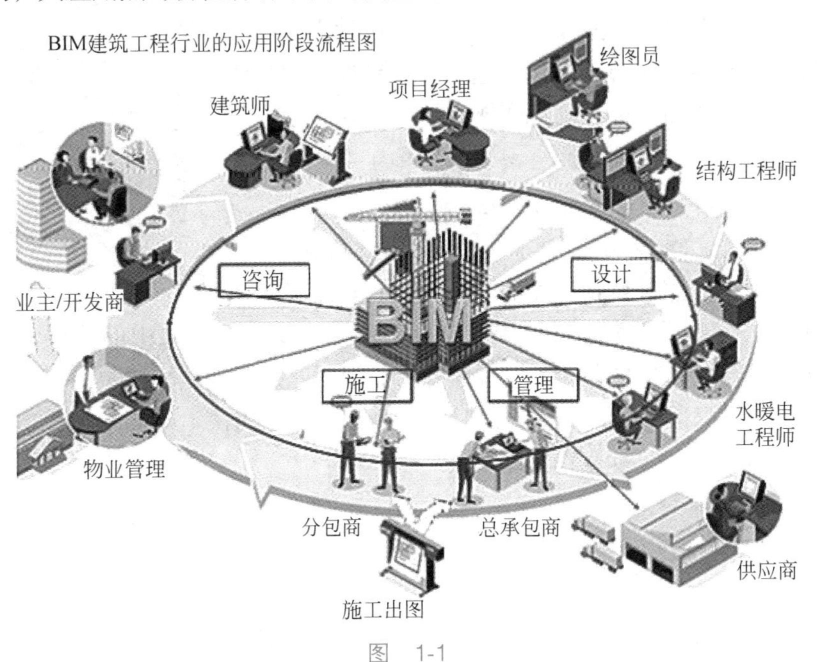

图　1-1

1）信息完整、快速查阅

BIM 模型是一个有关产品规格和性能特征等的集合数据库，利用 BIM 技术，可以随时查阅最新完整的实时数据。

2）协同工作、保障品质

传统所说的协同主要是指设计阶段各专业之间的协同、建造阶段各参与方之间的协同、运维阶段物业管理部门与厂商及相关方的协同，还包括全生命周期的协同。传统的方式在全生命周期过程中，由于建造特点的限制，各阶段割裂，各参与方独立，形成过程性和结果性的信息孤岛。每个阶段的完成均会产生信息衰减。而 BIM 技术作为连接中心枢纽，使各方能够随时传递和交流项目信息，同时能够把传递和交流的情况保留下来，支撑各参与方在完整、即时的信息条件和沟通条件下工作，建立起保障生产及工作品质的基础。

3）三维渲染，宣传展示

三维渲染动画给人以真实感和直接的视觉冲击。创建的 BIM 模型可以作为二次渲染开发的模型基础，大幅提高三维渲染效果的精度与效率，给业主更为直观的宣传介绍。BIM 的三维展示作用是非常重要的，其与 GIS/VR/AR 技术的结合还需要不断挖掘。

4）虚拟施工，有效协同

三维可视化功能再加上时间维度，可以进行虚拟施工。随时随地直观快速地将施工计划与实际进展进行对比，同时进行有效协同，施工方、监理方，甚至非工程行业出身的业主领导都可以对工程项目的各种问题和情况了如指掌。这样通过 BIM 技术结合施工方案、施工模拟和现场视频监测，大幅减少了建筑质量问题、安全问题，从而减少返工和整改。

5）碰撞检查，减少返工

BIM 技术最直观的特点在于三维可视化，利用 BIM 的三维技术在前期可以进行碰撞检查，优化工程设计，减少在建筑施工阶段可能存在的错误损失和返工的可能性，而且优化净空，优化管线排布方案，如图 1-2 所示。最后施工人员可以利用碰撞优化后的三维管线方案，进行施工交底、施工模拟，同时也可提高与业主沟通的能力。

图 1-2

6）冲突调用，决策支持

BIM 数据库中的数据具有可计量（computable）的特点，大量工程相关的信息可以为工程提供数据后台的巨大支撑。BIM 中的项目基础数据可以在各管理部门进行协同和共享，工程量信息可以根据时空维度、构件类型等进行汇总、拆分、对比分析等，保证工程基础数据及时、准确地提供，为决策者制定工程造价项目群管理、进度款管理等方面决策提供依据。

4. BIM 技术相关标准

1）国外相关标准

美国建筑科学研究院（National Institute of Building Science，NIBS）于 2007 年发布了 NBIMS 第一版，明确了数据传递的格式及分类标准、数据交换或模型交付所需要的内容、节点和深度，这是美国第一个完整的具有指导性和规范性的标准，分别于 2012 年、2015 年发布了 NBIMS 第二版、第三版，对前一版的内容进行了完善。日本建筑学会于 2012 年 7 月发布了日本 BIM 指南，从 BIM 团队建设，BIM 数据处理，BIM 设计流程，应用 BIM 进行预算、模拟等方面为日本的设计院和施工企业应用 BIM 提供了指导。新加坡建筑管理署（Building and Construction Authority，BCA）于 2011 年发布了新加坡 BIM 发展路线规划，明确推动建筑业在 2015 年之前广泛使用 BIM 技术，并于 2012 年发布了《新加坡 BIM 指南》，建筑管理署要求所有政府施工项目都必须使用 BIM 模型。

2）国内标准

我国在 BIM 技术方面的研究始于 2000 年左右，在此前对 IFC（Industry Foundation

Class）标准有了一定研究。2016 年 8 月，住房和城乡建设部发布《2016—2020 年建筑业信息化发展纲要》，明确提出“十三五”时期，要全面提高建筑业信息化水平，着力增强 BIM、大数据、智能化、移动通信、云计算、物联网等信息技术集成应用能力，建筑业数字化、网络化、智能化要取得突破性进展，并初步建成一体化行业监管和服务平台。为实现发展纲要中的建设目标，住房和城乡建设部于 2017 年 5 月 4 日发布第 1534 号公告，批准《建筑信息模型施工应用标准》为国家标准，编号为 GB/T 51235—2017，该标准是我国第一部建筑信息模型方面的工程建设标准，填补了我国 BIM 技术应用标准的空白。2018 年 12 月 26 日颁布《建筑信息模型设计交付标准》，编号为 GB/T 51301—2018，该标准于 2019 年 6 月 1 日起实施。此外，还有两项 BIM 国家标准正在编制当中，其中 1 项为《建筑信息模型存储标准》，执行标准 1 项——《制造工业工程设计信息模型应用标准》。各省市为贯彻执行国家推动建筑业信息化的政策，相继出台了符合各地方性实际的文件。2015 年 6 月，上海市住房和城乡建设管理委员会发布了《上海市建筑信息模型技术应用指南（2015 版）》，紧随其后，上海市 BIM 技术应用推广联席会议办公室于 2015 年 7 月发布《上海市推进建筑信息模型技术应用三年行动计划（2015—2017）》。2017 年上海市住房和城乡建设管理委员会对《上海市建筑信息模型技术应用指南（2015 版）》进行了重新修订，深化和细化了相关应用项和应用内容，最终形成了《上海市建筑信息模型技术应用指南（2017 版）》。北京市在《北京市住房和城乡建设委员会关于开展建设工程质量管理标准化工作的指导意见》中明确，要推动 BIM 技术的全面普及，充分利用 BIM 技术强化工程建设预控管理。

5. BIM 软件系列框架

1）BIM 软件概述

（1）模型创建工具。BIM 软件从内到外划分为四个主要层次：模型创建工具、模型辅助工具、模型管理工具及企业级管理系统。

BIM 基础建模工具是创建 BIM 模型的基础软件，常见的有 Autodesk Revit 系列、Bentley Open Design 系列 BIM 软件等。在 BIM 工作过程中，还需要对钢结构、幕墙等专业进行专项建模工具。

BIM 技术并不是指特定的一种或一类软件，而是一种将建筑包含的所有信息进行整合并进行调用的理念，从某种意义上可以将其理解为“建筑信息数据库”，而众多的软件只是建立和调用这个数据库的工具。常见的 BIM 建模工具如表 1-1 所示。

表 1-1　常见的 BIM 建模工具

软件类别	软件名称	主要功能
基础建模	Autodesk Revit	建筑行业通用 BIM 模型创建软件
	Autodesk Civil 3D	用于测绘、铁路、公路行业的模型创建软件
	Bentley Open Building Designer	建筑行业通用 BIM 模型创建软件
	Bentley Open Site Designer	用于测绘、铁路、公路行业的模型创建软件
	Dassault Catia	源于航空领域的强大模型创建软件，适用于桥梁、隧道、水电等行业

续表

软件类别	软 件 名 称	主 要 功 能
建模插件	Magicad	基于 Revit 的专业机电管线深化软件
	建模大师	基于 Revit 的多功能插件
	Dynamo	Autodesk 公司研发的参数化建模插件，可与 Revit 及 Civil 3D 配合使用
	GC（Generative Components）	Bentley 公司研发的参数化建模插件
	HYBIM 水暖电设计软件	基于 Revit 的机电专业设计软件
专项建模	Tekla	钢结构深化软件
	Rhino	通用建模软件，通常用于幕墙 BIM 深化

（2）模型辅助工具。在 BIM 软件体系中，还有一类基于 BIM 模型的应用和功能拓展，如 VR 展示、结构分析计算、算量提取等。模型展示工具通常用于 BIM 模型成果的展示，常见的软件工具有 Fuzor、Lumion、Twinmotion、Enscape 等，如表 1-2 所示。

表 1-2　常见的模型辅助工具

软件类别	软 件 名 称	主 要 功 能
模型展示	Fuzor	BIM 模型实时渲染、虚拟现实、进度模拟软件
	Lumion	BIM 模型实时渲染、虚拟现实软件
	Twinmotion	基于 Unreal 引擎的模型实时渲染、虚拟现实软件
	Enscape	BIM 模型实时渲染、虚拟现实软件
分析计算	Autodesk Robot	基于有限元的结构分析计算软件
	Ecotect	绿色建筑分析软件
	YJK-A	盈建科公司开发的建筑结构分析软件
算量提取	晨曦 BIM 算量	福建晨曦科技公司推出的基于 Revit 的算量软件
	品茗 BIM 算量软件	杭州品茗公司出品的算量工具软件

（3）模型管理工具。除 BIM 的基础模型和模型辅助工具外，还有针对 BIM 工作的模型管理工具，包括 BIM 资源管理工具、BIM 模型整合工具、BIM 协作管理工具，如表 1-3 所示。BIM 资源库是基础建模的基础库，BIM 模型中常用的门、窗、梁、管线接头等基础图元，可以在 BIM 资源库中管理，作为 BIM 模型资源。BIM 模型整合工具是基本的 BIM 管理应用工具，一般情况下，BIM 模型整合工具需要整合各专业的 BIM 模型成果，需要具有较强的模型及信息的兼容性。BIM 协作管理是基于 BIM 系统工作的一类软件。该软件用于管理各参与 BIM 工作的人员的模型权限、模型的修改版本等模型文件信息，以确保在 BIM 工作过程中项目各参与人员的信息对称。企业级管理系统通常针对企业层级的 BIM 应用。例如，施工企业 BIM 管理系统通常整合 BIM 的施工进度模拟、施工成本、施工安全与质量等一系列的功能。

表 1-3 常见的 BIM 模型管理工具

软件类别	软件名称	主要功能
BIM 资源管理工具	构件坞	广联达公司研发的 Revit 族库管理器
	族库大师	红瓦科技公司研发的 Revit 族库管理器
	族立得	鸿业软件公司出品的族库管理器
BIM 模型整合工具	Navisworks	Autodesk 公司研发的 BIM 整合工具
	Solibri	基于 IFC 格式的信息检查软件
	BIM 5D	广联达公司出品的模型及成本信息整合工具
	Navigator	Bentley 公司推出的 BIM 整合及浏览工具
BIM 协作管理工具	Vault	Autodesk 公司出品的协同工作平台
	Project Wise	Bentley 公司出品的协同工作平台

2）BIM 信息集成

BIM 的核心是信息。依据信息的维度，BIM 模型中的信息可划分为 1D~6D 共计 6 个维度。1D 信息多以文字性描述为主；2D 信息通常以图纸文件为主；3D 信息多以立体模型为主；4D 信息通常包含项目的建造时间信息；5D 信息主要是在施工进度的基础上整合成本与造价的信息，可以利用 BIM 模型直观地看到动态的成本变化；6D 信息通常在运营阶段整合温度、湿度、压力、能耗等传感器信息，实时显示建筑物的物理性能、状态。

在模型创建阶段，由于 BIM 模型创建软件具有多样性，因此为解决 BIM 软件之间数据互换的难题，一些组织和机构提出 BIM 的数据交换标准。经 ISO 组织认证的 BIM 数据交换标准主要分为三类：IFC（Industry Foundation Class，工业基础类）、IDM（Information Delivery Manual，信息交付手册）、IFD（International Framework for Dictionaries，国际字典框架）。

1.1.2 BIM 模型的工作方式与建立步骤

1. BIM 模型的工作方式

BIM 模型的建立有三种工作模式，分别为中心文件协同、文件链接协同、文件集成协同。

1）中心文件协同

根据项目类型、各专业参与人员及专业特性划分权限及工作任务，各参与人员独立完成所分配的建模任务，将成果同步至中心文件。同时，各参与人员也可通过更新本地文件来查看其他参与人的工作进度。这种工作方式下模型集中储存，数据交互性好，但对服务器配置要求较高，模型所包含的各类构件数量和划分的模型文件大小是使用该方式建模时需要慎重考虑的问题。

2）文件链接协同

文件链接也称为外部参照，项目参与人员可以根据需要随时加载其他专业模型，各专业模型的调整相对独立。尤其针对大型项目，在协同工作时，模型性能表现较好，软件操作响应快。但该方式存在模型数据相对分散，协作时效性差的缺点。

3）文件集成协同

文件集成是采用专用集成工具将不同模型文件进行整合的工作方式，目前应用于集成的工具主要有 Navisworks、Bentley、Navigator、Tekla BIMsight 等。这种工作方式占用内存较小、模型合成效率高。但该方式只能对模型进行整合、检查，不能对模型进行修改。

理论上中心文件协同是最理想的协同工作方式，这种工作模式允许多人同时编辑同一模型，既解决了一个模型多人同时划分建模范围的问题，又解决了同一模型可被多人同时编辑的问题。但中心文件协同方式对软件和硬件处理大量数据的性能表现要求很高，而且采用这种工作方式对团队的整体协同能力有较高要求，实施前需要详细策划，所以一般仅在同专业的团队内部采用。文件链接协同是最常用的协同方式，链接的模型文件只能“读”而不能“改”，同一模型只能被一人打开并进行编辑。文件集成协同常应用于超大型项目或多种格式模型数据的整合上，这种集成方式的好处在于数据轻量级，便于集成大数据。

2. BIM 模型建立的步骤

土建模型为项目营造出空间感，为机电管线在空间的分布提供了依托。建筑及结构模型分别在建筑、结构项目样板的基础上建立，项目基点、标高、轴网等信息应在建筑、结构项目样板文件中提前创建并确保项目基点、标高、轴网等信息一致，在建模前需要剔除二维图纸中无用的信息，将处理后的 CAD 图纸链接到 Revit 软件中，根据二维图纸信息建立建筑模型、结构模型，建筑模型主要包括内墙、外墙、幕墙、门、窗、楼梯、预留洞口等构件，结构模型主要包括结构墙、梁、板、柱、基础、预留洞口等构件。在建立建筑、结构模型时要特别注意各构件的标高及位置，确定其是否有局部降板、降板区域及降板高度、预留洞口尺寸及位置等，确保模型能真实且精准地反映出二维图纸设计意图，这对后期的管线综合排布非常重要，如图 1-3 和图 1-4 所示。

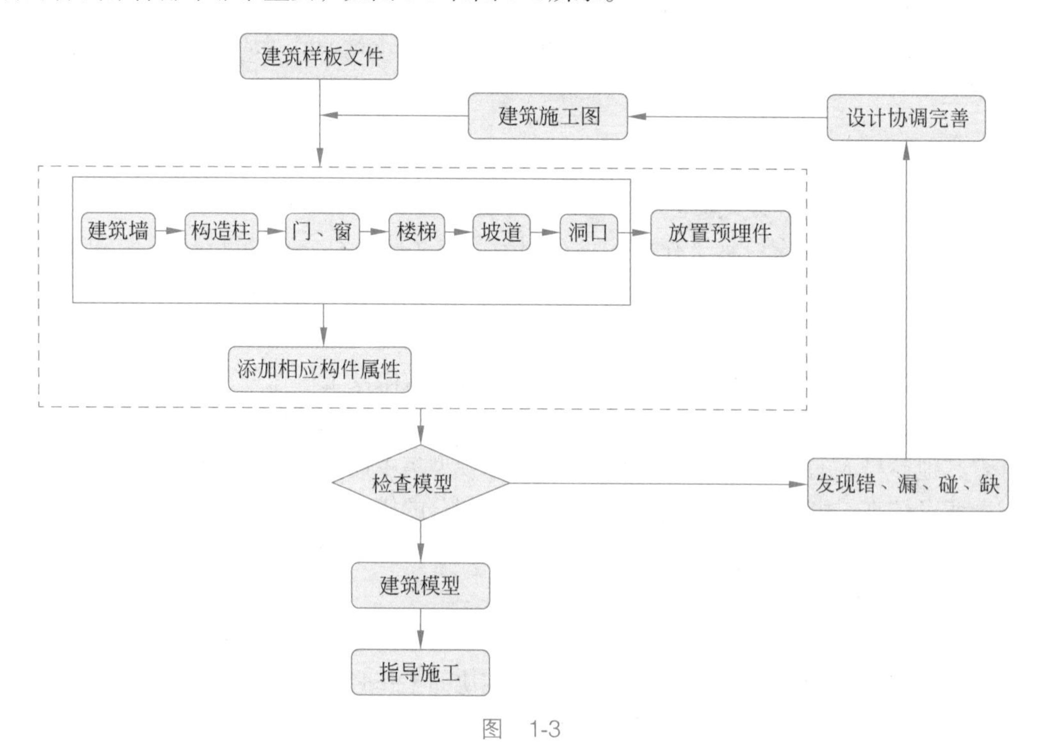

图 1-3

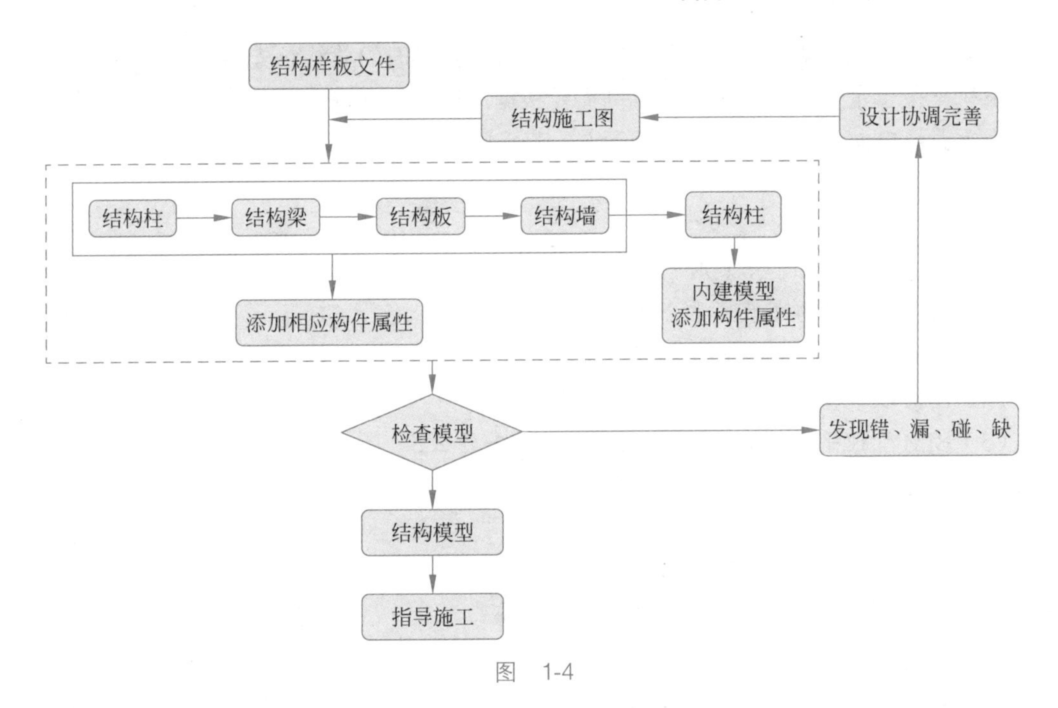

图 1-4

机电专业在建筑工程中是必不可少的一部分，包括给排水、暖通、电气三个分支，旨在实现建筑的使用功能及舒适性。机电模型是在机电专业项目样板的基础上建立起来的，机电专业项目样板文件中包括喷淋视图、暖通风视图、强电视图、弱电视图、给排水视图、空调水视图等，每个视图所需要的构件族、过滤器设置等均已在项目样板文件中提前设置，与建筑结构模型建模过程相类似，建模前需要对二维图纸进行处理，剔除与模型无关的信息。在每个视图中链接相应的二维图纸，然后进行机电模型的绘制，如图1-5所示。机电模型主要包括各类管道、喷头、阀门阀件、设备、桥架等内容，在建模时要特别注

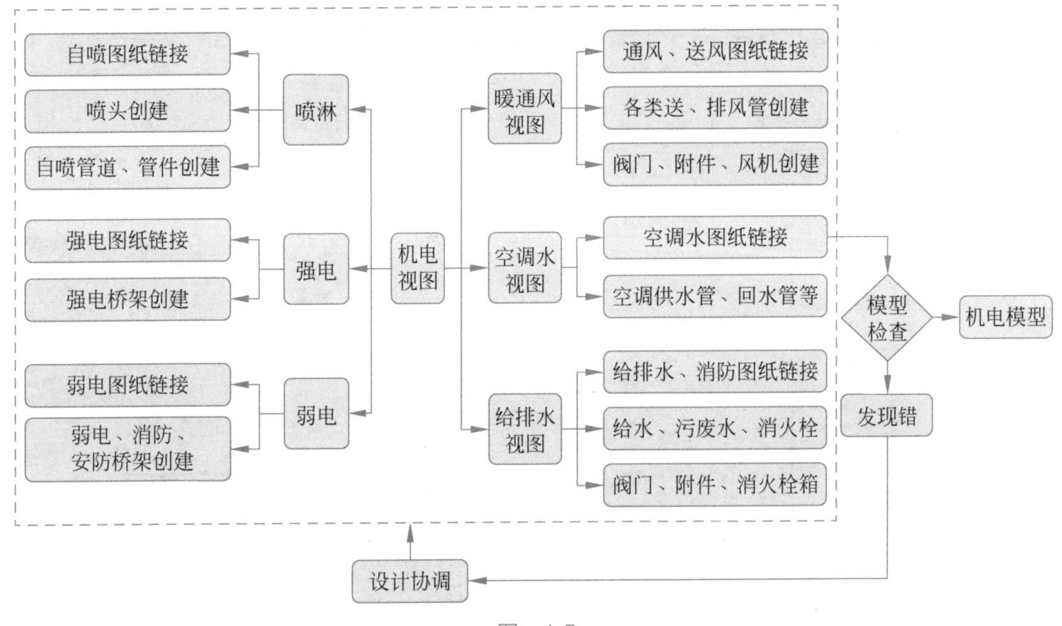

图 1-5

意，很多二维图纸对梁下管线标高未明确，需要在建模时给管线预先给定一个标高，一般情况下桥架位于水管上方，风管的标高需要根据风口方向来确定。若风口向上，则风管位于最上方；风口向下，则风管位于最下方；若无风口，风管位于桥架和水管中间。

学习任务

（1）什么是信息化？信息时代的特征是什么？
（2）组织信息化的发展通常会经历哪几个阶段？
（3）BIM 的特点、优势和价值是什么？
（4）BIM 软件体系通常可划分为哪些类别？
（5）BIM 管理平台与 BIM 模型之间的关系是什么？
（6）BIM 模型整合工具的作用及特点是什么？

任务 1.2　Revit 软件界面以及基本操作

1.2.1　工作界面介绍

Revit 2021 版本从创建、优化和链接方面为建筑、结构、机电三个专业进行了全面更新。

1. 快速访问工具栏

如图 1-6 所示，单击快速访问工具栏右侧的下拉箭头“”，弹出“自定义快速访问工具栏”，如图 1-7 所示，可以控制是否显示快速访问工具栏中的按钮。若要向快速访问工具栏中添加功能区的按钮，在功能区的按钮上右击，然后在弹出的快捷菜单中选择“添加到快速访问工具栏”命令，如图 1-8 所示，功能区按钮将会添加到快速访问工具栏中默认命令的右侧，如图 1-9 所示。

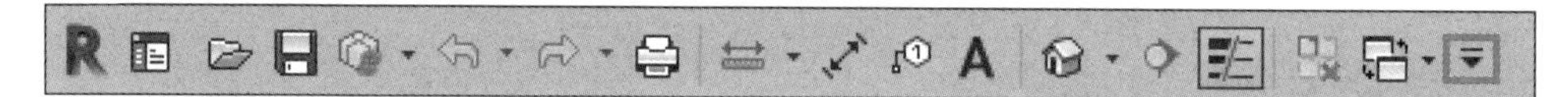

图　1-6

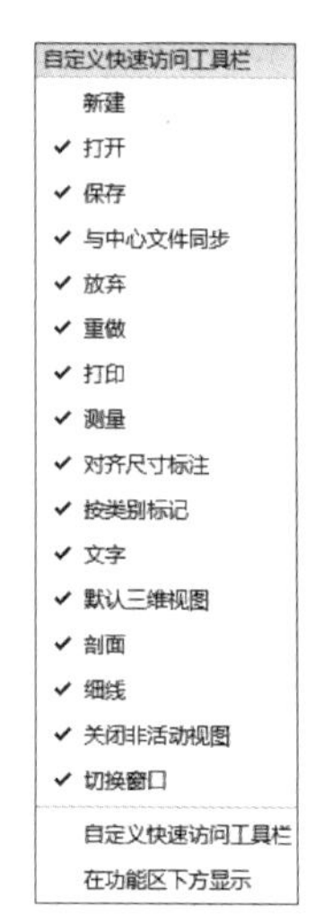

图　1-7

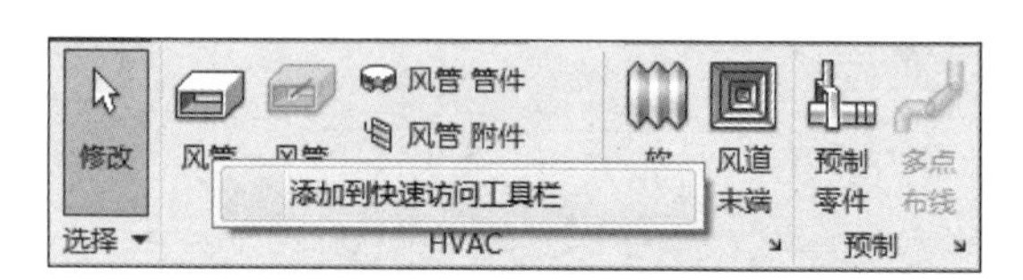

图　1-8

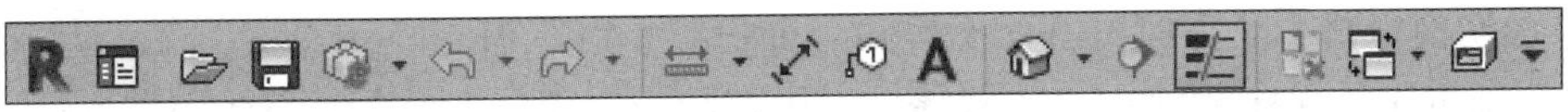

图　1-9

2. 功能区 3 种类型的按钮

（1）普通按钮：如按钮 ，单击即可调用工具。

（2）下拉按钮：如按钮 机械 ，单击小箭头显示附加的相关工具。

（3）分割按钮：调用常用的工具，或显示包含附加相关工具的菜单。

3. 全导航控制盘

全导航控制盘用户可以查看各个对象及围绕模型进行漫游和导航。如图 1-10 所示，依次选择“视图”选项卡→“用户界面”下拉列表，勾选“导航栏”选项。

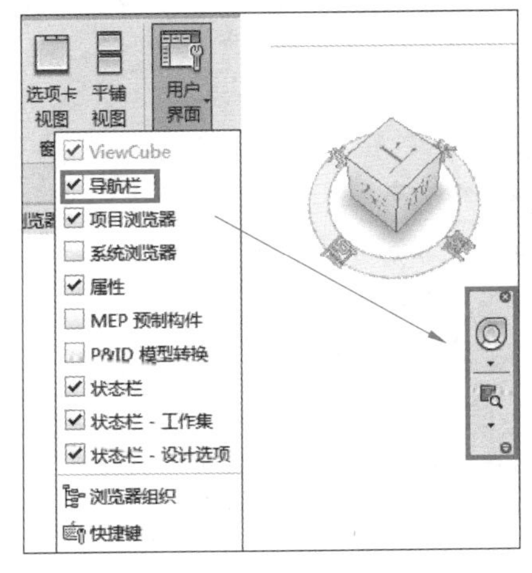

图　1-10

提示

当显示其中一个全导航控制盘时，按住鼠标中键可进行平移，滚动鼠标滚轮可进行放大和缩小，同时按住 Shift 键和鼠标中键可对模型进行动态观察，双击鼠标中键可对显示窗口进行全屏显示。

1.2.2　Revit 软件基本操作

1. 线型粗细显示模式的设置

Revit 软件在进行管线的绘制时，为便于查看和使用，往往需要设置显示线型的粗细模式。在绘图过程中一般选择细线模式，如图 1-11 所示，单击快速访问工具栏里的“ ”或者输入快捷键 TL，即可调整视图里管线的粗细显示模式。选中和不选中“ ”视图的区别如图 1-12 所示。

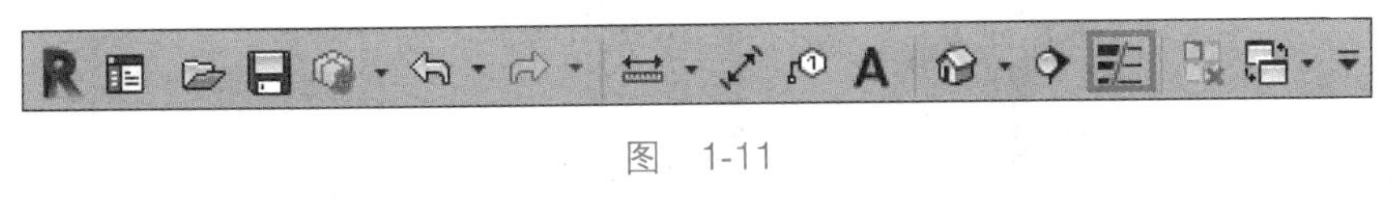

图　1-11

教学视频：Revit 软件基本操作

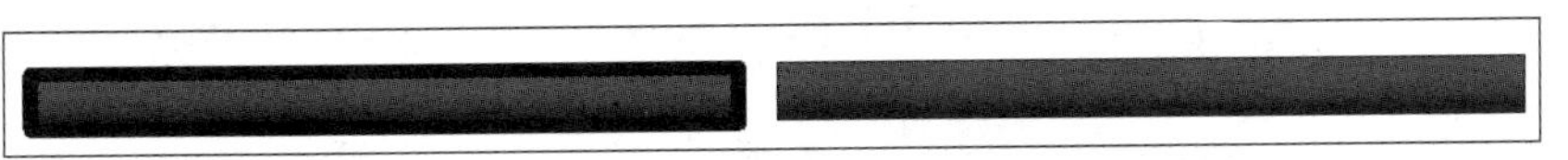

图　1-12

2. 窗口管理工具

窗口管理工具包含切换窗口、关闭非活动、选项卡视图、平铺视图和用户界面，如图 1-13 所示。

（1）切换窗口：绘图时打开多个窗口，通过“窗口”面板下“切换窗口”选项选择绘图所需窗口（也可按 Ctrl+Tab 组合键进行切换）。

（2）关闭非活动：快速关闭项目中无关的窗口（即非当前活动视图）。

图 1-13

（3）选项卡视图：将平铺视图合并到拥有对应选项卡的单个窗口，或者在多个窗口（平铺）中组织选项卡式视图。

（4）平铺视图（快捷键 WT）：使当前打开的所有窗口平铺在绘图区域，如图 1-14 所示。

（5）用户界面：此下拉列表控制 ViewCube、导航栏、项目浏览器、系统浏览器、属性、状态栏和最近使用的文件各按钮的显示与否。浏览器组织控制浏览器中组织分类和显示种类，如图 1-15 所示。

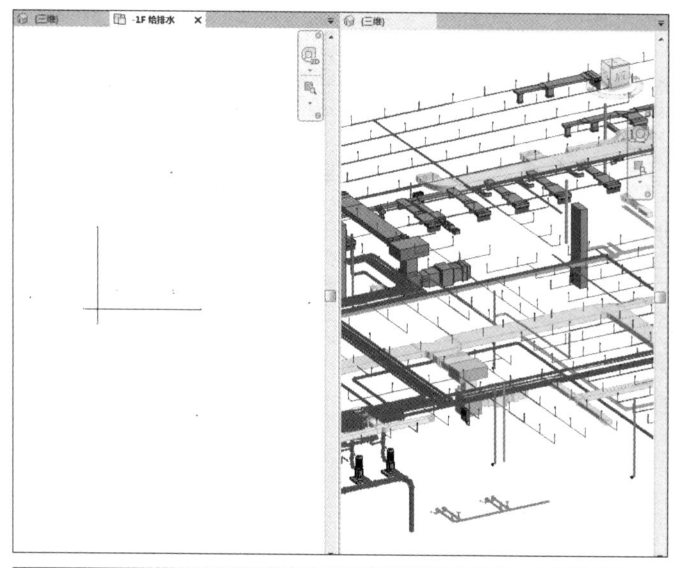

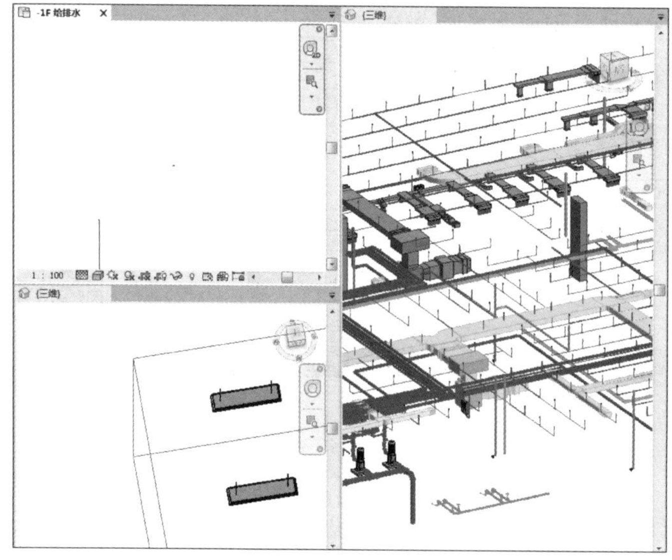

图 1-14

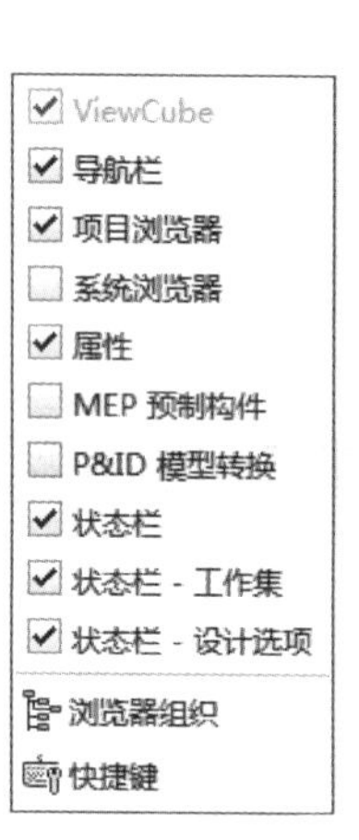

图 1-15

1.2.3 各类视图的相关生成

1. 平面图的生成

教学视频：各类视图的相关生成

双击“项目浏览器”中的“楼层平面”视图即可进入平面图的视图界面。在平面视图中可进行可见性、线型、线宽、颜色等控制。

1）详细程度

由于建筑设计中，对于不同比例图纸的视图表达要求不同，所以需要对视图的详细程度进行设置。设置方法如下。

（1）在楼层平面中右击，在弹出的快捷菜单中选择“视图属性”命令，在弹出的“实例属性”对话框中的“详细程度”下拉列表中可选择“粗略”“中等”或“精细”的详细程度。通过预定义详细程度，可以影响不同视图比例下同一几何图形的显示，如图 1-16 所示。

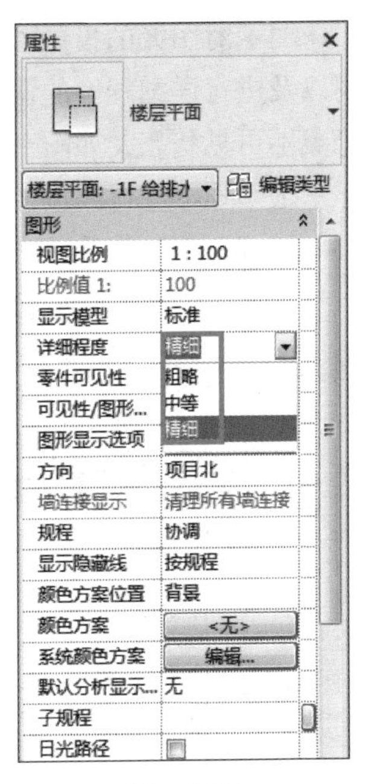

图 1-16

（2）直接在视图平面处于激活的状态下，在视图控制栏中直接调整详细程度，此方法适用于所有类型的视图，如图 1-17 所示。

图 1-17

2）可见性图形替换

在建筑设计的图纸表达中，有时需要控制不同对象的视图显示与可见性，可以通过“可见性 / 图形替换”的设置来实现。

（1）打开楼层平面的“属性”对话框，单击“可见性 / 图形替换”右侧的“编辑”按钮，或者输入快捷键 VV，打开“可见性 / 图形替换”对话框，如图 1-18 所示。

（2）在“可见性 / 图形替换”对话框中，可以查看已应用于某个类别的替换。

图 1-18

（3）对图元的投影 / 表面和截面填充图案进行替换，并能调整它是否半色调、是否透明以及进行详细程度的调整，在可见性中的构件前打钩则为可见状态，反之，取消勾选为隐藏不可见状态，如图 1-18 所示。单击“投影 / 表面”下的“透明度”选项，可对图形的显示透明程度进行调整，如图 1-19 所示。

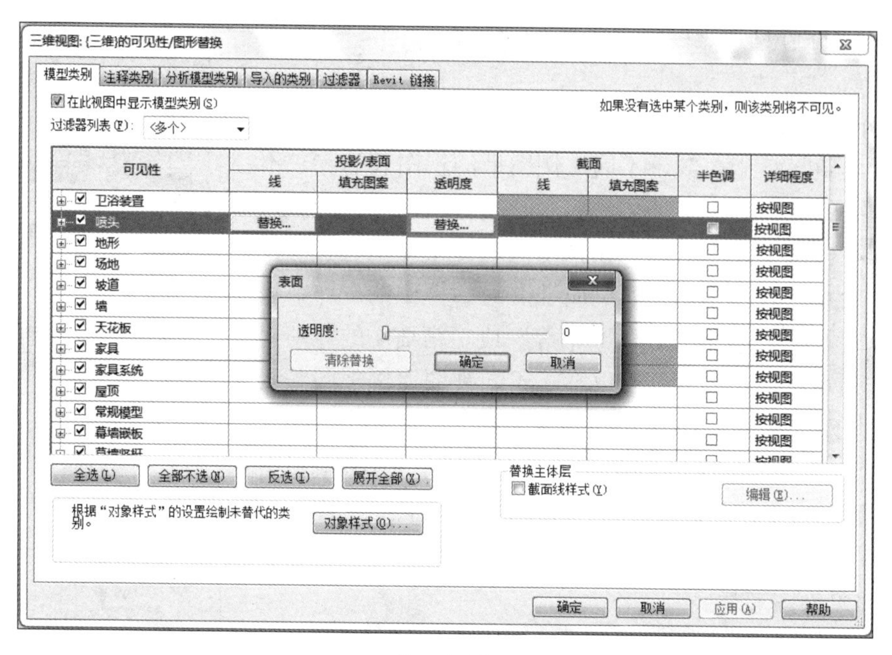

图 1-19

3）图形显示选项

在楼层平面视图的“图形显示选项”对话框中，可选择图形显示曲面中的样式，包括线框、隐藏线、着色等，如图 1-20 所示。

除上述方法外，还可直接在视图平面处于激活状态下，在视图控制栏中直接对模型图形样式进行调整，此方法适用于所有类型视图，如图 1-21 所示。

4）视图范围的设置

（1）在当前平面视图下显示另一个模型片段，该模型片段可从当前层上方或下方获取。通过底图的设置可以看到建筑内楼上或楼下各层的平面布置，作为设计参考。如图 1-22 所示，视图底图的范围设置：“顶部标高”为“-1F”，“底部标高”为“1F”，“基线方向”为“俯视”。

（2）调整视图范围。单击楼层平面的视图属性对话框的“视图范围”右侧的“编辑”按钮，在弹出的“视图范围”对话框中进行相应的设置，如图 1-22 所示。视图范围是可以控制视图中对象的可见性和外观的一组水平平面，水平平面为“顶部平面”“剖切面”和“底部平面”。

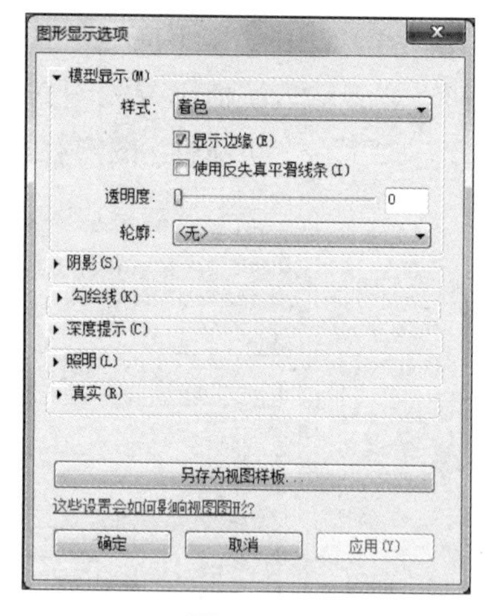

图 1-20

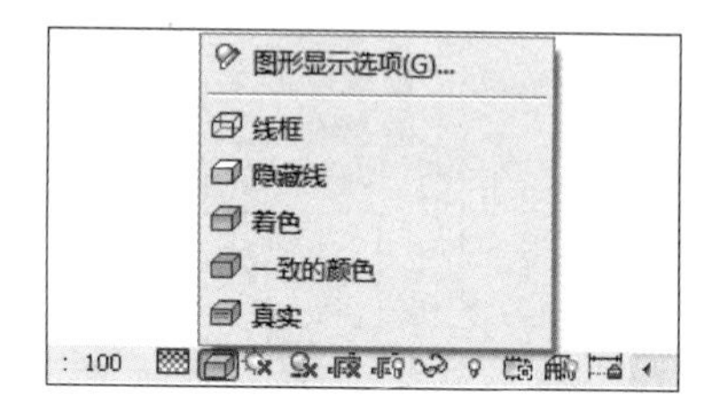

图 1-21

顶部和底部表示视图范围的顶部和底部的部分。可以把视图范围当成是一个框，剖切面就是在这个框中选择一个位置进行剖切，从上看到下剖切面以下就是可以看到的地方，找到范围输入偏移值。

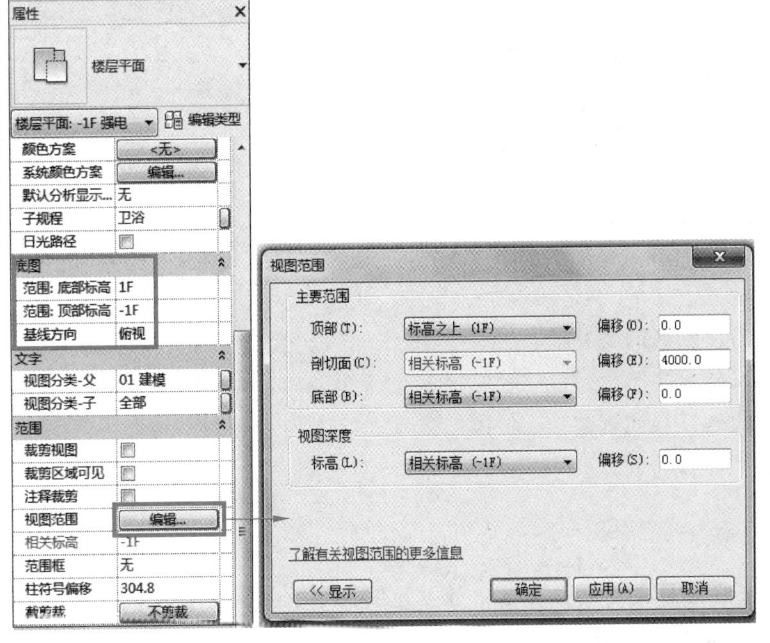

图　1-22

提示

剖切面的高度设置要小于或等于顶部范围，并且大于或等于底部范围，视图深度要小于或等于底部范围，这样才能实现视图范围的设置，否则会出现错误的警告。

2. 立面图的生成

默认情况下，立面有东、南、西、北 4 个，可以使用“立面”命令创建另外的内部和外部立面视图，如图 1-23 所示。依次双击“立面（建筑立面）”→“北”即生成“北立面”视图。

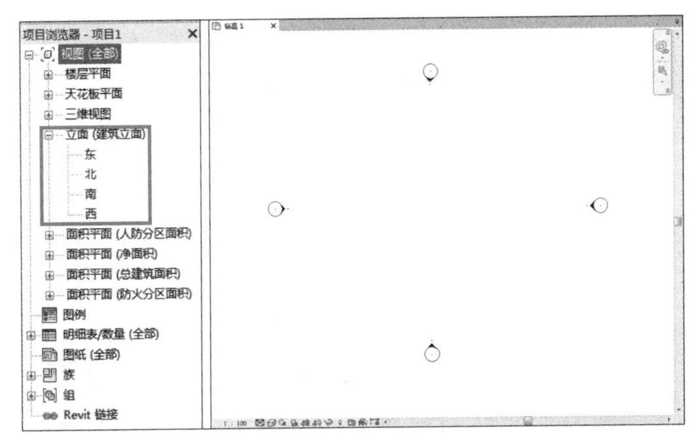

图　1-23

提示

（1）4 个立面符号不可随意删除，删除符号的同时会将相应的立面一同删除。

（2）4 个立面符号围合的区域即为绘图区域，不要超出绘图区域创建模型，否则立面显示将可能是剖面显示。因此在作图之前需将 4 个立面符号拖曳至相应的合适位置。

项目 2　结构模型的创建

学习目标

1. 掌握结构模型中标高、轴网的创建。
2. 掌握图纸处理及导入的方法。
3. 掌握结构模型中结构墙、柱的创建。
4. 掌握结构模型中梁、楼板的创建。

项目导入

建筑信息模型是以三维数字技术为基础，集成建筑工程项目各种相关信息的工程数据模型。Revit 采用整体设计理念，从整座建筑物的角度处理信息，建立五大专业（即建筑、结构、水、暖、电）BIM 模型并整合为后期应用作准备。

学习任务

本项目的学习任务为根据结构图纸完成建筑物标高、轴网、结构墙、柱、梁、楼板的绘制。

项目实施

新建项目→创建标高→分图→创建轴网→结构墙、柱建模→梁建模→楼板建模→其他层重复操作，完成整栋楼结构建模。

任务 2.1　新建项目、标高与轴网创建

2.1.1　新建项目

任务流程：新建项目→选择样板→保存项目。

教学视频：新建项目

（1）依次选择“新建”→“选择结构样板”→“确定”命令，如图 2-1 和图 2-2 所示。

（2）进入绘图界面后，单击左上角的“保存”按钮保存项目，如图 2-3 所示（也可按 Ctrl+S 组合键保存）。

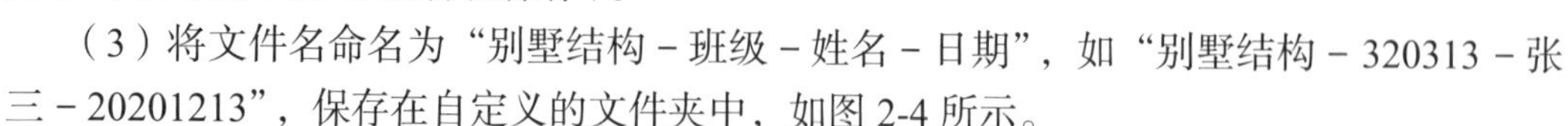
（3）将文件名命名为“别墅结构－班级－姓名－日期”，如“别墅结构－320313－张三－20201213”，保存在自定义的文件夹中，如图 2-4 所示。

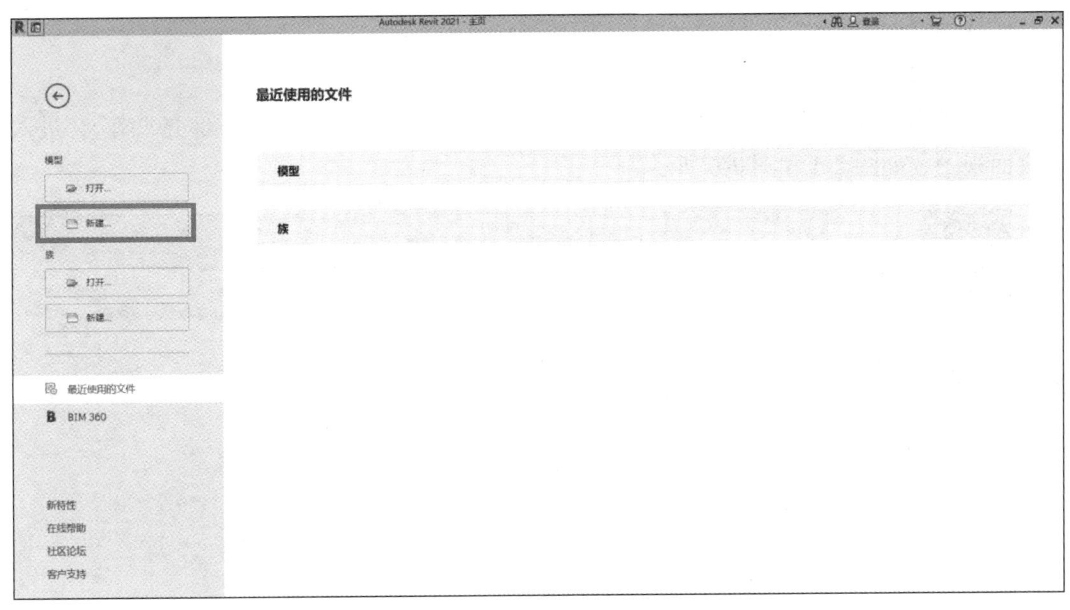

图 2-1

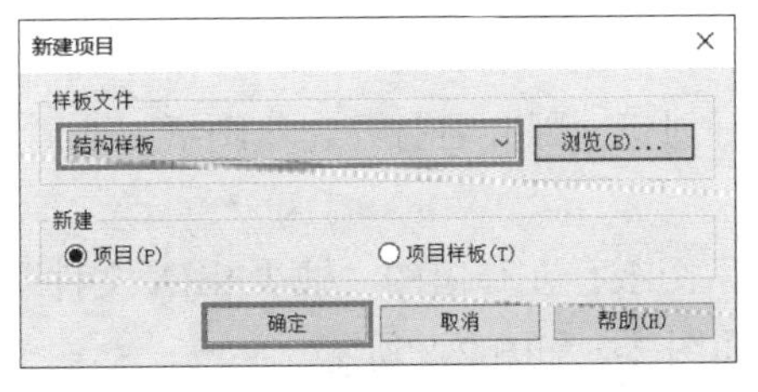

图 2-2

提示

此处是新建模型，因此单击模型下的“新建”按钮而不要单击族下的“新建”命令。

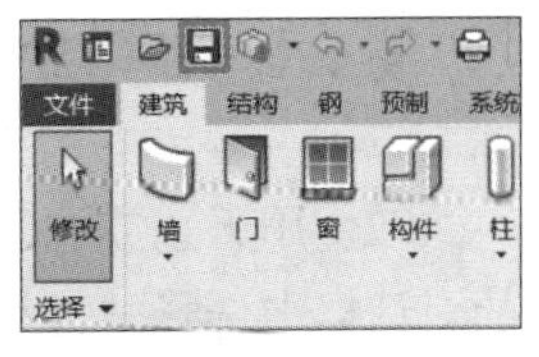

图 2-3

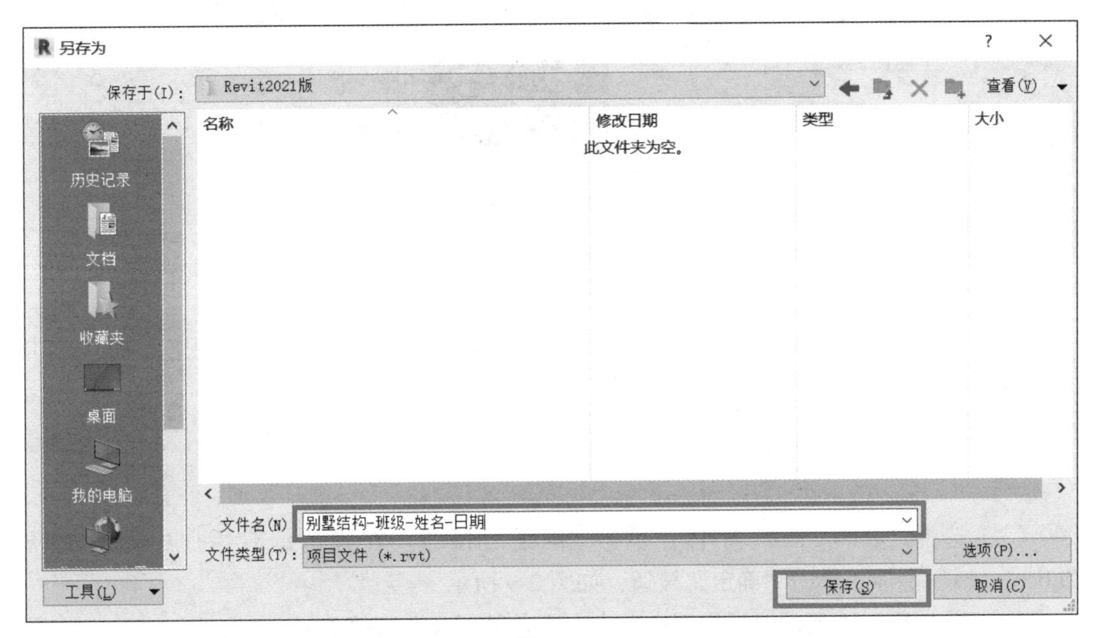

图 2-4

2.1.2 标高创建

任务流程：打开立面视图→打开建筑标高→对照创建标高。

（1）单击“项目浏览器”中“立面”左侧的加号，展开立面视图，双击“南”，进入南立面视图，如图 2-5 和图 2-6 所示。

教学视频：绘制标高

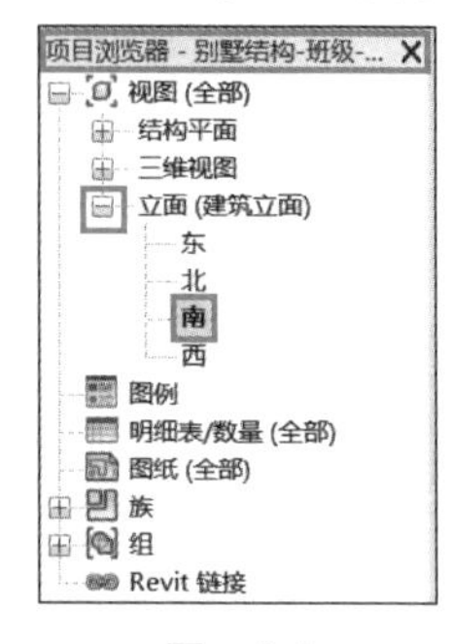

图 2-5

图 2-6

模型中的标高应根据建筑图中立面视图的标高进行创建，因此需打开建筑图纸，查看标高。

（2）用天正或“CAD 快速看图”软件打开“建筑”图纸，在弹出的“缺少 SHX 文件”的对话框中选择“为每个 SHX 文件指定替换文件”，如图 2-7 和图 2-8 所示。

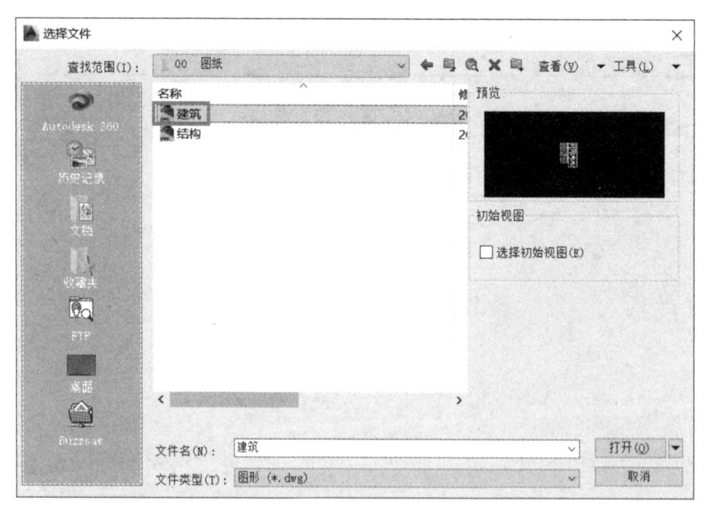

图 2-7

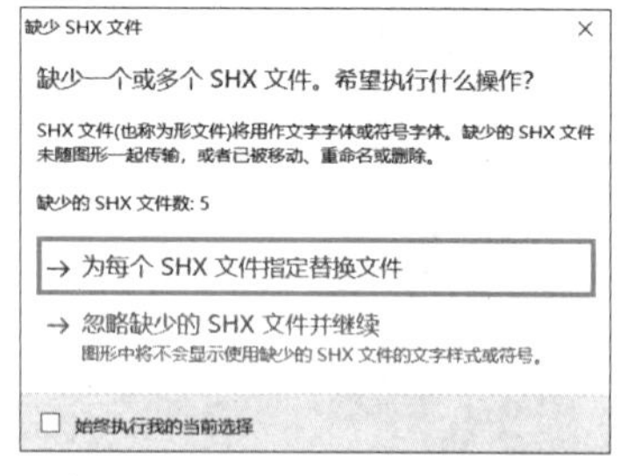

图 2-8

（3）选择“gbcbig.shx”字体，单击“确定”按钮。在弹出的对话框中继续选择“gbcbig.shx”字体，单击“确定”按钮，如图 2-9 所示。

（4）弹出图 2-10 所示对话框后，单击右上角的“×”直接关闭。

（5）找到 1—7 立面图，如图 2-11 所示，模型中的标高按此标高创建。

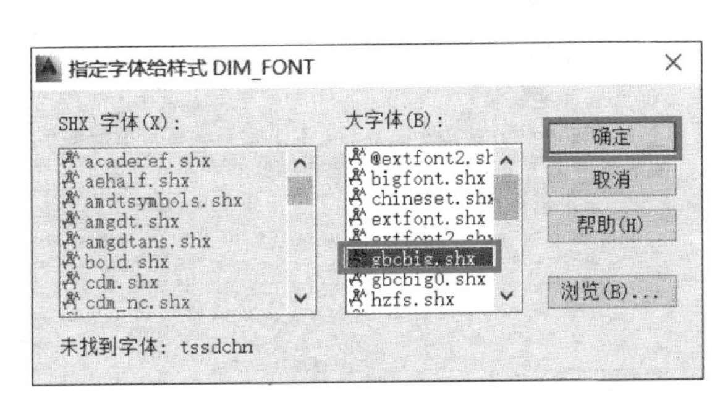

图　2-9

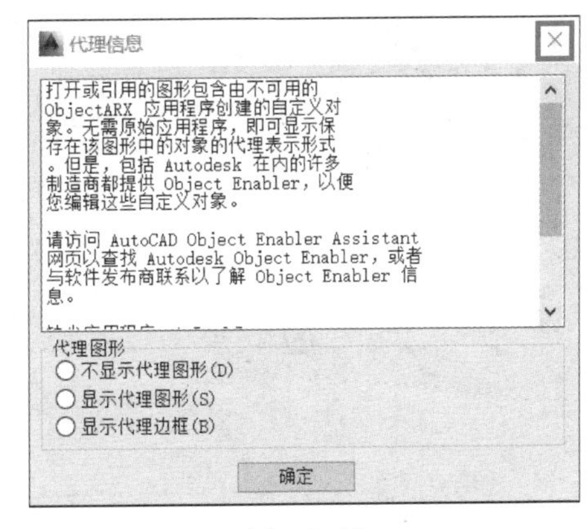

图　2-10

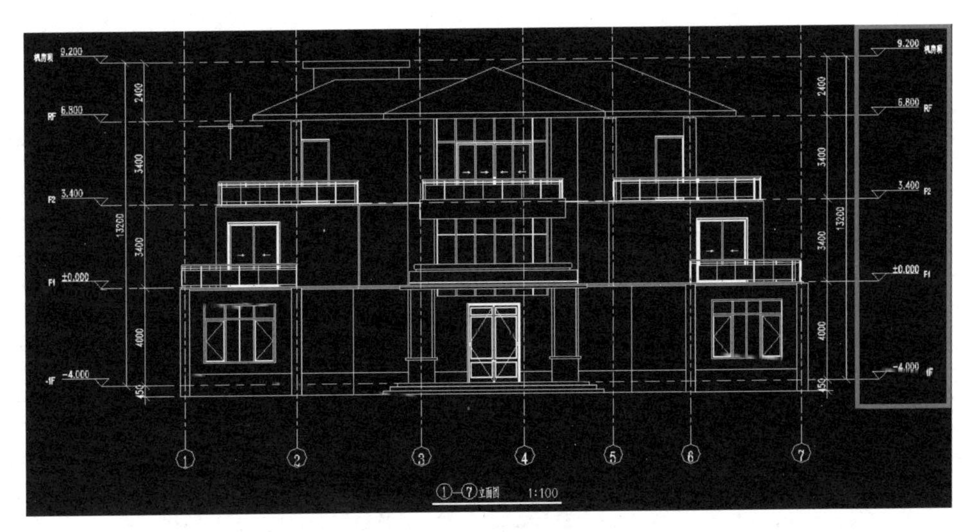

图　2-11

提示

在工程项目中，建筑标高在立面图中展示，结构标高在结构施工图上说明，两者通常相差 50mm。结构标高为浇筑完混凝土后的标高，建筑标高是在混凝土上面作了一层 50mm 厚地面的标高。为了建筑和结构模型的统一，且机电专业中的管线标高为建筑标高，在建模时，各个专业的模型都用建筑标高。

（6）回到 Revit 软件。依次选择“建筑”选项卡→“标高”命令，如图 2-12 所示。将光标移动到左侧和已有标高对齐时，出现一条虚线，默认为标高起点，单击绘制第一点，如图 2-13 所示。移动到右侧出现虚线时单击绘制第二点，如图 2-14 所示。按两次 Esc 键退出当前命令，完成标高线绘制。

图　2-12

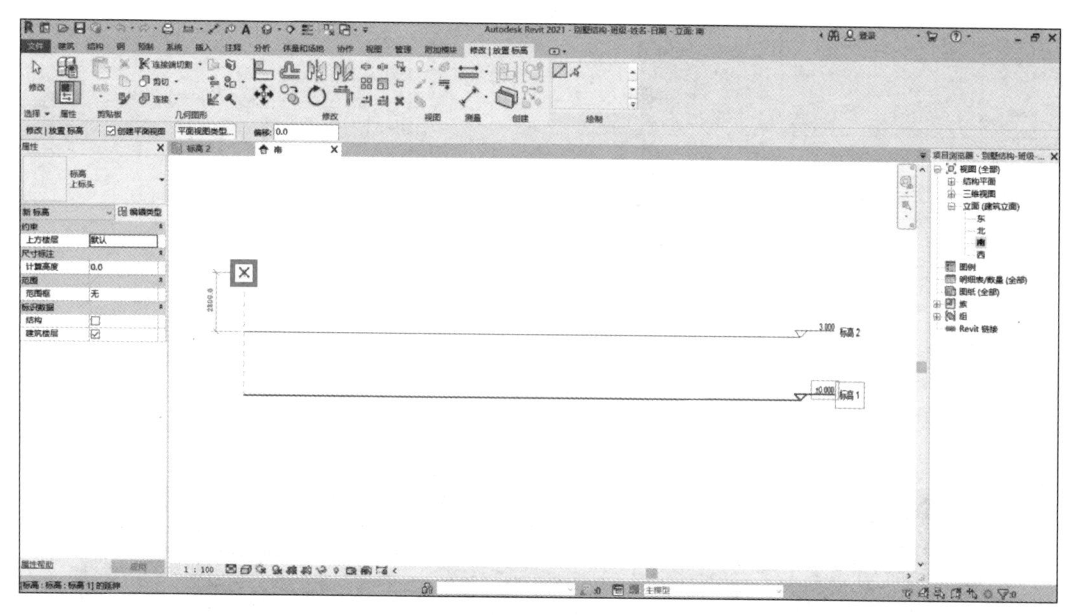

图 2-13

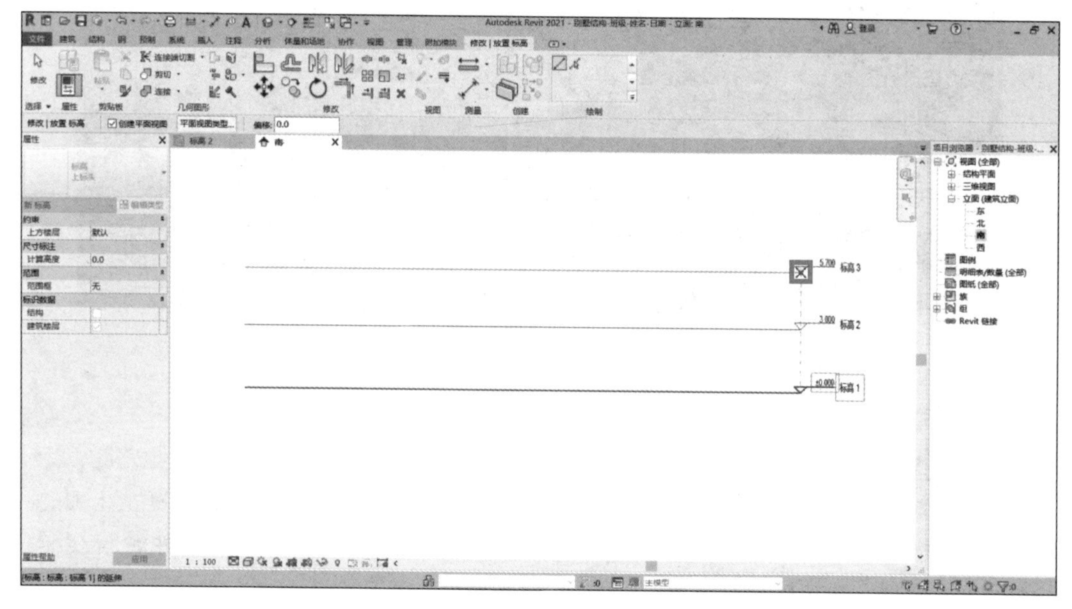

图 2-14

（7）修改标高数据：双击“标高 1”，修改为“F1”。在弹出的“是否希望重命名相应视图？”对话框中单击“是”按钮，如图 2-15 所示。

（8）依次单击修改“单击标高 2”和“标高 3”分别为“F2”和“RF”，对应标高值分别为 3.400 和 6.800，如图 2-16 所示。

（9）复制标高：选中“RF”标高，选择“复制”命令，勾选“约束”和“多个”选项，单击“RF”标高线本身作为起点，然后在“RF”标高上方和“F1”标高下方分别单击第二次和第三次，完成标高复制，如图 2-17 和图 2-18 所示。

（10）修改其他标高名称和标高值，如图 2-19 所示。

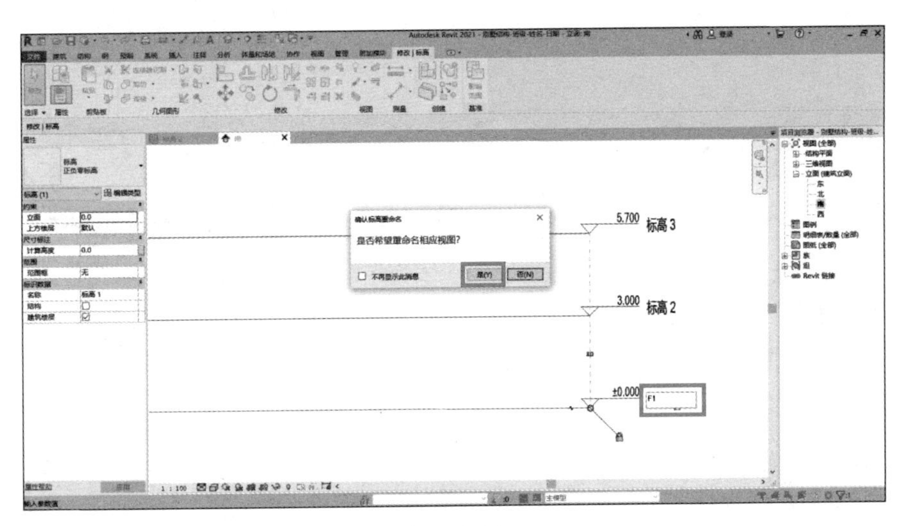

图 2-15

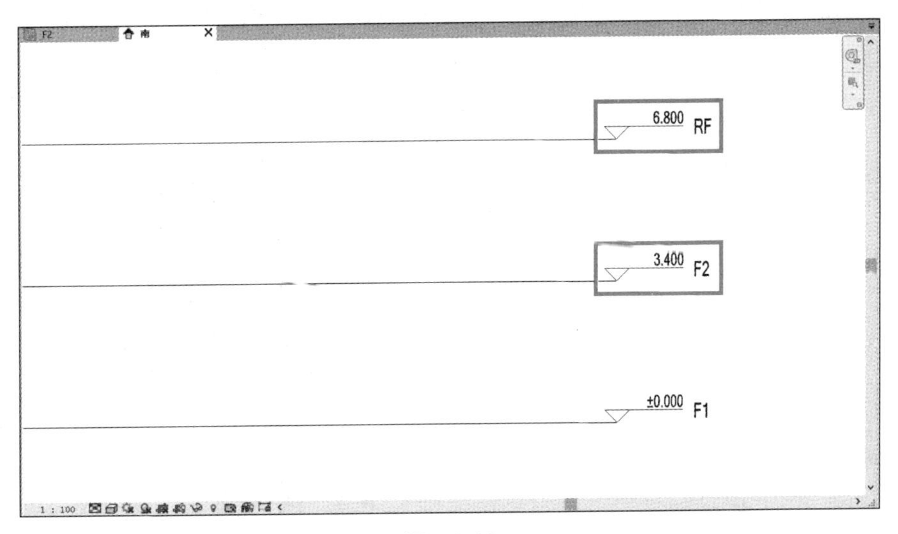

图 2-16

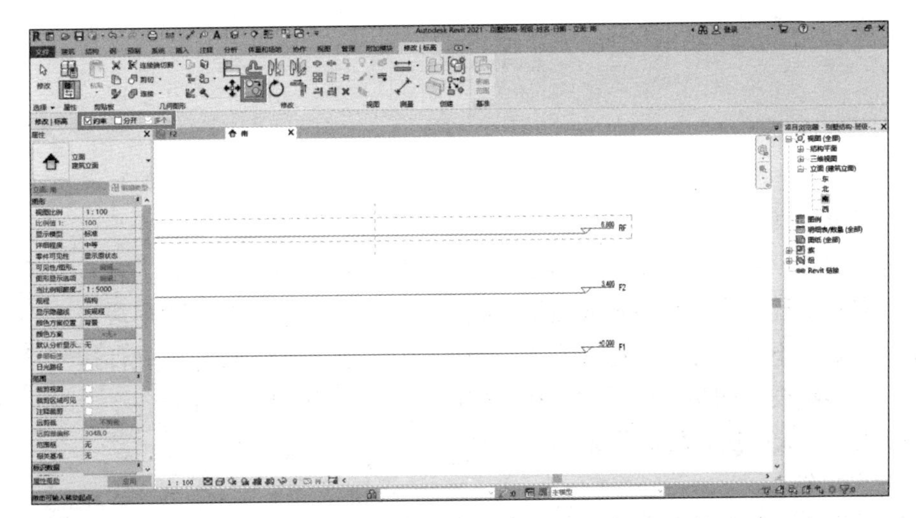

图 2-17

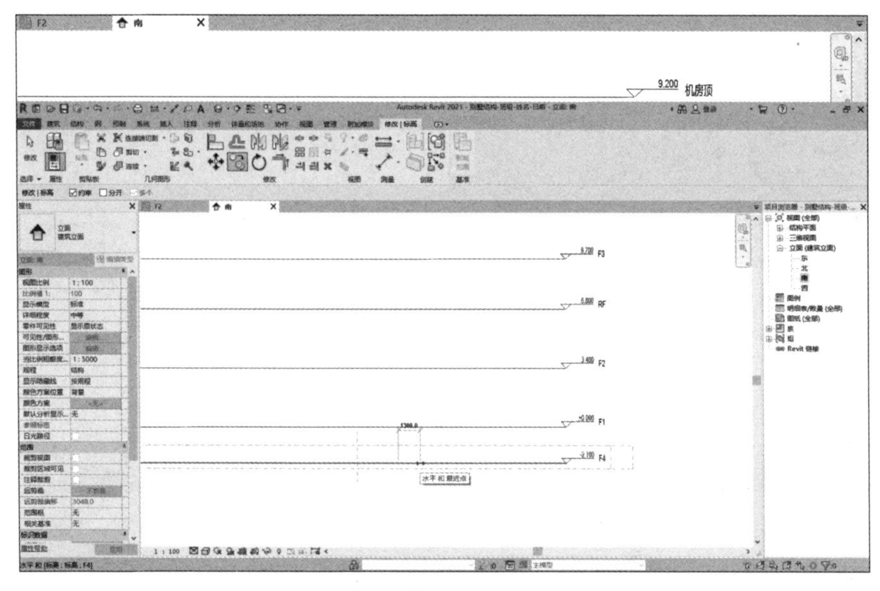

图 2-18

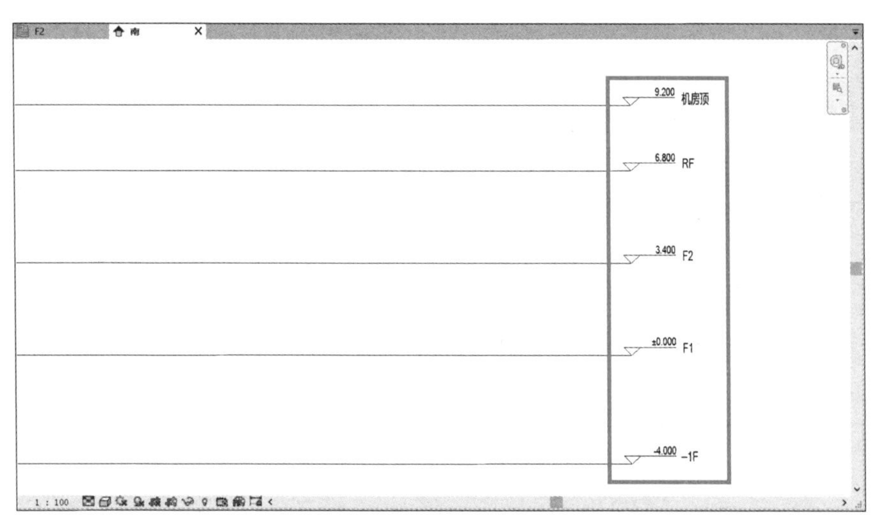

图 2-19

2.1.3 分图

任务流程：打开 CAD 图（建筑、结构或机电）→复制某一层→新建图纸→粘贴→保存。

1. 分图的意义

现阶段的 BIM 建模主要是依靠在 BIM 软件中导入 CAD 图纸进行工程翻模。而在实际工程中，一张建筑或结构图纸往往包含整个项目各个楼层或视图的图纸，如果不进行分图就将其导入，则可能由于图纸太大而导致软件运行卡顿，且影响视图的整洁。因此，在建模前的准备工作中，需要将各个专业图纸按楼层分成单独的某一张图。

教学视频：分图

2. 分图操作

分图是将各个专业图纸按楼层分成独立的一张，方法是复制或写块。对于复制或写块不成功的，可以用炸开或转换成天正 T3 对图纸进行处理后再进行复制或写块。

如果图纸是采用参照的方式，则应找到参照原图进行处理。

（1）用 CAD 或者天正打开结构图纸。找到“基顶 ~ −0.050 墙体、柱平法施工图”，如图 2-20 所示。

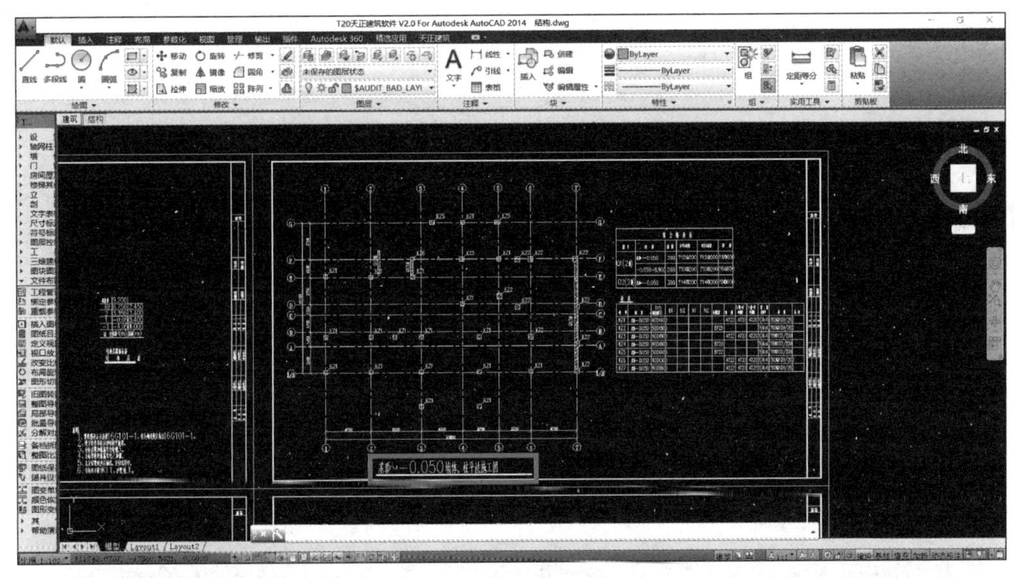

图　2-20

（2）复制或写块：框选“基顶 ~ −0.050 墙体、柱平法施工图”，此时图元变为虚线，如图 2-21 所示，按 Ctrl+C 组合键进行复制。

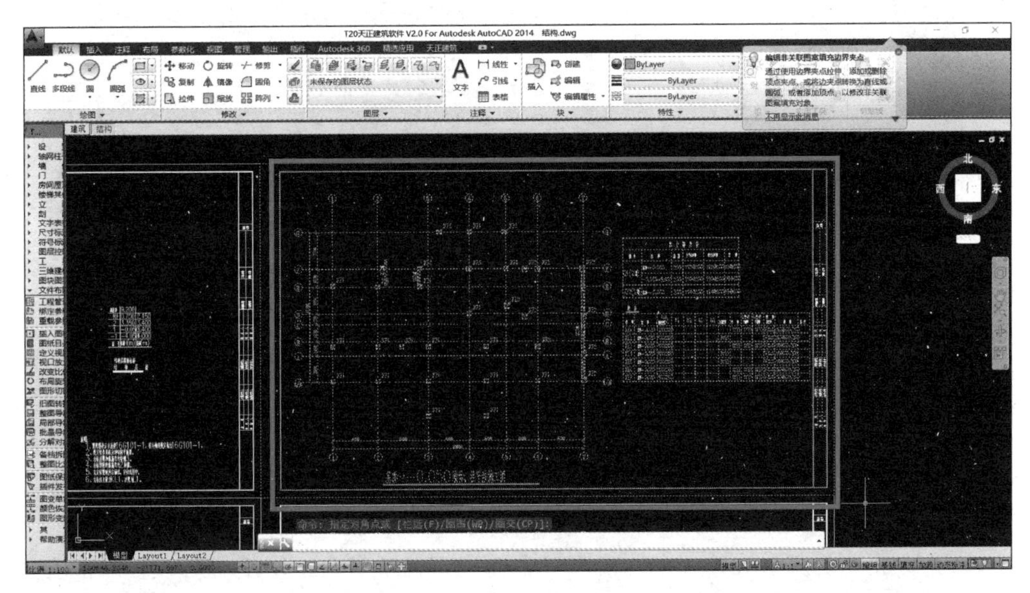

图　2-21

（3）依次选择“新建”→“图形”选项，在对话框中选择“ACAD”，单击“打开”按钮，如图 2-22 和图 2-23 所示。

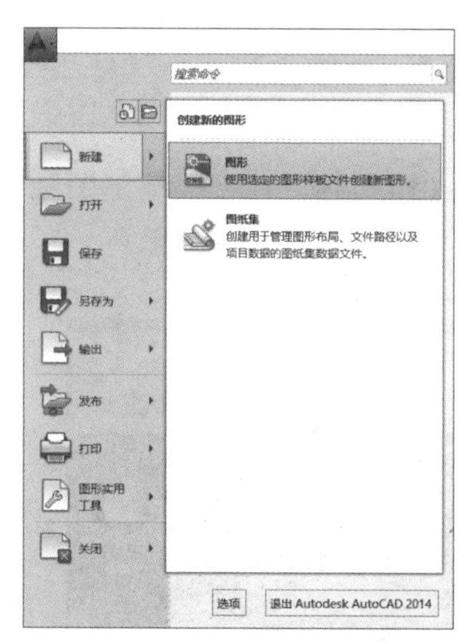

图 2-22

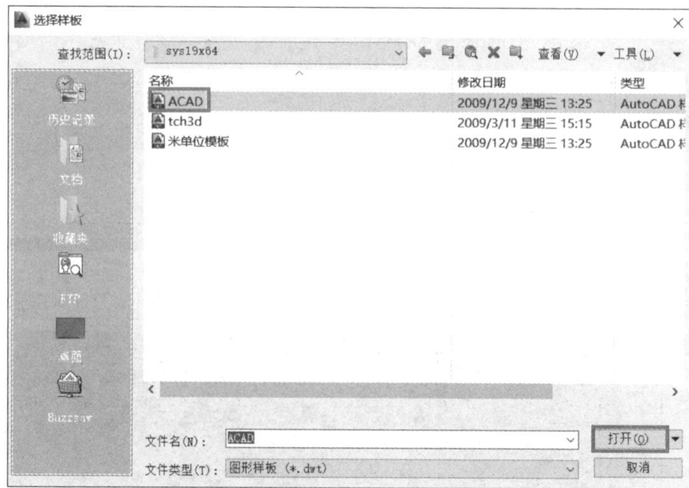

图 2-23

（4）按 Ctrl+V 组合键进行粘贴，在空白处单击任意放一位置，如图 2-24 所示。如果不出现图纸或显示不全，则双击鼠标滚轮。

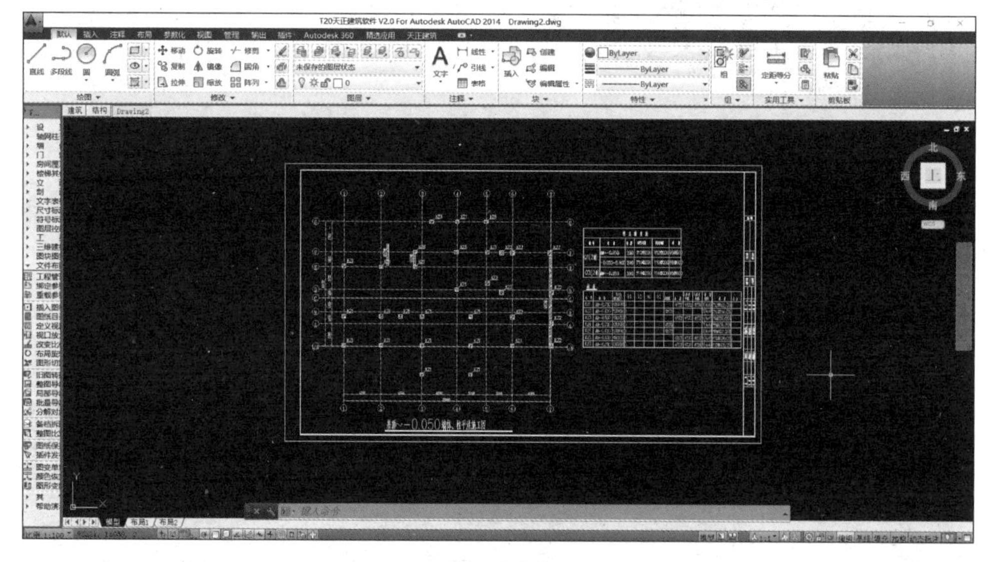

图 2-24

（5）按 Ctrl+S 组合键进行保存，文件命名为“基顶～−0.050 墙体、柱平法施工图 20201213”，如图 2-25 所示，将其保存在自定义文件夹里。

提示

（1）建立简单实用的文件夹目录是一种良好的工作习惯。

（2）分出的图纸宜在后面加上日期，因为在实际工程中，图纸的版本会有很多变化，加上日期便于建模或审查模型时查看导入的图纸是否是最新的。

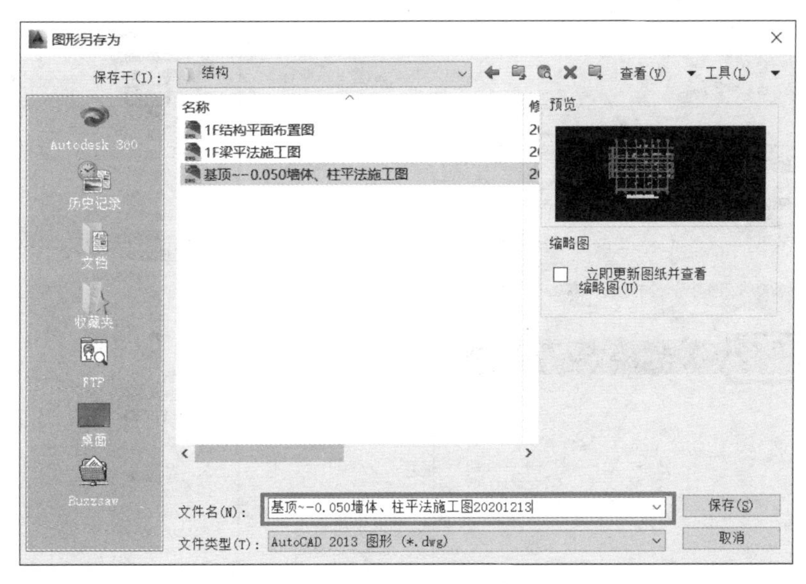

图　2-25

2.1.4　轴网创建

任务流程：打开平面视图→导入平面图→创建轴网。

（1）轴网在平面视图中绘制。单击“项目浏览器”中的“结构平面”左侧的加号，展开结构平面视图，会发现缺少“-1F”和“机房顶”两个平面视图，如图 2-26 所示。

（2）依次选择“视图”选项卡→“平面视图”下拉列表→“结构平面”命令。按住 Ctrl 键在弹出的对话框中多选“-1F”和“机房顶”两个视图，单击“确定”按钮，如图 2-27 和图 2-28 所示。

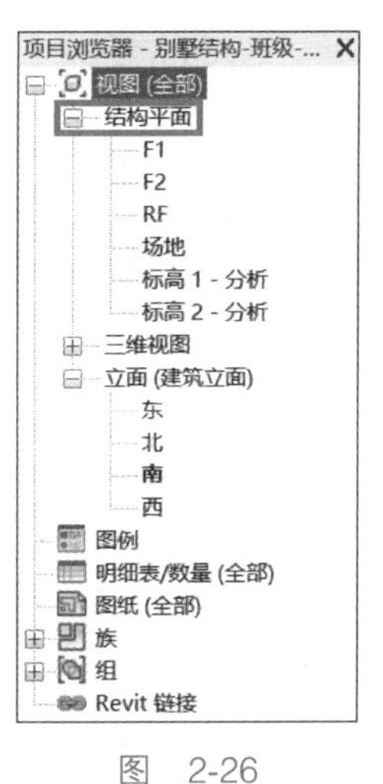

图　2-26

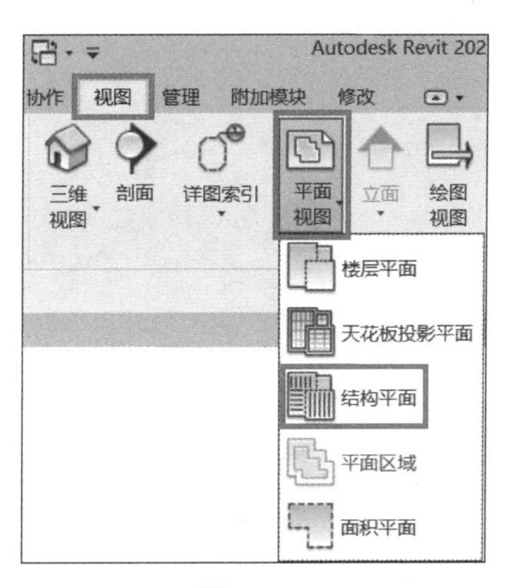

图　2-27

教学视频：绘制轴网

（3）双击“-1F”，进入 -1F 平面视图，如图 2-29 和图 2-30 所示。

（4）依次选择“插入”选项卡→“导入 CAD”命令，如图 2-31 所示。选择前面分出的“基顶 ~-0.050 墙体、柱平法施工图 20201213”，勾选“仅当前视图”，“导入单位”为“毫米”，“定位”为“自动→中心到中心”，如图 2-32 所示。

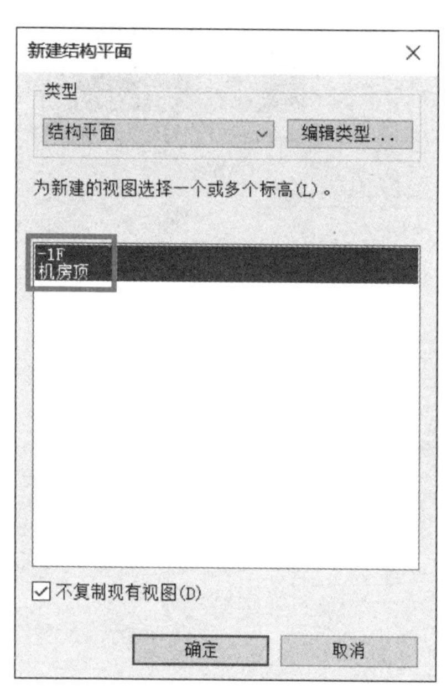

图 2-28

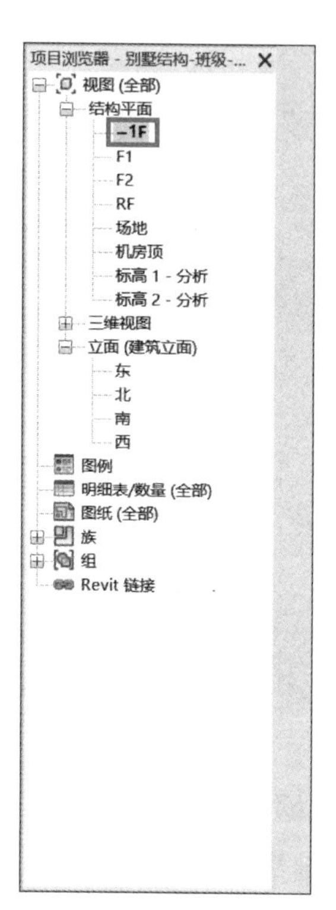

图 2-29

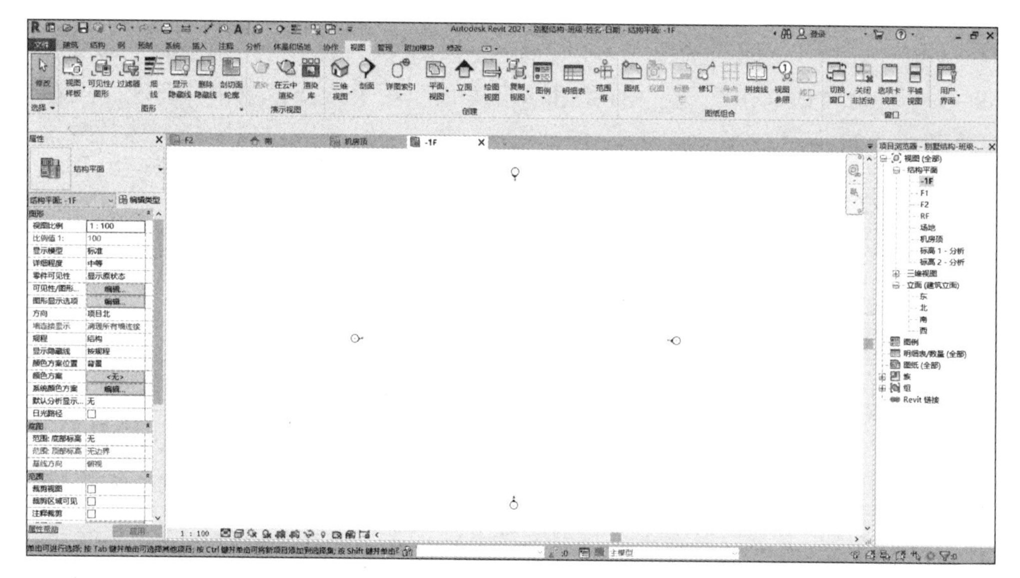

图 2-30

图 2-31

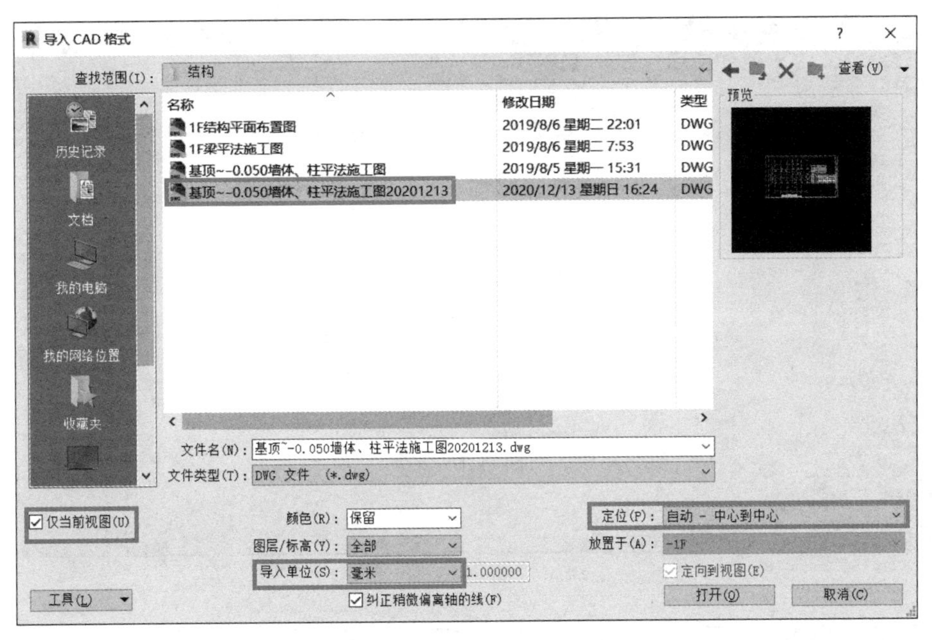

图　2-32

（5）图纸导入进来后，会发现东、南、西、北四个“小眼睛”有些在图纸范围内，如图 2-33 所示。

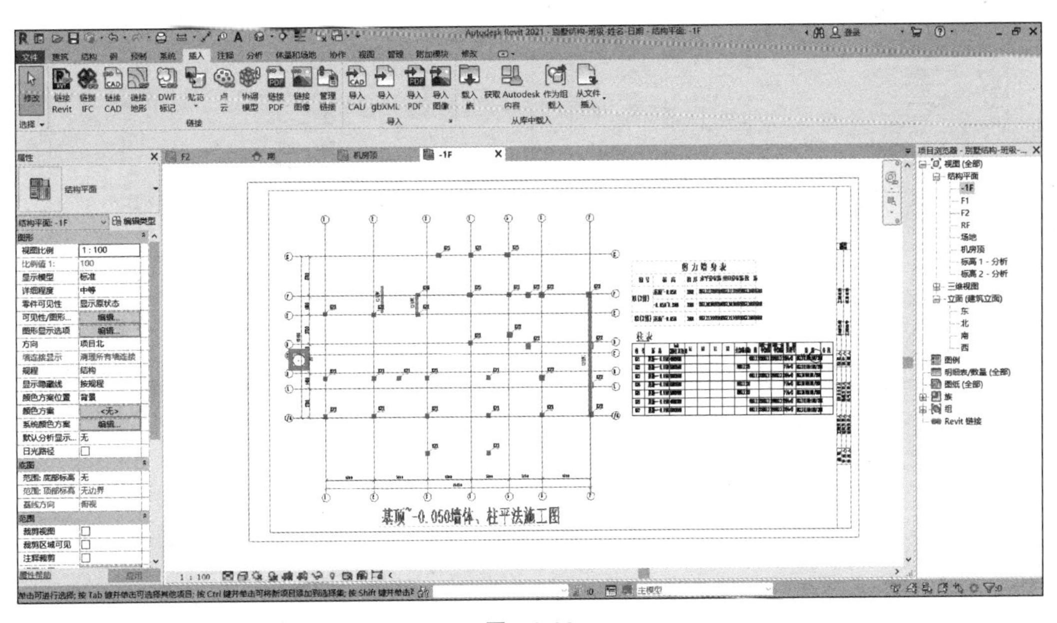

图　2-33

（6）此时需将“小眼睛”移动到图纸范围外，移动方法如下：从左往右框选“小眼睛”，将鼠标移动至其上时，出现移动图标，此时按住鼠标左键不放，向右拖动，移出图纸范围。用此方法将其他几个“小眼睛”移出图纸范围，如图 2-34 所示。

（7）四个“小眼睛”移出图纸就行，可以不用对齐。选中图纸，选择“锁定”命令，将其锁定，如图 2-35 所示。

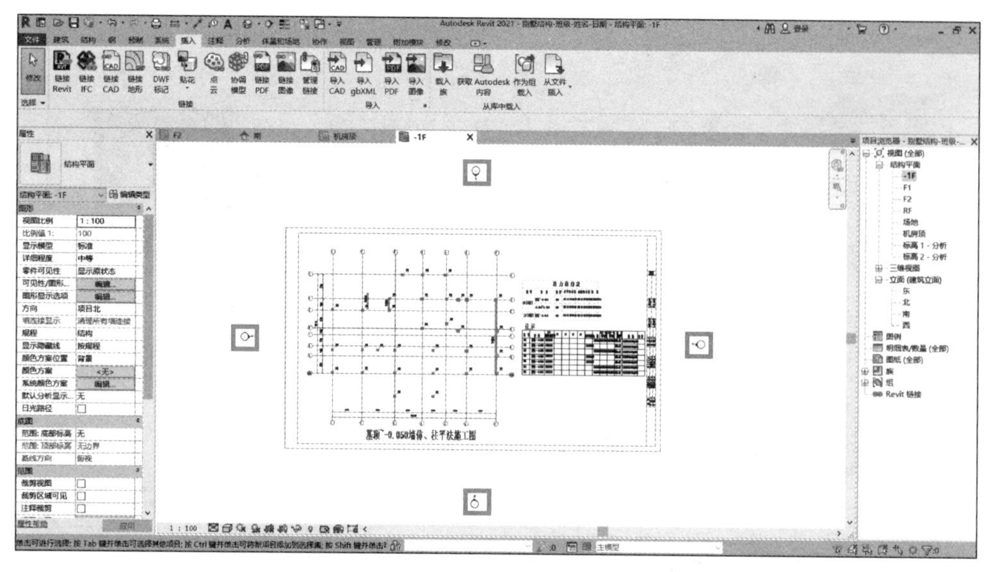

图 2-34

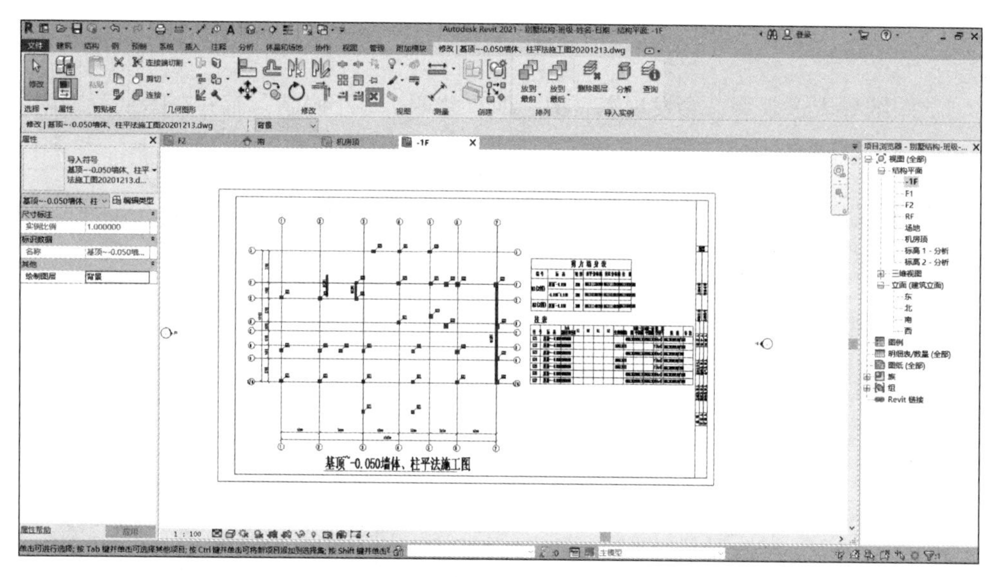

图 2-35

提示

将导入的图纸都锁定是一种好的工作习惯，防止不小心移动图纸，造成模型错位。

（8）依次选择“建筑”选项卡→“轴网”命令，在弹出的“修改 | 放置 轴网”上下文选项卡中选择“拾取线”命令，如图 2-36 和图 2-37 所示。

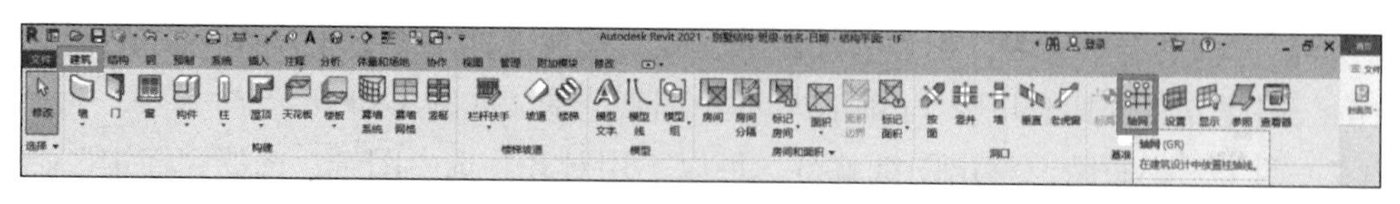

图 2-36

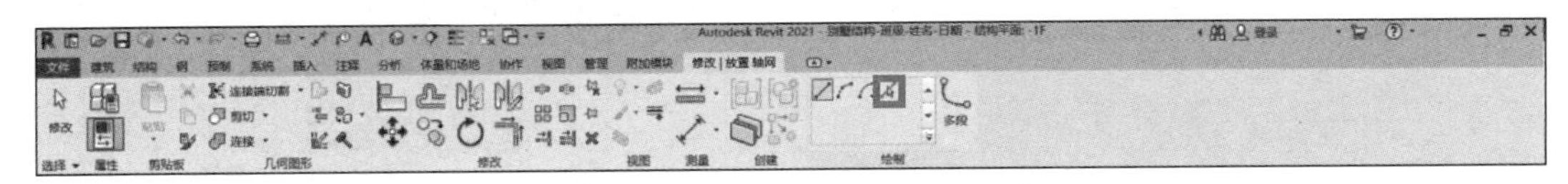

图　2-37

（9）按轴号顺序，依次单击图纸上的轴线。模型会自动生成轴线。拾取完成后按两次 Esc 键退出。拾取完的轴线如图 2-38 所示。

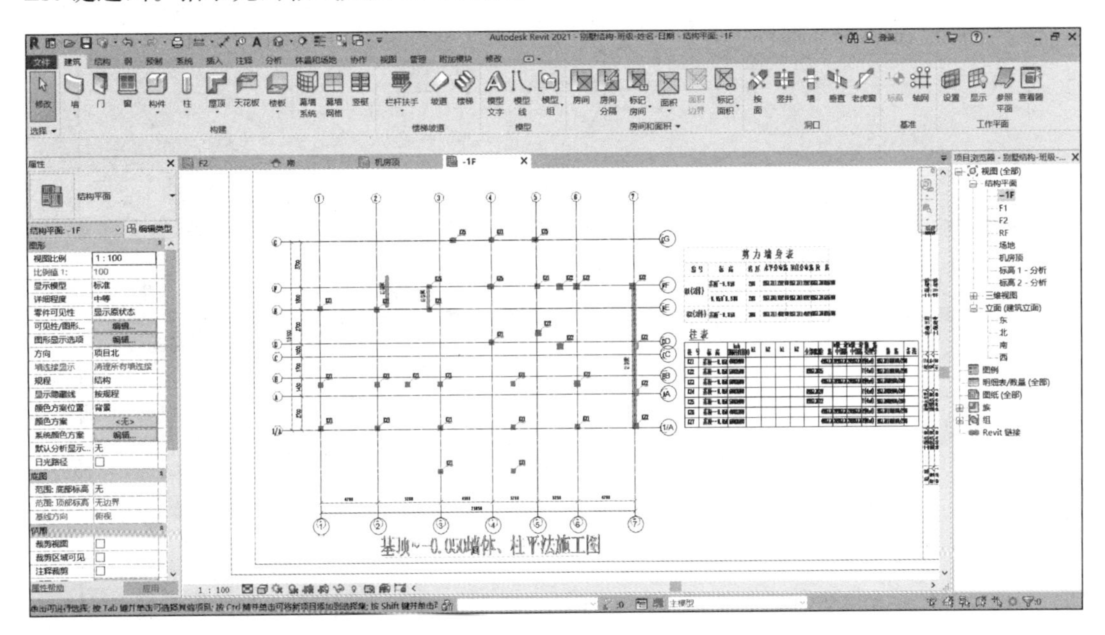

图　2-38

提示

模型中用拾取线命令拾取轴网时，会自动按数字或字母顺序编号，如果出现图纸中的编号有特殊变化，例如出现 1/3 轴号，应该在拾取该轴线后马上更改轴号，再继续往下拾取。

2.1.5　标高与轴网修改

任务流程：修改标高→修改轴网。

（1）修改标高：切换至南立面，会发现标高线的长度不美观，如图 2-39 所示，可以单击某一根标高线，拖动两端的端点改变其长度，如图 2-40 和图 2-41 所示。用同样的方法修改东、北、西三个立面中的标高。修改完成后锁定标高。

（2）修改轴网：双击“-1F”，切换至平面视图，选中某一根轴网，单击“编辑类型”按钮，如图 2-42 所示。可以对轴线是否连续，端点是否显示名称等进行更改，如图 2-43 所示。

（3）选中某一根轴线，可以拖动两端圆圈，改变轴线的长短，如图 2-44 所示。

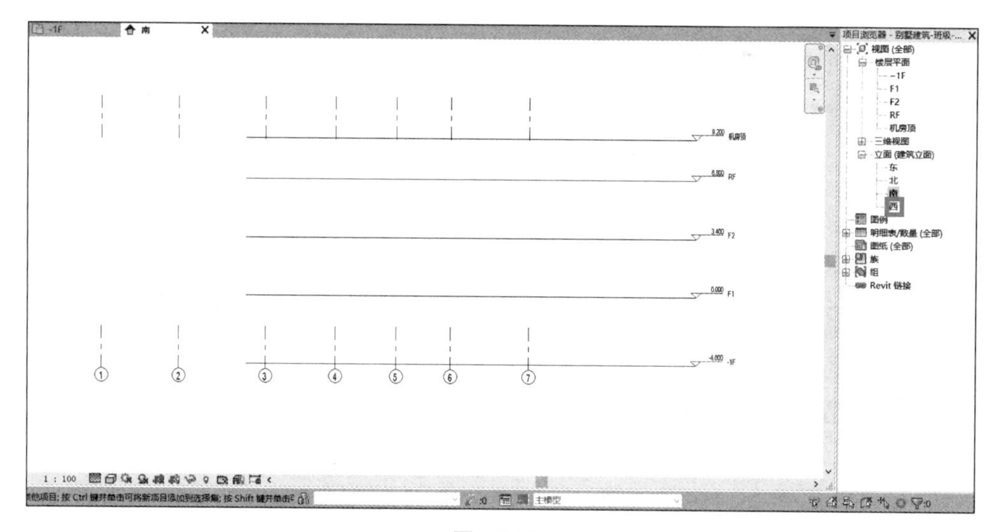

图 2-39

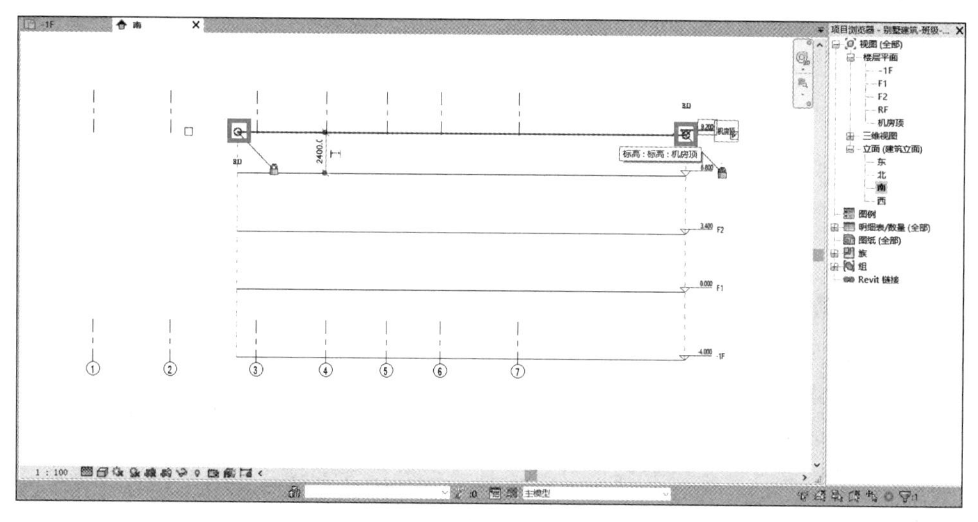

图 2-40

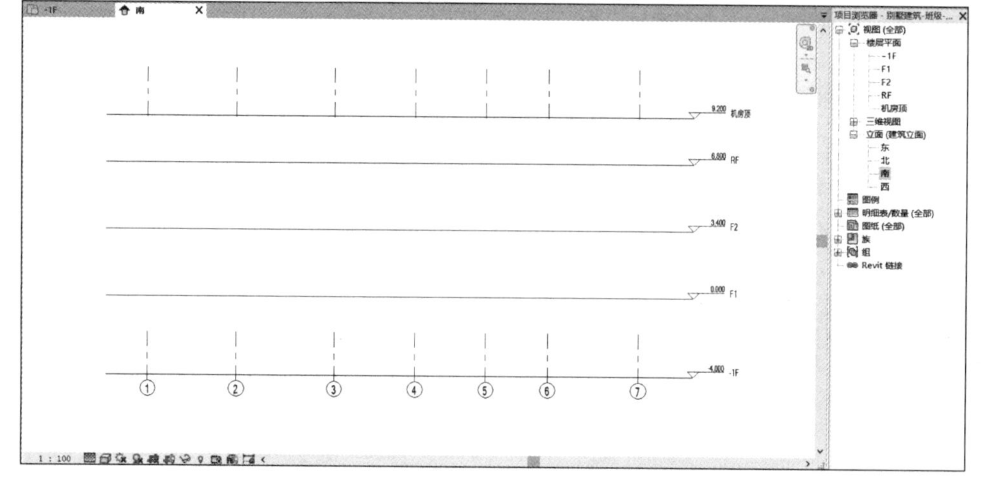

图 2-41

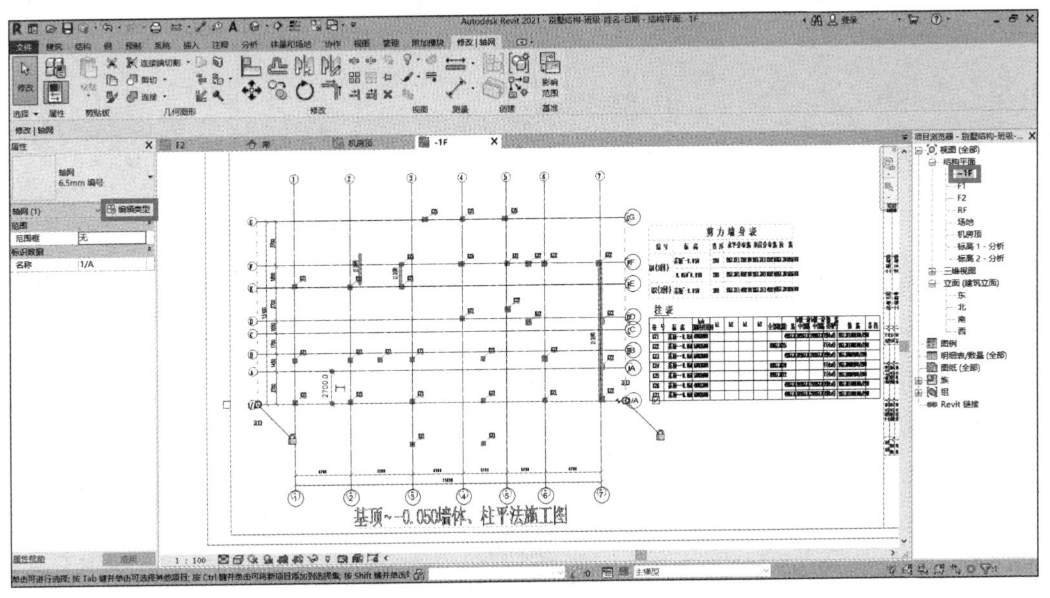

图　2-42

类型属性

族(F)：系统族：轴网　　载入(L)...

类型(T)：6.5mm 编号　　复制(D)...

重命名(R)...

类型参数(M)

参数	值
图形	
符号	M_轴网标头 - 圆
轴线中段	连续
轴线末段宽度	1
轴线末段颜色	黑色
轴线末段填充图案	轴网线
平面视图轴号端点 1 (默认)	☑
平面视图轴号端点 2 (默认)	☑
非平面视图符号(默认)	顶

这些属性执行什么操作？

<< 预览(P)　确定　取消　应用

图　2-43

提示

当选中某一根轴线后，会出现一个“锁”的标记，代表拖动圆圈时，与虚线相交的轴线端点一起拖动，如果单击“锁”符号，“锁”会呈打开状态，拖动时只拖动当前轴线的端点。

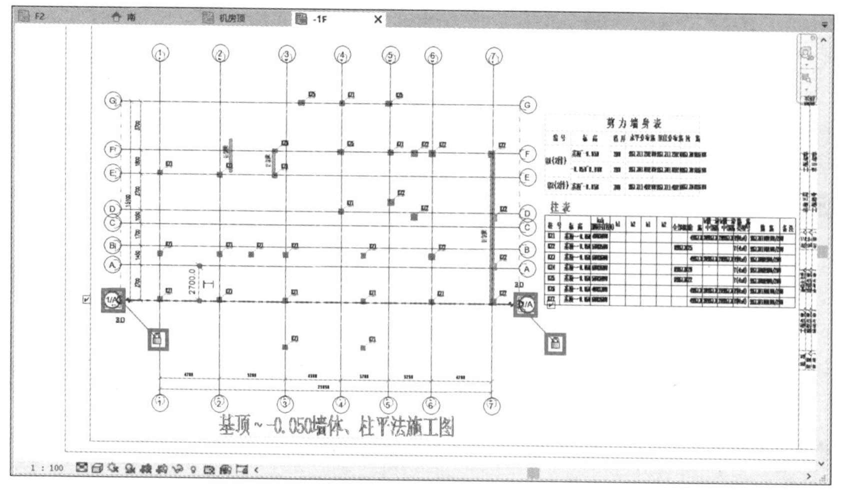

图 2-44

（4）选中某一根轴线，单击箭头所示的折线符号，如图 2-45 所示，则轴线端点会出现偏移，用于修改两个轴号有重叠的情况。拖动箭头所示转折点，可以改变轴号的上下位置，如图 2-46 所示。

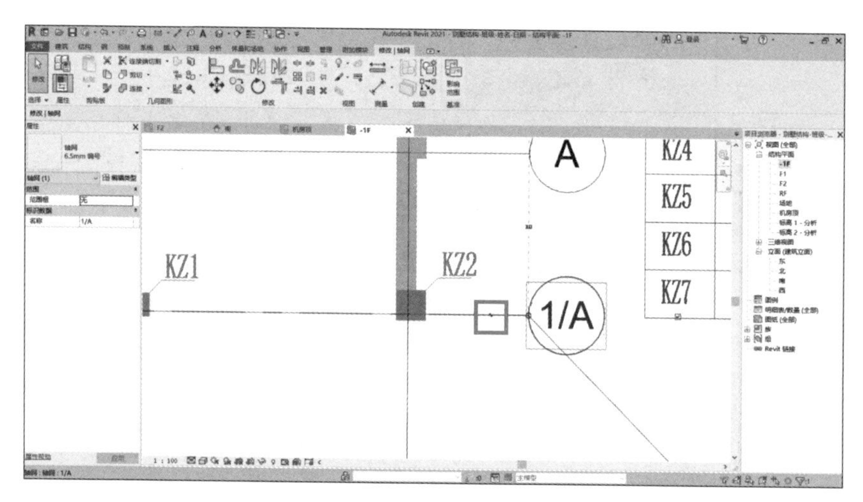

图 2-45

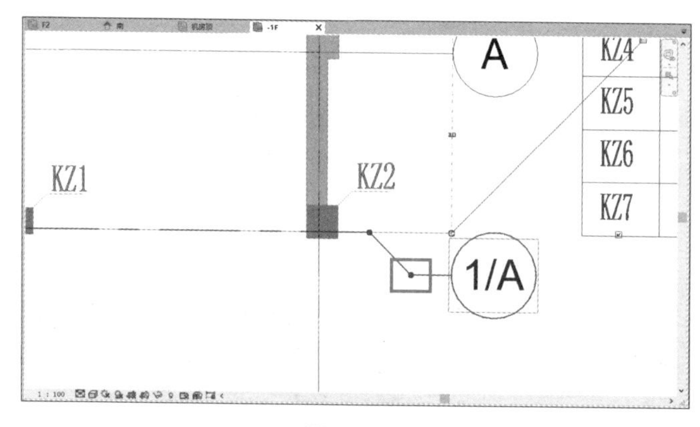

图 2-46

（5）单击或框选修改好的轴线或标高，单击“影响范围”命令，如图 2-47 所示，勾选所需视图，可以将本视图里面的修改复制到其他视图中，如图 2-48 所示。

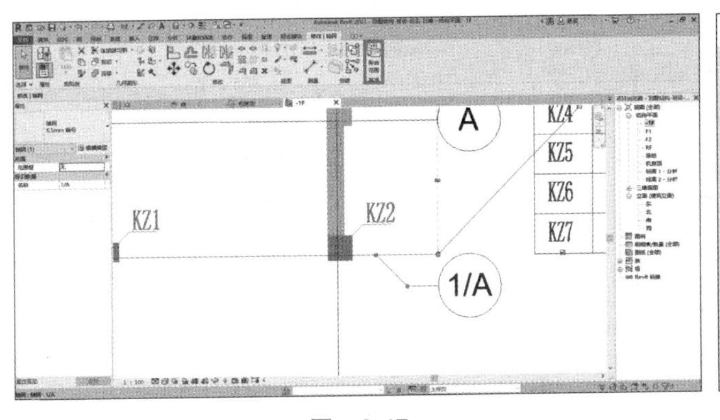

图　2-47

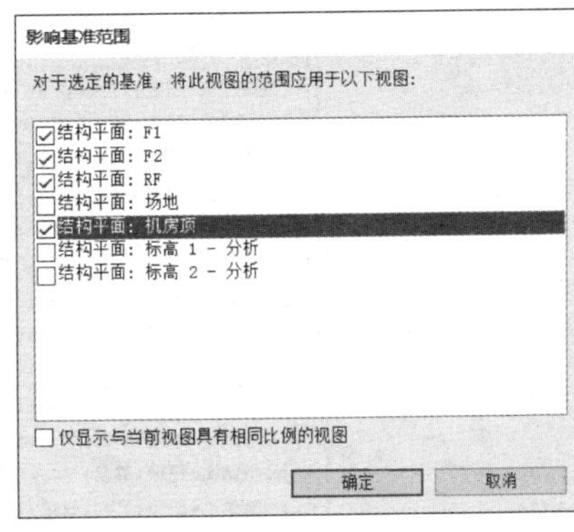

图　2-48

（6）锁定轴网：从右到左框选所有轴网，选择“锁定”命令，将轴网锁定，防止误操作移动轴网，如图 2-49 所示。

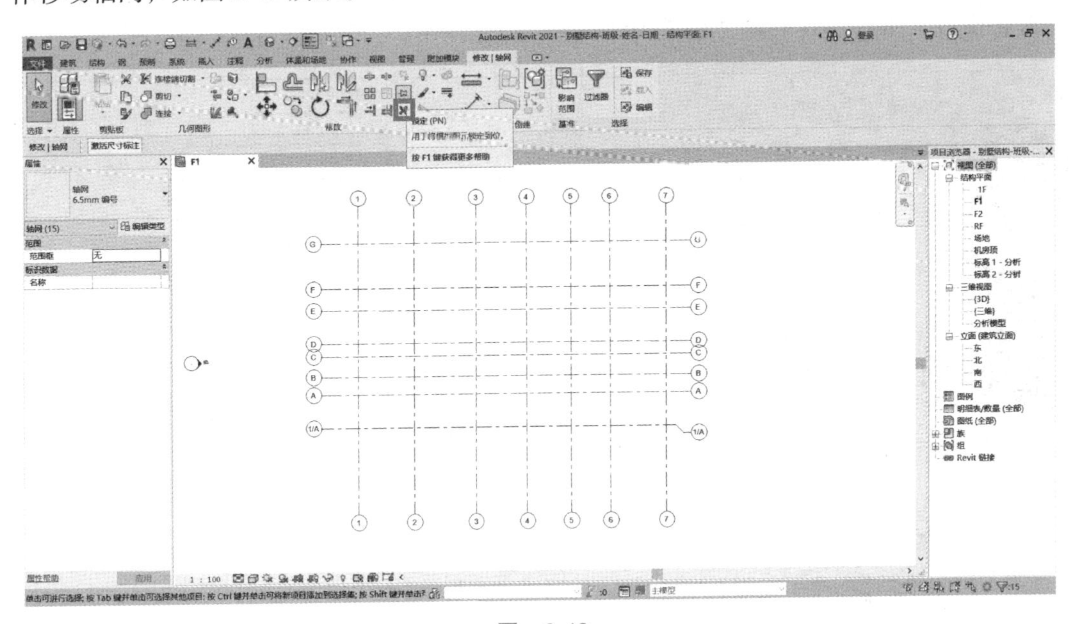

图　2-49

（7）按 Ctrl+S 组合键保存项目。

提示

（1）项目要经常保存，避免软件崩溃造成项目未保存的情况。

（2）每次保存时，软件会自动生成一些备份文件，备份文件会在正常命名文件后加 .0001，.0002……如图 2-50 所示。数字越大代表离最新的文件最接近，在软件崩溃而项目没来得及保存时可以打开带数字的文件，然后再另存为。在提交项目文件时不要提交带数字的文件。

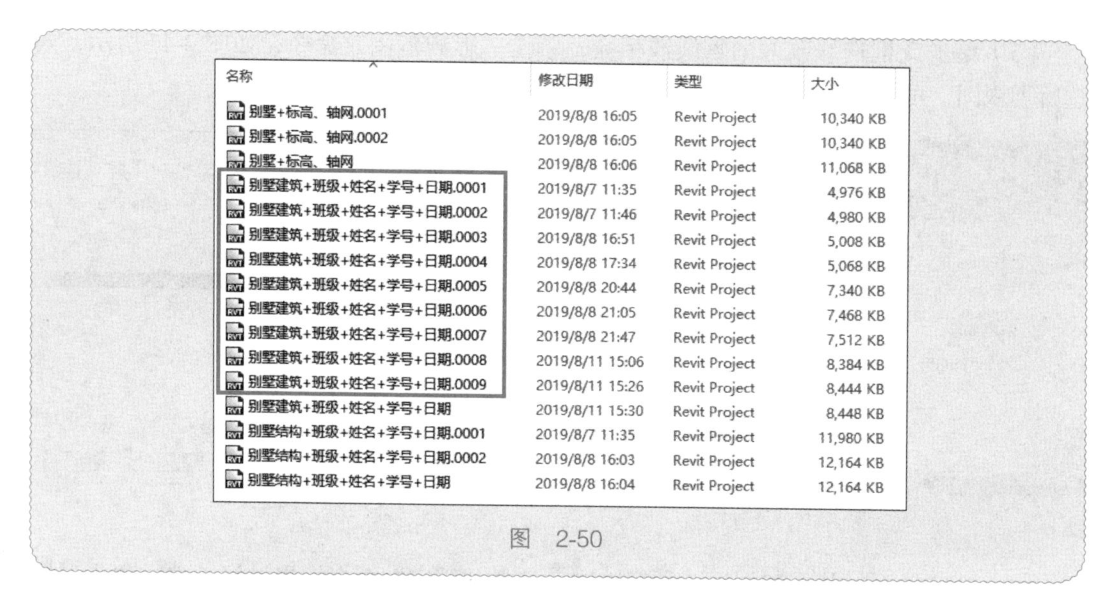

图 2-50

在“另存为”对话框中单击“选项”按钮，在弹出的“文件保存选项”对话框中可以修改备份数，如图 2-51 和图 2-52 所示。

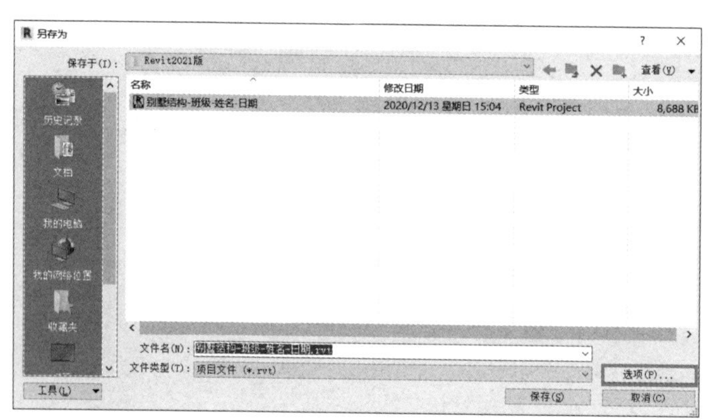

图 2-51

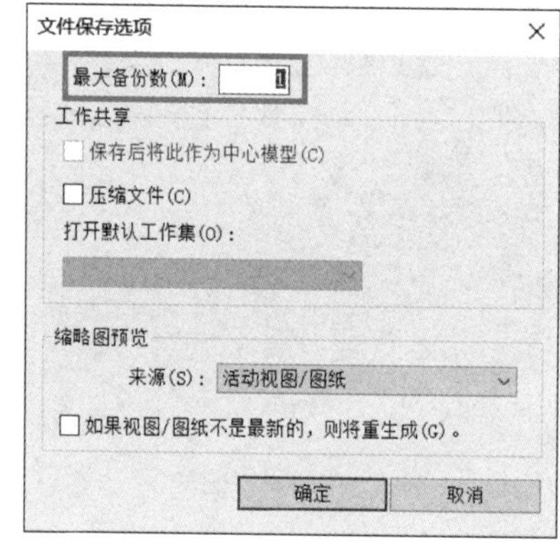

图 2-52

学习任务

根据给定项目图纸完成结构模型标高、轴网的创建。

任务 2.2 结构墙、柱的创建

2.2.1 结构墙创建

任务流程：选择结构墙命令→选择墙类型→复制墙→按图绘制结构墙。

在标高、轴网创建后，应先创建竖向构件，再创建水平构件。竖向构件包括结构墙、柱；水平构件包括梁、板等。

（1）查看结构墙、柱图中墙体厚度，Q1 为 200mm 厚，Q2 为 300mm 厚，如图 2-53 所示。

教学视频：
结构墙建模

（2）绘制 2 轴附近的 Q1 墙：进入 -1F 平面视图，依次选择“结构”选项卡→“墙”下拉列表→“墙：结构”命令，如图 2-54 所示。进入墙体绘制界面，如图 2-55 所示。

剪力墙身表

编号	标高	墙厚	水平分布筋	垂直分布筋	拉筋
Q1(2排)	基顶~-0.050	200	Φ12@200	Φ12@200	Φ8@600
	-0.050~8.900	200	Φ10@200	Φ10@200	Φ6@600
Q2(2排)	基顶~-0.050	300	Φ14@200	Φ14@200	Φ8@600

图　2-53

图　2-54

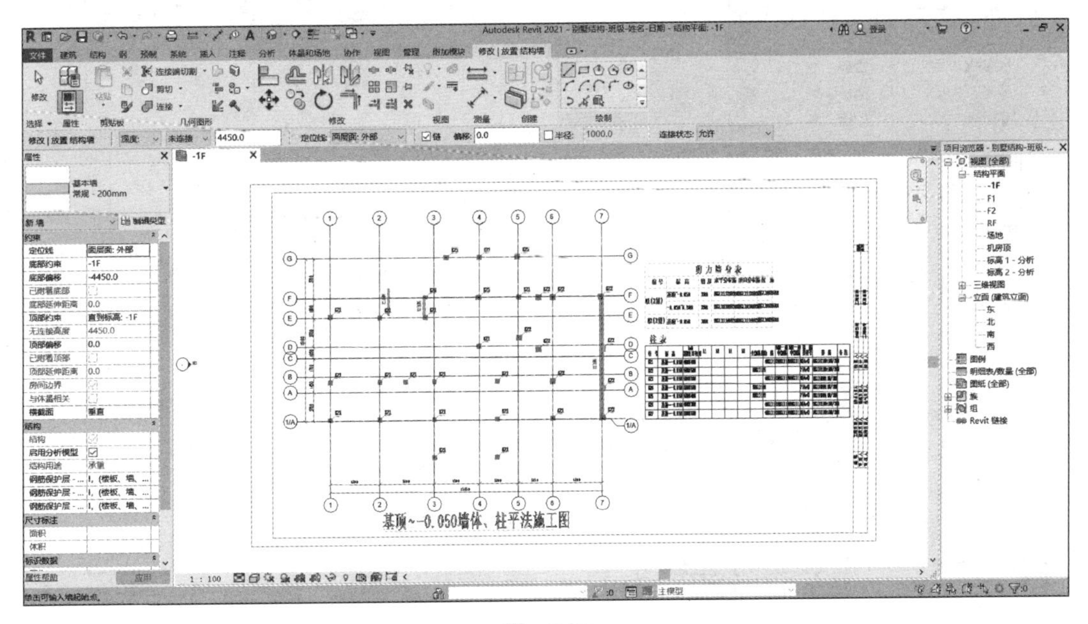

图　2-55

（3）修改墙体名称及颜色：单击“编辑类型”按钮，如图 2-56 所示。在弹出的对话框中单击“复制”按钮，如图 2-57 所示。在弹出的对话框中命名为“结构墙 -200mm”，如图 2-58 所示，单击“确定”按钮。

提示

墙体的名称应命名准确，宜与图纸一致。

（4）单击“编辑”按钮，如图 2-59 所示。弹出“编辑部件”对话框，将“厚度”设置为“200.0”，单击“按类别”旁边的三个点，如图 2-60 所示，修改材质。

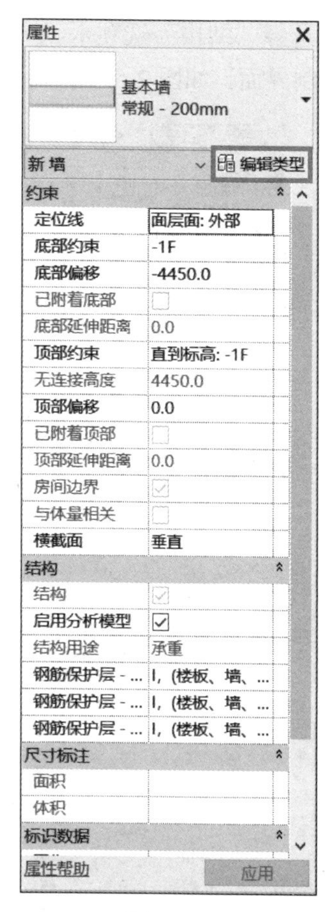

属性
基本墙
常规 - 200mm
新墙
编辑类型
约束
定位线 面层面: 外部
底部约束 -1F
底部偏移 -4450.0
已附着底部
底部延伸距离 0.0
顶部约束 直到标高: -1F
无连接高度 4450.0
顶部偏移 0.0
已附着顶部
顶部延伸距离 0.0
房间边界
与体量相关
横截面 垂直
结构
结构
启用分析模型
结构用途 承重
钢筋保护层 - ... I, (楼板、墙、...
钢筋保护层 - ... I, (楼板、墙、...
钢筋保护层 - ... I, (楼板、墙、...
尺寸标注
面积
体积
标识数据
属性帮助
应用

图 2-56

类型属性
族(F): 系统族:基本墙
载入(L)...
类型(T): 常规 - 200mm
复制(D)...
重命名(R)...
类型参数(M)
参数
值
构造
结构 编辑...
在插入点包络 不包络
在端点包络 无
厚度 200.0
功能 外部
图形
粗略比例填充样式
粗略比例填充颜色 黑色
材质和装饰
结构材质 <按类别>
分析属性
传热系数(U)
热阻(R)
热质量
吸收率 0.700000
这些属性执行什么操作?
<< 预览(P)
确定
取消
应用

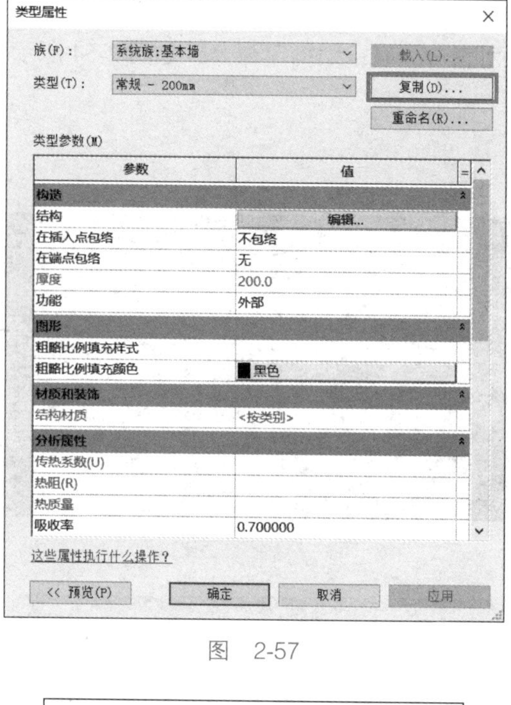

图 2-57

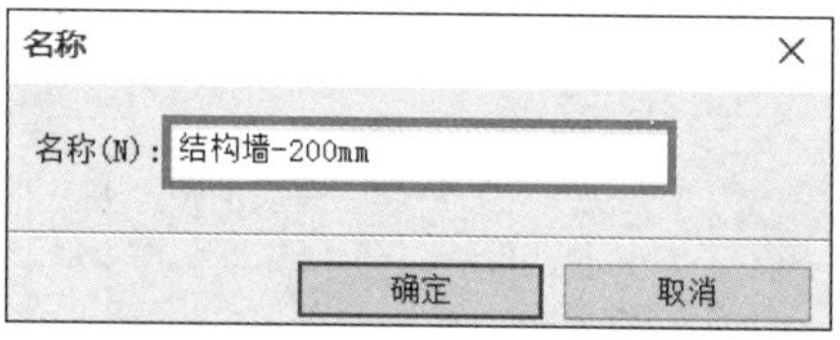

名称
名称(N): 结构墙-200mm
确定
取消

图 2-58

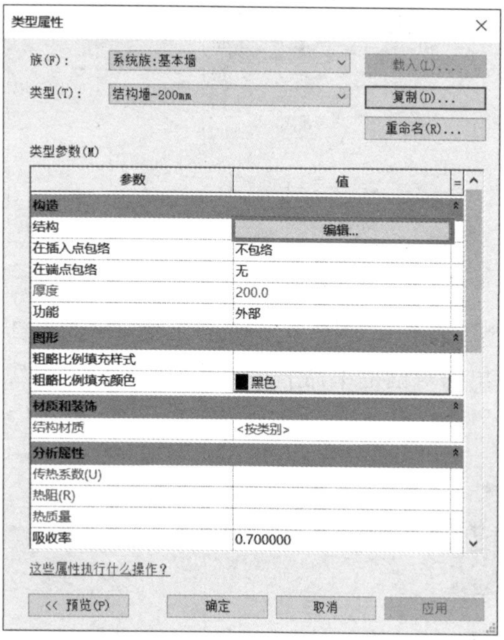

类型属性
族(F): 系统族:基本墙
载入(L)...
类型(T): 结构墙-200mm
复制(D)...
重命名(R)...
类型参数(M)
参数
值
构造
结构 编辑...
在插入点包络 不包络
在端点包络 无
厚度 200.0
功能 外部
图形
粗略比例填充样式
粗略比例填充颜色 黑色
材质和装饰
结构材质 <按类别>
分析属性
传热系数(U)
热阻(R)
热质量
吸收率 0.700000
这些属性执行什么操作?
<< 预览(P)
确定
取消
应用

图 2-59

编辑部件
族: 基本墙
类型: 结构墙-200mm
厚度总计: 200.0
样本高度(S): 6000.0
阻力(R): 0.0000 (m²·K)/W
热质量: 0.00 kJ/K
层
外部边
功能 材质 厚度 包络 结构材质
1 核心边界 包络上层 0.0
2 结构 [1] <按类别> 200.0
3 核心边界 包络下层 0.0
内部边
插入(I)
删除(D)
向上(U)
向下(O)
默认包络
插入点(N): 不包络
结束点(E): 无
修改垂直结构(仅限于剖面预览中)
修改(M)
合并区域(G)
墙饰条(W)
指定层(A)
拆分区域(L)
分隔条(R)
确定
取消
帮助(H)
<< 预览(P)

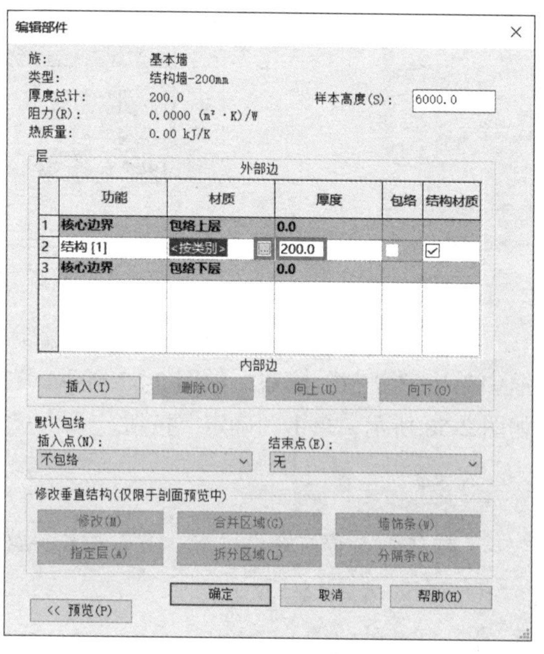

图 2-60

提示

需单击“按类别”选项后，右边的三个点才会出现。

（5）在弹出的“材质浏览器”对话框中，单击“新建材质”按钮，如图 2-61 所示。

图　2-61

（6）右击“默认为新材质”，将其名称重命名为“结构墙”，如图 2-62 和图 2-63 所示。

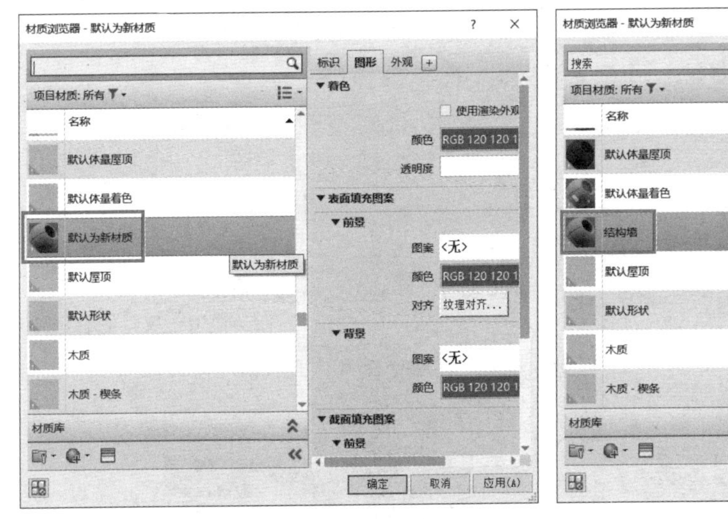

图　2-62

图　2-63

（7）依次选择“外观”选项卡→“常规”列表框→“未选定图像”选项，如图 2-64 所示，此时可能出现一个空的文件夹浏览地址，单击“取消”按钮，如图 2-65 所示。

（8）选中任意一个带颜色的材质，如“场地 - 碎石”，如图 2-66 所示。单击图像名称，弹出“选择文件”对话框，不作任何操作，单击“取消”按钮，如图 2-67 所示。

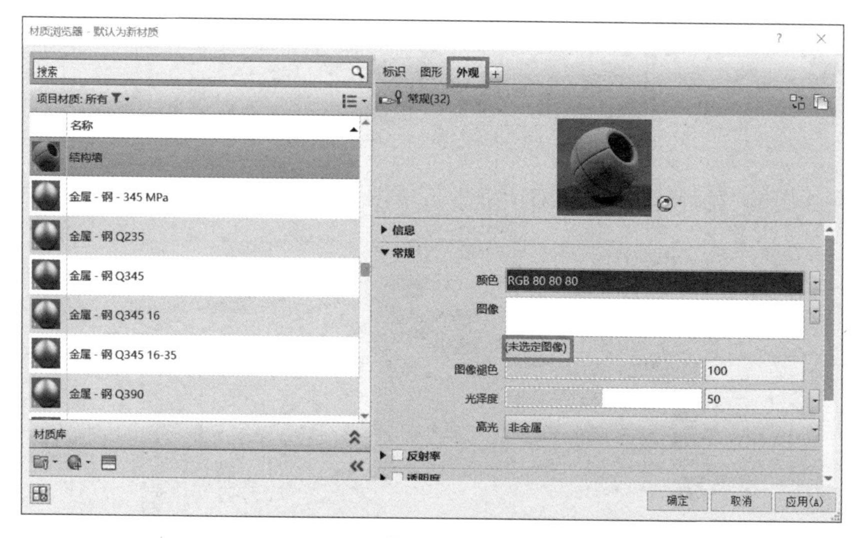

图 2-64

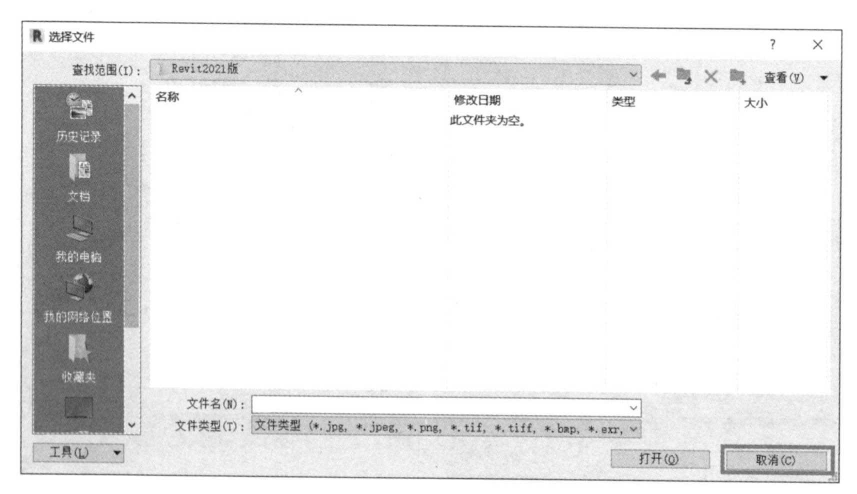

图 2-65

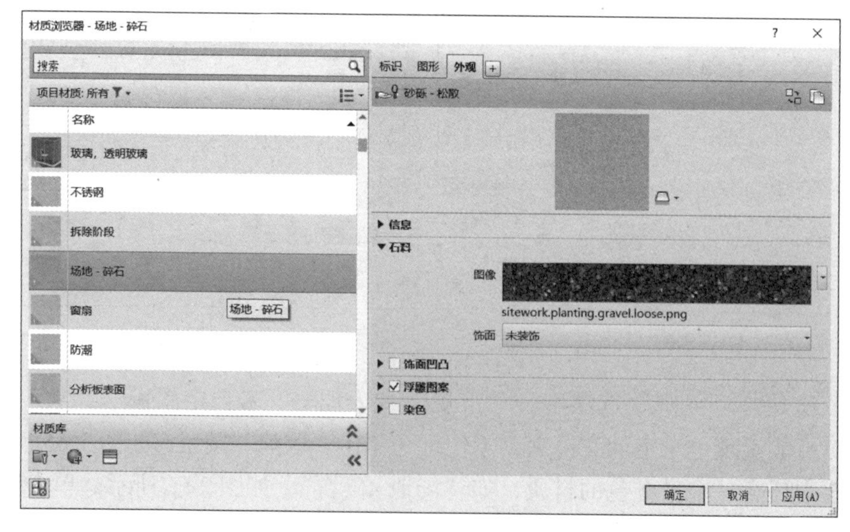

图 2-66

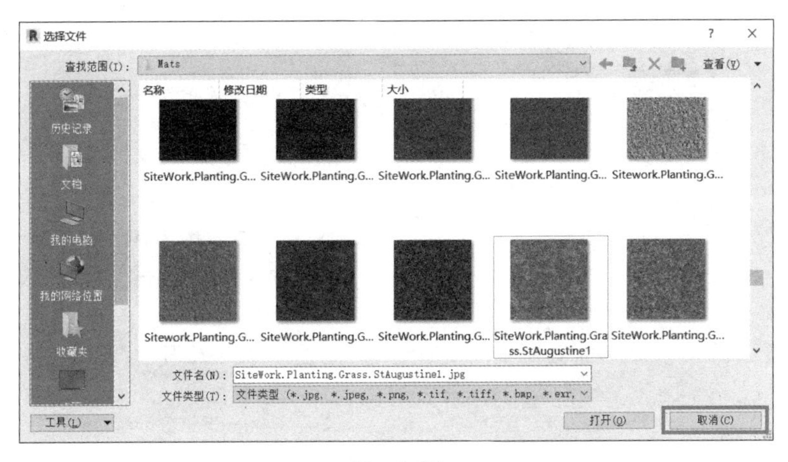

图　2-67

（9）依次选择“结构墙”材质→“外观”选项卡→“常规”列表框→“未选定图像”选项，如图 2-68 所示。此时弹出的对话框中就会出现材质贴图，如图 2-69 所示，选择所需图片，单击“打开”按钮，完成材质贴图的添加，如图 2-70 所示。

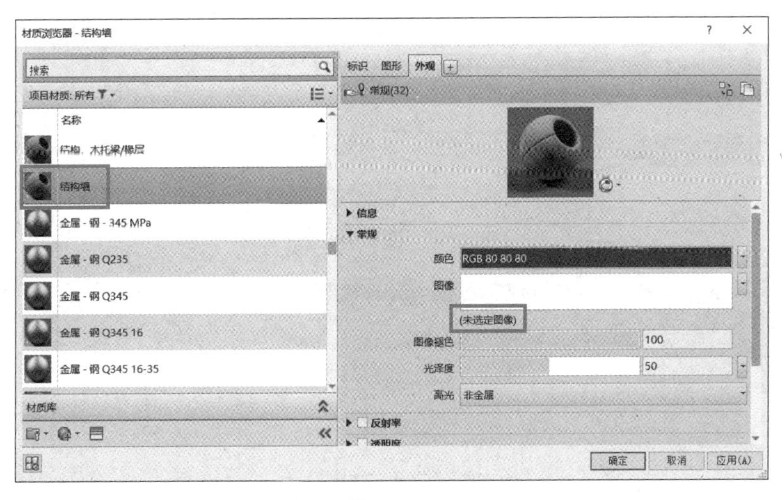

图　2-68

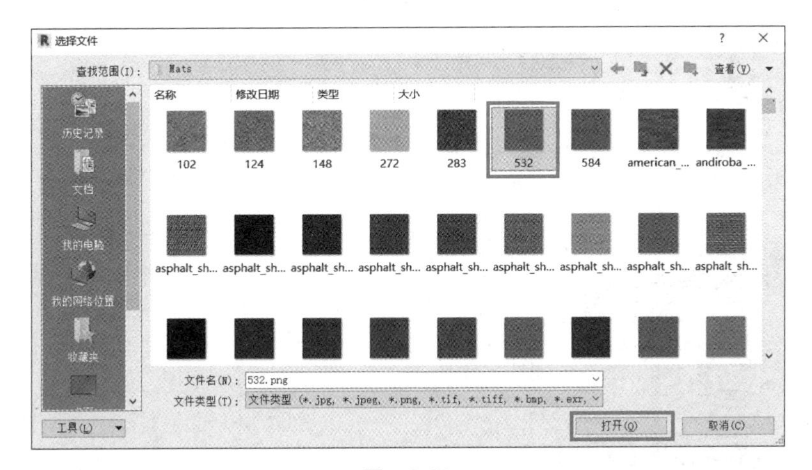

图　2-69

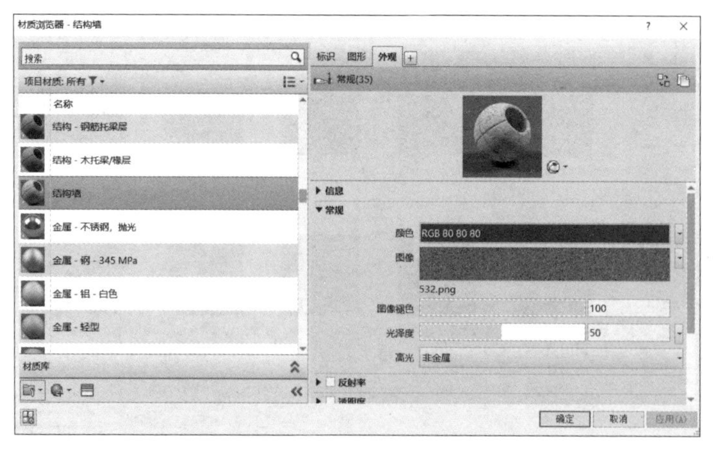

图 2-70

（10）选择“图形”选项卡，在“着色”列表框中勾选“使用渲染外观”选项，如图 2-71 所示。依次单击“确定”按钮完成材质添加，如图 2-72 所示。

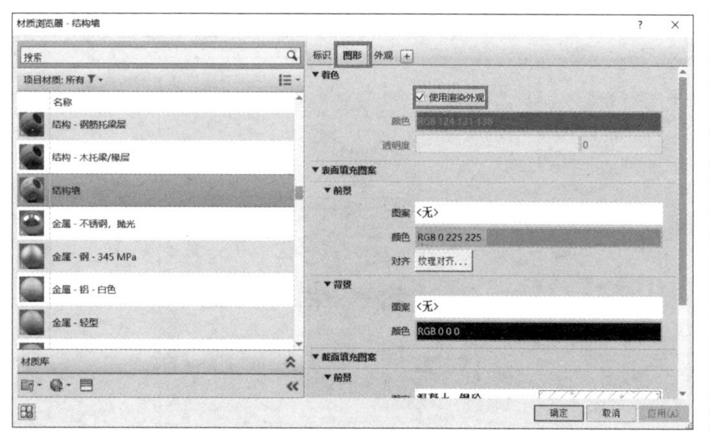

图 2-71

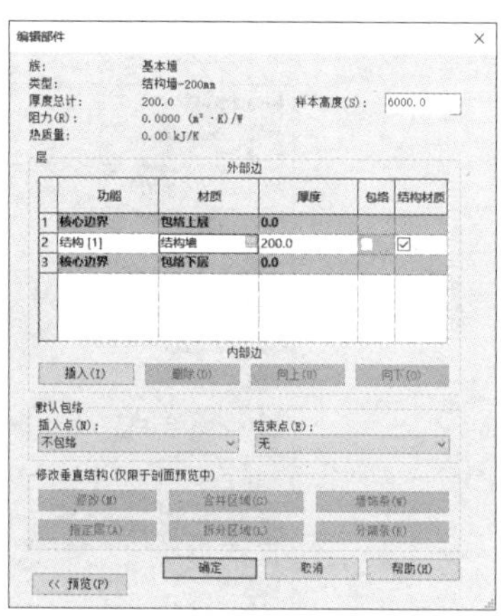

图 2-72

（11）依次更改“深度”为“高度”；“定位线”为“面层面：外部”；“底部偏移”为“-450”；“顶部约束”为“直到标高：F1”；“顶部偏移”为“-50”，如图 2-73 所示。依次单击结构墙的起点和终点，如图 2-74 所示。按两次 Esc 键退出，完成墙体绘制，如图 2-75 所示。

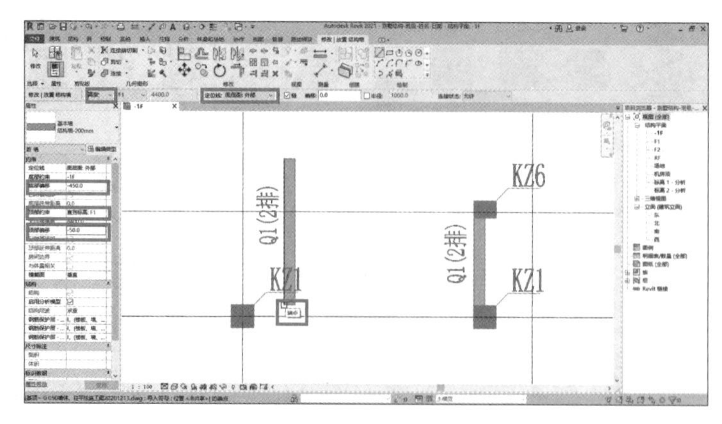

图 2-73

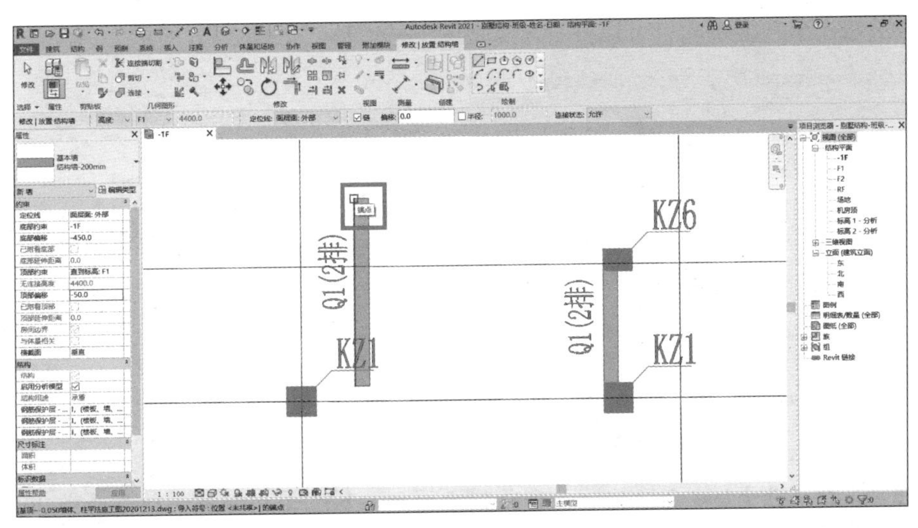

图 2-74

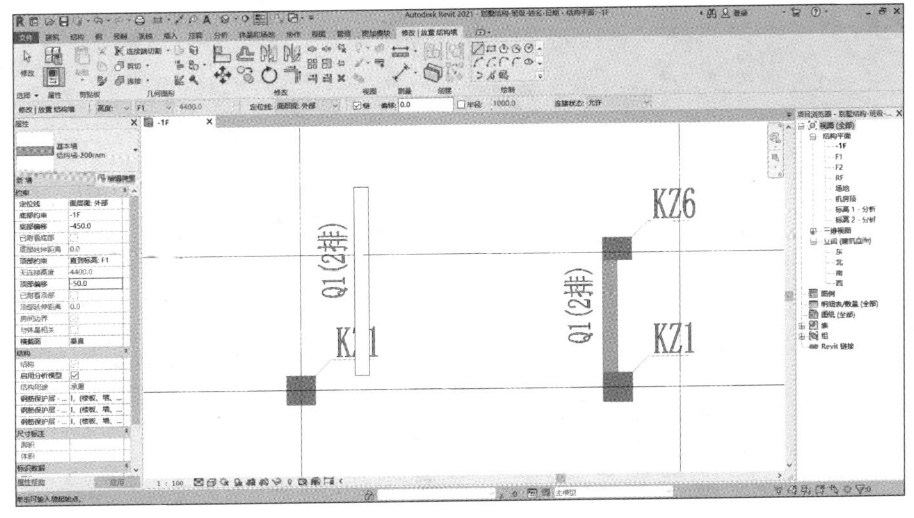

图 2-75

提示

图 2-73 中各个参数含义如下。

（1）“高度”是指向上绘制。

（2）“深度”是指向下绘制，会出现在视图中不可见的情况。

（3）“面层面：外部”影响绘制的方向。

（4）“底部偏移”为“−450”是指由于没有基础图，自己定义基础标高为 −450mm。

（5）“顶部约束”为“直到标高：F1”：竖向构件建模时，应该一层层地建模，将顶部约束设置为上一层，不要将顶部约束设置到屋顶。

（6）“顶部偏移”为“−50”：图纸中该层的结构标高是到 −0.050，而上面的顶部约束是选择的 F1，其标高为 0.000。因此，结构墙或柱的顶部标高应该在 F1 的基础上减去 50mm。

（12）切换至三维视图，可以查看三维视图下的墙体，如图 2-76 所示。

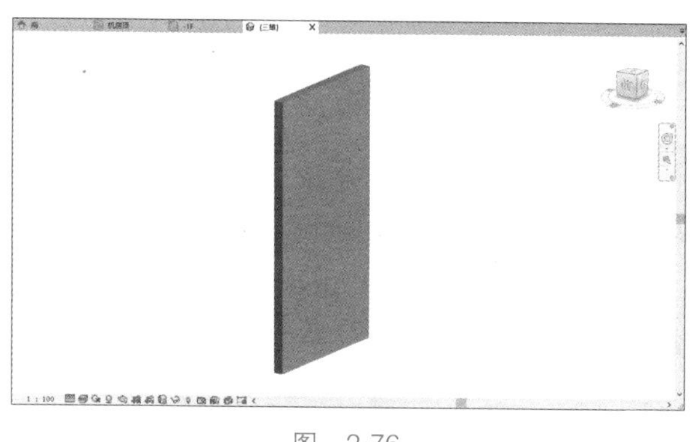

图　2-76

提示

将视觉样式切换为真实模式。

（13）绘制 7 轴上的 Q2 结构墙：查看图纸得到 Q2 墙厚 300mm，单击选中 200mm 厚的墙，右击选择“创建类似实例”选项。确保绘制方式为“高度”。

提示

快捷键 CS 使用率很高，可减少参数设置的步骤，提高工作效率。

（14）单击“编辑类型”按钮，如图 2-77 所示。弹出“类型属性”对话框，单击“复制”按钮，如图 2-78 所示。在弹出的对话框中命名为“结构墙 -300mm”，单击“确定”按钮，如图 2-79 所示。

图　2-77

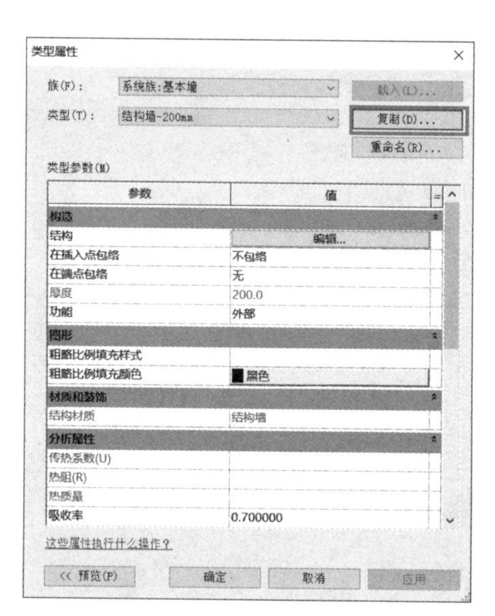

图　2-78

图　2-79

（15）单击“编辑”按钮，如图 2-80 所示。弹出“编辑部件”对话框，将“厚度”改为“300.0”，如图2-81 所示。依次单击两次“确定”按钮，退出墙体编辑，如图 2-82 所示。

（16）单击图纸中要画的墙体的起点和终点，完成绘制，如图 2-83 所示。

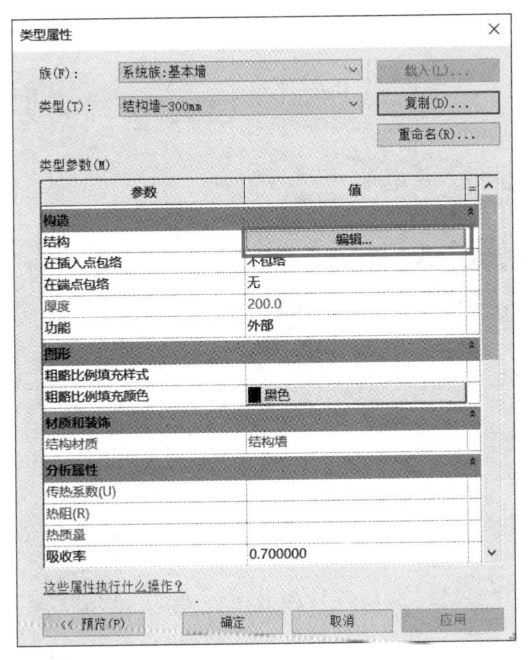

图　2-80

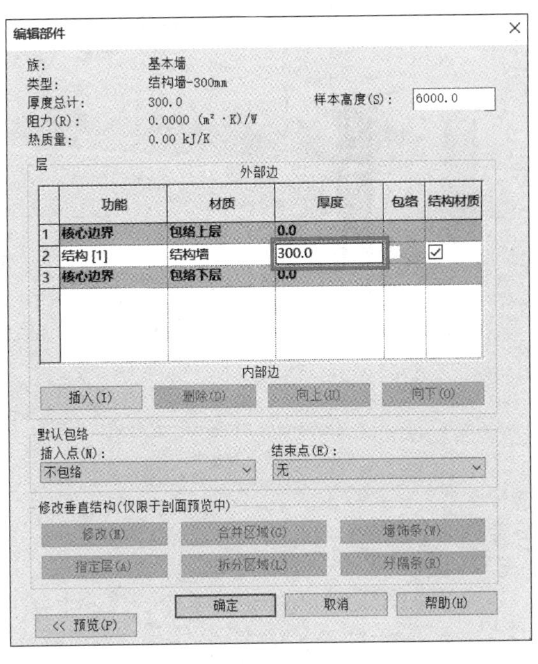

图　2-81

图　2-82

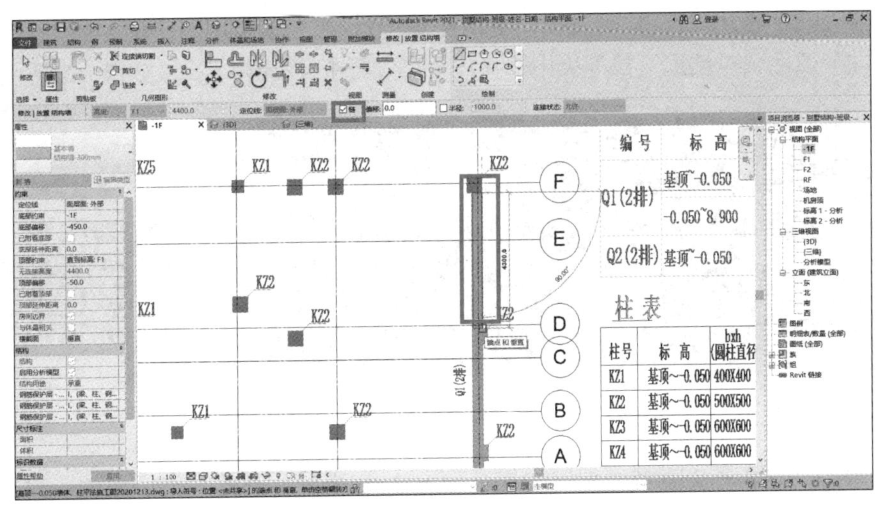

图　2-83

提示

（1）绘制墙体时在柱子处断开。

（2）绘制墙体时，取消勾选“链”选项，则墙体绘制时不会连续。此操作用于在柱子处断开不连续绘制的情况。

（17）为了让模型美观，可以单击“真实”按钮，如图 2-84 所示。弹出“图形显示选项”对话框，在“模型显示”列表框中取消勾选“显示边缘”选项，在“阴影”列表框中勾选“投射阴影”选项，单击“确定”按钮，如图 2-85 所示。

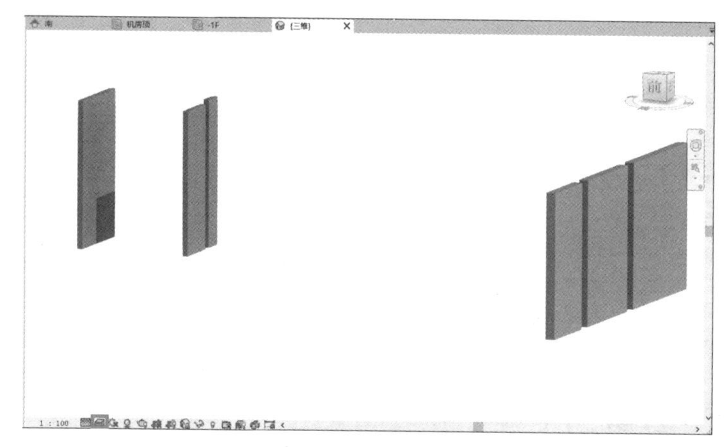

图 2-84

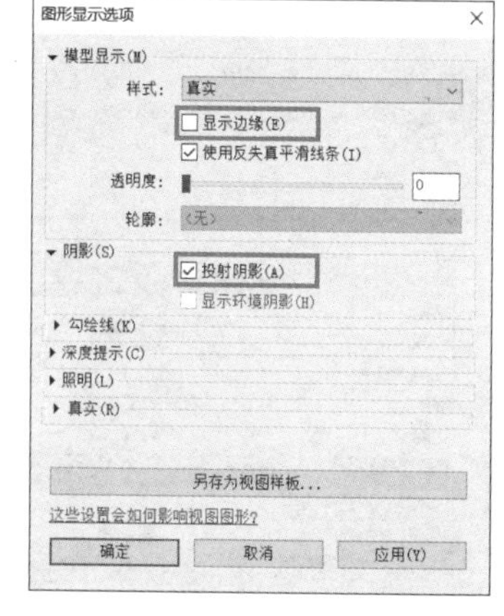

图 2-85

2.2.2 结构柱的创建

教学视频：结构柱建模

任务流程：选择结构柱命令→选择柱类型→复制柱类型→按图放置结构柱→修改柱标高→复制柱。

（1）如图 2-86 所示，−1F（基顶 ~−0.050）的 KZ1 尺寸为 400 × 400。

（2）进入 −1F 平面视图，依次选择“结构”选项卡→“柱”命令，如图 2-87 所示。在“属性”对话框下拉列表中选择任一“混凝土 - 矩形 - 柱”，如图 2-88 所示。

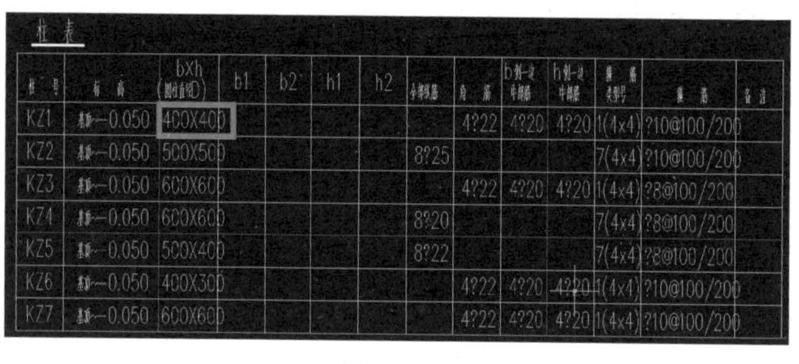

柱表

柱号	标高	bXh（圆柱直径D）	b1	b2	h1	h2	全部纵筋	角筋	b边一侧中部筋	h边一侧中部筋	箍筋类型号	箍筋	备注
KZ1	基顶~-0.050	400X400						4?22	4?20	4?20	1(4x4)	?10@100/200	
KZ2	基顶~-0.050	500X500					8?25				7(4x4)	?10@100/200	
KZ3	基顶~-0.050	600X600						4?22	4?20	4?20	1(4x4)	?8@100/200	
KZ4	基顶~-0.050	600X600					8?20				7(4x4)	?8@100/200	
KZ5	基顶~-0.050	500X400					8?22				7(4x4)	?8@100/200	
KZ6	基顶~-0.050	400X300						4?22	4?20	4?20	1(4x4)	?10@100/200	
KZ7	基顶~-0.050	600X600						4?22	4?20	4?20	1(4x4)	?10@100/200	

图 2-86

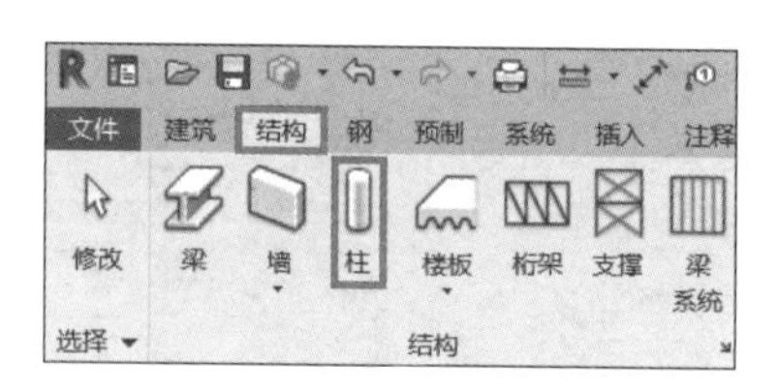

图 2-87

（3）单击“编辑类型”按钮，如图 2-89 所示。弹出“类型属性”对话框，单击“复制”按钮。在弹出的对话框中命名为“400 × 400mm”，单击“确定”按钮，如图 2-90 和图 2-91 所示。

（4）将 b 和 h 均改为“400.0”，单击“确定”按钮，如图 2-92 所示。

（5）将“深度”改为“高度”，“未连接”改为“F1”，如图 2-93 所示。

（6）在图纸中 KZ1 的旁边单击放置柱，如图 2-94 所示，按两次 Esc 键退出。

（7）选中刚放置的柱，选择“移动”命令，如图 2-95 所示。单击柱子的某一个端点，将其移动到图纸中 KZ1 的相应位置，如图 2-96 所示。

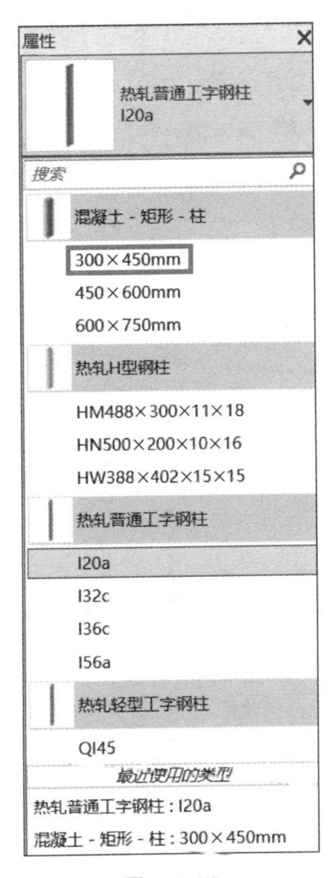

图 2-88

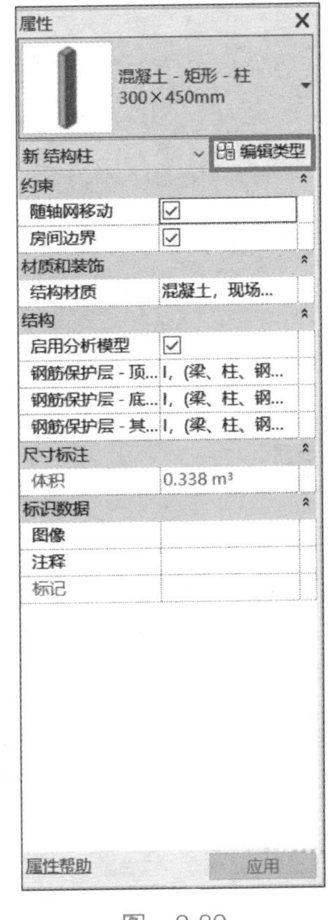

图 2-89

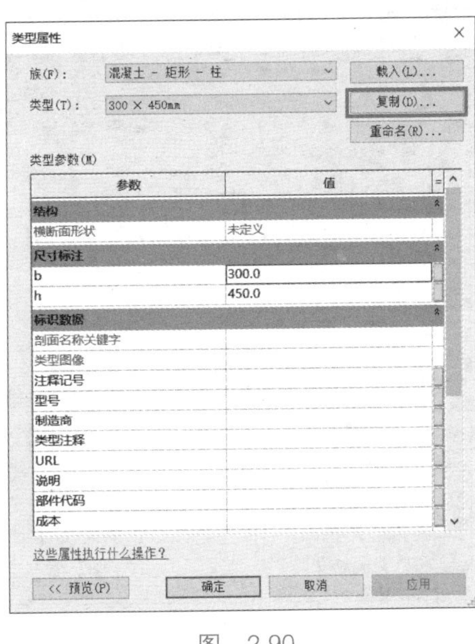

图 2-90

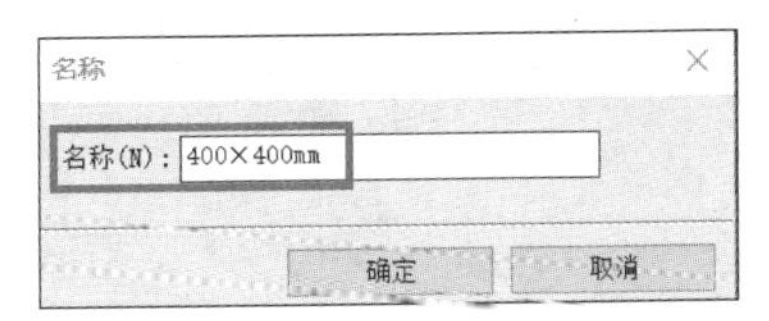

图 2-91

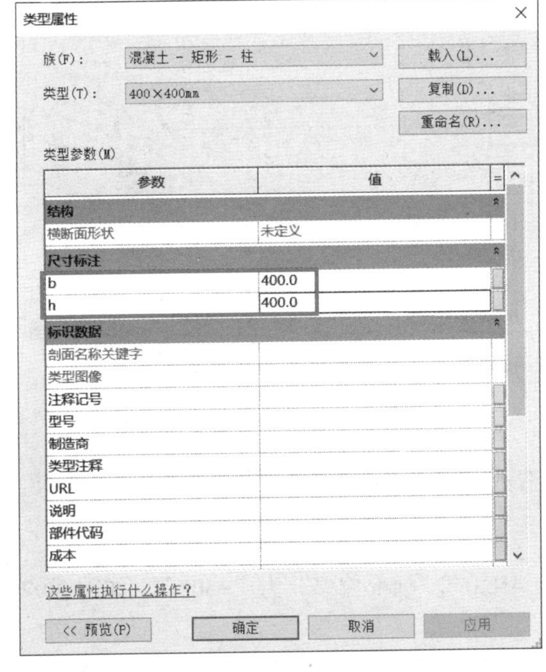

图 2-92

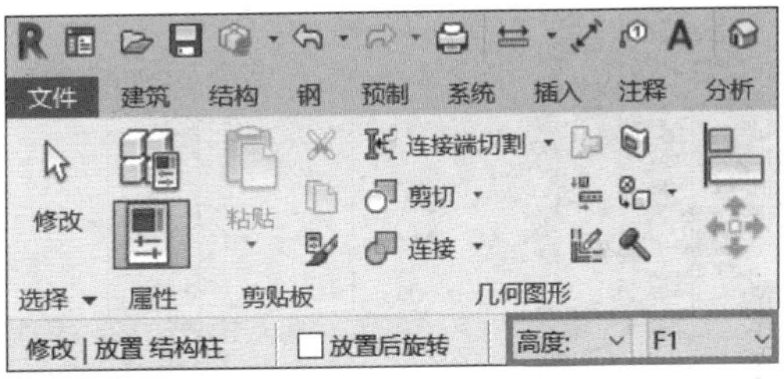

图 2-93

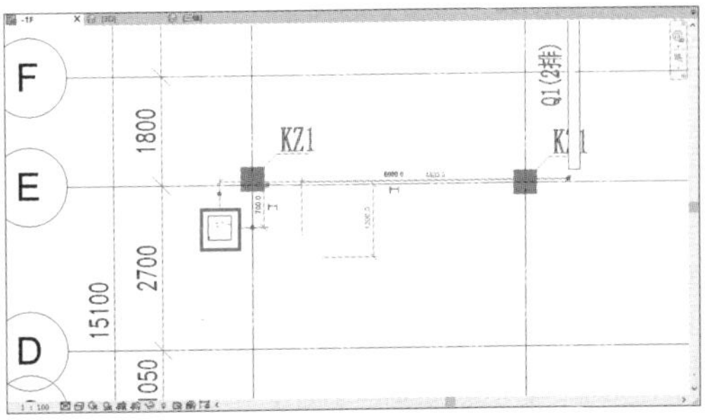

图 2-94

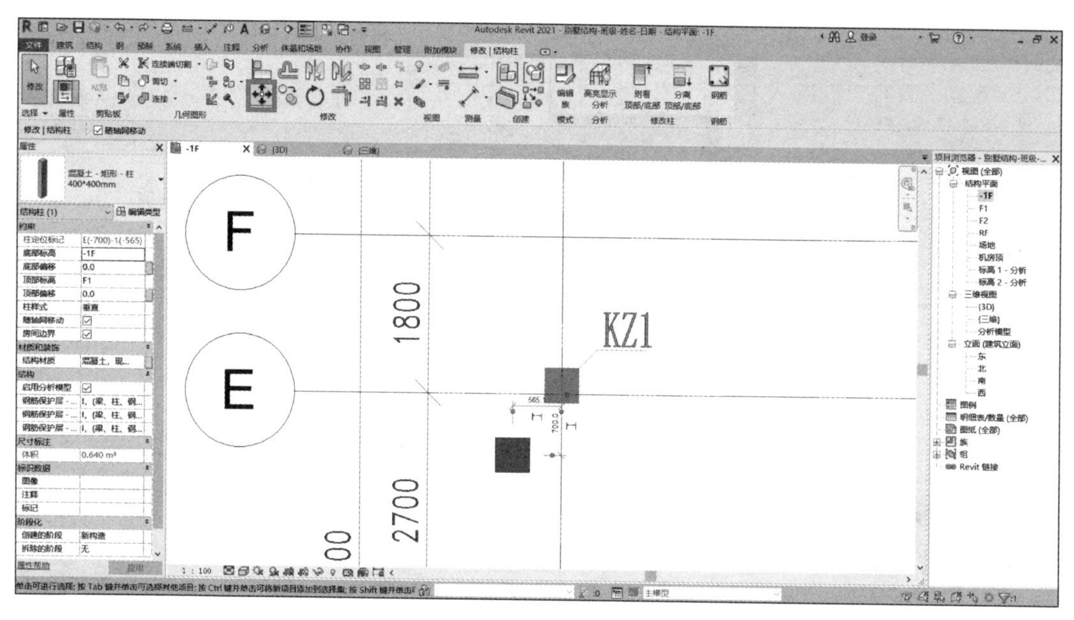

图 2-95

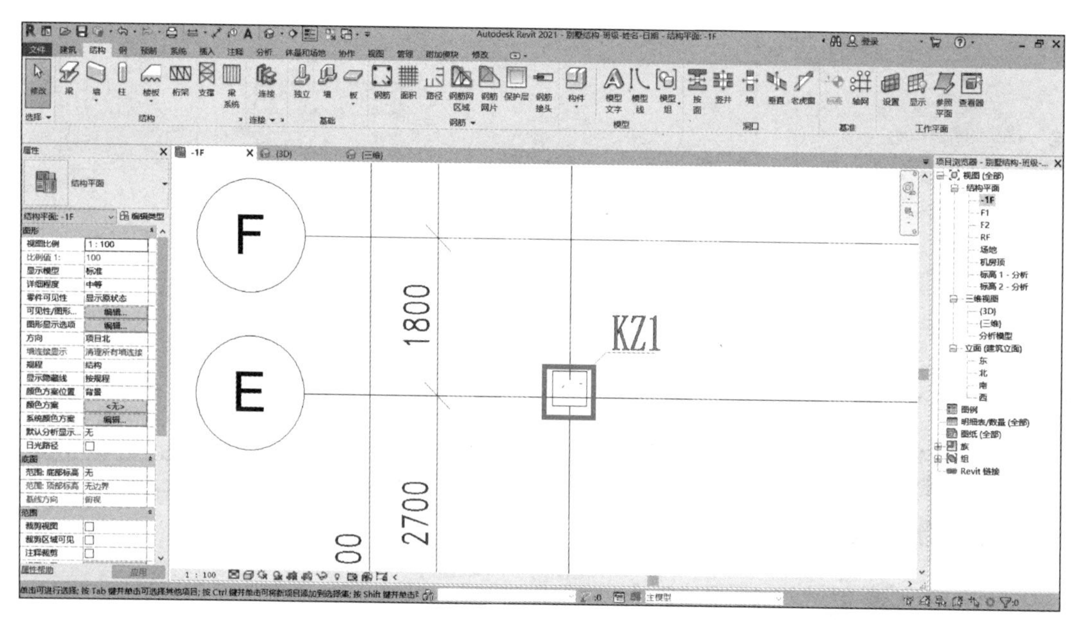

图 2-96

提示

也可以选择“对齐”命令，将模型柱与图纸中柱对齐。

（8）修改柱子参数如下：“底部偏移”为“−450.0”，“顶部偏移”为“−50.0”，如图 2-97 所示。图标移至绘图区域，完成结构柱创建。

（9）其他尺寸的柱子使用“复制”命令进行创建。切换至三维视图，查看绘制完成后的结构柱，如图 2-98 所示。

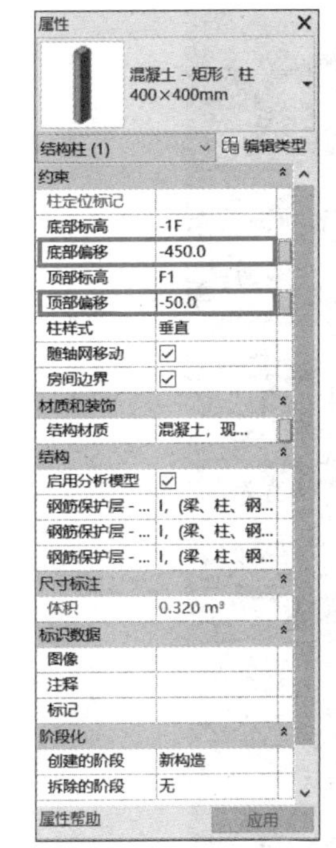

图　2-97

提示

不同尺寸的用“创建类似实例”（快捷键 CS）进行创建。

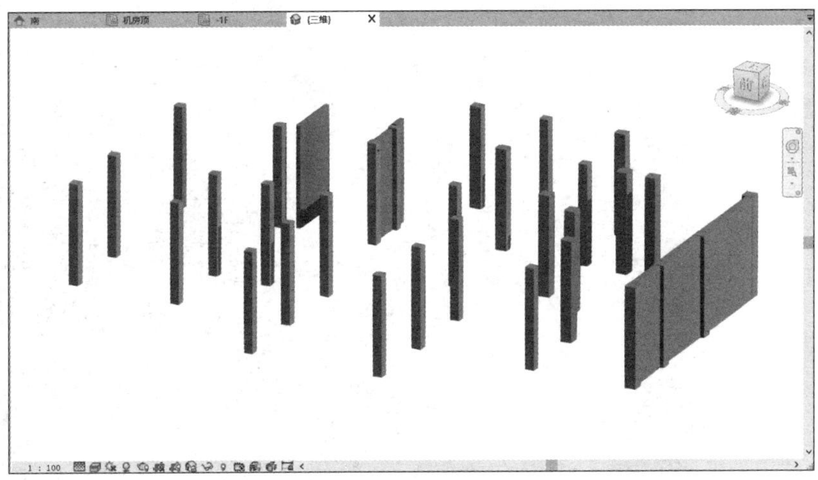

图　2-98

学习任务

根据给定项目图纸完成结构墙、柱的创建。

任务 2.3　梁、板的创建

2.3.1　梁的创建

教学视频：
梁建模

任务流程：选择梁命令→选择梁类型→复制梁→按图绘制梁。

在 -1F 层的墙、柱创建后，应该先创建 F1 层的梁。

提示

（1）工程中的一层梁是指人站在一层时，脚底下的那层梁，对于初学建筑工程者来说，这个概念极易弄错，以为一层梁是指头顶上那层梁。

（2）在上一层墙、柱创建完成后，如果继续创建 F1 的墙、柱，在后面创建梁时容易出现梁的端点拾取错误的情况。

（1）双击“项目浏览器”中的“F1”，进入“F1”平面视图，导入 1F 梁平法施工图（导入前应将该图分离出来），如图 2-99~ 图 2-101 所示。

（2）此时可能出现图 2-102 所示对话框，单击“关闭”按钮。在视图中看不见导入的图纸，且右下角弹出警告的对话框，如图 2-103 和图 2-104 所示。

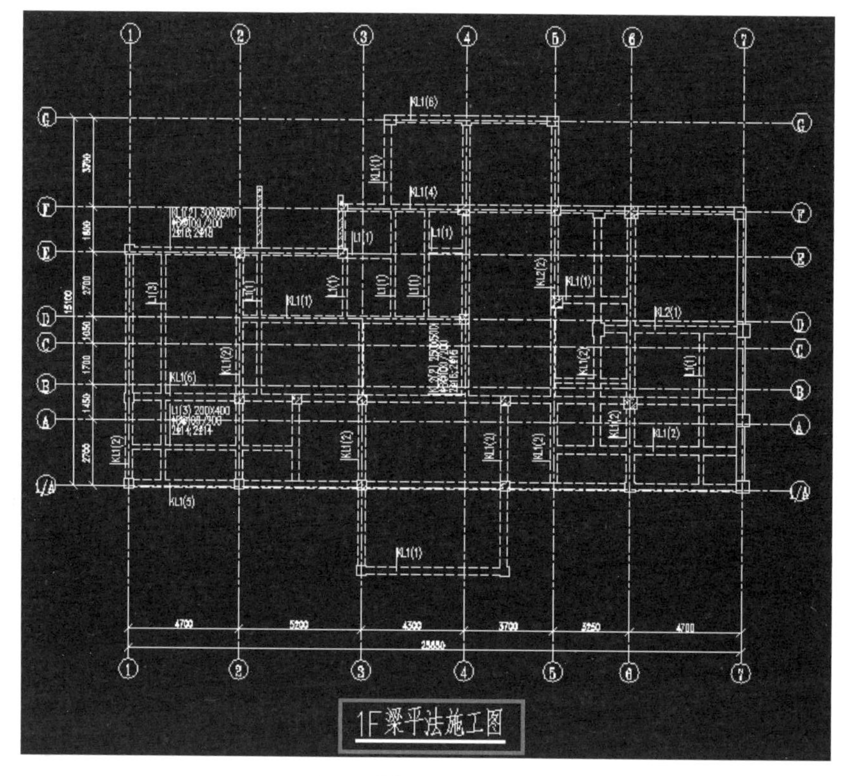

图 2-99

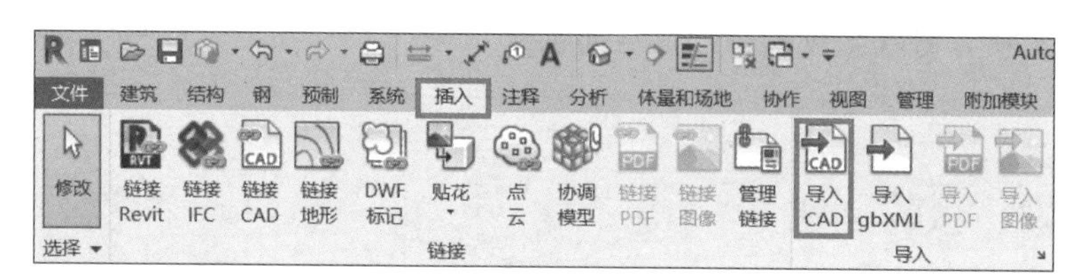

图 2-100

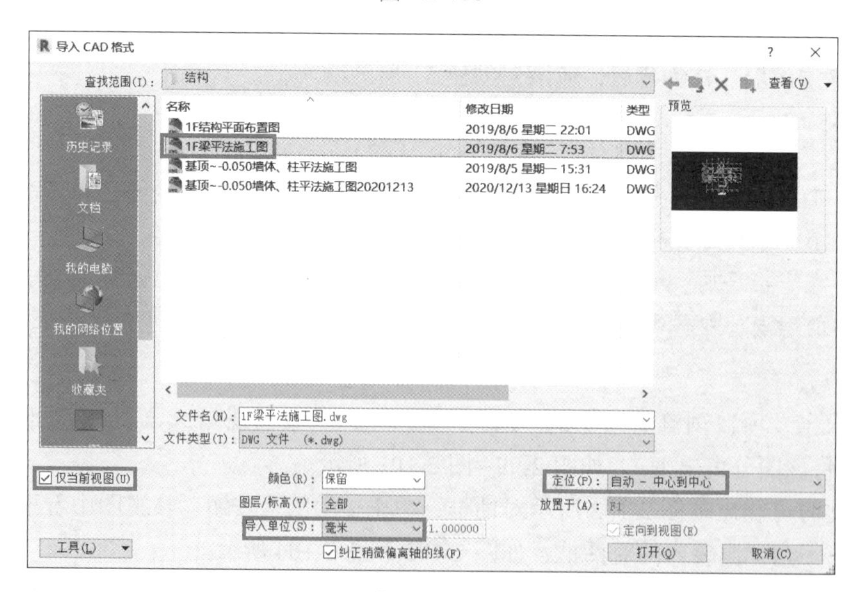

图 2-101

处理办法：单击“属性”对话框里的“可见性 / 图形替换”选项右边的“编辑”按钮（或者快捷键 VV），如图 2-105 所示。在“可见性 / 图形替换”对话框中选择“导入的类别”选项卡，勾选“在此视图中显示导入的类别”和“1F 梁平法施工图”选项，单击“确定”按钮，如图 2-106 所示。导入的图纸会显示在绘图区域，如图 2-107 所示。

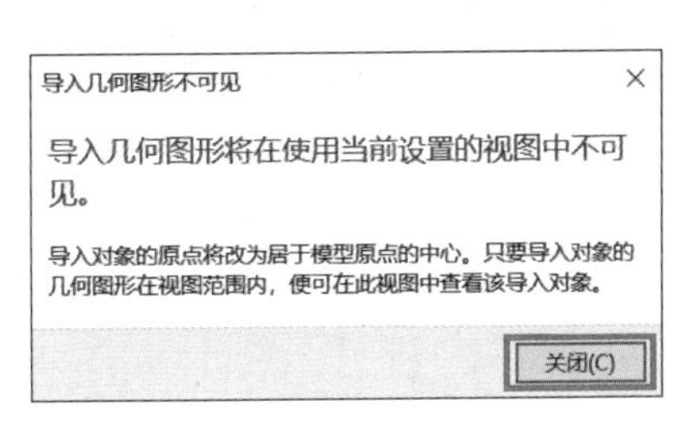

图　2-102

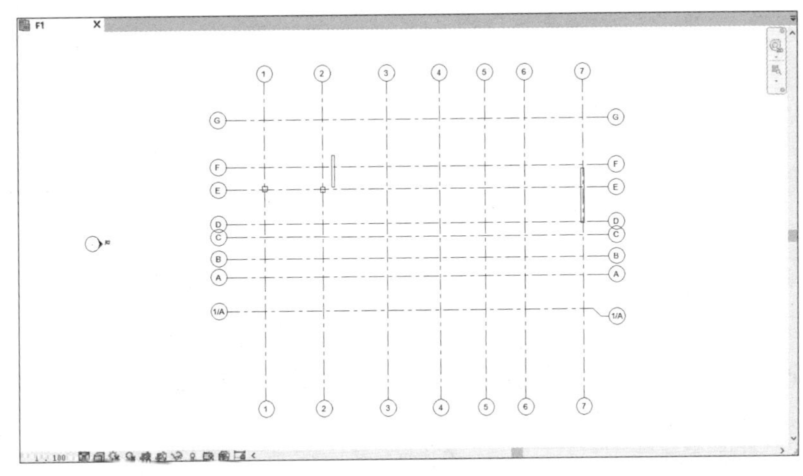

图　2-103

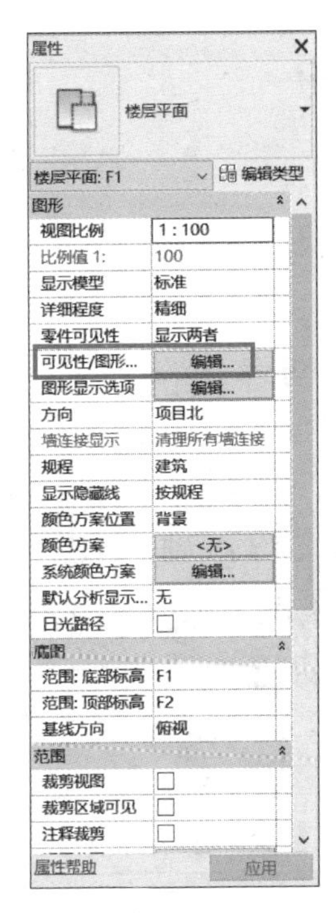

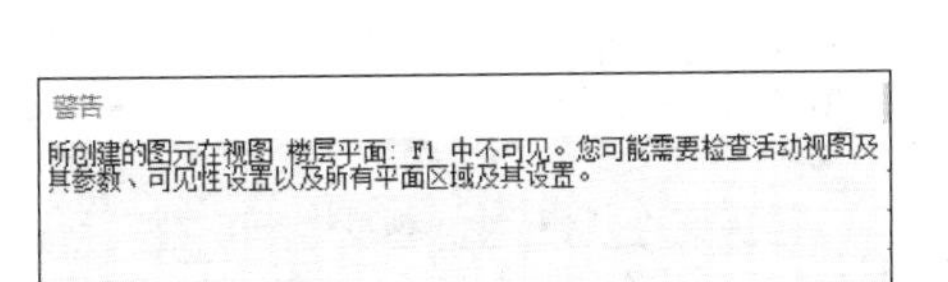

图　2-104

图　2-105

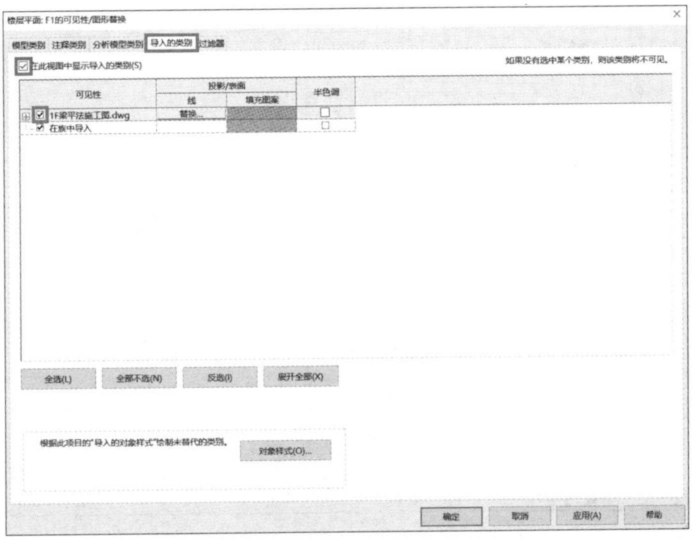

图　2-106

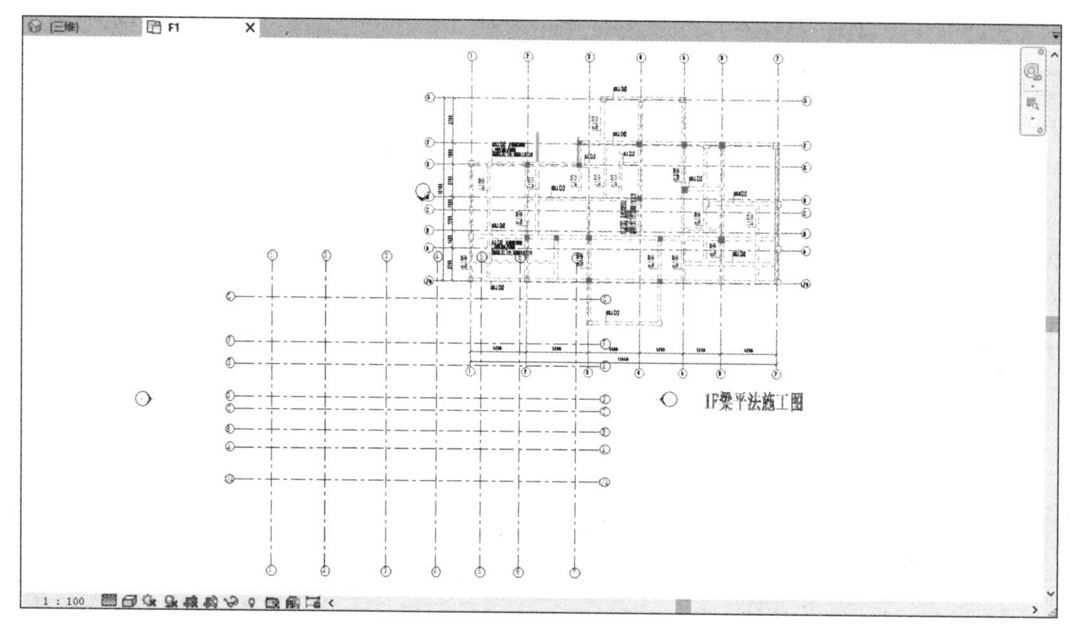

图 2-107

（3）依次选择“修改”选项卡→“对齐”命令，如图 2-108 所示。在视图中先选择模型中的 1 轴，再选择图纸中的 1 轴，将 1 轴对齐。

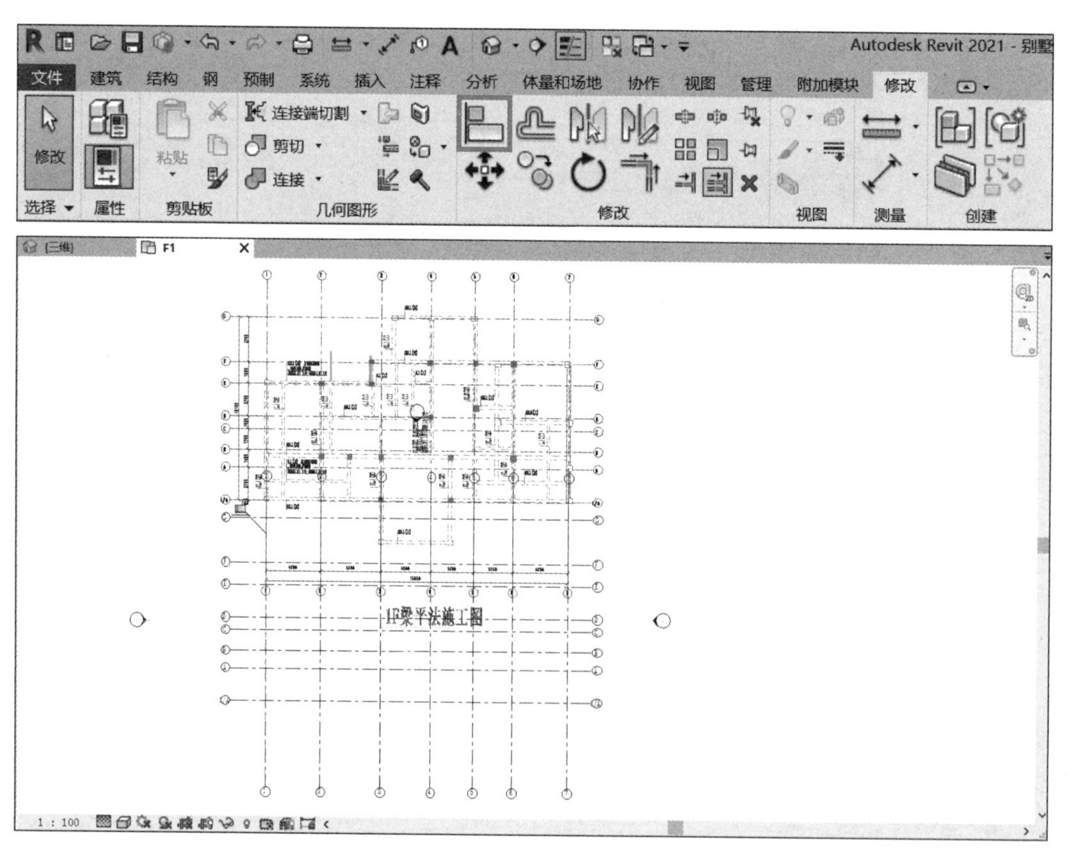

图 2-108

（4）选择模型中的 A 轴，再选择图纸中的 A 轴，将 A 轴对齐，如图 2-109 所示。

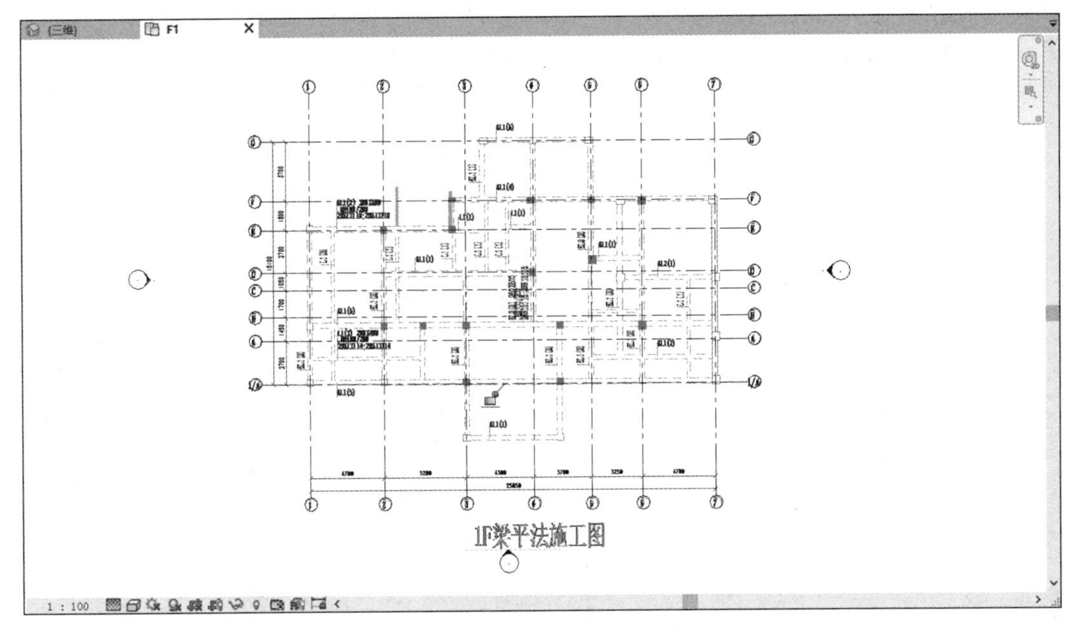

图　2-109

提示

选取哪根轴线对齐需根据具体情况而定，通常是 1 轴和 A 轴，但有些情况图纸中可能没这两根轴线，就只能找其他参照，如某个柱或墙的边线，目的是让图纸和模型对齐。

（5）在图纸选中状态下，选择“锁定”命令，如图 2-110 所示，防止误操作移动图纸。

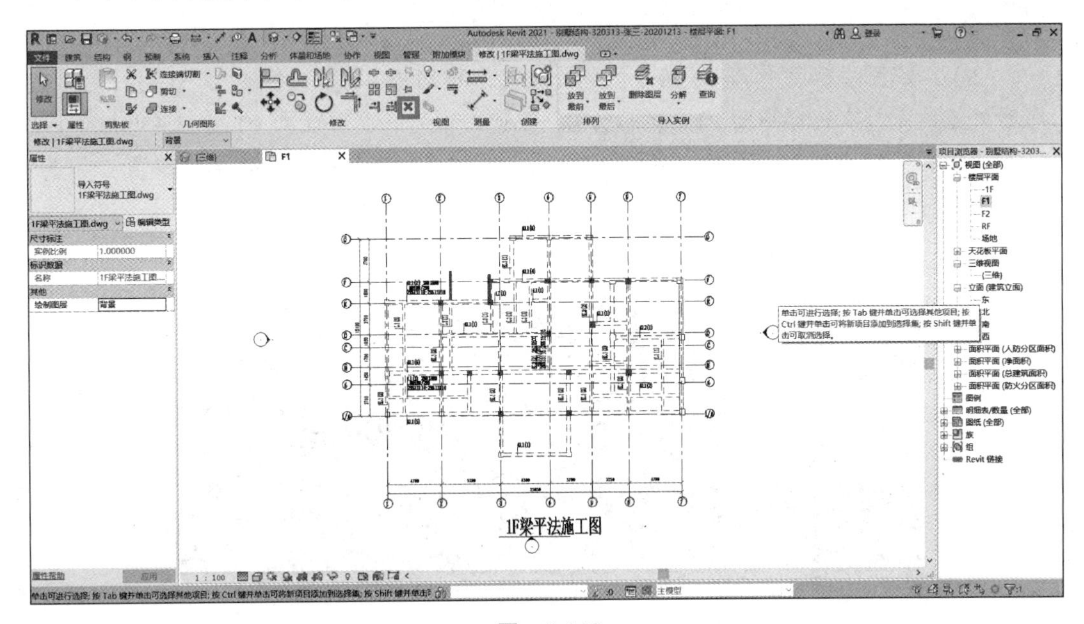

图　2-110

（6）以E轴上的KL1为例进行建模。依次选择“结构”选项卡→“梁”命令，如图2-111所示。在“属性”对话框中选择“混凝土-矩形梁300×600mm”，如图2-112所示。

（7）将“Y轴对正”修改为“左”，“Z轴偏移值”修改为“-50.0”，如图2-113所示。

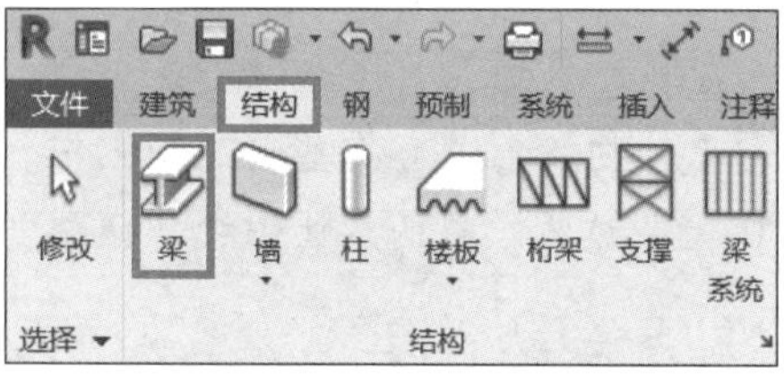

图 2-111

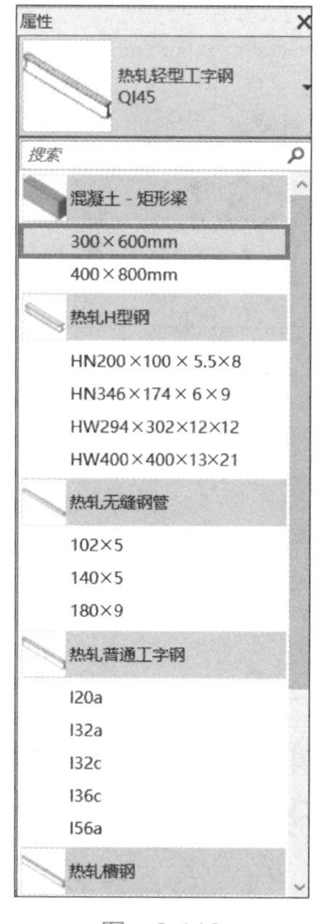

图 2-112

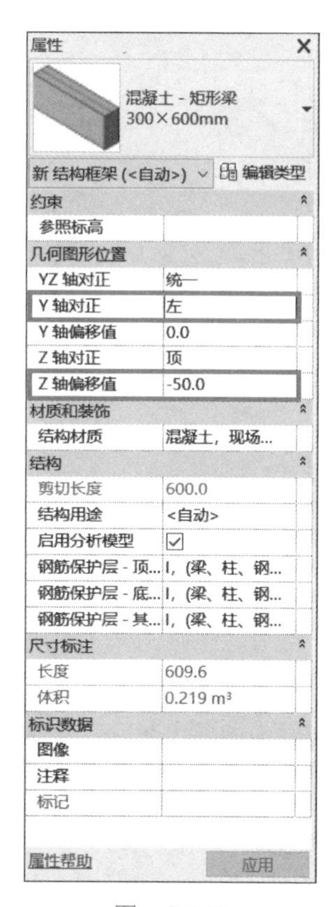

图 2-113

提示

（1）Z轴偏移值设置为“-50.0”是因为在结构图中1F梁的标高为-0.050，而现在的放置平面为建筑标高的F1，标高为0，因此，梁的标高要相对F1偏移-50mm。

（2）有些梁在集中标注或者原位标注处会升、降标高，此时，Z轴偏移值应加上结构标高与建筑标高的差值（通常是-50mm），如图2-114所示。KL—L1的“Z轴偏移值”应该设置为“-100.0”，KL—K1的“Z轴偏移值”应该设置为“600.0”。

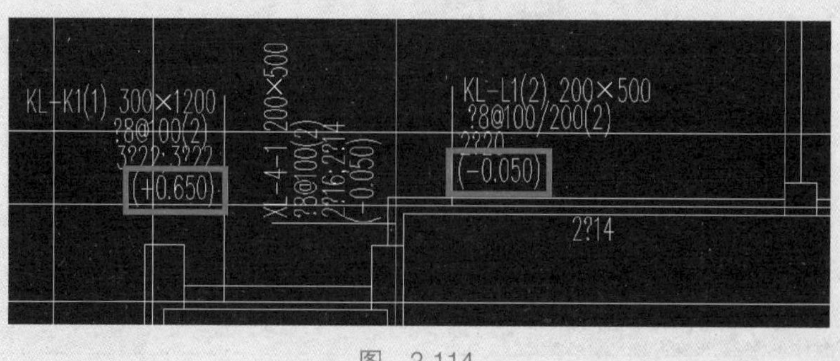

图 2-114

（8）在图纸上沿着 KL1 的上边线绘制梁，如图 2-115 所示。绘制完成后如图 2-116 所示。

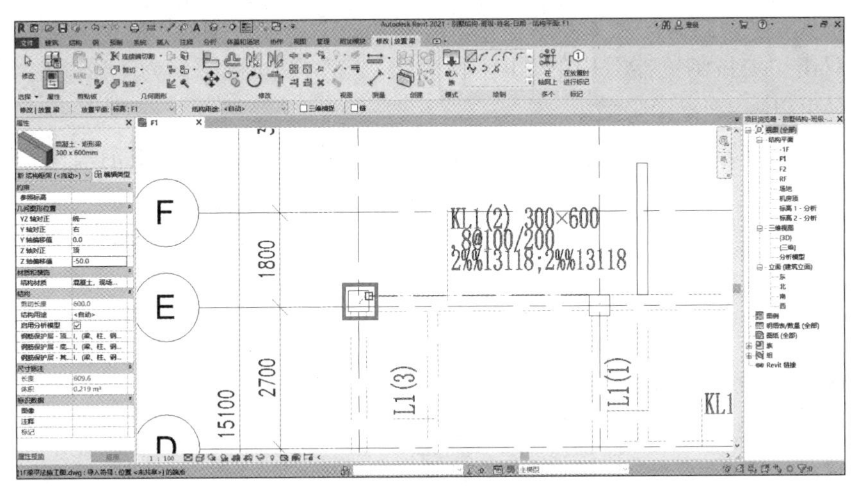

图　2-115

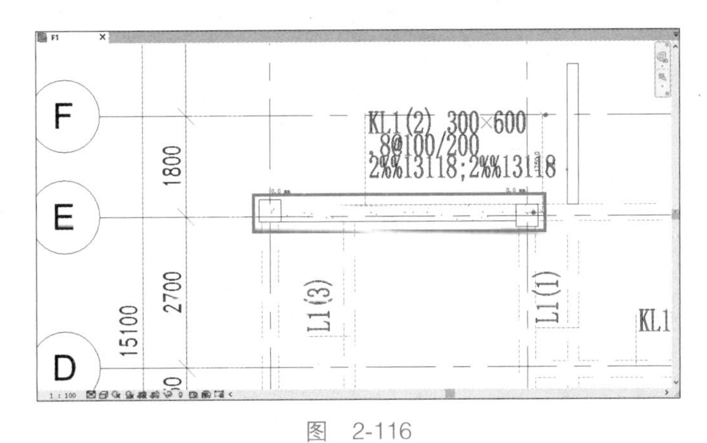

图　2-116

（9）将视觉样式切换成“着色”或者“真实”模式，则梁和柱变成有颜色的状态，方便绘制。

（10）其余梁的绘制可以用“创建类似实例”的方式来完成，不同尺寸的梁则需要通过编辑类型修改名称和尺寸，梁绘制完成后如图 2-117 所示。

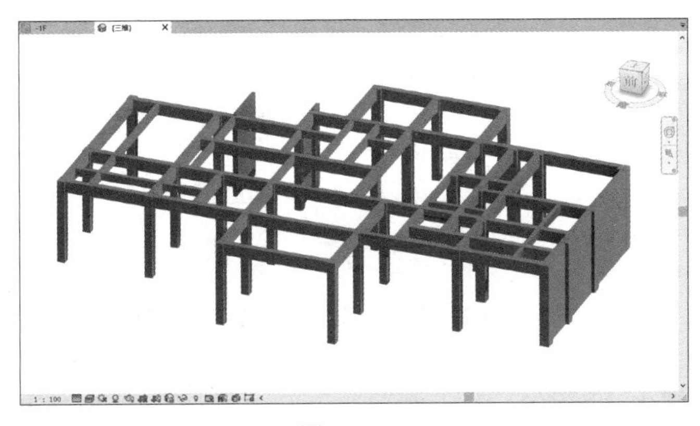

图　2-117

2.3.2 板的创建

教学视频：结构板建模

任务流程：选择板命令→复制板→按图绘制板。

（1）双击“项目浏览器”中的“F1”，进入“F1”平面视图，为不影响板的绘制，可以将 1F 梁图隐藏。

（2）隐藏方式为：按快捷键 VV，选择“导入的类别”选项卡，取消勾选“1F 梁平法施工图”选项，单击“确定”按钮，如图 2-118 和图 2-119 所示。

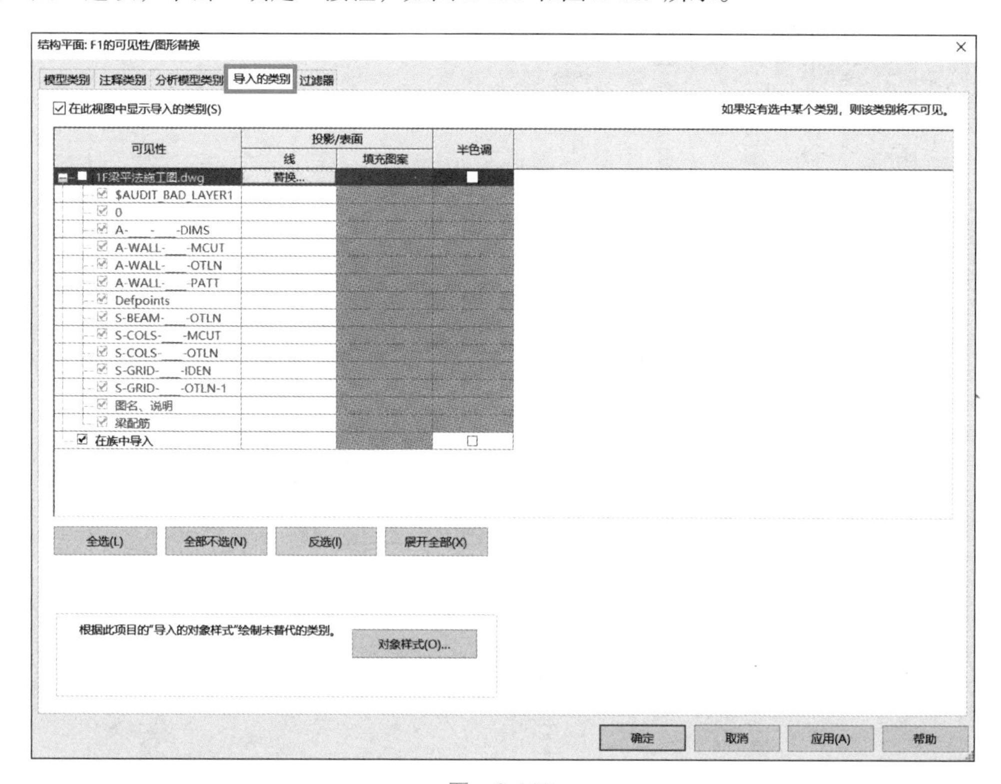

图 2-118

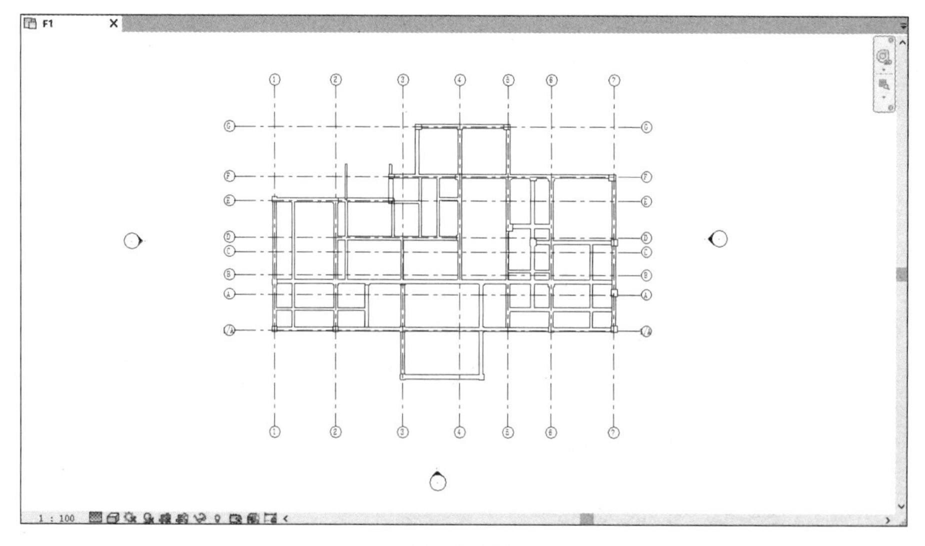

图 2-119

（3）导入“1F 结构平面布置图”，将图纸移动和模型对齐后锁定，如图 2-120 所示。

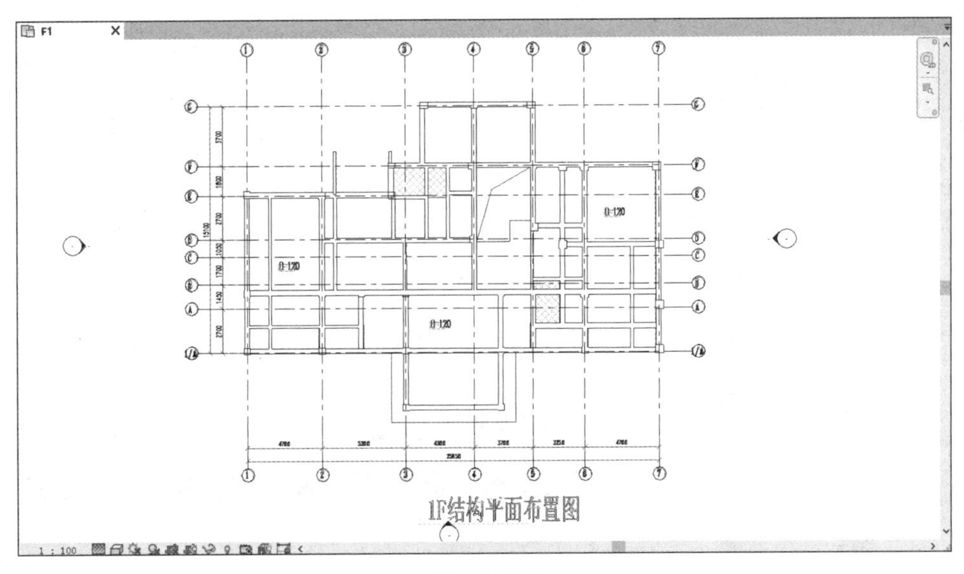

图　2-120

画板时主要有两种方式：一是沿着整个楼层的外边界画一块整板，然后再“挖去”板厚不一样或者降标高以及洞口处的板；二是每块板单独画。第一种方式适合板厚不一样或者降标高以及洞口较少的情况；相反，第二种方式适合这些较多的情况。一般地下室用第一种方式较多，住宅上部结构用第二种方式较多。本项目采用第一种方式。

提示

板的边界线是到墙、梁内侧、外侧还是中心线，在不计算工程量时，对模型应用无影响，在计算工程量的情况下建议画到梁内侧，而且是每一块板单独画。

（4）查看图纸说明，如图 2-121 所示，未标注的板板厚为 100mm，且图例表达的板相对于结构标高降 300mm，则相对建筑标高降 350mm。

（5）依次选择“结构”选项卡→“楼板”下拉列表→“楼板：结构”命令，如图 2-122 所示。单击“编辑类型”按钮，弹出“类型属性”对话框，单击“复制”按钮，修改楼板的名称为“楼板 -100mm”，单击“确定”按钮，如图 2-122~ 图 2-125 所示。

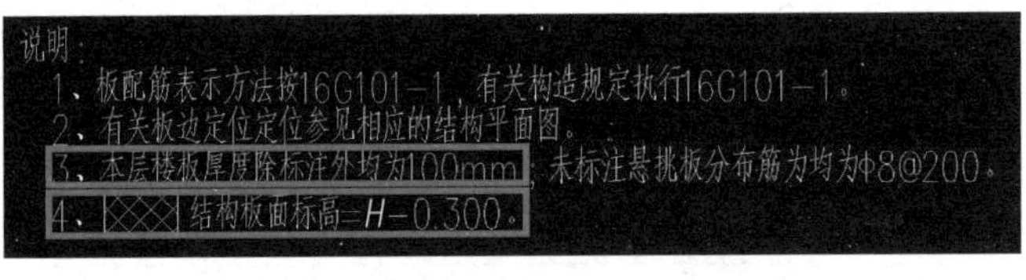

图　2-121

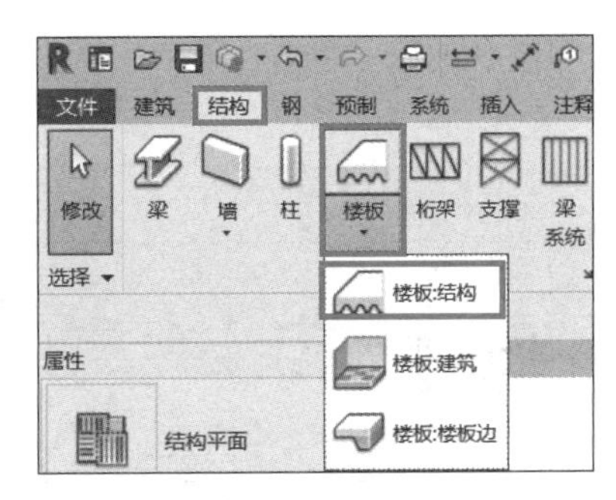

图　2-122

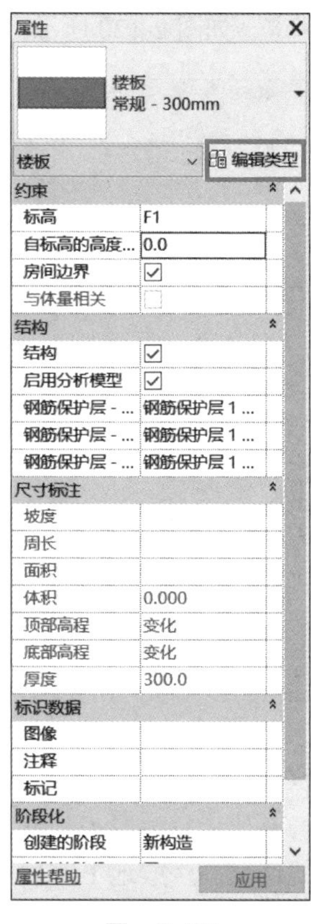

图 2-123

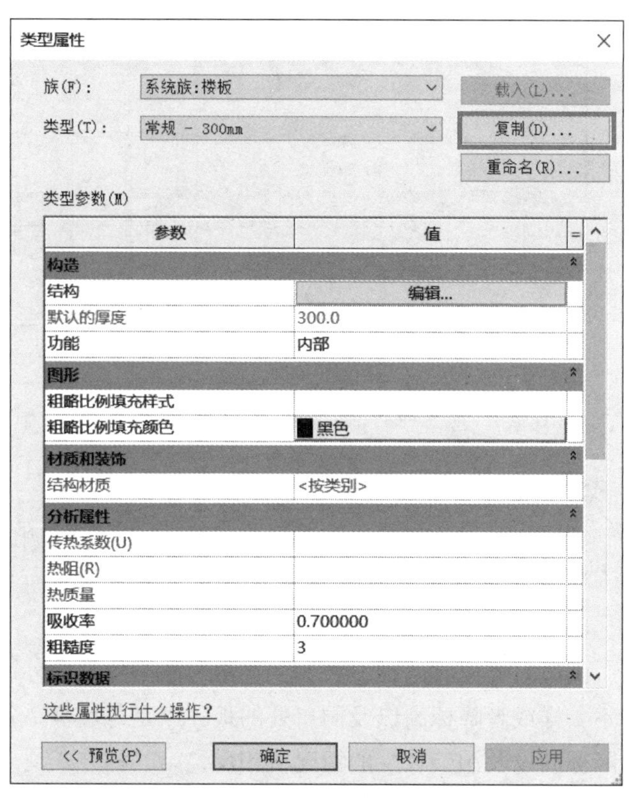

图 2-124

（6）单击“编辑”按钮，将“默认的厚度”改为“100.0”，如图 2-126 和图 2-127 所示。楼板的材质自行添加。

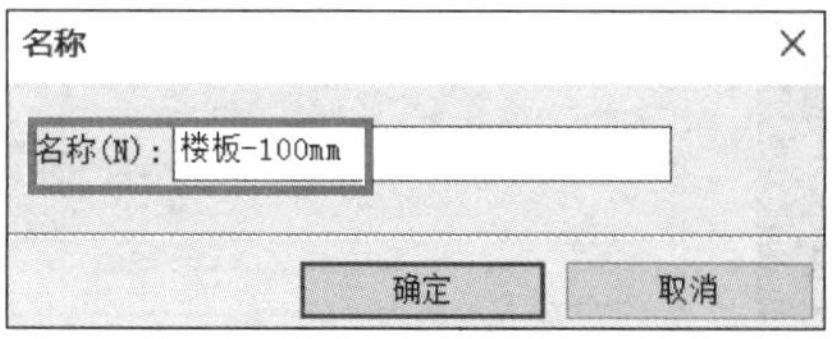

名称

名称(N): 楼板-100mm

确定 取消

图 2-125

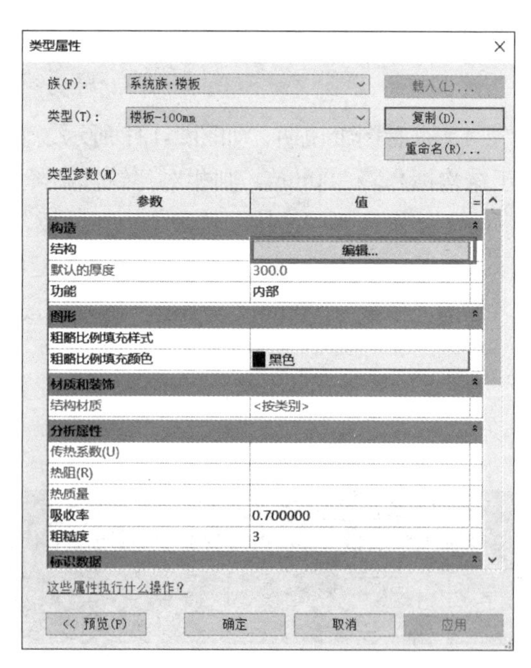

图 2-126

（7）“自标高的高度”设置成“-50.0”，如图 2-128 所示。沿着最外侧的墙或梁的外边线绘制板的编辑线，绘制完成后单击“完成”按钮。在弹出的对话框中单击“不附着”按钮，完成绘制，如图 2-129 和图 2-130 所示。

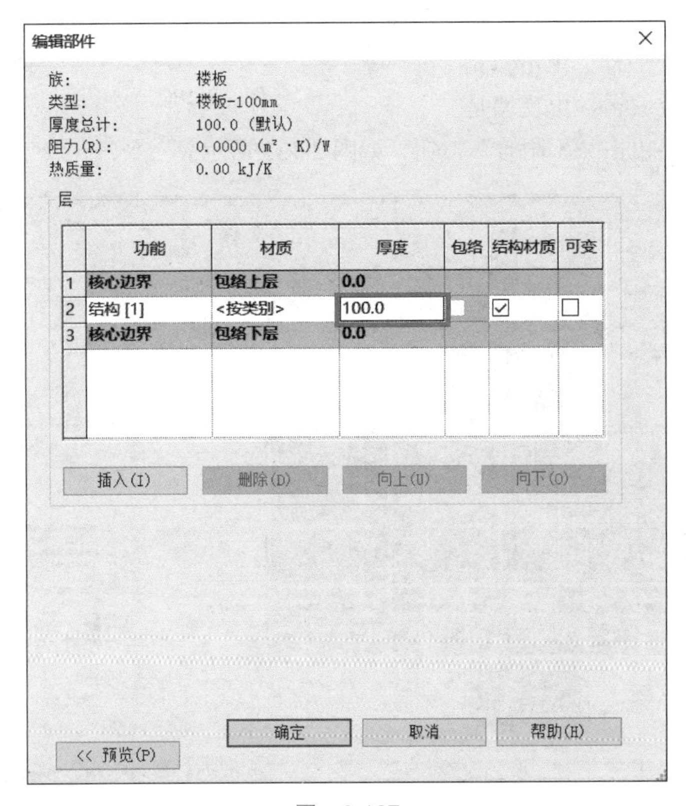

图　2-127

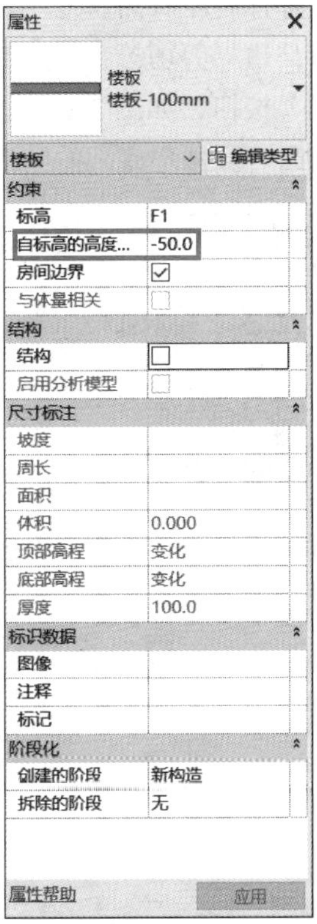

属性
楼板
楼板-100mm
楼板　编辑类型
约束
标高　F1
自标高的高度...　-50.0
房间边界
与体量相关
结构
结构
启用分析模型
尺寸标注
坡度
周长
面积
体积　0.000
顶部高程　变化
底部高程　变化
厚度　100.0
标识数据
图像
注释
标记
阶段化
创建的阶段　新构造
拆除的阶段　无
属性帮助　应用

图　2-128

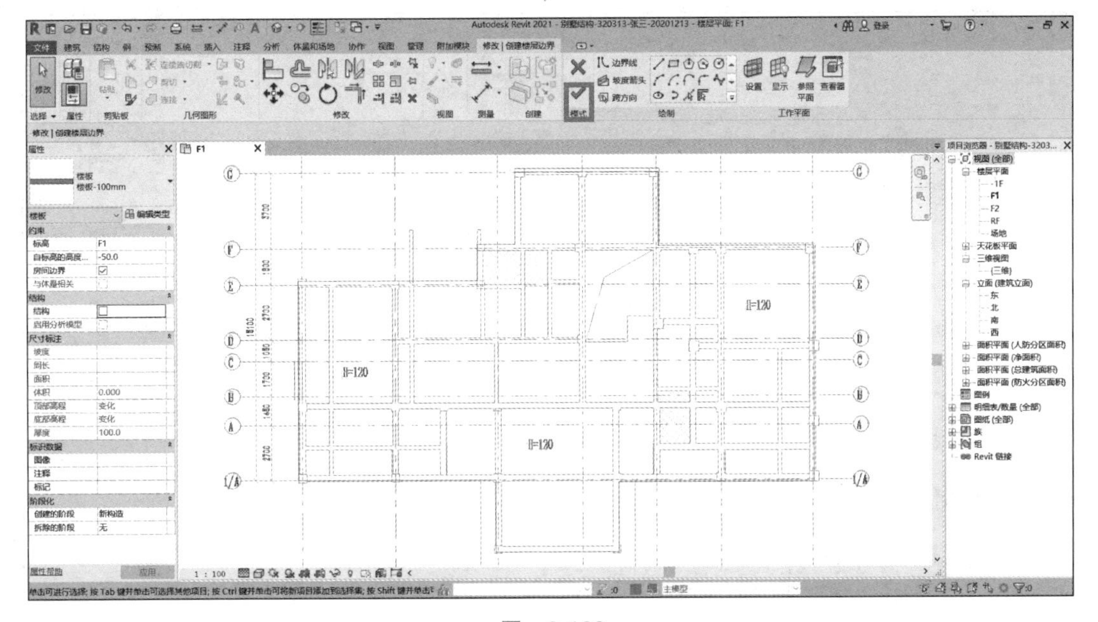

图　2-129

（8）选中刚绘制的板（板不容易选中，可以从右到左框选，然后用过滤器来选择），选择“编辑边界”命令，如图 2-131 所示，在板厚不一样或者降标高以及洞口处绘制边界，则整块板会被这些内部边界剪切掉，像是被“挖去”一样。单击“完成”按钮，如图 2-132 所示，完成编辑。出现墙是否附着到楼层底部的问询时，始终单击“不附着”按钮，如图 2-133 所示。

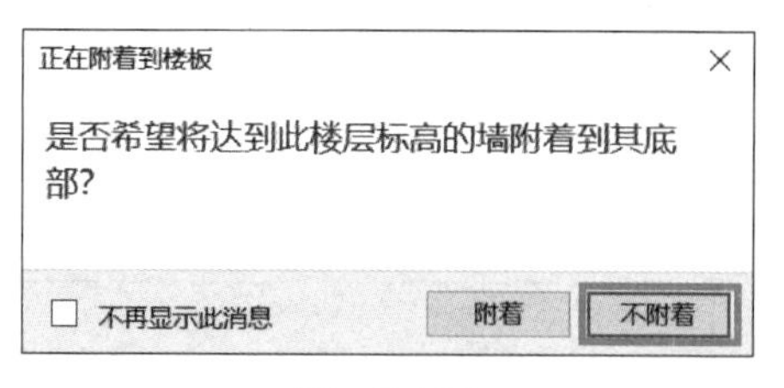

图 2-130

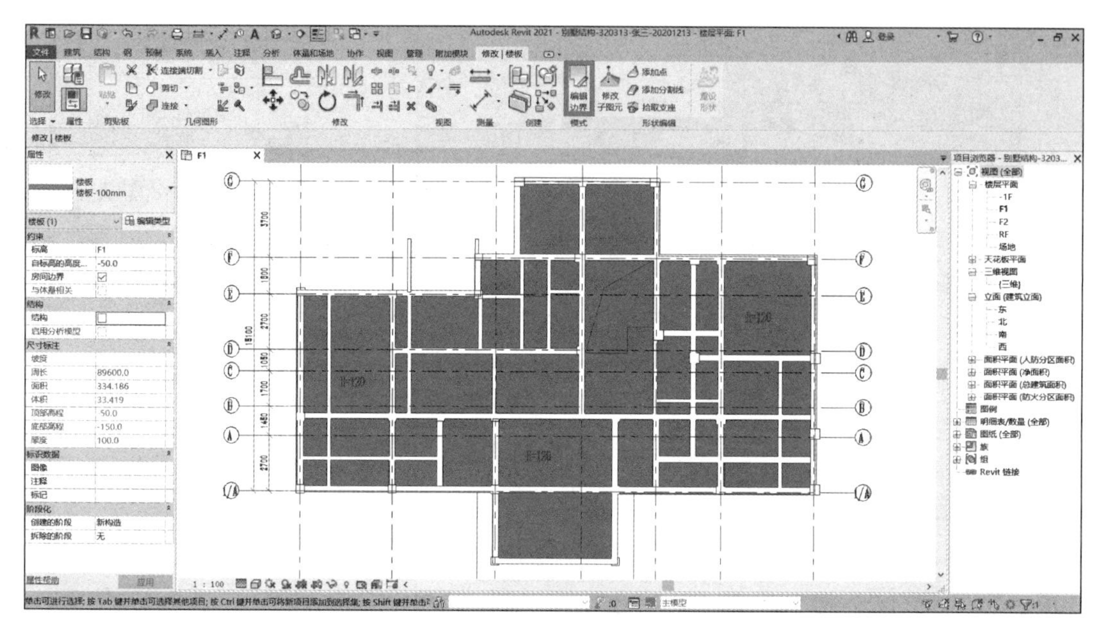

图 2-131

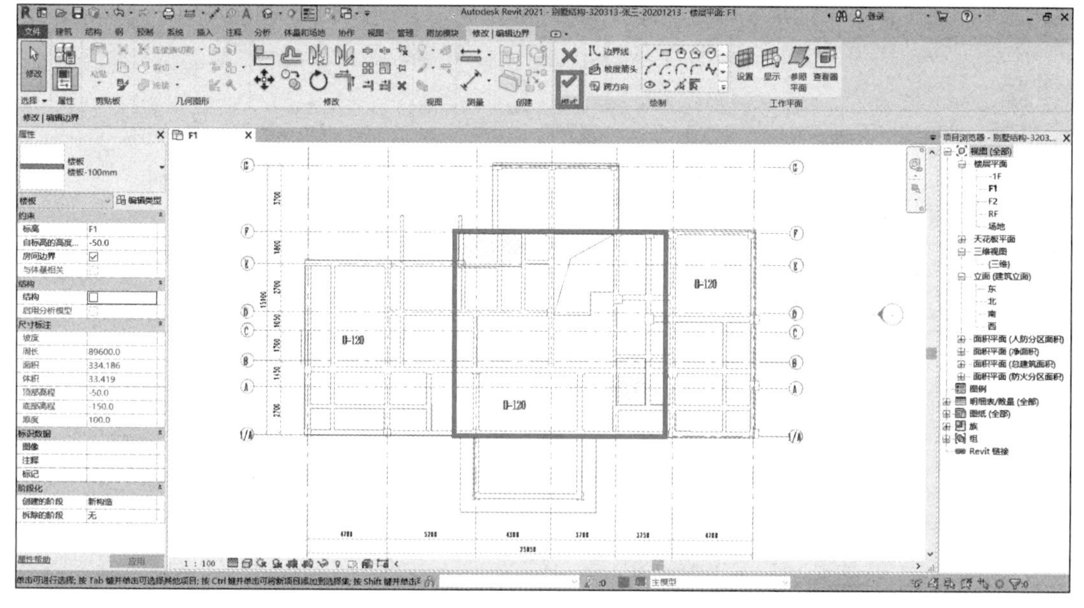

图 2-132

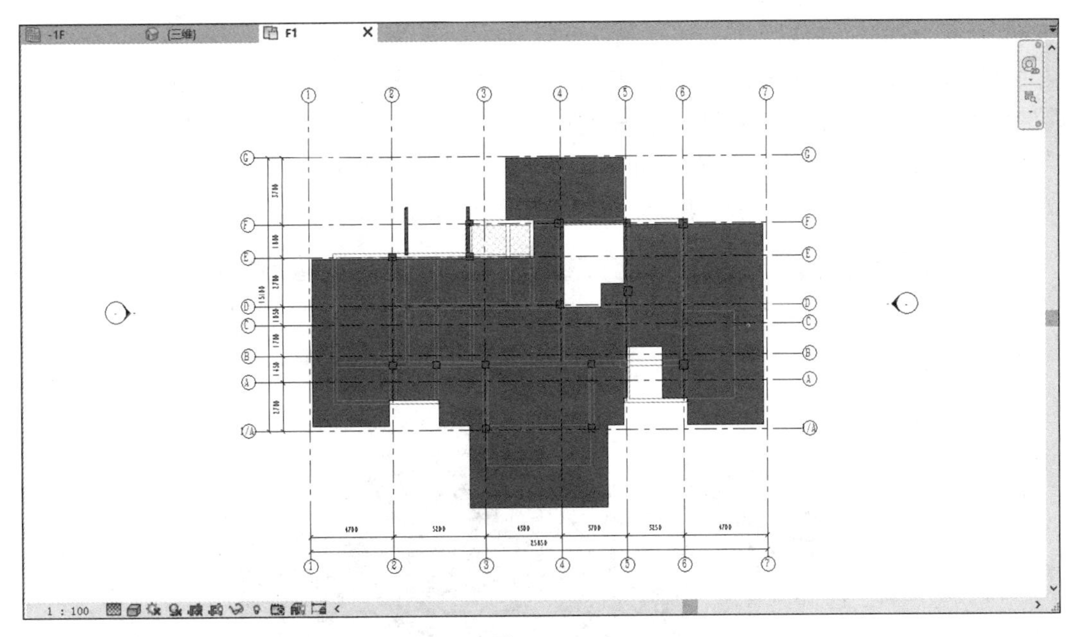

图　2-133

（9）再使用“画板”命令，单独绘制板厚不一样、变标高的板，完成后如图 2-134 所示。

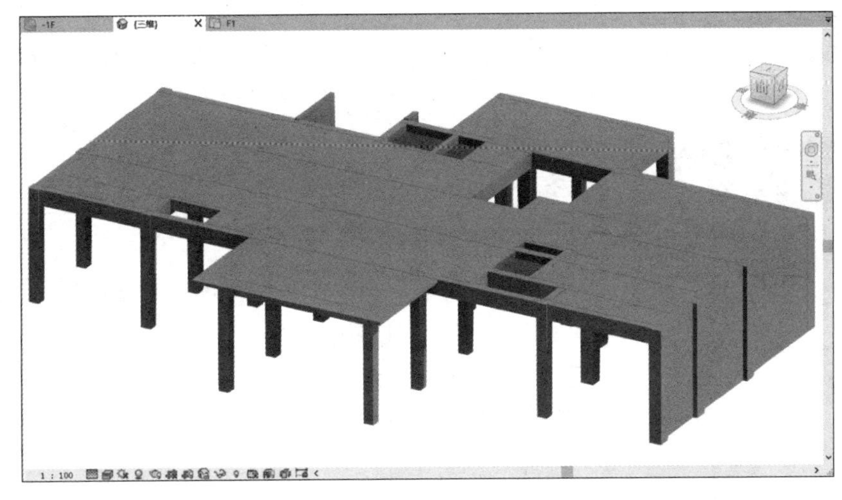

图　2-134

提示

变标高的板偏移量设置为“-350.0”。板厚不一样的板用编辑类型、复制的方式来解决。

（10）创建上层墙、柱、梁、板：在一个构件单元（某一层的墙、柱、梁、板）创建后，接着创建其上一层的构件单元，直到整个工程结束。

创建其他层墙、柱、梁、板与创建 -1F 方法相同，但需要注意的是导入图纸时，应使上、下两层构件对齐，否则会发生构件上、下错位的情况。

如果是标准层，可以选择直接复制的方式进行创建。

选择希望复制的构件（局部几个构件可以按住 Ctrl 键单击选择需要复制的构件；全部构件则用框选），选择“复制”命令，如图 2-135 所示。依次选择“粘贴”下拉列表→“与选定的标高对齐”命令，如图 2-136 所示。在弹出的对话框中选择希望粘贴的那一层或者上一层（可以多选数层），单击“确定”按钮，如图 2-137 所示，完成层间复制。

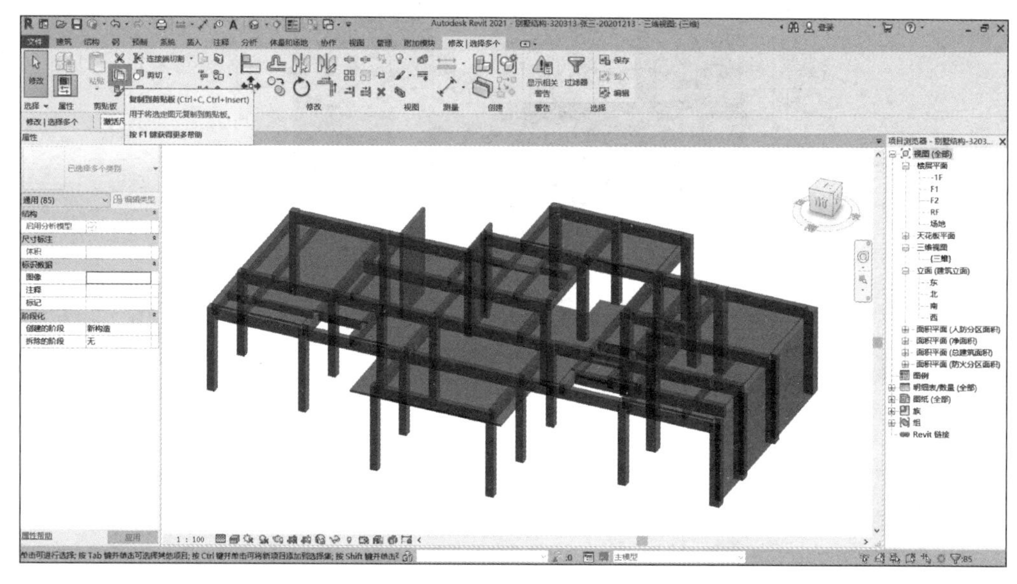

图 2-135

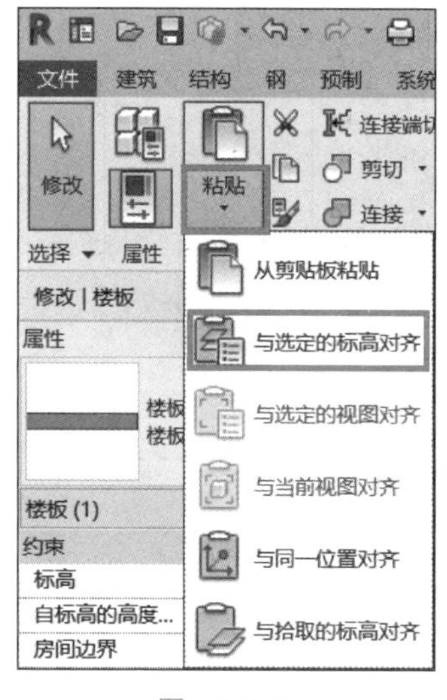

图 2-136

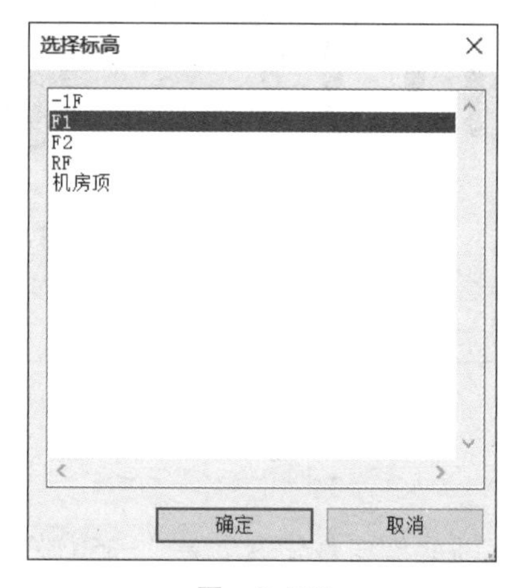

图 2-137

（11）修改柱子标高：选择“前”视图，从右向左框选上层柱，如图 2-138 所示。

（12）依次选择“修改 | 选择多个”上下文选项卡→“过滤器”命令，如图 2-139 所示，弹出“过滤器”对话框，勾选“结构柱”选项，单击“确定”按钮，如图 2-140 所示。将“底部偏移”和“顶部偏移”都改为“-50.0”，如图 2-141 所示。完成柱子修改，如图 2-142 所示。

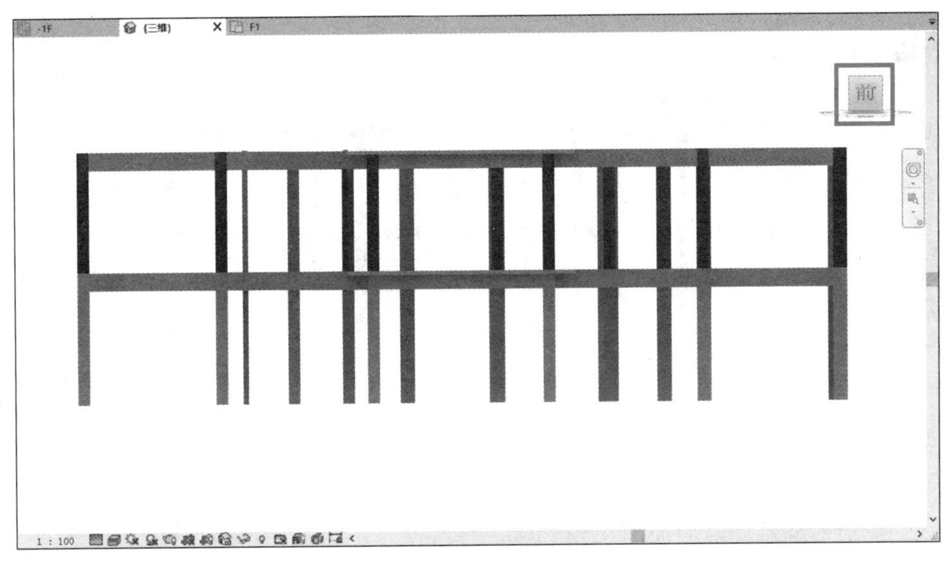

图　2-138

图　2-139

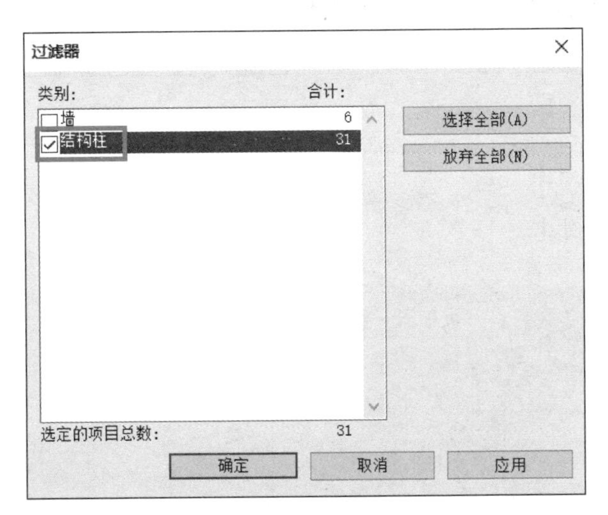

图　2-140

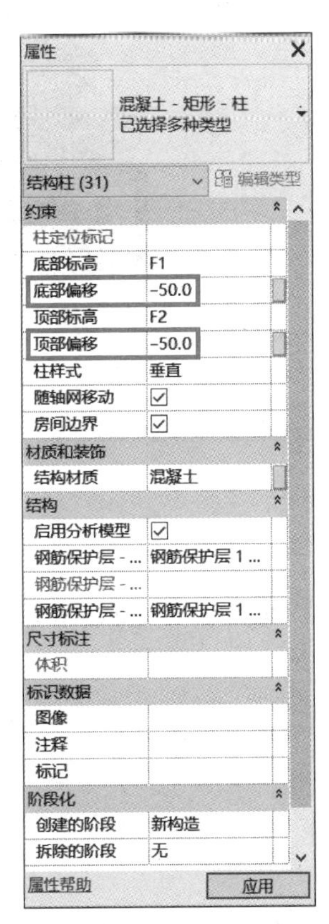

图　2-141

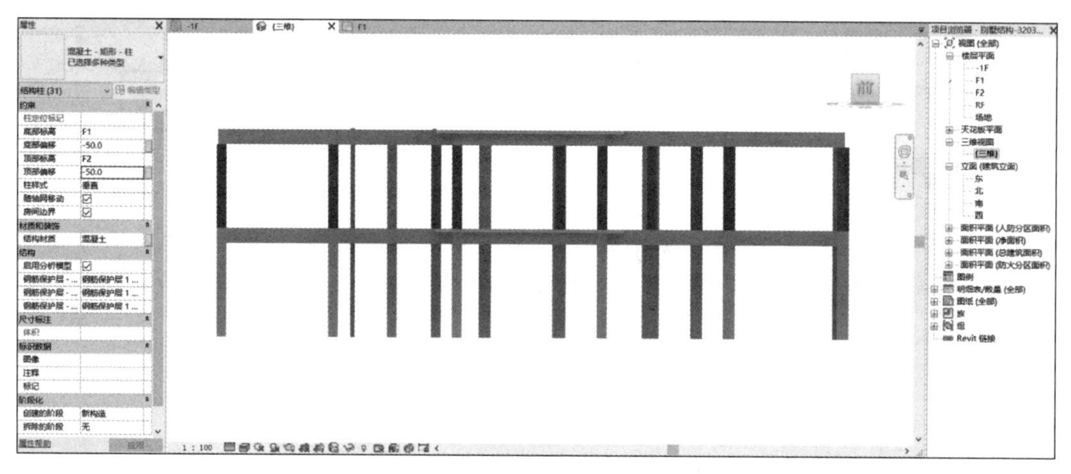

图 2-142

（13）完成后的结构模型如图 2-143 所示。

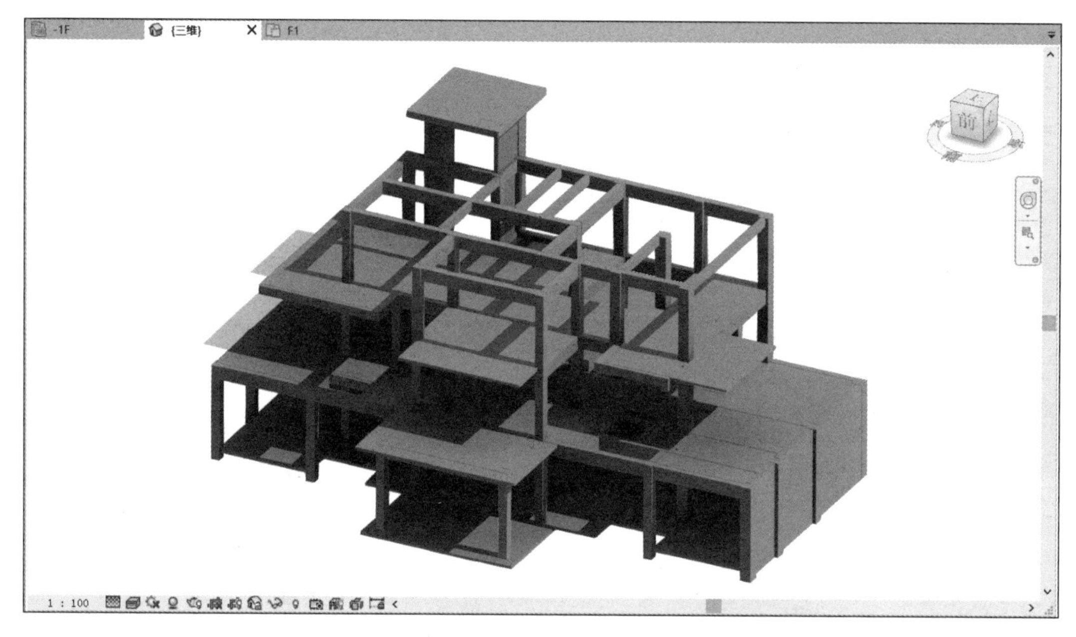

图 2-143

学习任务

根据给定项目图纸完成梁、板的创建。

项目 3　建筑模型的创建

学习目标

1. 掌握模型链接的方法。
2. 掌握建筑模型中墙、幕墙、门、窗、屋顶的创建。
3. 掌握结构模型中楼梯、栏杆扶手、地面、内建模型的创建。

项目导入

土建模型包括建筑模型与结构模型，在项目 2 完成了结构模型的创建，本项目学习建筑模型的创建。

学习任务

本项目的学习任务为根据建筑图纸完成墙、门、窗、屋顶、幕墙、楼梯、栏杆扶手、地面、内建模型的创建。

项目实施

新建项目→链接结构模型→创建标高→创建轴网→墙、门、窗建模→屋顶、幕墙、楼梯、栏杆扶手、地面、内建模型创建。

任务 3.1　新建项目、复制标高与轴网

3.1.1　新建项目

教学视频：建筑模型新建项目、绘制标高、轴网

任务流程：新建项目→选择样板→保存项目。

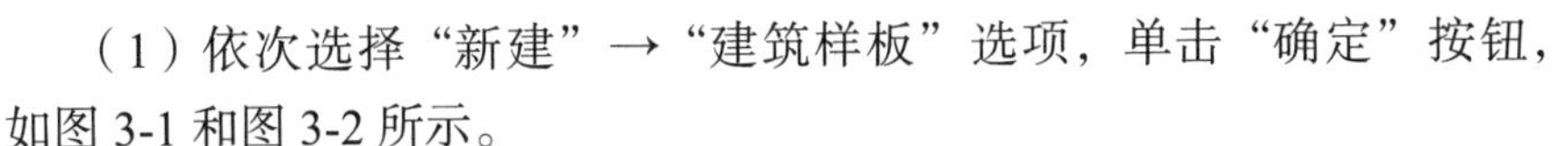

（1）依次选择“新建”→“建筑样板”选项，单击“确定”按钮，如图 3-1 和图 3-2 所示。

（2）进入绘图界面后，单击左上角的“保存”按钮保存项目，如图 3-3 所示（也可按 Ctrl+S 组合键保存）。

（3）将项目命名为“别墅建筑 - 班级 - 姓名 - 日期”，如“别墅建筑 -320313- 张三 -20201213”，保存在各自的工作文件夹中，如图 3-4 所示。

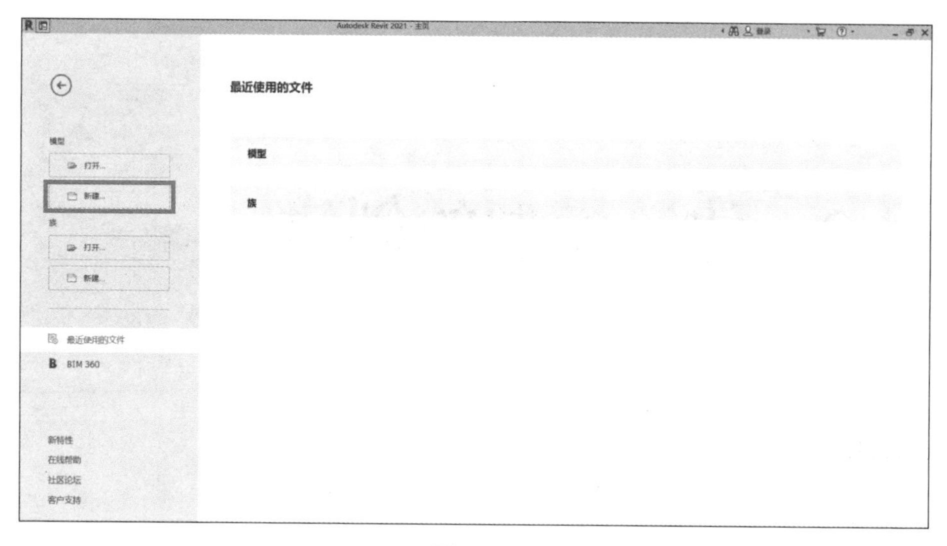

图 3-1

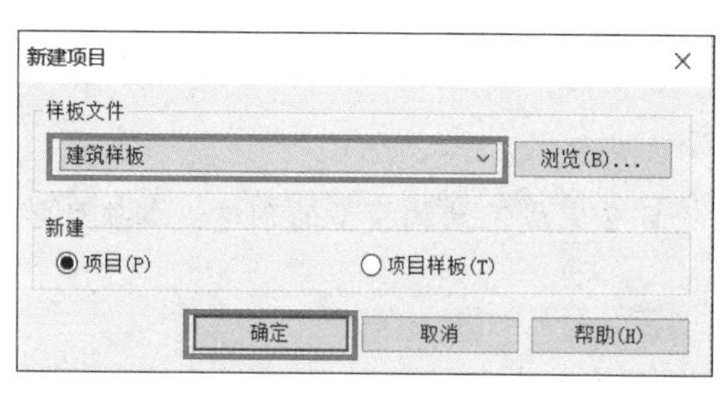

图 3-2

图 3-3

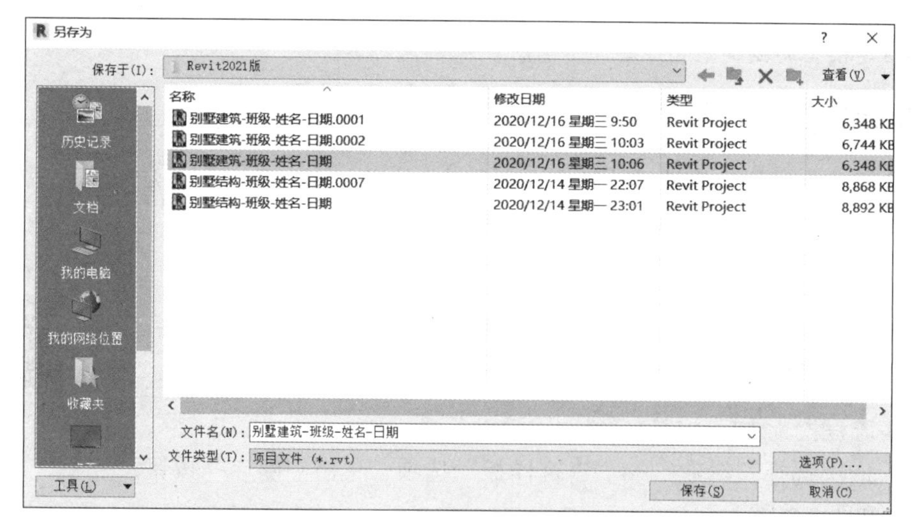

图 3-4

3.1.2 复制标高与轴网

任务流程：链接结构模型→打开立面视图→复制标高→打开平面视图→复制轴网。

新建项目后，为使不同专业使用的标高和轴网相同，可以在建筑模型中再绘制标高、轴网，也可以用链接模型的方法复制标高、轴网。

（1）链接结构模型：依次选择“插入”选项卡→“链接 Revit”命令，如图 3-5 所示。选择项目 2 创建的结构模型，定位方式按默认的“自动 - 内部原点到内部原点”，单击“打开”按钮，如图 3-6 所示。

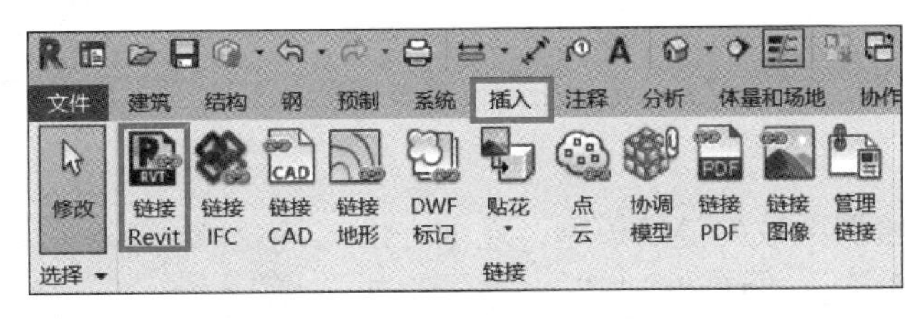

图 3-5

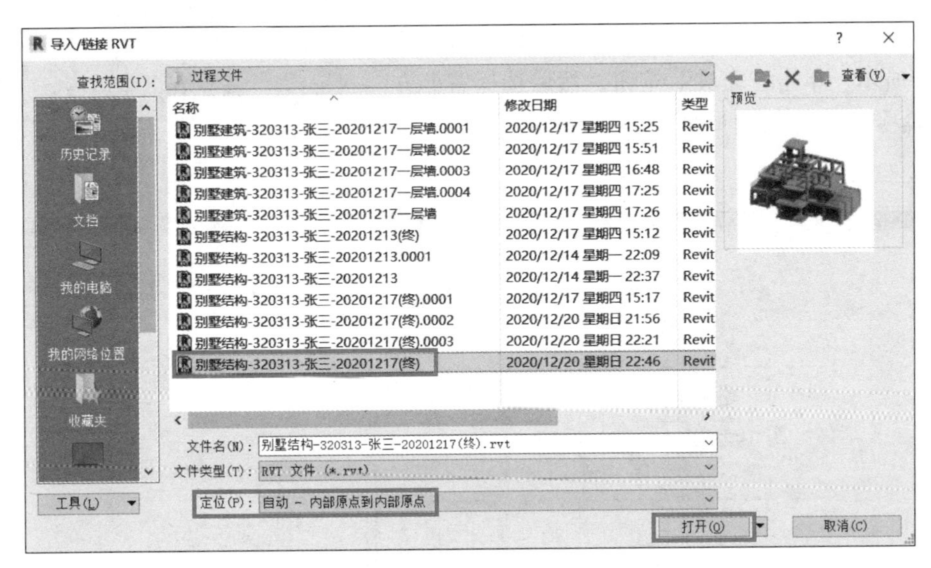

图 3-6

（2）复制标高、轴网切换至南立面视图，如图 3-7 所示。依次选择“协作”选项卡→“复制 / 监视”下拉列表→“选择链接”命令，如图 3-8 所示。

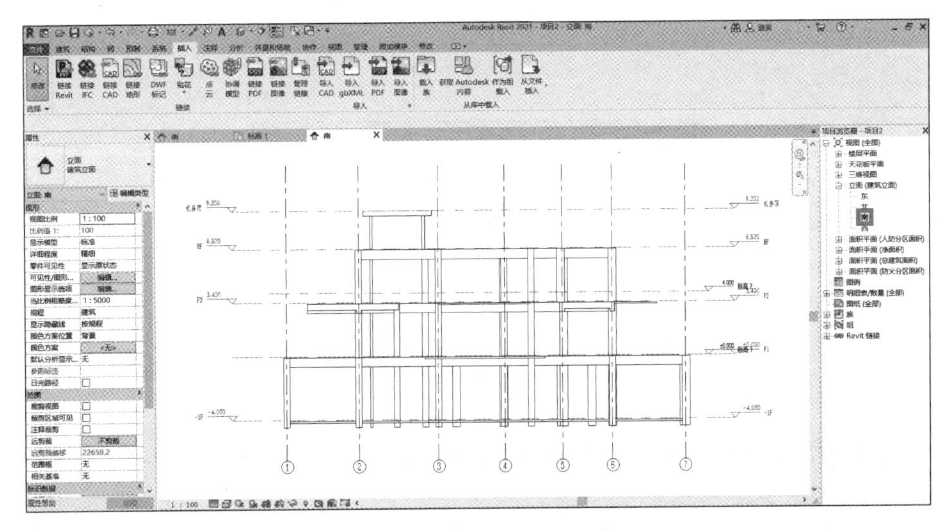

图 3-7

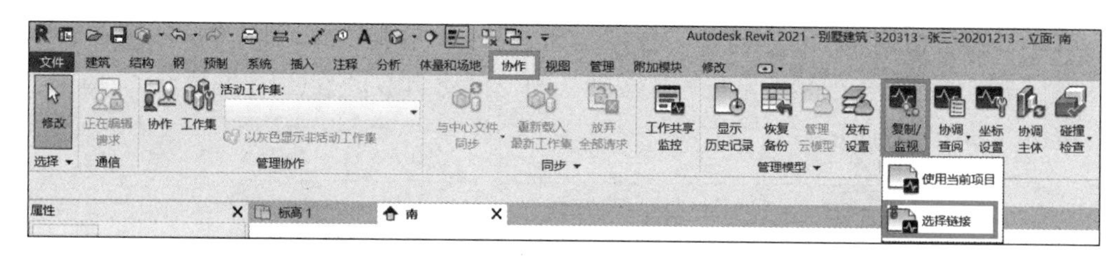

图 3-8

（3）单击选中绘图区域的链接模型，左上方出现“复制 / 监视”命令，选择“复制”命令，勾选“多个”选项，如图 3-9 所示。

（4）从右到左框选标高，如图 3-10 所示。如图 3-11 所示，单击“完成”按钮，然后选择右上方的 ✓ 命令，此时结构模型中的标高就复制到建筑模型。

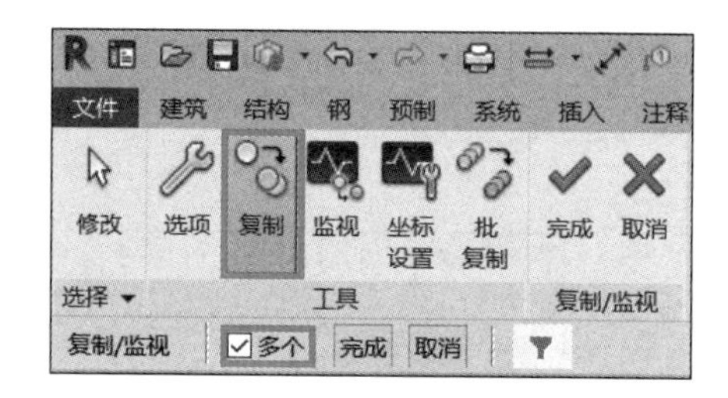

图 3-9

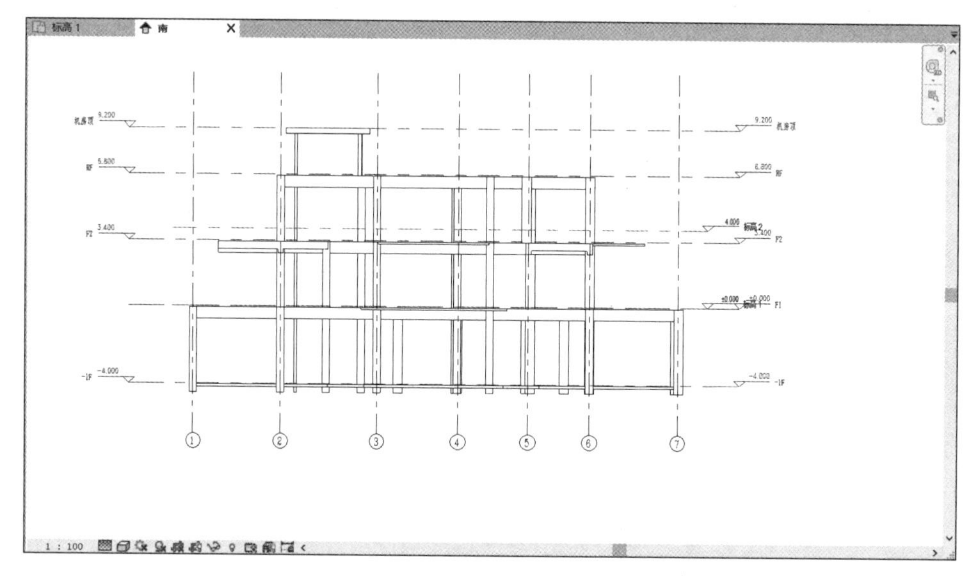

图 3-10

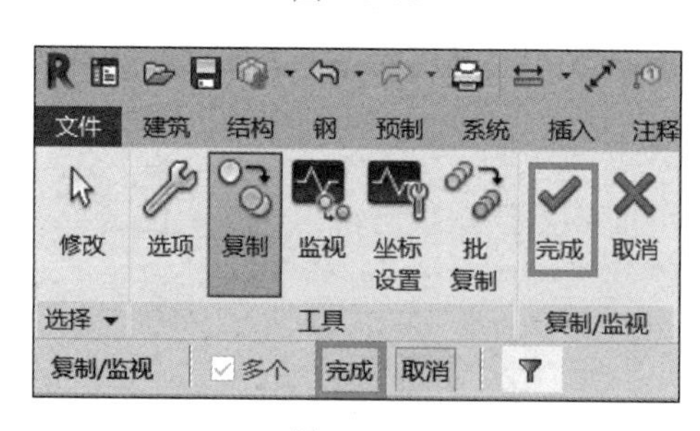

图 3-11

（5）选中标高 1 和标高 2，按 Delete 键删除。在弹出的警告对话框中单击“确定”按钮，如图 3-12 和图 3-13 所示。

（6）完成后的标高如图 3-14 所示，锁定标高。

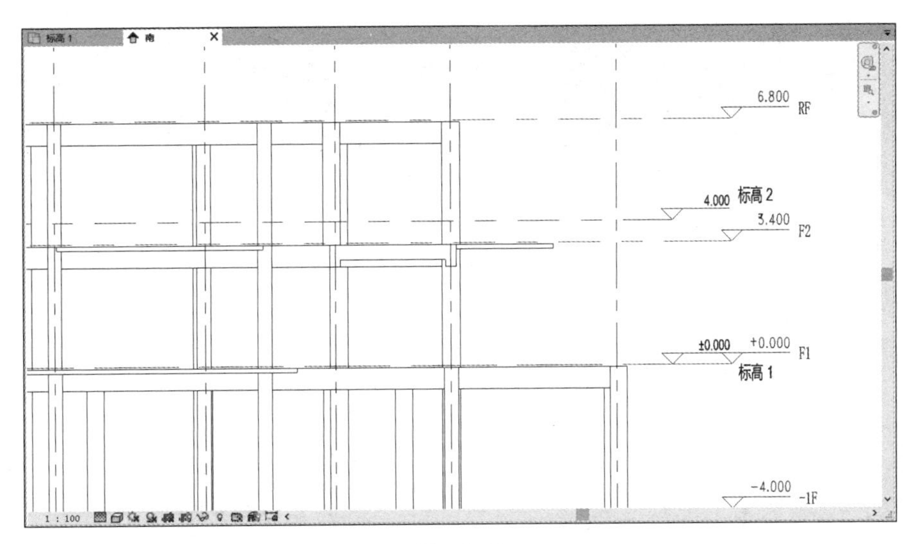

图　3-12

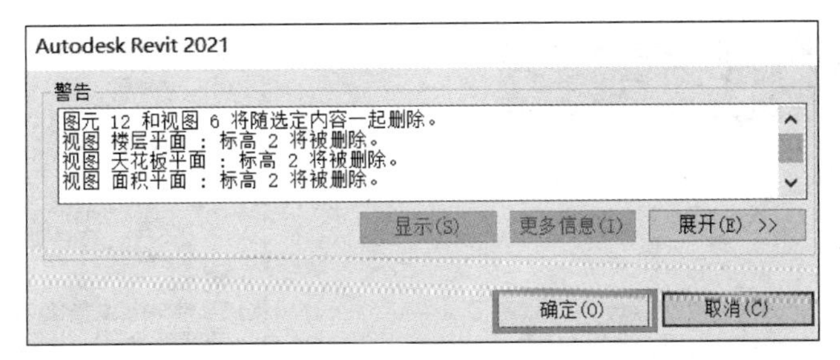

图　3-13

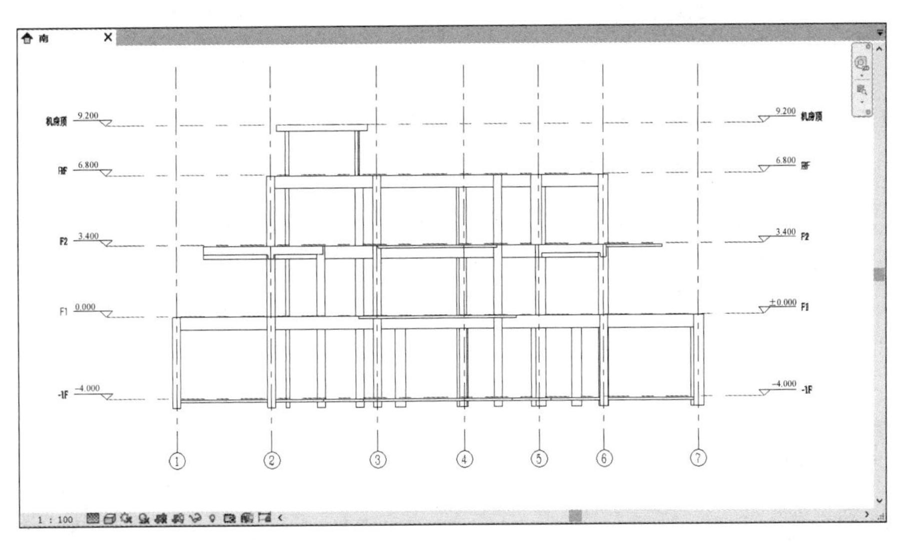

图　3-14

（7）用同样的方法复制轴网。依次选择“视图”选项卡→“平面视图”下拉列表→“楼层平面”命令，如图 3-15 所示。

（8）全选所有标高后单击“确定”按钮（按住 Ctrl 键可多选），如图 3-16 所示。在“项目浏览器”中就会出现楼层平面视图，如图 3-17 所示。

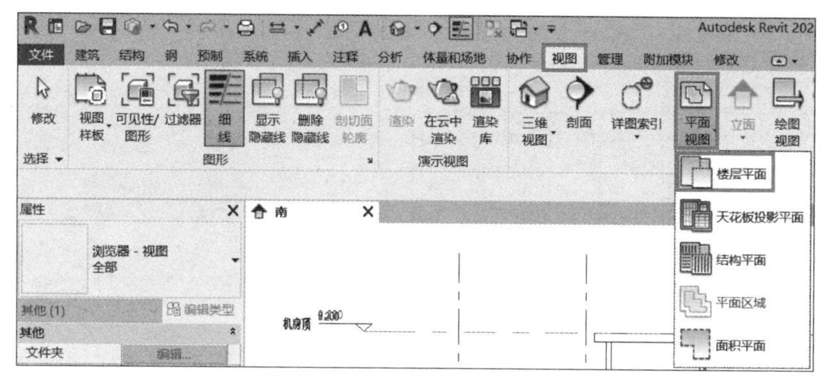

图 3-15

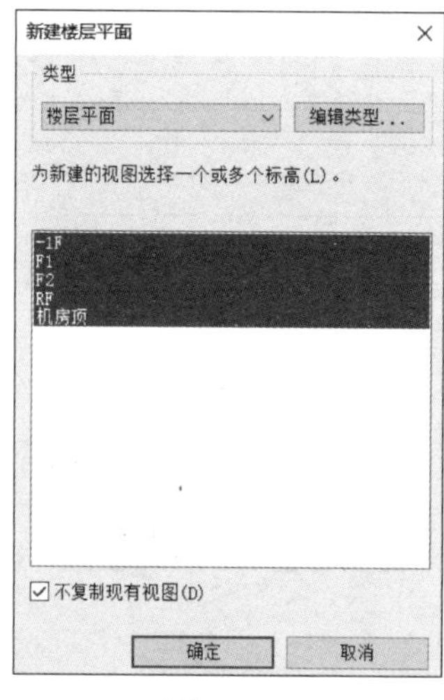

图 3-16

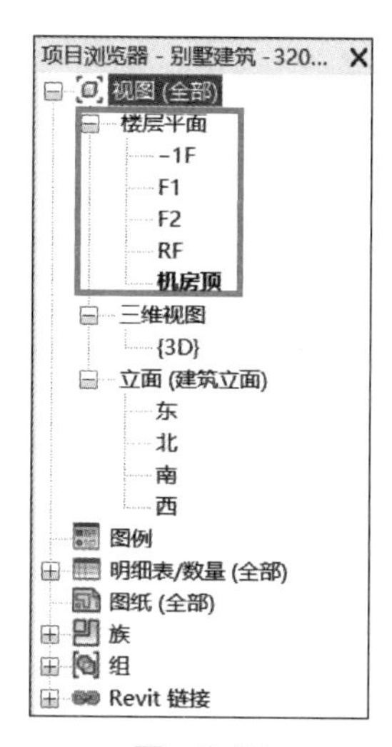

图 3-17

（9）切换至 -1F 平面视图。依次选择“协作”选项卡→“复制 / 监视”下拉列表→“选择链接”命令，如图 3-18 所示。

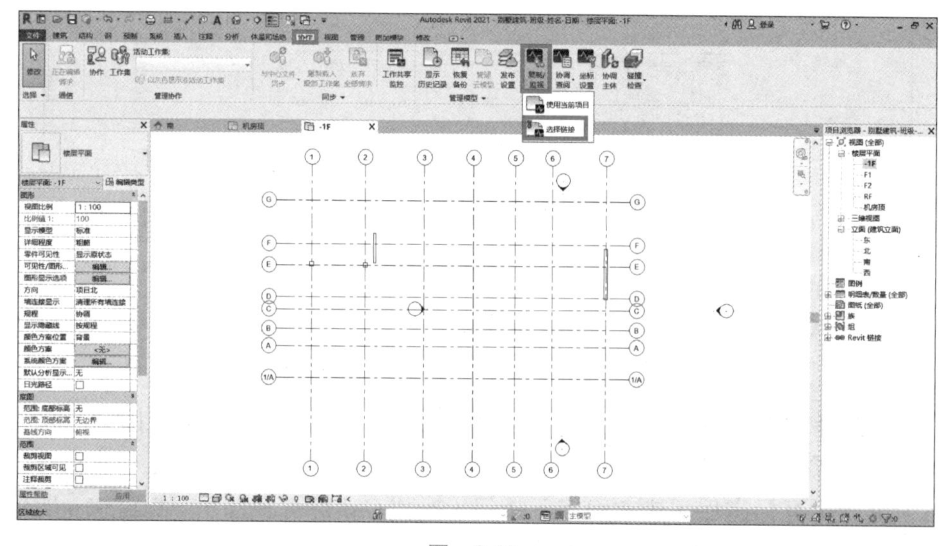

图 3-18

（10）单击选中绘图区域的链接模型，左上方出现“复制 / 监视”命令，选择“复制”命令，勾选“多个”选项，如图 3-19 所示。

（11）从右向左框选轴网，如图 3-20 所示。单击“过滤器”按钮，如图 3-19 所示，弹出“过滤器”对话框，勾选“轴网”选项，单击“确定”按钮，如图 3-21 所示。

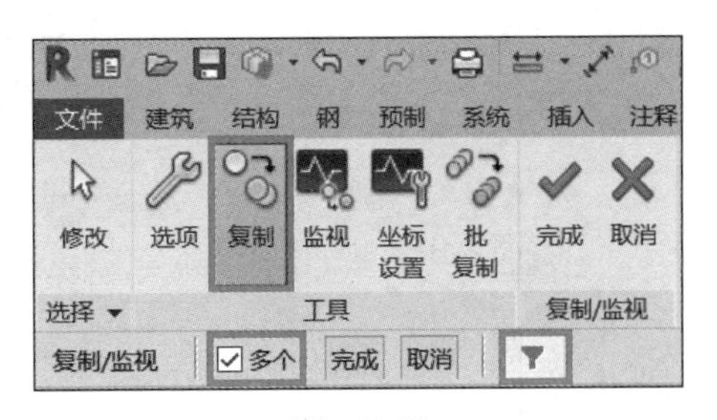

图　3-19

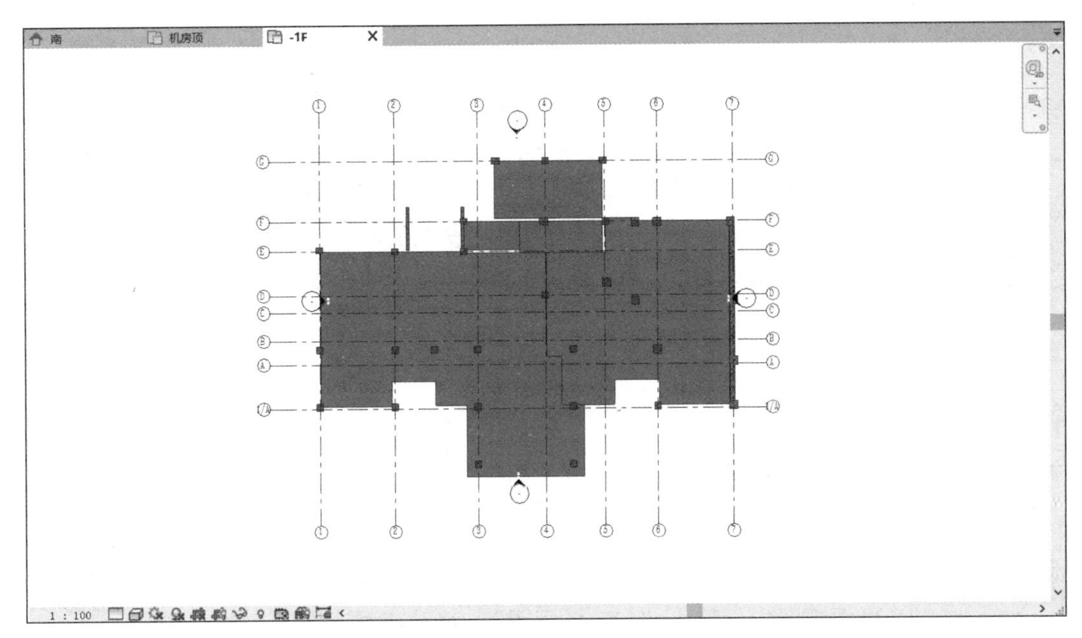

图　3-20

（12）单击“完成”按钮，然后选择右上方的“✓”命令，如图 3-22 所示。此时结构模型中的轴网就复制到建筑模型，如图 3-23 所示，锁定轴网。

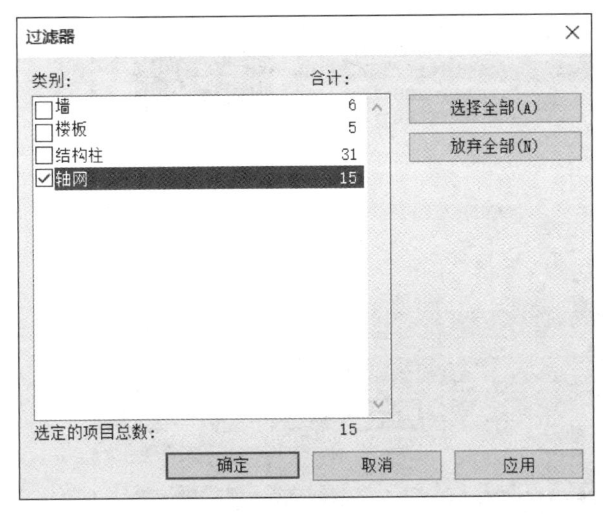

图　3-21

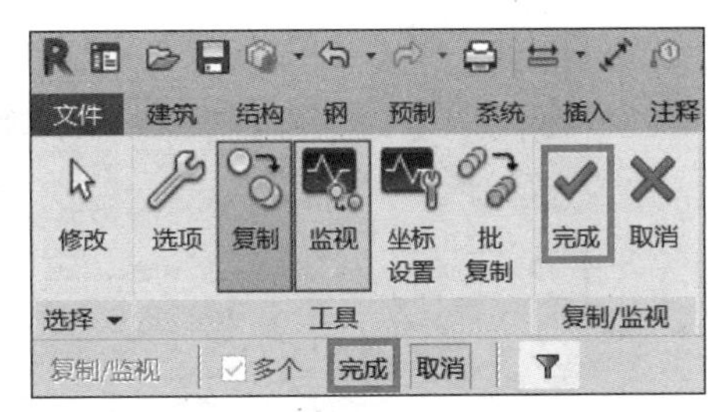

图　3-22

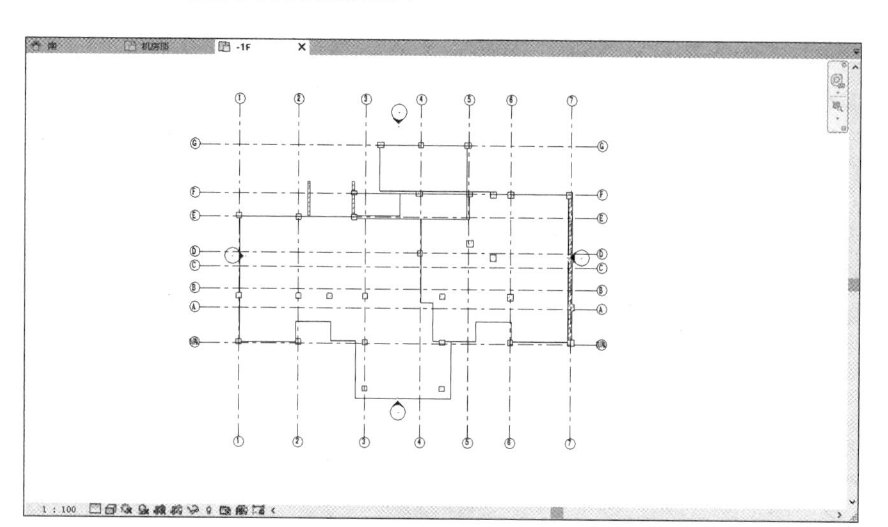

图 3-23

学习任务

根据给定项目图纸完成建筑模型标高、轴网的创建。

任务 3.2 建筑墙、幕墙创建

3.2.1 普通墙创建

教学视频：创建普通墙

任务流程：选择建筑墙命令→选择墙类型→复制墙→按图绘制建筑墙。

（1）在 -1F 平面视图中，导入“-1F 平面图”，移动或对齐图纸并锁定，如图 3-24 和图 3-25 所示。

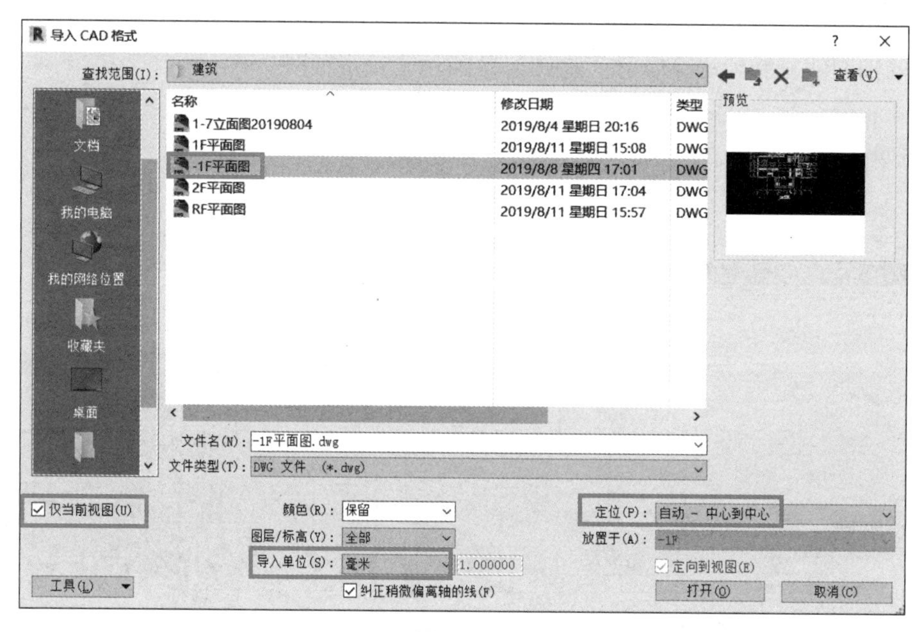

图 3-24

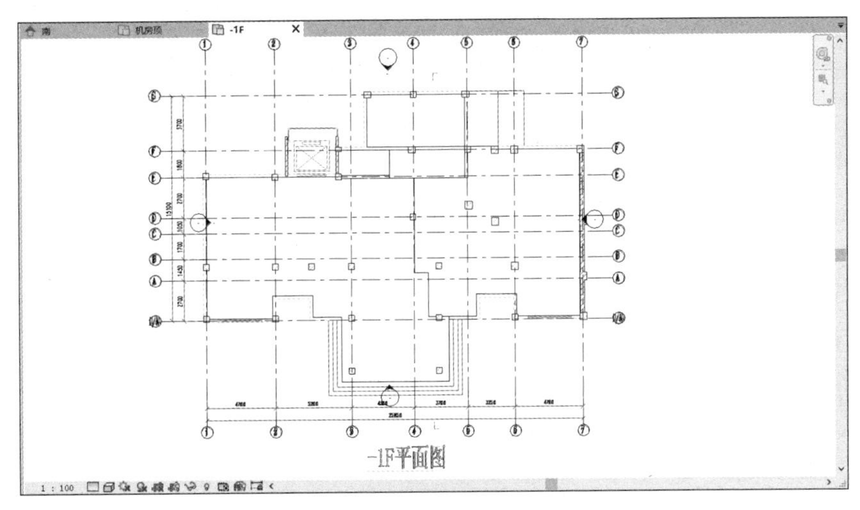

图　3-25

（2）此时图纸中的部分墙体被模型中的结构板遮住不可见，可以通过可见性设置将楼板隐藏。单击“属性”对话框中“可见性 / 图形 ...”后的“编辑”按钮，如图 3-26 所示。弹出“可见性 / 图形替换”对话框，取消勾选“楼板”选项，单击“确定”按钮，如图 3-27 所示。完成后的效果如图 3-28 所示。

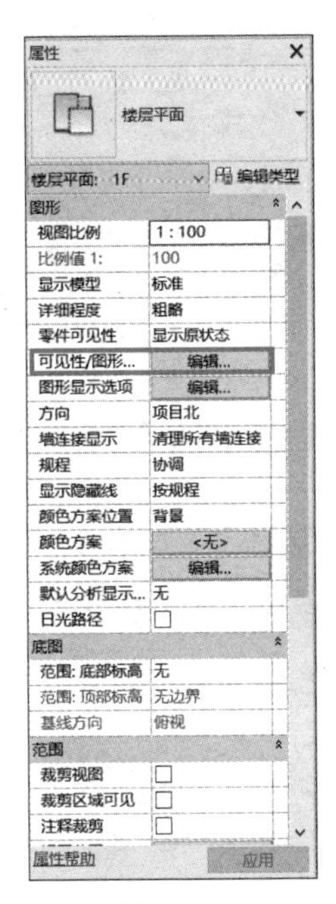

图　3-26

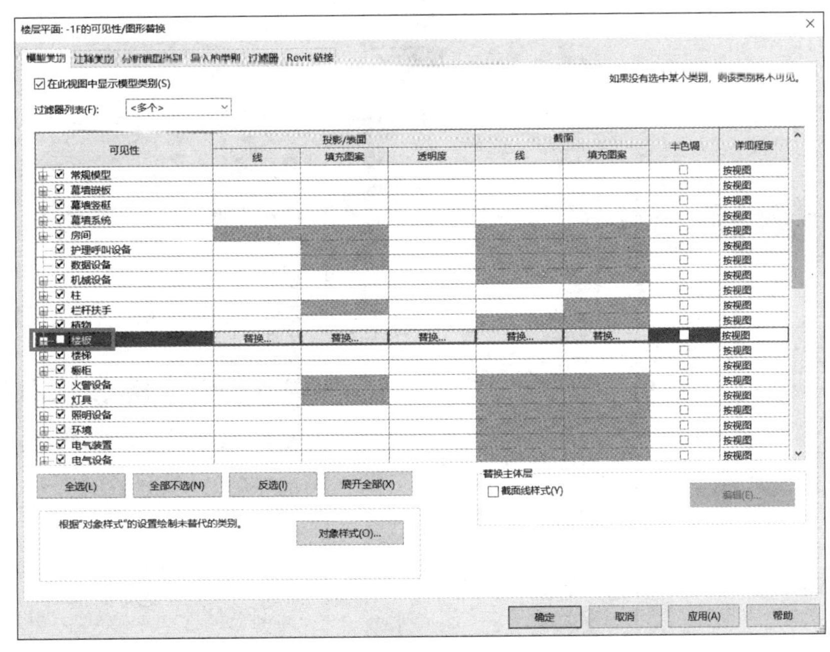

图　3-27

为使建筑内墙和外墙有不同的材质表现，在绘制建筑墙时区分建筑外墙和建筑内墙。

（3）依次选择“建筑”选项卡→“墙”下拉列表→“墙：建筑”命令，如图 3-29 所示。

（4）单击“编辑类型”按钮，在“类型属性”对话框中单击“复制”命令，弹出“修改名称”对话框，将名称命名为“建筑外墙 -200mm”，单击“确定”按钮，如图 3-30~图 3-32 所示。

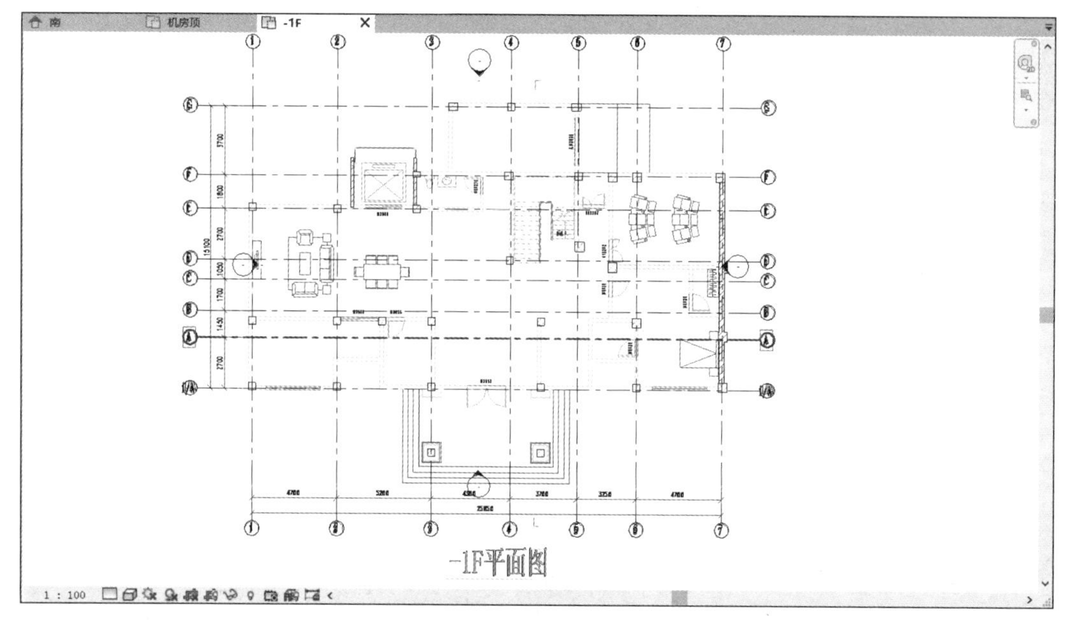

图 3-28

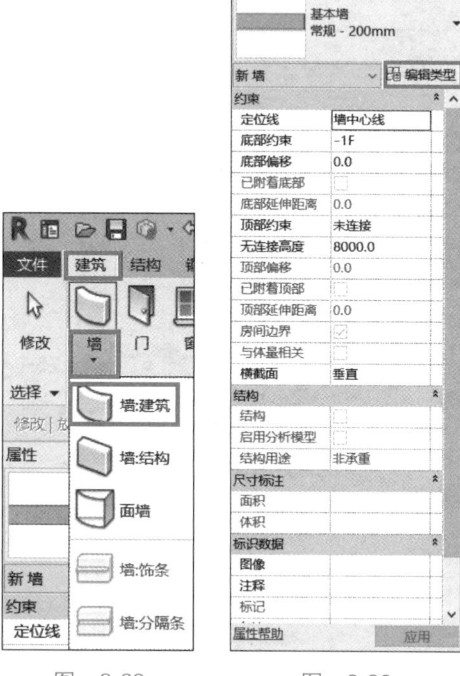

图 3-29　　图 3-30

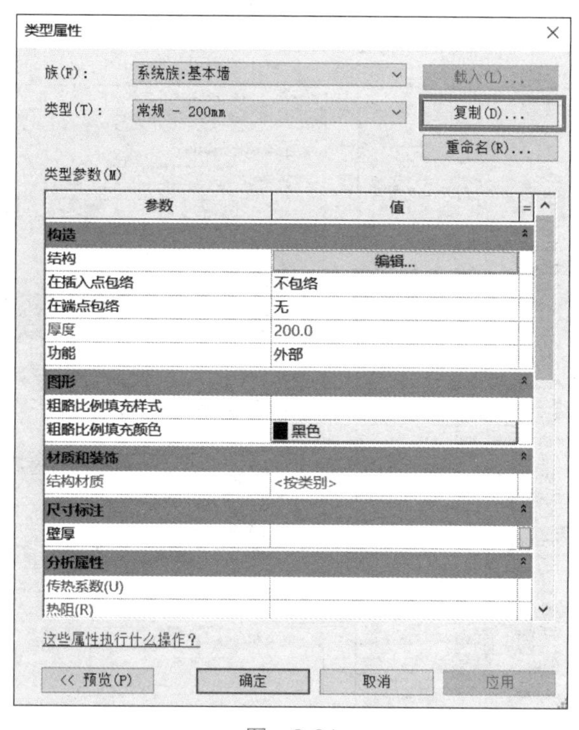

图 3-31

名称

名称(N)：建筑外墙-200mm

确定　取消

图 3-32

混凝土砌块材质为软件自带，建筑外墙和米白色涂料材质为新建。

（5）单击“编辑”按钮，修改墙体的材质，如图 3-33 和图 3-34 所示。依次单击“确定”按钮，完成墙体复制。

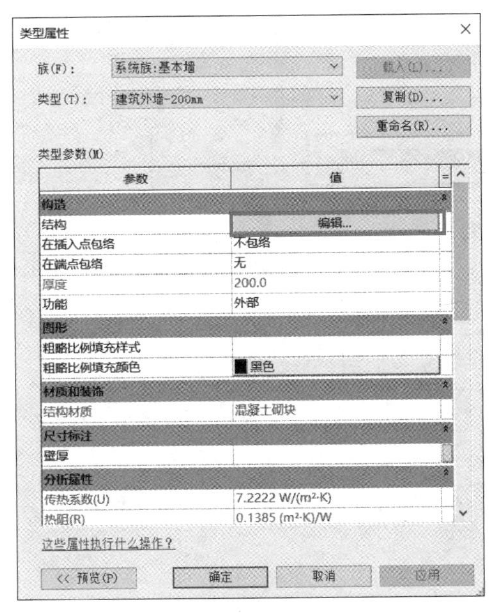

图　3-33

编辑部件

族：基本墙
类型：建筑外墙-200mm
厚度总计：200.0　　样本高度(S)：6096.0
阻力(R)：0.1385 (m²·K)/W
热质量：25.28 kJ/K

层　外部边

	功能	材质	厚度	包络	结构材质
1	面层 1 [4]	建筑外墙	10.0	☑	☐
2	核心边界	包络上层	0.0		
3	结构 [1]	混凝土砌块	180.0	☐	☑
4	核心边界	包络下层	0.0		
5	面层 1 [4]	米白色涂料	10.0	☑	☐

内部边

插入(I)　删除(D)　向上(U)　向下(O)

默认包络
插入点(N)：不包络　　结束点(E)：无

修改垂直结构(仅限于剖面预览中)
修改(M)　合并区域(G)　墙饰条(W)
指定层(A)　拆分区域(L)　分隔条(R)

<< 预览(P)　确定　取消　帮助(H)

图　3-34

（6）各属性参数按图 3-35 所示进行设置。

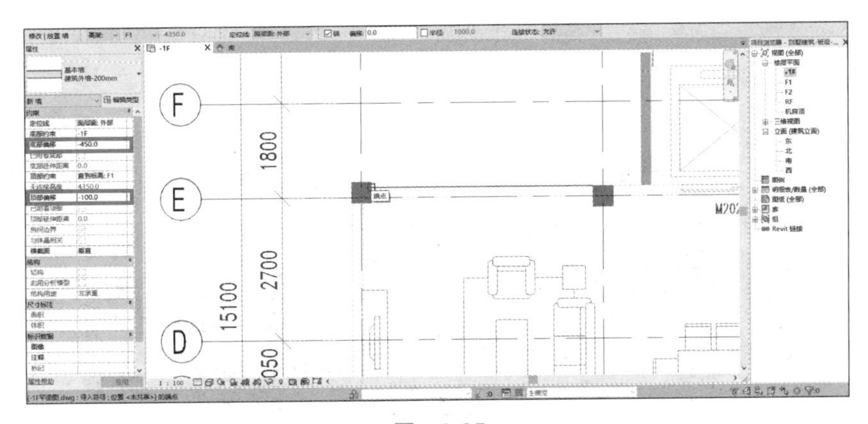

图　3-35

提示

图 3-35 中各参数含义如下。

（1）“底部偏移”为“−450.0”：本项目基础顶标高视为 −0.450，墙直接建于基础之上。

（2）“顶部偏移”为“−100.0”：建筑墙的高度应该只到梁底，但实际工程中，梁的高度不一致，如果每道墙的高度都手动设置，建模效率较低，设置成“−100.0”，可以让墙顶基本在板中，不会突出楼板造成不美观。目前有些插件可以做到建模完成后对所有墙进行修改，一键生成墙到梁底。

（7）依次单击墙的起点和终点，完成绘制，如图 3-36 所示。

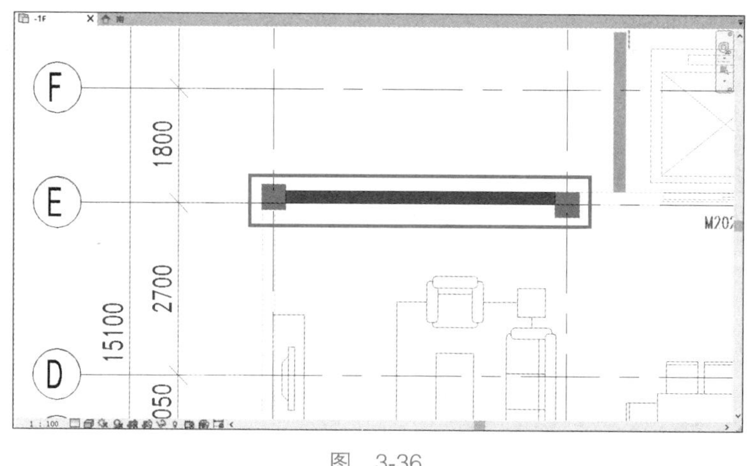

图 3-36

提示

墙体绘制时在柱处断开，在门窗位置不要断开。

（8）用同样的方法完成 -1F 剩余墙体绘制，注意内外墙分开，完成后的效果如图 3-37 所示。

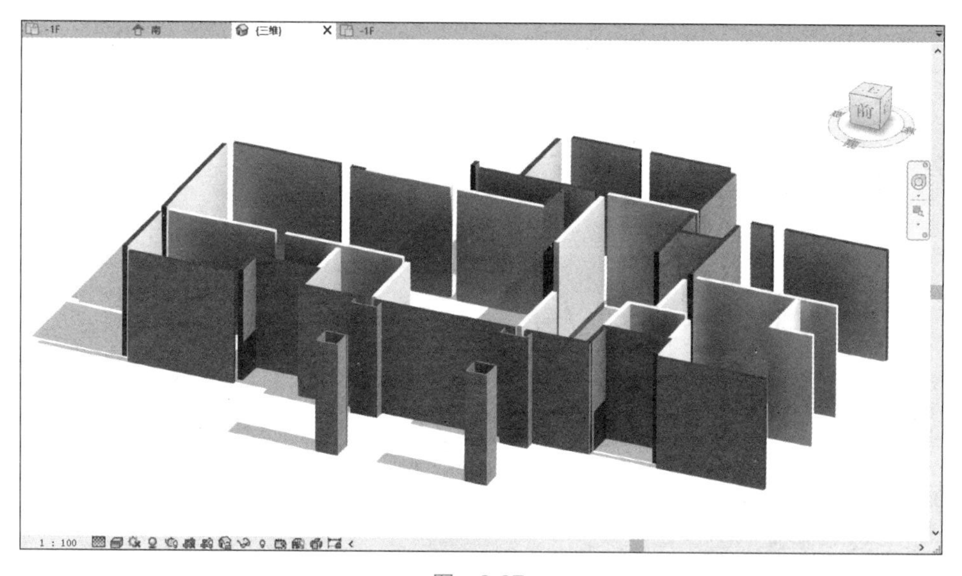

图 3-37

3.2.2 幕墙创建

教学视频：幕墙创建

任务流程：选择建筑墙命令→选择幕墙类型→复制幕墙→按图绘制幕墙→编辑网格线和竖梃。

（1）以 2—3 轴交 F 轴电梯外幕墙为例：依次选择“建筑”选项卡→“墙”下拉列表→“墙：建筑”命令，如图 3-38 所示。

（2）在“属性”对话框的下拉列表中找到“幕墙”选项，如图 3-39 所示。设置限制条件，如图 3-40 所示。

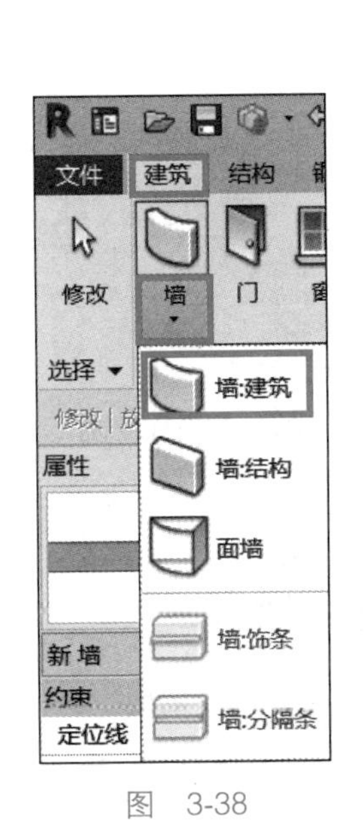

图　3-38

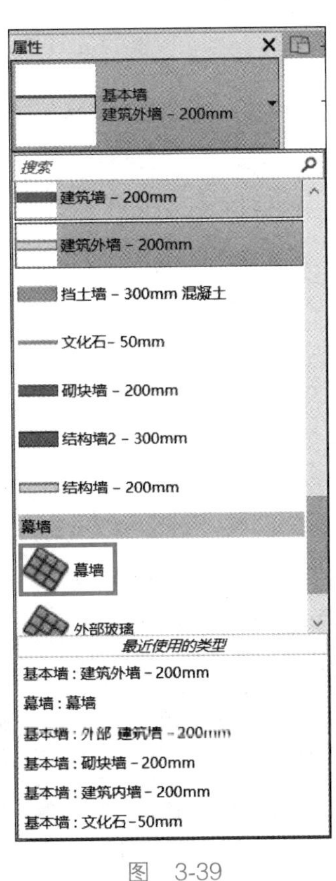

图　3-39

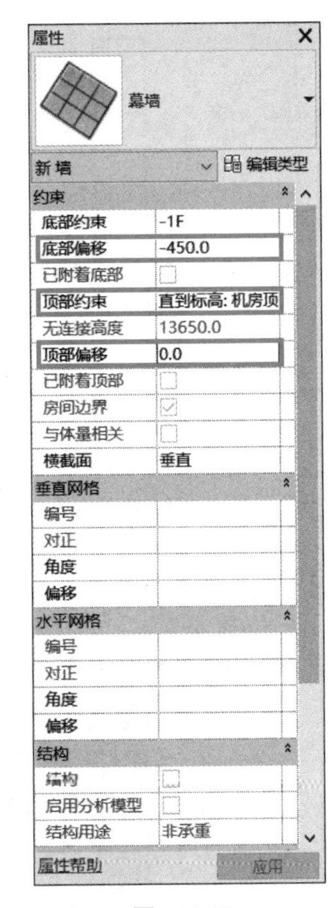

图　3-40

（3）以图 3-41 所示的点为起点，绘制幕墙。完成后效果如图 3-42 所示。

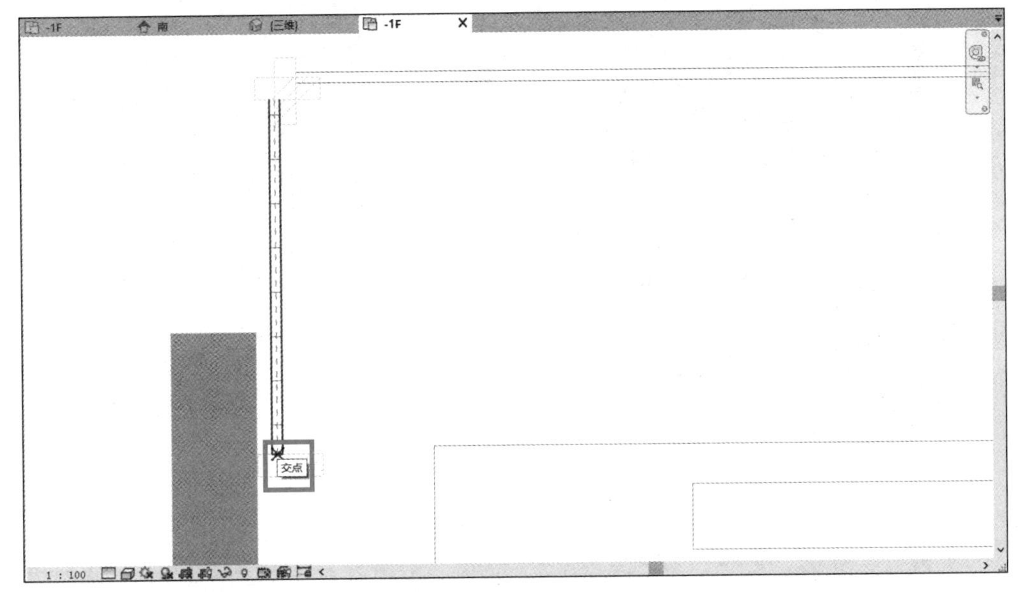

图　3-41

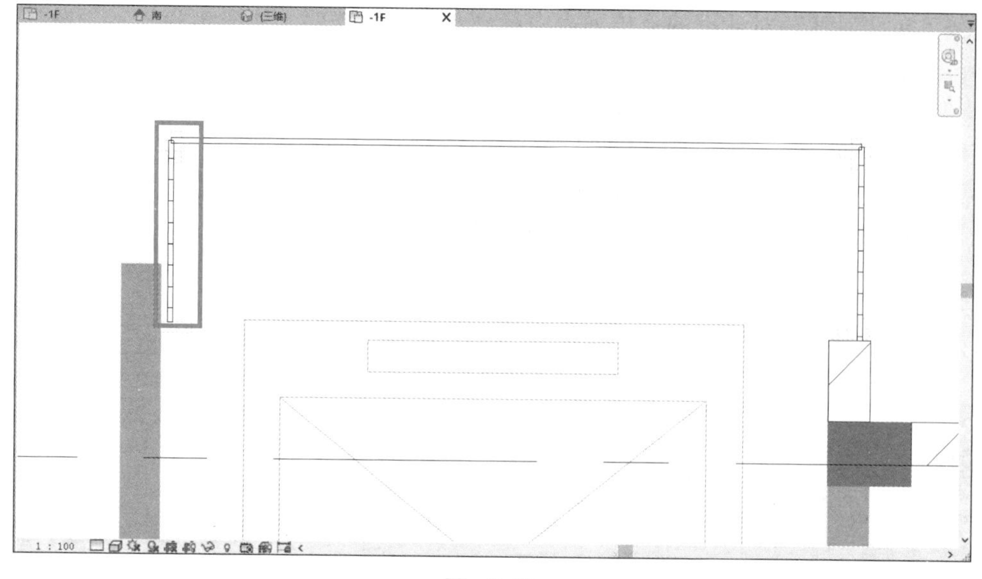

图 3-42

（4）切换至三维视图，依次选择“建筑”选项卡→“幕墙网格”命令，在刚绘制的幕墙上单击为幕墙添加网格线，如图 3-43 和图 3-44 所示。

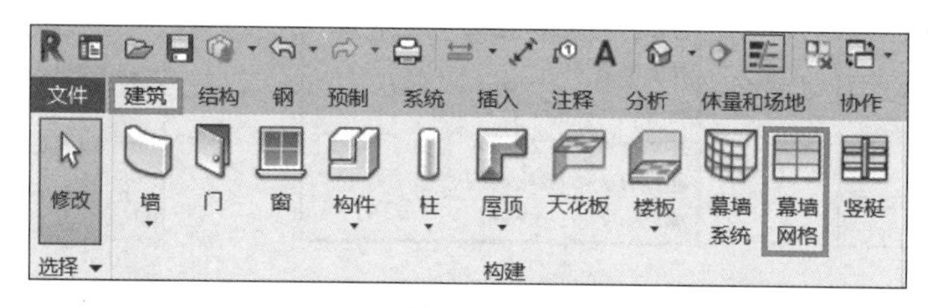

图 3-43

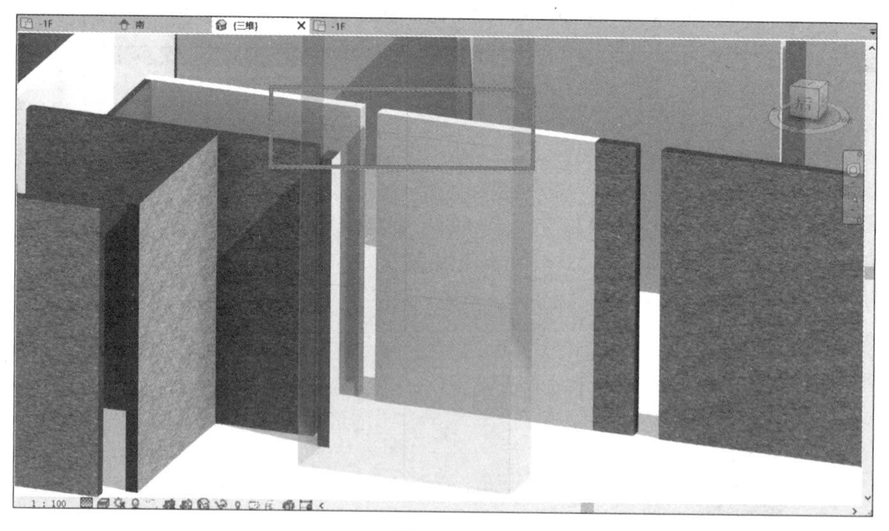

图 3-44

（5）选择“竖梃”命令，在刚绘制的网格线上单击为幕墙添加竖梃，如图 3-45 和图 3-46 所示。

图 3-45

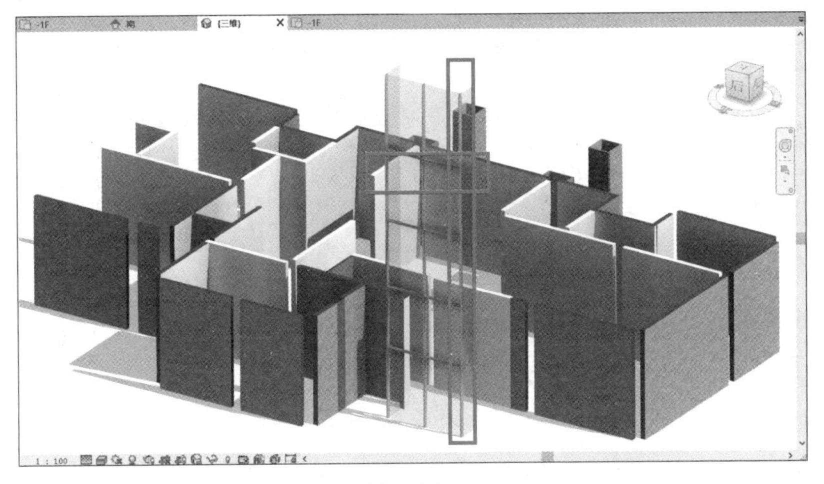

图 3-46

提示

幕墙功能可以用来替代玻璃门窗和干挂石材幕墙等绘制。

学习任务

根据给定项目图纸完成墙体的创建。

任务 3.3 门、窗创建

3.3.1 门创建

任务流程：选择门命令→选择门类型→复制门→按图放置门。

（1）以3—4轴交E—F轴间门为例：依次选择“建筑”选项卡→“门”命令，如图3-47所示。在“属性”对话框里单击“编辑类型”按钮，如图3-48所示。

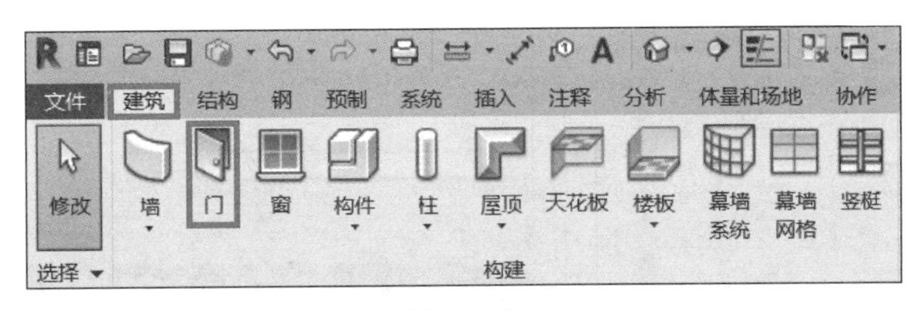

图 3-47

教学视频：门、窗创建

（2）在“类型属性”对话框中单击“复制”按钮，命名为和图纸一致的“M0927B”，如图3-49和图3-50所示。

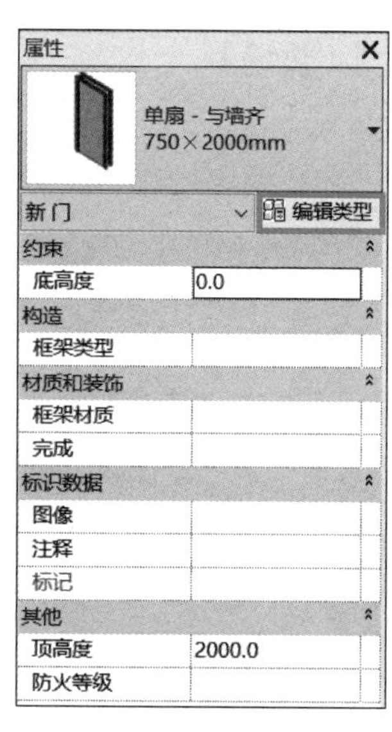

图 3-48

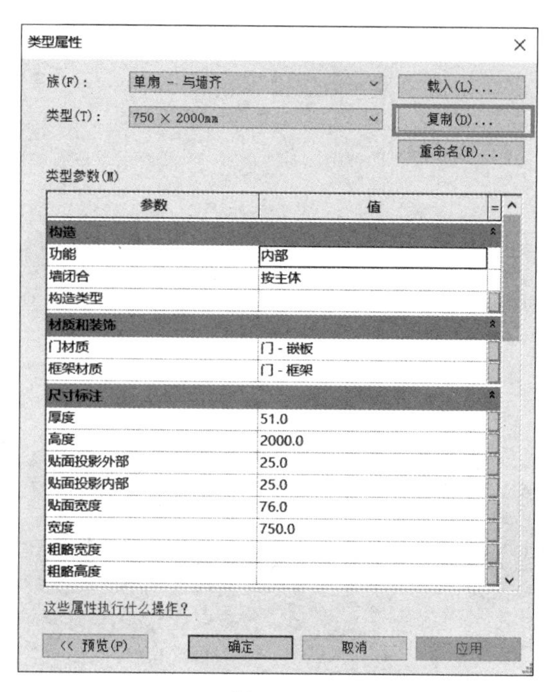

图 3-49

（3）将“高度”和“宽度”分别修改为“2700”和“900”，如图 3-51 所示。将“类型标记”修改为“M0927B”，单击“确定”按钮，如图 3-52 所示。

（4）选择“在放置时进行标记”命令，如图 3-53 所示，在图中相应位置点选放置门，如图 3-54 所示。

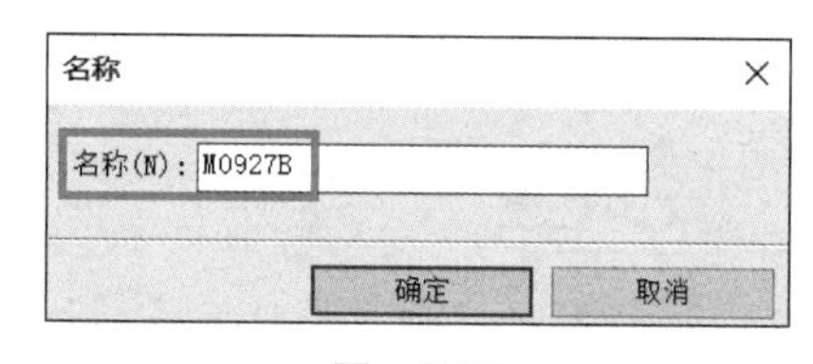

图 3-50

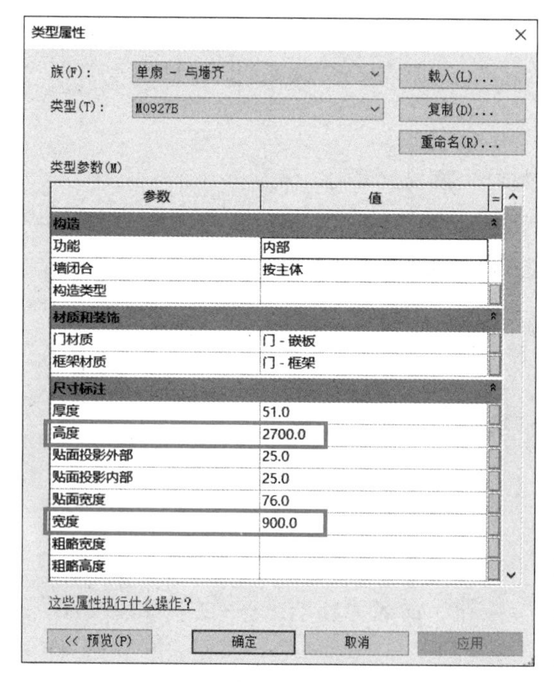

图 3-51

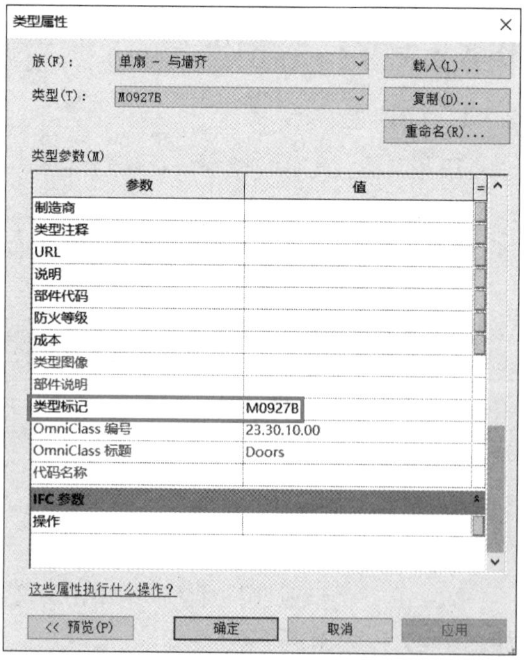

图 3-52

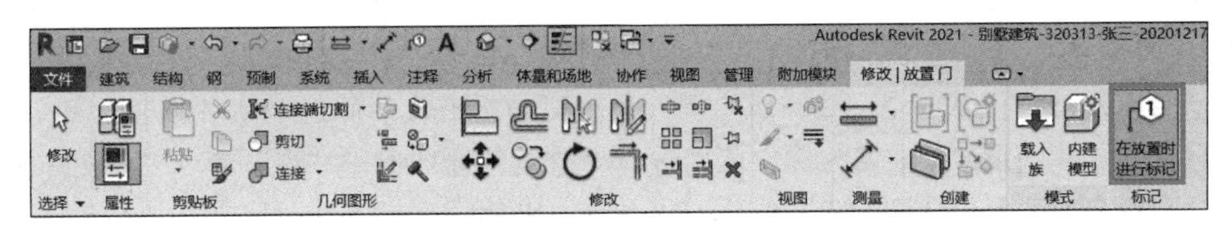

图 3-53

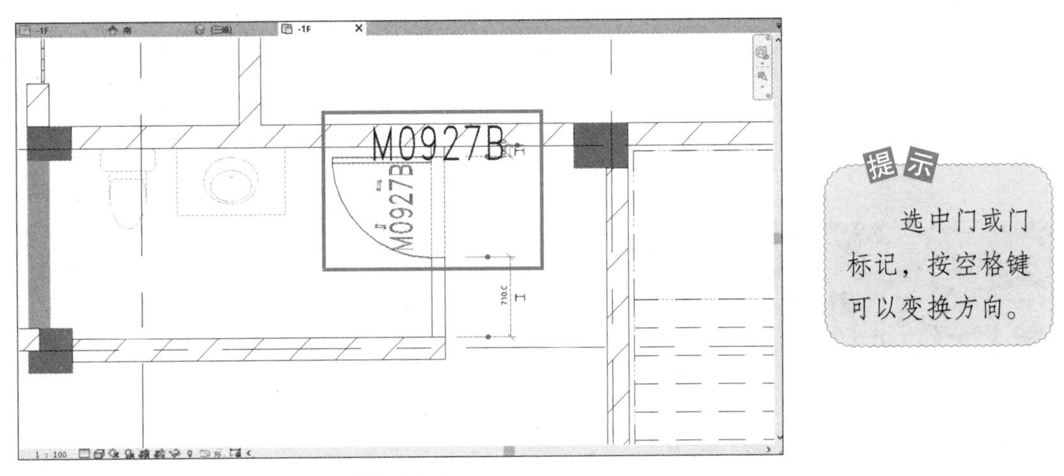

图 3-54

提示

选中门或门标记，按空格键可以变换方向。

（5）部分门在“属性”对话框中找不到时，可以用载入族的方法解决，如“子母门”的载入。依次选择“插入”选项卡→“载入族”命令→“China”→“建筑”，“门”→“普通门”→“子母门”文件，单击“打开”按钮，完成载入，如图 3-55 和图 3-56 所示。

图 3-55

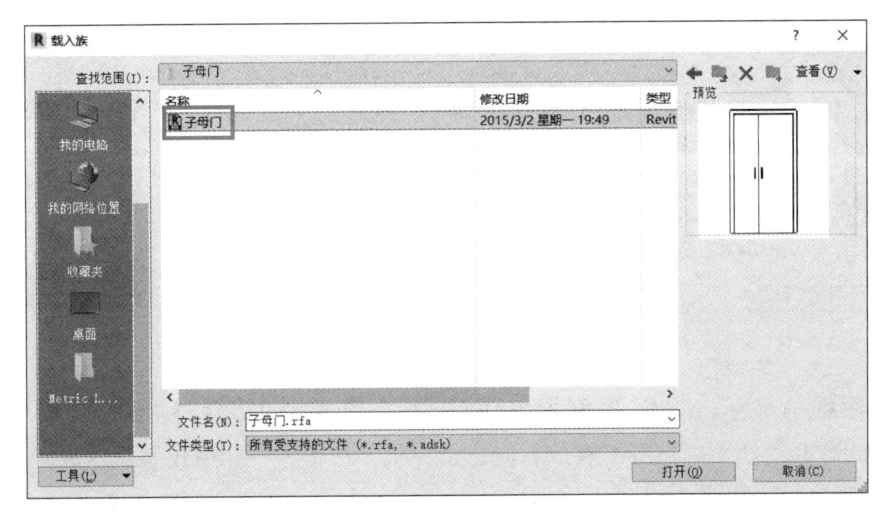

图 3-56

3.3.2 窗创建

任务流程：选择窗命令→选择窗类型→复制窗→按图放置窗。

（1）以 1—2 轴交 A 轴窗为例。依次选择“建筑”选项卡→“窗”命令，如图 3-57 所示。项目中只有一种“固定窗”，如图 3-58 所示，此时需要载入窗族。

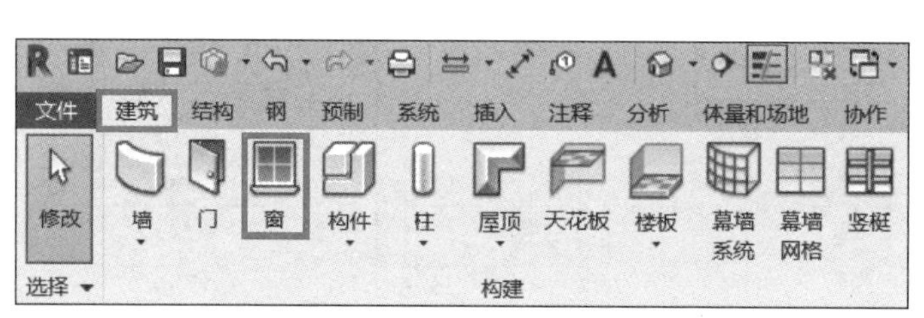

图 3-57

图 3-58

（2）依次选择“插入”选项卡→“载入族”命令→“China”→“建筑”→“窗”→“普通窗”→“组合窗”文件，选择所需窗类型，单击“打开”按钮，如图 3-59 所示。

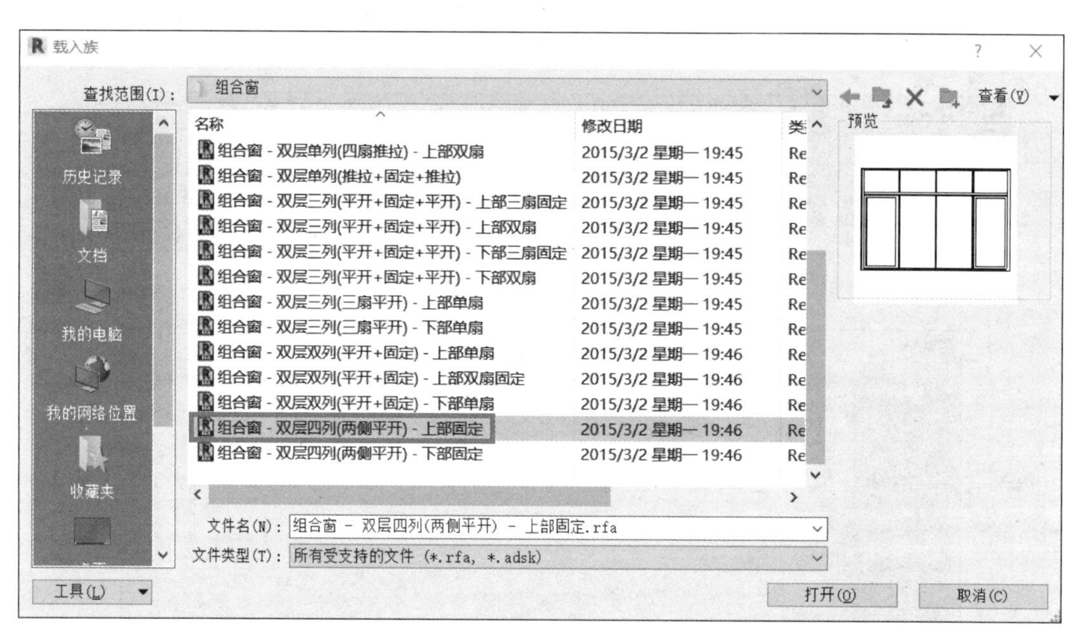

图 3-59

（3）图纸中窗为 C3024，若载入的窗不是这个尺寸，可以通过“编辑类型”复制出 C3024，如图 3-60 所示。选择“在放置时进行标记”命令，在相应位置点选放置窗。完成后的门窗如图 3-61 和图 3-62 所示。

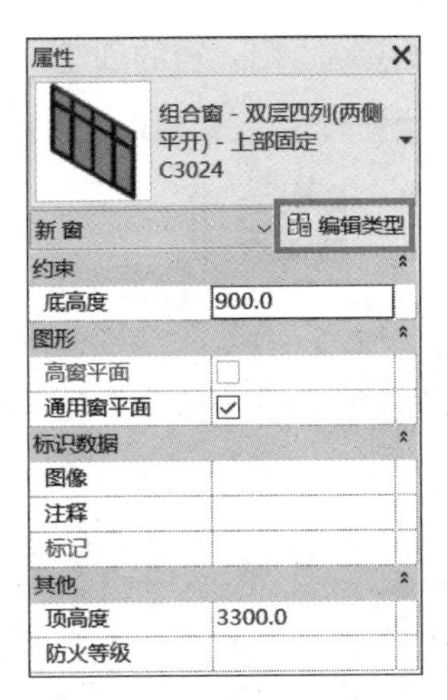

图　3-60

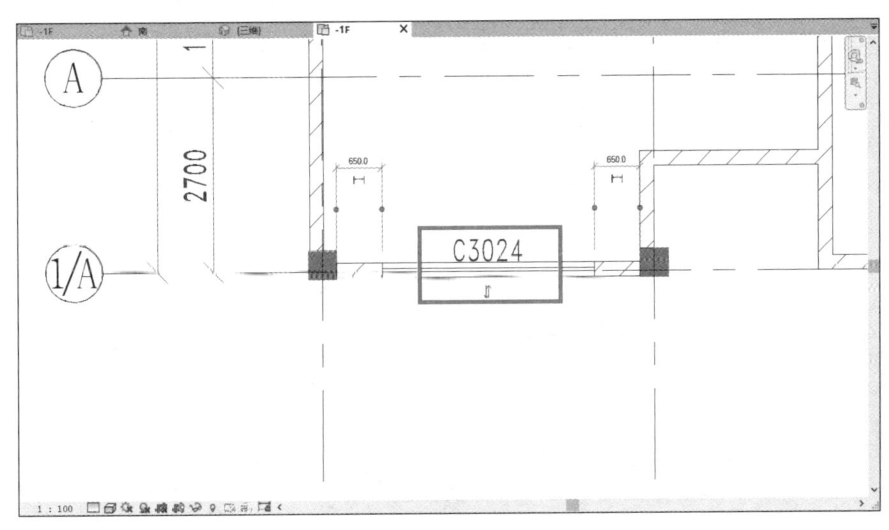

图　3-61

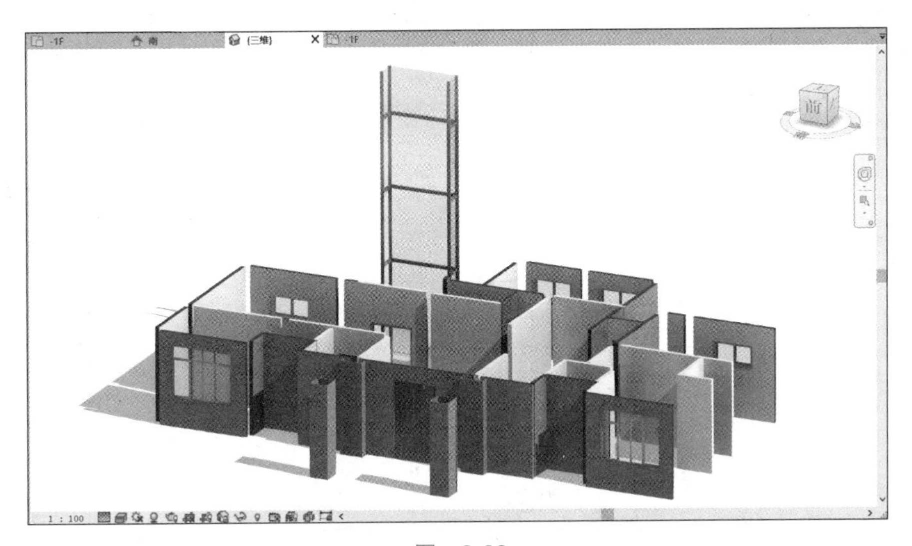

图　3-62

（4）用同样的方法完成其他楼层墙、门、窗的创建，完成后的效果如图 3-63 所示。

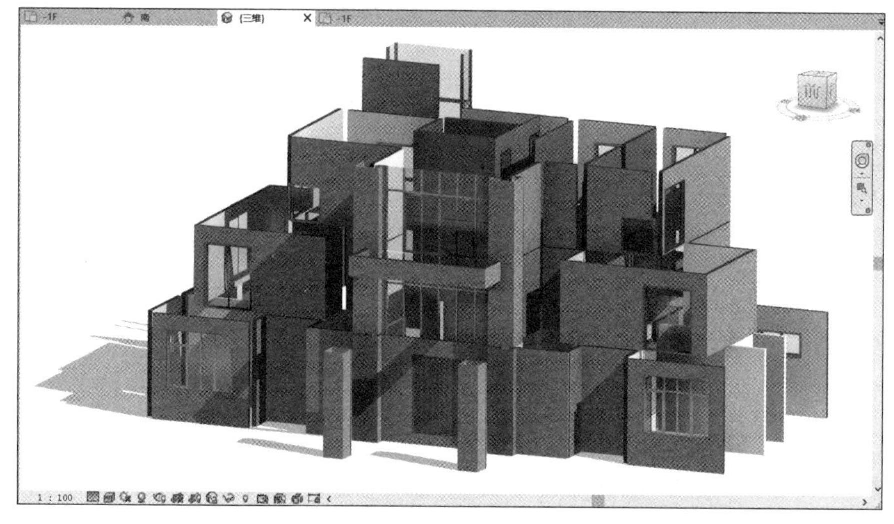

图 3-63

学习任务

根据给定项目图纸完成门、窗的创建。

任务 3.4 屋顶、楼梯并绘制栏杆扶手创建

3.4.1 屋顶创建

任务流程：选择屋顶命令→复制屋顶→按图绘制迹线→修改定义坡度。

（1）双击“楼层平面”中的“RF”，切换至屋顶平面，导入“RF 平面图”，如图 3-64 所示。

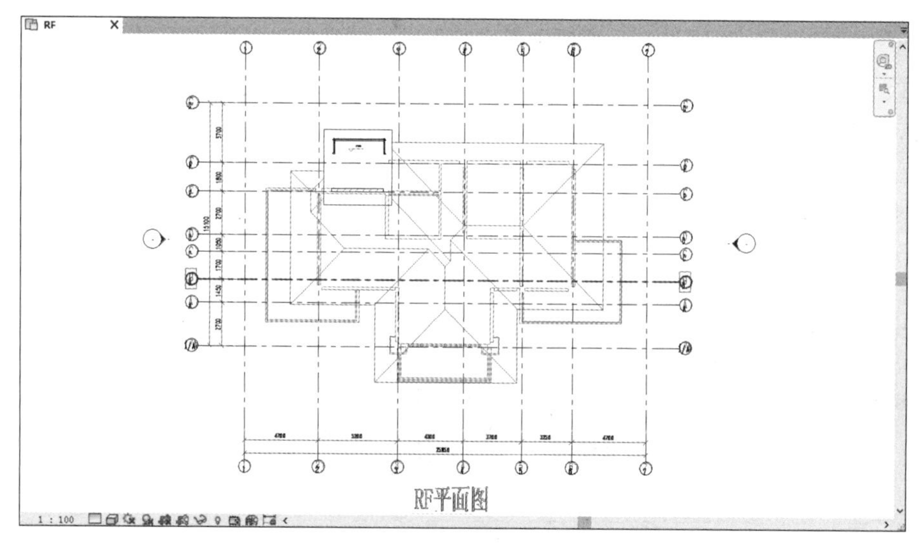

图 3-64

教学视频：
屋顶创建

（2）依次选择“建筑”选项卡→“屋顶”下拉列表→“迹线屋顶”命令，如图 3-65 所示。

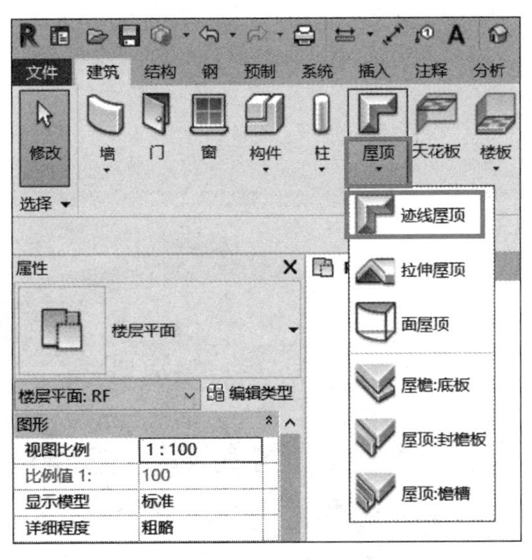

图　3-65

（3）使用“直线”或者“拾取线”命令，如图 3-66 所示。沿着屋顶边线绘制封闭的屋顶边界，单击“完成”按钮，如图 3-67 所示，完成绘制。

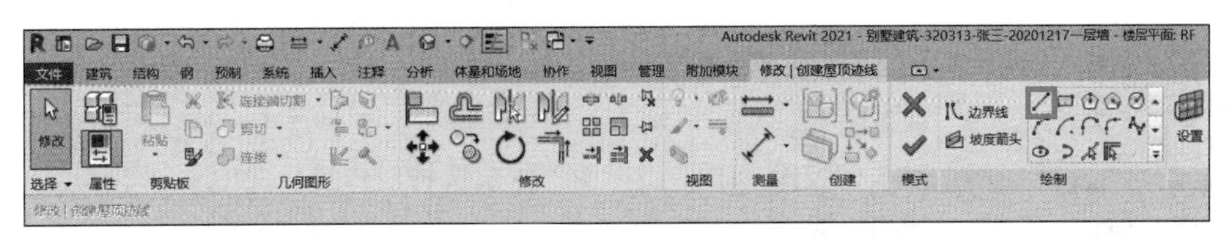

图　3-66

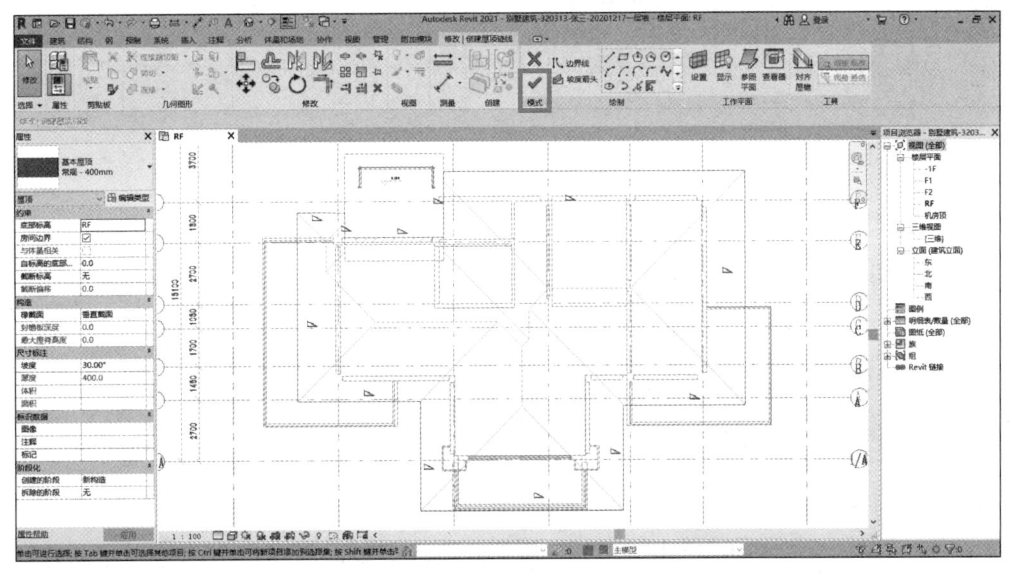

图　3-67

（4）在“属性”对话框中可以通过“编辑类型”修改屋顶的厚度、材质等，在“坡度”的位置也可以修改屋顶的坡度，如图 3-68 所示。完成后的三维效果如图 3-69 所示。

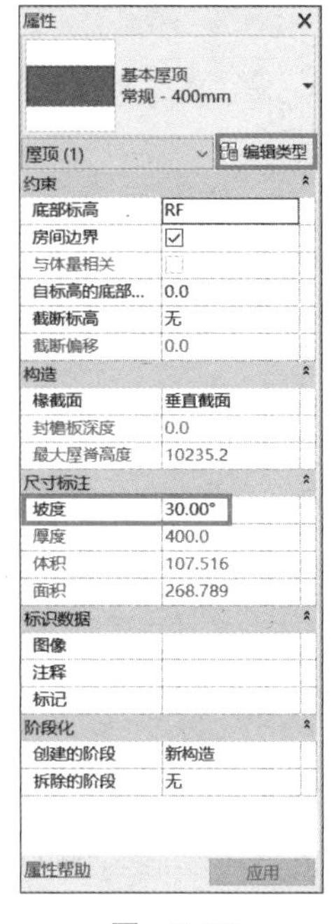

图 3-68

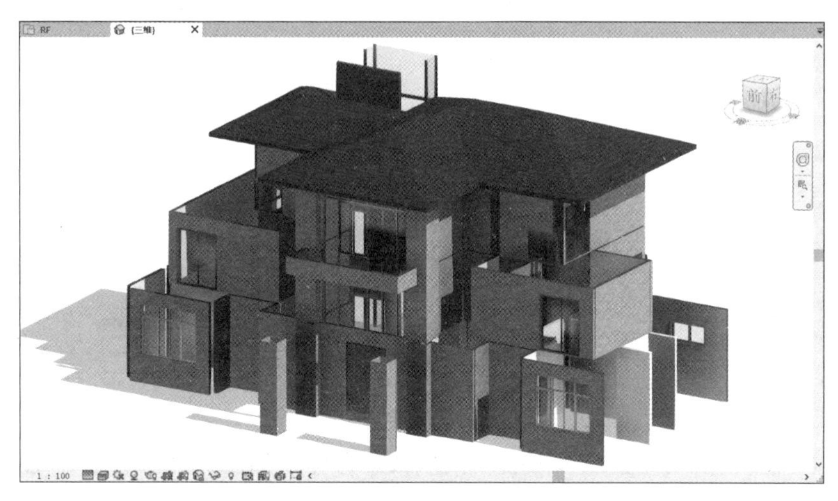

图 3-69

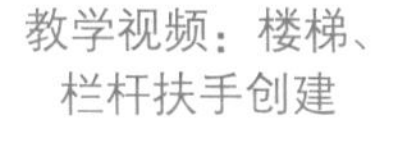

3.4.2 楼梯创建

任务流程： 绘制参照平面→楼梯命令→参数设置→按图绘制楼梯。

（1）切换至 -1F 平面视图，依次选择“建筑”选项卡→“楼梯”命令，如图 3-70 所示。

图 3-70

（2）在“属性”对话框中设置参数，如图 3-71 所示，在平面视图中按逆时针顺序依次单击如图 3-72 所示的点。

在创建楼梯前，可以通过绘制参照平面的方式确定楼梯的起点、转折点和终点。

（3）分别单击选中梯段和平台，移动边界线至 CAD 图纸楼梯边界，如图 3-73 所示。单击“完成”按钮，完成绘制，如图 3-74 所示。

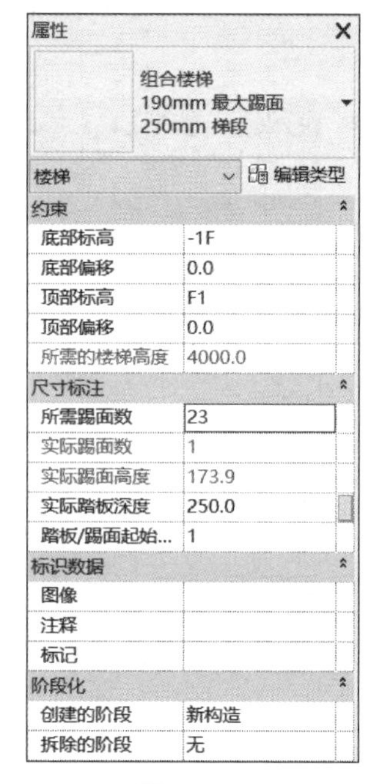

图 3-71

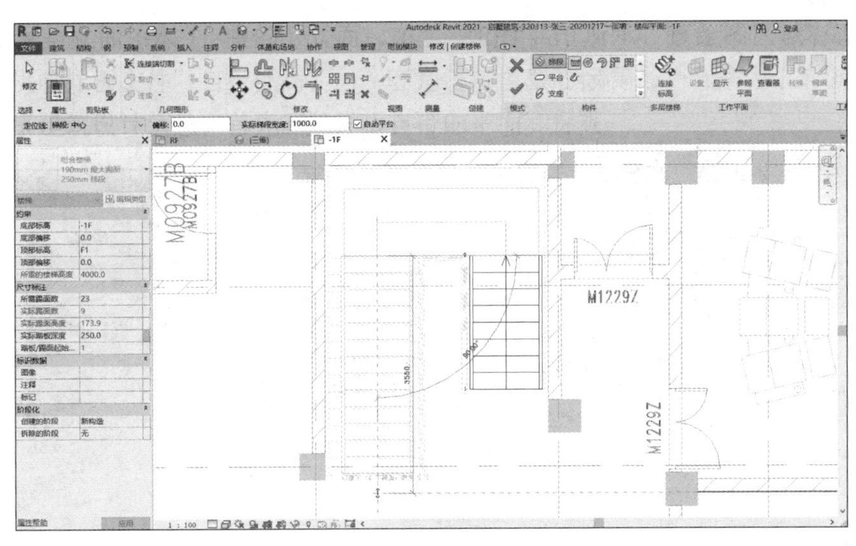

图　3-72

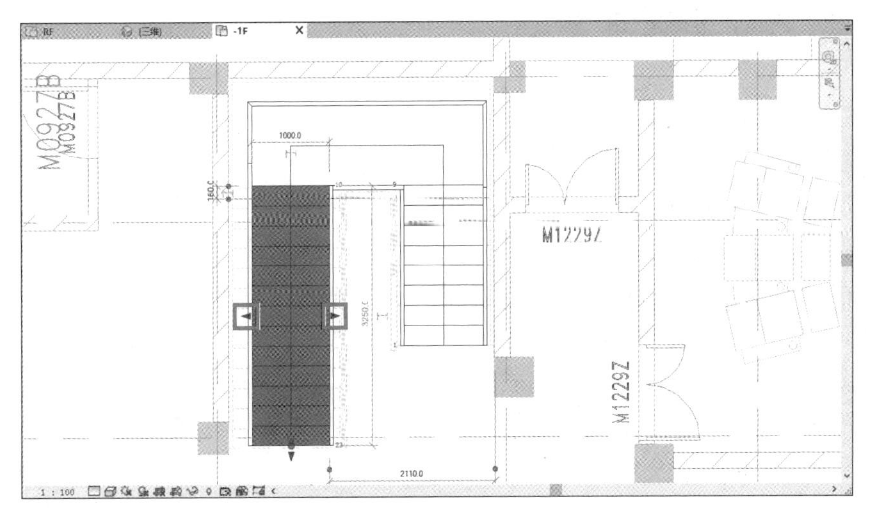

图　3-73

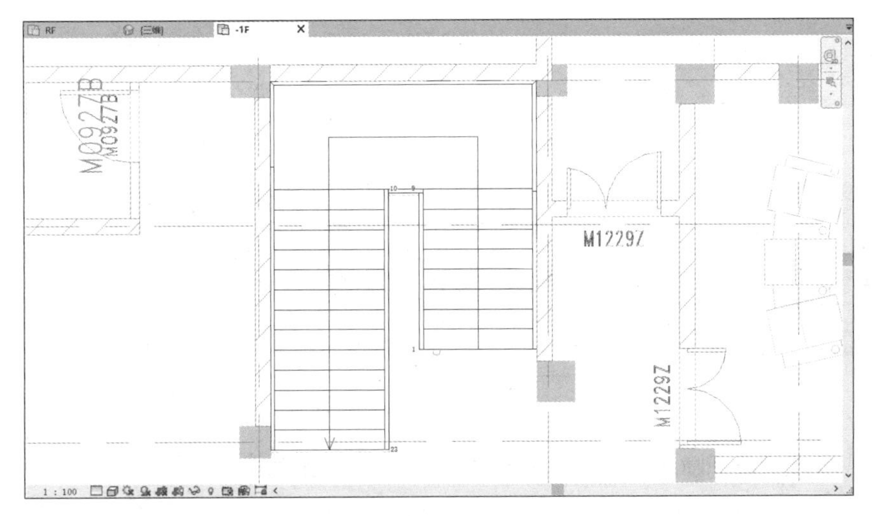

图　3-74

（4）切换至三维视图，勾选“剖面框”选项，将靠墙一侧的栏杆扶手删除，如图 3-75 所示。用同样方法完成一层楼梯创建。

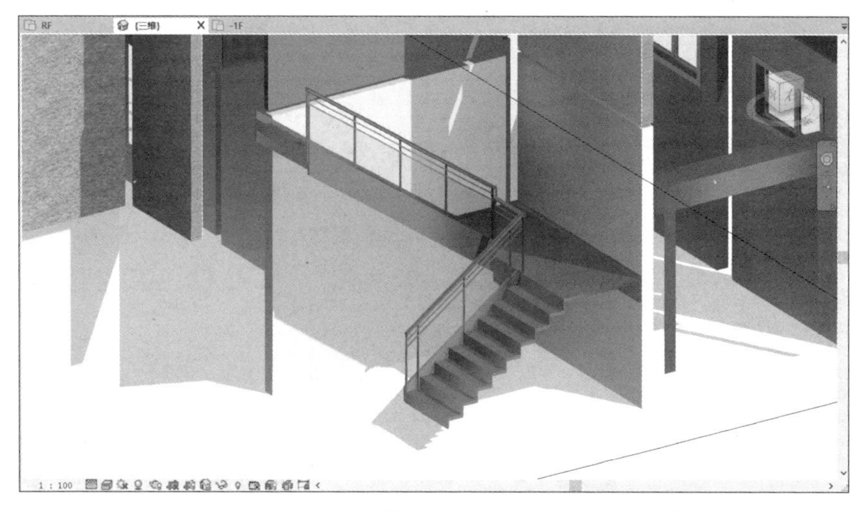

图 3-75

3.4.3 栏杆扶手创建

任务流程：选择栏杆扶手命令→选择栏杆扶手类型→按图绘制栏杆扶手。

（1）切换至 F1 平面视图，依次选择“建筑”选项卡→“栏杆扶手”下拉列表→“绘制路径”命令，如图 3-76 所示。

（2）在“属性”对话框中选择“玻璃嵌板 - 底部填充”类型栏杆，如图 3-77 所示。使用“直线”命令沿 CAD 栏杆路径绘制栏杆扶手，如图 3-78 所示。单击“完成”按钮完成绘制，如图 3-79 所示。用同样方法完成其他栏杆绘制。

图 3-76

属性

栏杆扶手
玻璃嵌板 - 底部填充

栏杆扶手 编辑类型

约束	
底部标高	F1
底部偏移	0.0
从路径偏移	0.0
尺寸标注	
长度	0.0
标识数据	
图像	
注释	
标记	
阶段化	
创建的阶段	新构造
拆除的阶段	无

图 3-77

学习任务

根据给定项目图纸完成屋顶、楼梯、栏杆扶手的创建。

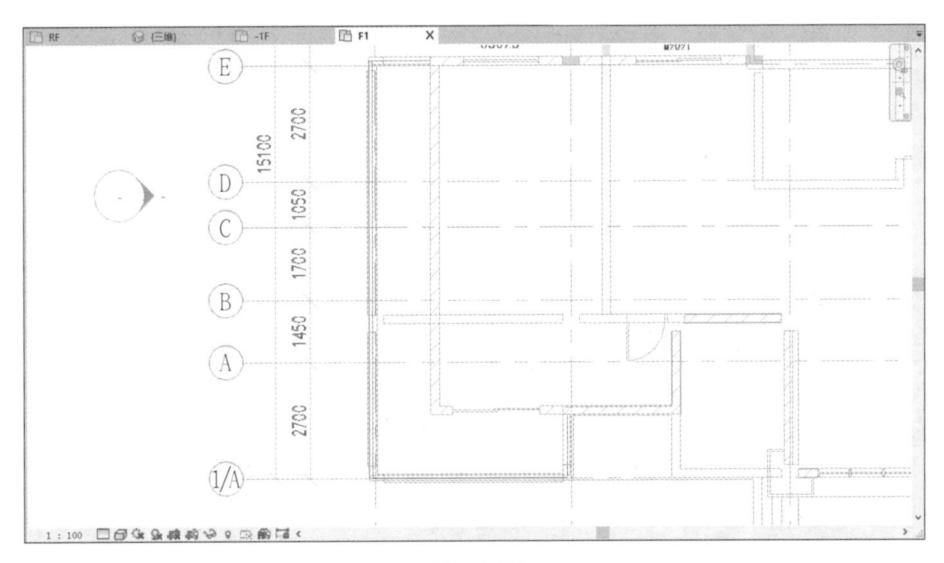

图　3-78

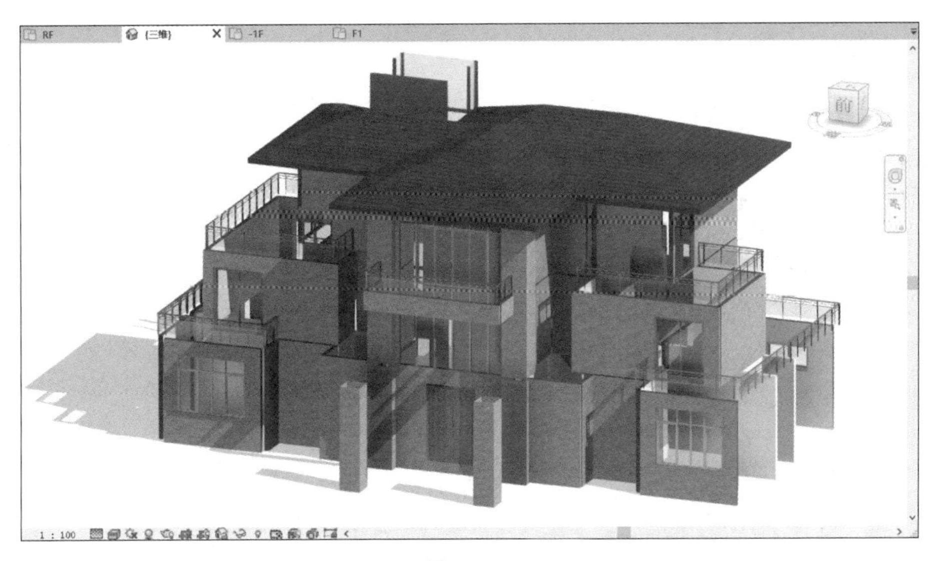

图　3-79

任务 3.5　地面、内建模型、场地创建

教学视频：地面、内建模型创建

3.5.1　地面创建

任务流程：选择建筑楼板命令→复制楼板→按图绘制地面。

在结构模型中，创建结构楼板，板顶标高比建筑标高低 50mm（在局部地方低 350mm），在其他软件（如 Navisworks、Fuzor）中测量净高时，应以建筑地面标高为准，因此，需要在建筑模型中再建一层地面，厚度通常取 50mm。

（1）以 F1 层地面为例。依次选择“建筑”选项卡→“楼板”下拉列表→“楼板：建筑”命令，如图 3-80 所示。在“属性”对话框中的“编辑类型”中设置好材质、厚度及其他参数，如图 3-81 所示。

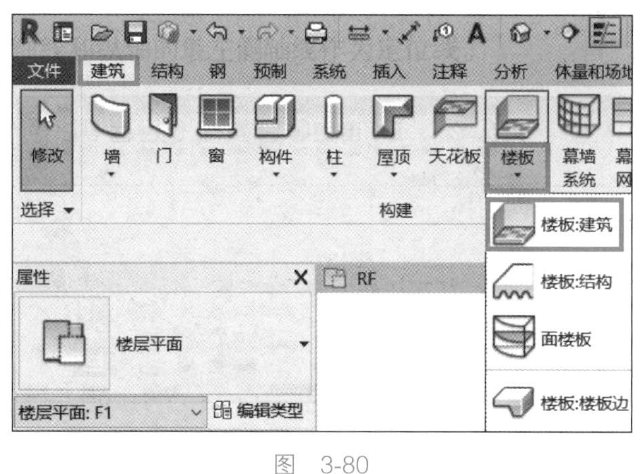

图 3-80

属性	
楼板 地面-50mm	
楼板	编辑类型
限制条件	
标高	F1
自标高的高度偏移	0.0
房间边界	☑
与体量相关	
结构	
结构	☐
启用分析模型	
尺寸标注	
坡度	
周长	121419.9
面积	318.433
体积	15.922
顶部高程	0.0
底部高程	-50.0
厚度	50.0
标识数据	
图像	
注释	
标记	
阶段化	
创建的阶段	新构造
拆除的阶段	无

图 3-81

（2）沿着外墙外边界绘制楼板边界，并在变标高和楼梯位置绘制封闭边界将板挖去，如图 3-82 所示，单击“完成”按钮完成绘制。在弹出的“正在附着到楼板”对话框中单击“不附着”按钮，如图 3-83 所示。

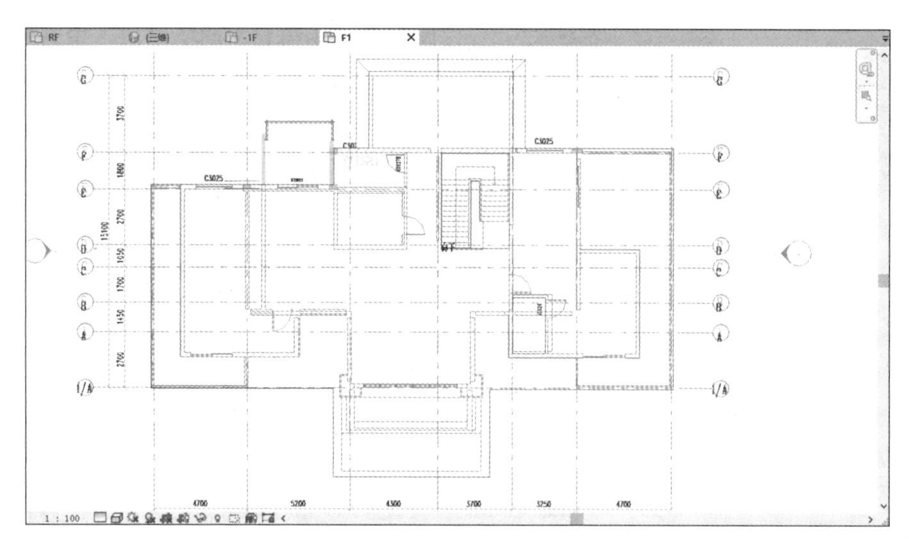

图 3-82

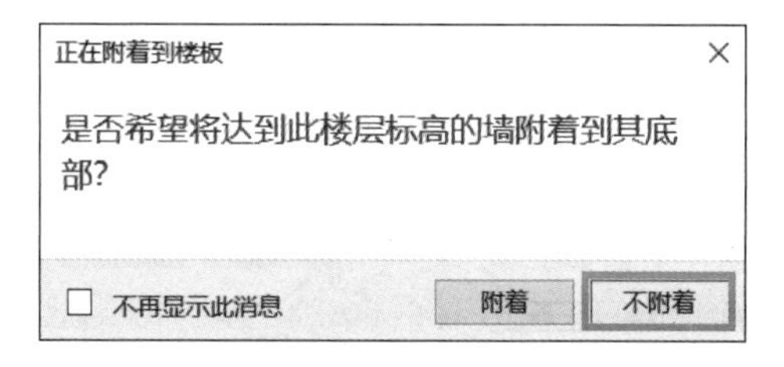

图 3-83

（3）在变标高位置单独绘制地面，完成后效果如图 3-84 所示。

图　3-84

卫生间、厨房、阳台位置处的地面通常会比建筑标高低 50mm。

3.5.2　内建模型创建

任务流程： 选择内建模型命令→选择绘制方式→按图绘制内建模型。

（1）在立面图中，可看到大门入口处有一装饰性构件，如图 3-85 和图 3-86 所示，可通过内建模型来完成。

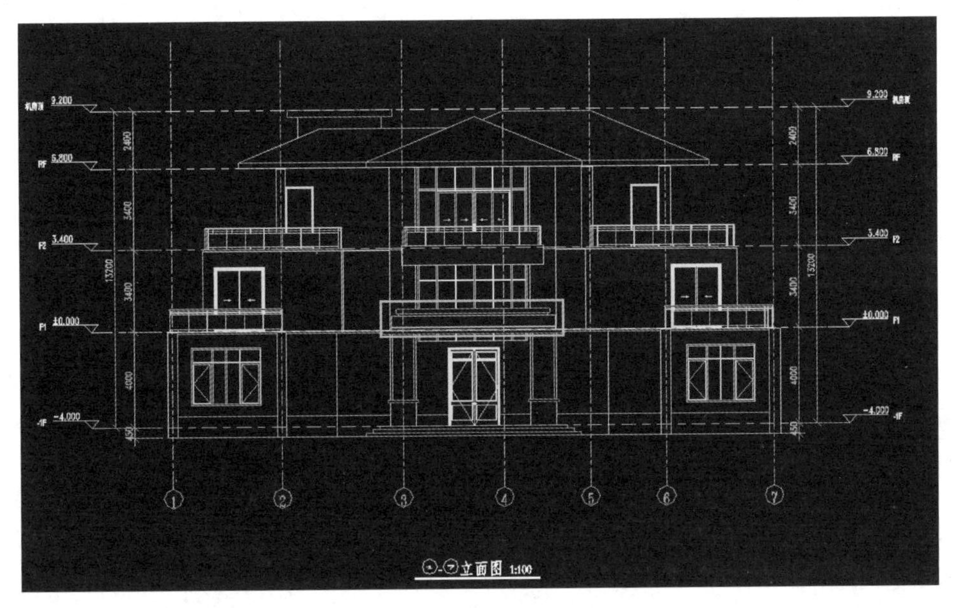

图　3-85

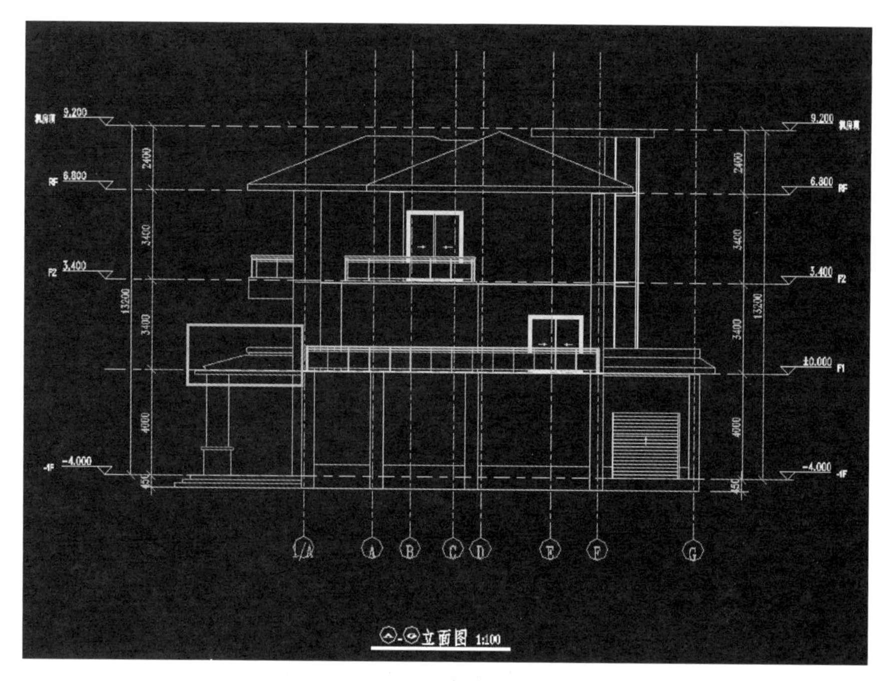

图 3-86

① 切换至 F1 平面视图，依次选择“建筑”选项卡→“构件”下拉列表→“内建模型”命令，如图 3-87 所示。在弹出的“族类别和族参数”对话框中选择“常规模型”选项，如图 3-88 所示。名称命名为“入口造型 01”，单击“确定”按钮，如图 3-89 所示。

图 3-87

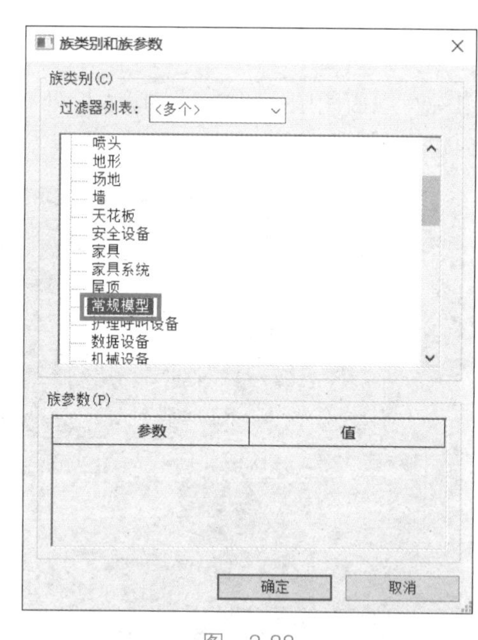

图 3-88

② 依次选择“创建”选项卡→“放样”命令，如图 3-90 所示。选择“绘制路径”命令，如图 3-91 所示，在入口处由西向东绘制路径，如图 3-92 所示。单击“完成”按钮完成路径绘制。

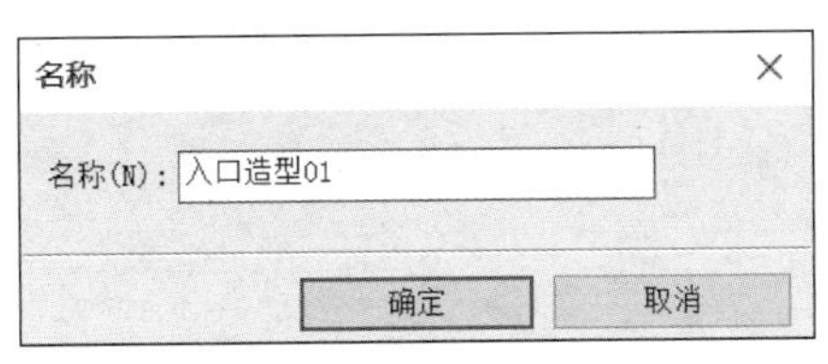

图　3-89

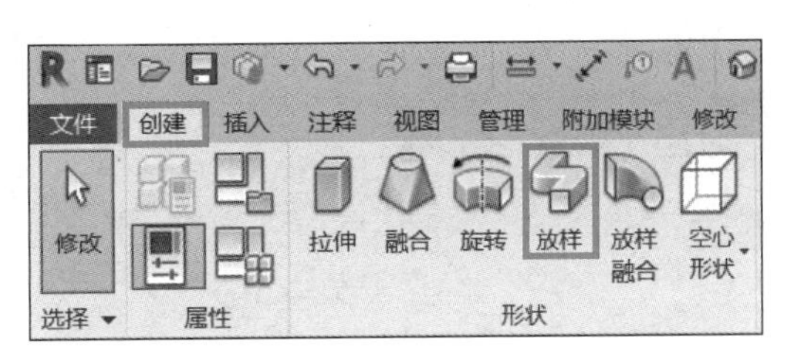

图　3-90

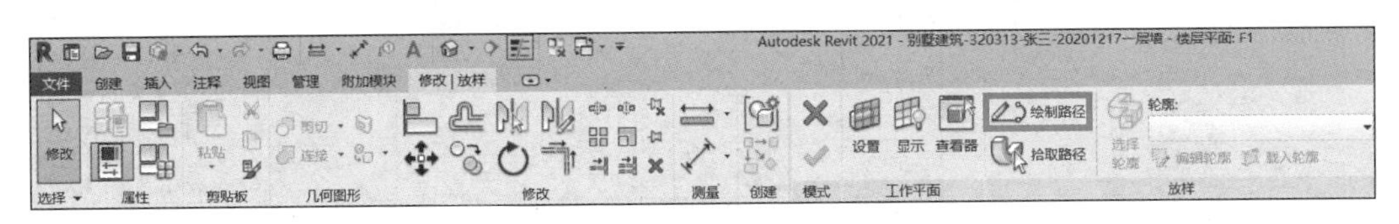

图　3-91

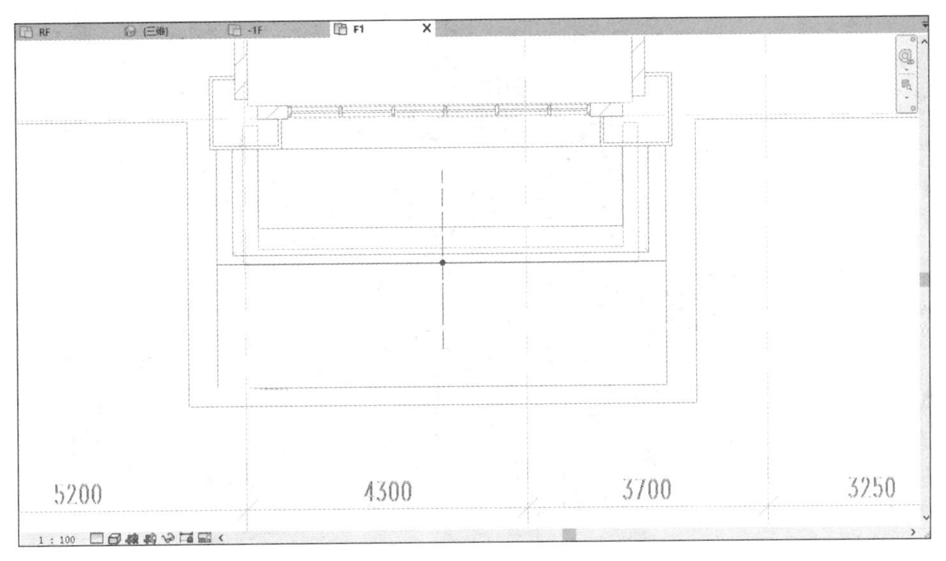

图　3-92

③ 选择“编辑轮廓”命令，如图 3-93 所示。在弹出的“转到视图”对话框中选择“立面：东”选项，单击“打开视图”按钮，如图 3-94 所示。

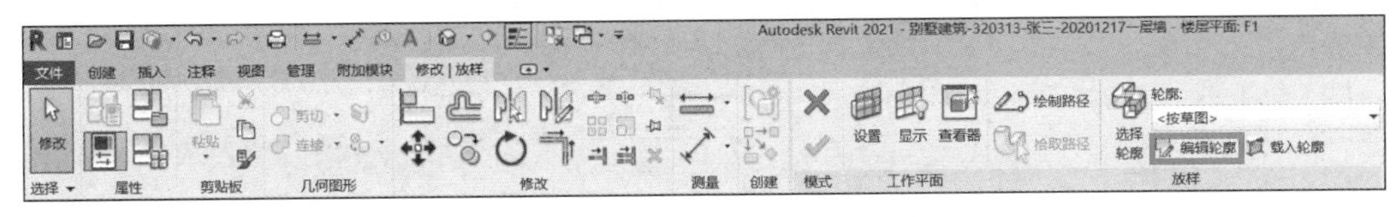

图　3-93

④ 在入口上方绘制图中轮廓，如图 3-95 所示。单击“完成”按钮完成创建（需依次单击两次“完成”按钮及一次“完成模型”按钮），如图 3-96 所示。

（2）使用放样命令，完成其上一部分装饰构件以及台阶的绘制。

① 切换至 F1 平面视图，依次选择“建筑”选项卡→“构件”下拉列表→“内建模型”命令。在弹出的“转到视图”对话框中选择“常规模型”选项。名称命名为“入口造型02”，单击“确定”按钮，如图 3-97 所示。

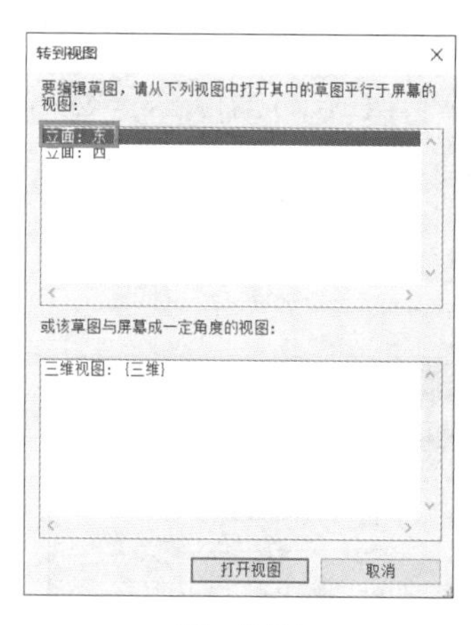

图 3-94

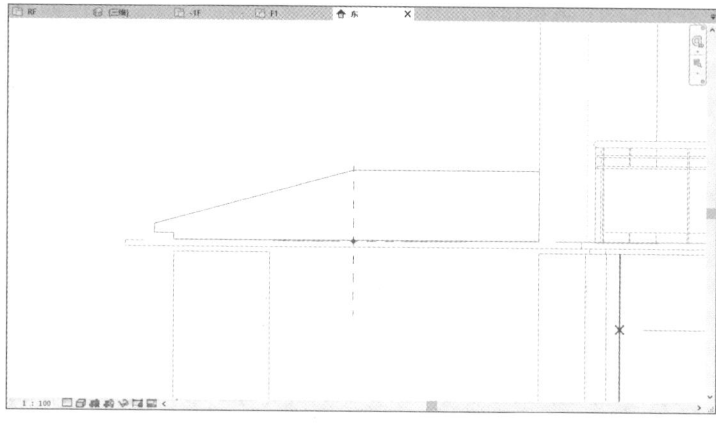

图 3-95

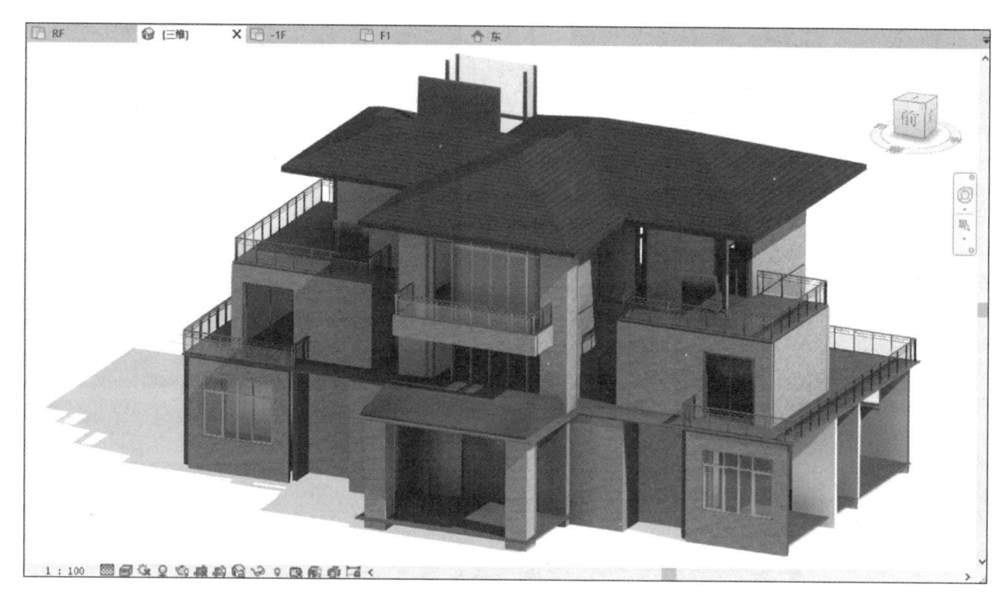

图 3-96

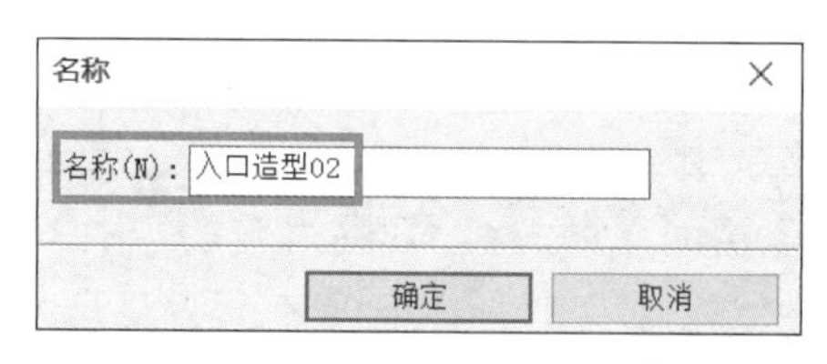

图 3-97

② 依次选择“修改 | 放样”上下文选项卡→“绘制路径”命令，绘制如图 3-98 所示的路径，单击“完成”按钮完成路径绘制。

③ 选择“编辑轮廓”命令，在弹出的对话框中选择“立面：南”选项，单击“打开视图”按钮，如图 3-99 所示。

④ 绘制轮廓（尺寸定为短边长 200mm，可用“圆角弧”命令将直角变成圆弧角），依次单击三次“完成”按钮完成模型创建，如图 3-100~ 图 3-102 所示。

（3）台阶及坡道同样可以用内建模型来创建，完成后效果如图 3-103 所示。

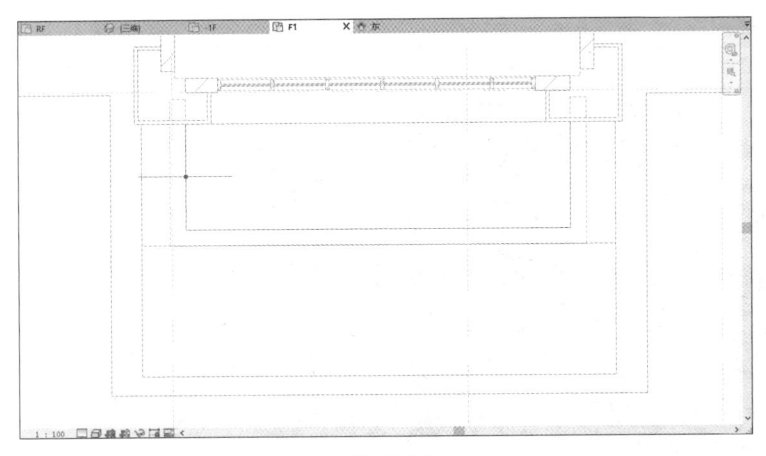

图　3-98

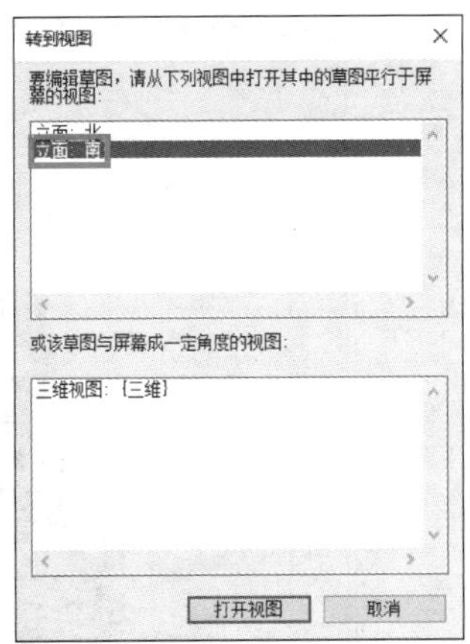

图　3-99

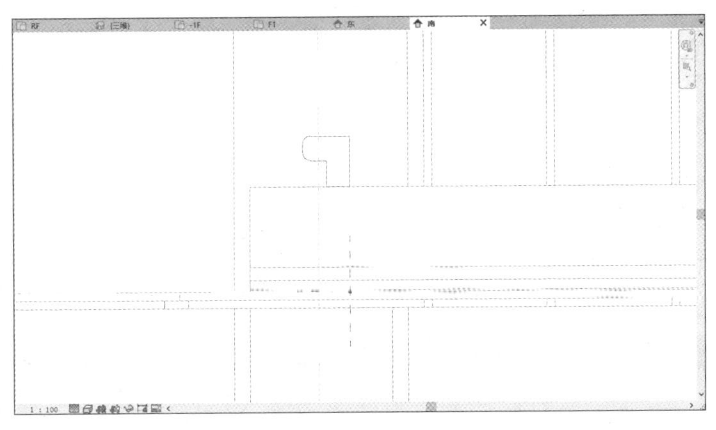

图　3-100

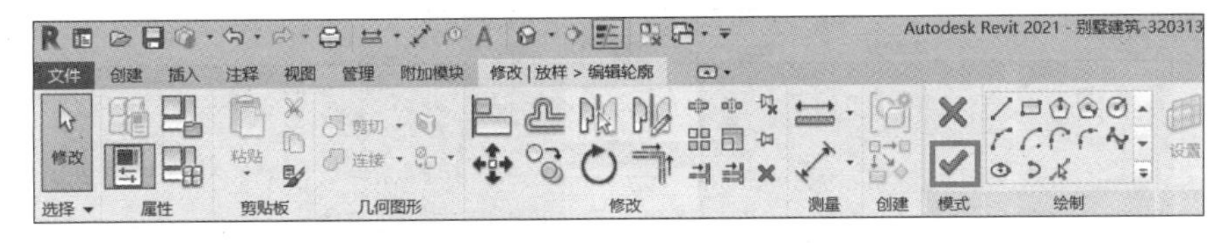

图　3-101

图　3-102

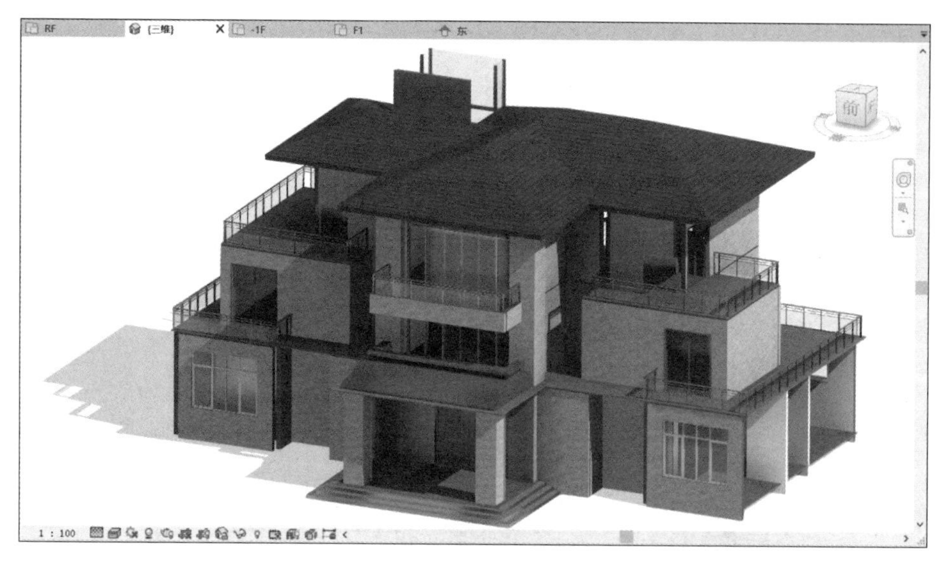

图 3-103

3.5.3 室外场地创建

任务流程：室外绘制板→放置场地构件。

切换至 -1F 平面视图，在室外可以画一大块楼板，将材质改为“草”。依次选择“体量和场地”选项卡→“场地构件”命令，如图 3-104 和图 3-105 所示，放置植物、停车位等场地构件。链接结构模型，完成最终模型，如图 3-106 所示。

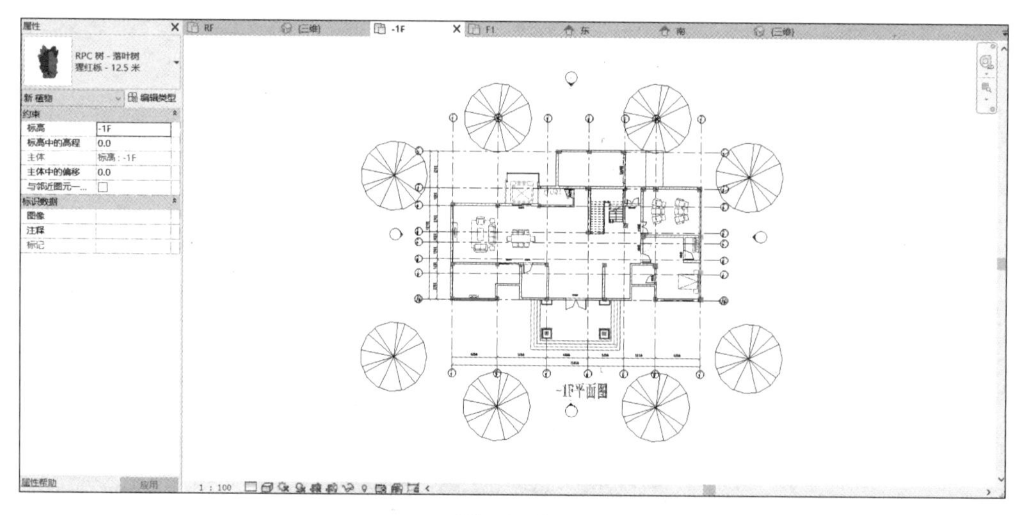

图 3-104

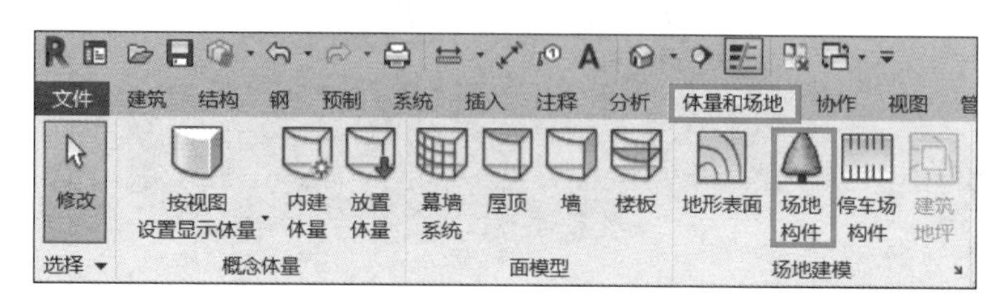

图 3-105

图　3-106

学习任务

根据给定项目图纸完成地面、室外场地的创建。

项目 4　建筑电气系统模型的创建

学习目标

1. 掌握电气系统中电缆桥架管件的配置、命名规则及电缆桥架的绘制。
2. 掌握电气系统中线管管件的配置、管件命名与绘制。
3. 掌握电气系统中电气开关、照明、电气设备等布置。
4. 了解电气系统中导线的绘制方法。

项目导入

建筑电气系统的分类众多。在BIM技术应用中电缆桥架和线管的敷设及电气机械设备、开关照明等其他设备的放置是电气系统的重要组成部分，也是目前市面上的核心应用。Revit MEP 2021具有电缆桥架、线管、电气设备布置等功能，并可配置电气回路，而且可以进行电气回路命名、开关相位命名等相关功能，更加完善电气设计功能。

学习任务

本项目的学习任务为根据强电平面图和弱电平面图完成图纸中相应的电缆桥架的创建；根据 -1F 监控、门禁、报警系统平面图完成相应的安防水平桥架、线管及相关的电气设备如摄像机、声光报警器等布置；完成 -1F 普通照明平面图中开关、照明设备、配电箱等设备的放置。

项目实施

CAD图纸的处理→创建标高轴网→电缆桥架的创建→电缆桥架的显示设置→线管的创建→电气开关、照明、电气设备等放置。

任务 4.1　机电相关 CAD 图纸的处理

任务流程：新建CAD图纸→复制图纸→清图形→图形导出。

1. CAD常规图纸的处理方法

在进行BIM建模前，首先要对各专业各楼层CAD图纸进行处理，主要分为以下3个步骤。

教学视频：机电相关CAD图纸的处理

1）拆楼层

目的：由于建模原则要求单层单专业建模，为此，CAD 图纸处理要求按照单层单专业拆分出来。

方法：新建 CAD 图纸（样板使用 acadiso.dwt），使用复制命令（Ctrl+C 组合键），将图纸按照单层单专业进行拆分，并在新建 CAD 图纸中使用粘贴命令（Ctrl+V 组合键），将单层单专业图纸粘贴到新建 CAD 图纸中。

2）挪原点

目的：为保证不同楼层间的平面位置关系的协同，不同楼层间的图纸处理后，其原点需为同一点。

方法：将轴网的左下交点移动至坐标原点（0，0，0）（动态输入关闭）。

3）清图形

目的：清理无用的信息，减少底图体量，加快运行速度。

方法：使用 PU 命令清理图纸。处理后的 CAD 图纸保存为“×××平面图”。

2. 本次图纸的处理方法

由于案例所用图纸为天正软件绘制的图纸，因此图纸打开需要安装天正软件。当用天正软件打开后，可完全显示图纸内容。下面以 -1F 给排水平面图的处理为案例进行讲解，具体处理方法如下。

（1）新建 CAD 图纸。依次选择 图标下的“新建”→“图形”选项，弹出“选择样板”对话框，默认名称为“ACAD”，单击“打开”按钮，如图 4-1 所示。

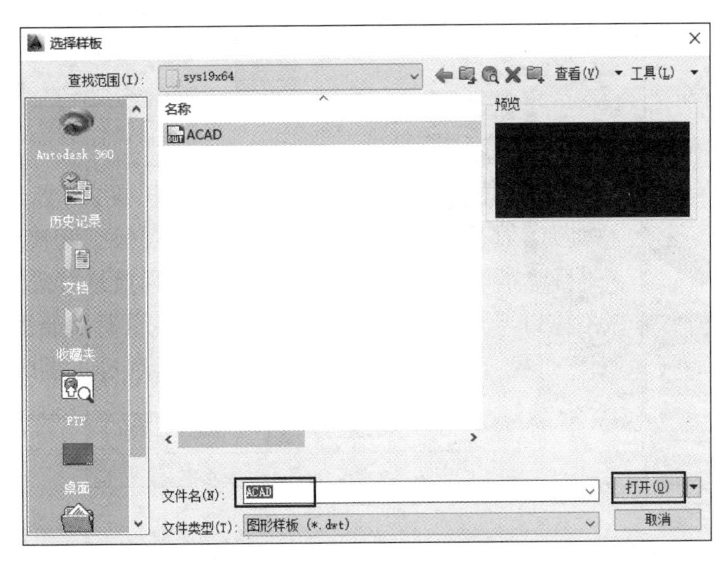

图　4-1

（2）由于已打开的给排水平面图包含所有楼层的给排水平面图，因此需要先将 -1F 给排水平面图框选，然后按 Ctrl+C 组合键进行复制。在新建 CAD 图纸中按 Ctrl+V 组合键进行粘贴，将 -1F 给排水平面图粘贴到新建图纸中。在粘贴时注意输入起点为“0，0，0”。

（3）清图形。在已完成复制的 -1F 给排水平面图中，选中墙体，该土建底图为一个整体，选中后按住 Delete 键将底图清理掉，如图 4-2 所示。

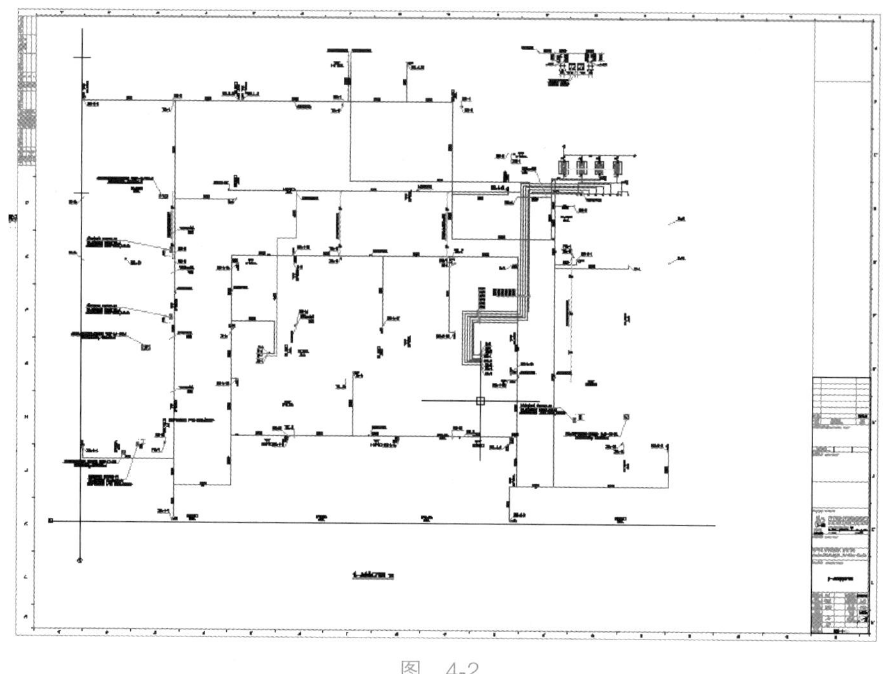

图 4-2

（4）单击“图形导出”按钮，弹出“图形导出”对话框，将“-1F 给排水平面图”导出为 t3 格式即可，如图 4-3 所示。

图 4-3

通过以上方法将本项目所需要的图纸依次完成相应的处理。

学习任务

完成相关 CAD 图纸的处理。具体包括 -1F 动力平面图，-1F 监控、门禁、报警系统平面图，-1F 给排水平面图，-1F 自喷平面图，-1F 通风排烟平面图，-1F 空调风管平面图，-1F 空调水系统平面图等相关图纸。

任务 4.2 机电项目的创建及标高轴网的绘制

教学视频：新建项目文件

4.2.1 新建项目文件

任务流程：新建项目→选择样板→保存项目。

（1）如图 4-4 所示，单击左上角 图标，依次选择“新建”→“项目”选项，在弹出的“新建项目”对话框中单击“浏览”按钮访问支持路径项目样板文件，本项目选择“机电样板文件 .rte”，单击“确定”按钮，如图 4-5 所示。

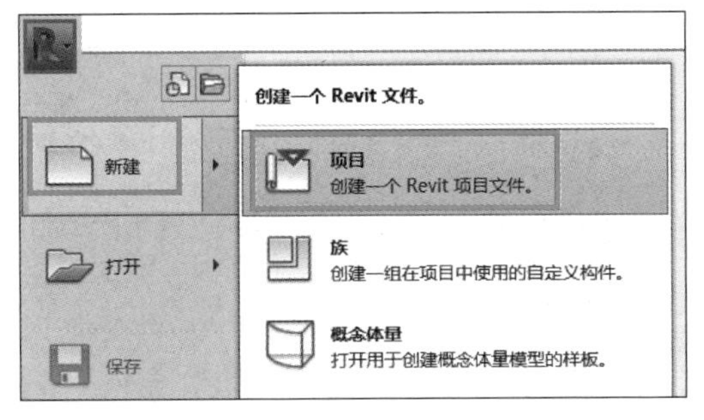

图 4-4

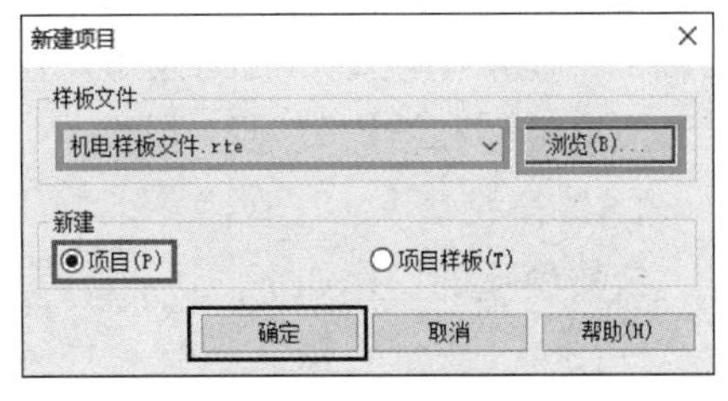

图 4-5

（2）如图 4-6 所示，双击“项目浏览器 - 项目 1”中的“楼层平面：1F”，将视图转到“楼层平面：1F”视图，然后框选 后按住鼠标左键不放，将 图标向北拖，直至拖到合适的位置再松开鼠标左键。依照此方法将其余 3 个立面符号 围合的区域扩大一定的范围，使绘图区域在此 4 个立面符号范围内，如图 4-7 所示。

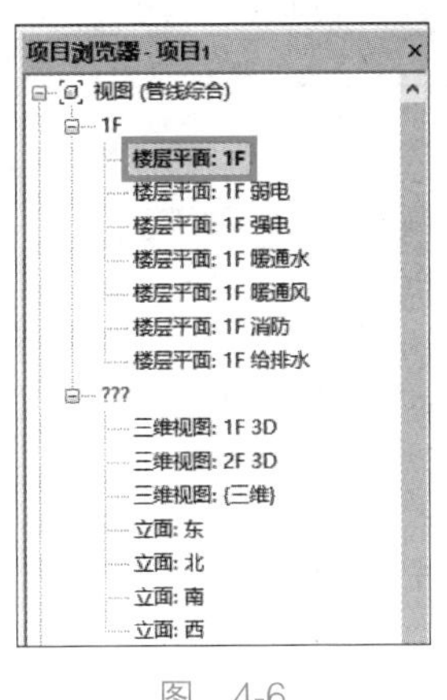

图 4-6

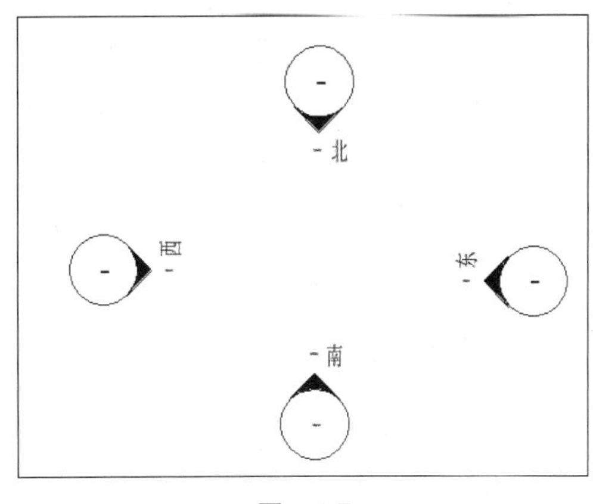

图 4-7

（3）新建的项目打开后，继续单击左上角 图标，在弹出的下拉列表中依次选择“另存为”→“项目”选项，将样板文件另存为项目文件。在弹出的对话框中将“文件名”改为“MEP--1F”，“文件类型”选择 rvt 结尾的文件，即项目文件。

提示

（1）Revit 软件自带的项目样板文件共 4 个，分别是构造、建筑、结构、机械，根据项目需求选择合适的样板文件。

（2）安装 HYBIMSpace 后系统会自带 3 个样板文件，分别是 HYBIMSpace 电气样板、HYBIMSpace 给排水样板、HYBIMSpace 暖通样板，根据项目需求选择合适的样板文件。

4.2.2 标高轴网的创建

任务流程：链接结构模型→打开立面视图→创建标高→打开平面视图→绘制轴网。

新建项目后，为使同一项目中不同专业使用的标高和轴网相同，需将建筑结构模型的标高轴网链接到项目文件中。通过复制链接结构模型的标高轴网，使机电模型和结构模型共用相同的标高与轴网，如果不链接，会导致机电模型和结构模型不在同一位置。

教学视频：标高轴网的创建

1. 链接模型

链接模型的操作如下。

如图 4-8 所示，依次选择“插入”选项卡→“链接 Revit”命令。弹出“导入 / 链接 RVT”对话框，选择要链接的建筑模型“地下室 -1F 结构模型”，并在“定位”下拉列表中选择“自动 - 内部原点到内部原点”选项，单击“打开”按钮，如图 4-9 所示，建筑结构模型就链接到项目文件中。

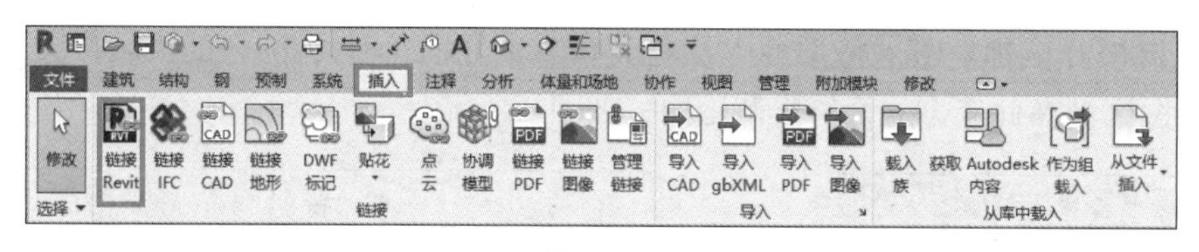

图 4-8

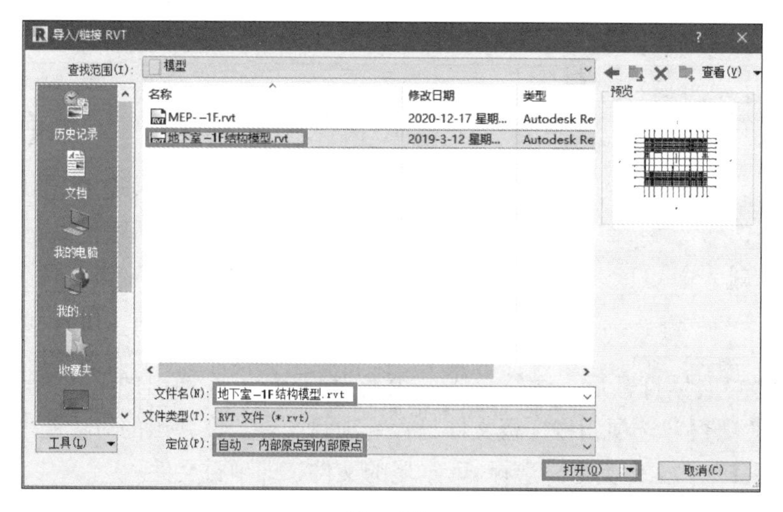

图 4-9

2. 标高轴网及平面视图的创建

1）复制标高

链接建筑模型后，双击“项目浏览器”中的“立面视图”，选择任意一个立面视图，例如切换到“立面（水）”中的“立面：东”，如图 4-10 所示，该绘图区域有两套标高，一套是“机电样板文件”自带标高，另一套是链接模型的标高。

为共享建筑设计信息，首先删除样板自带的平面和标高。

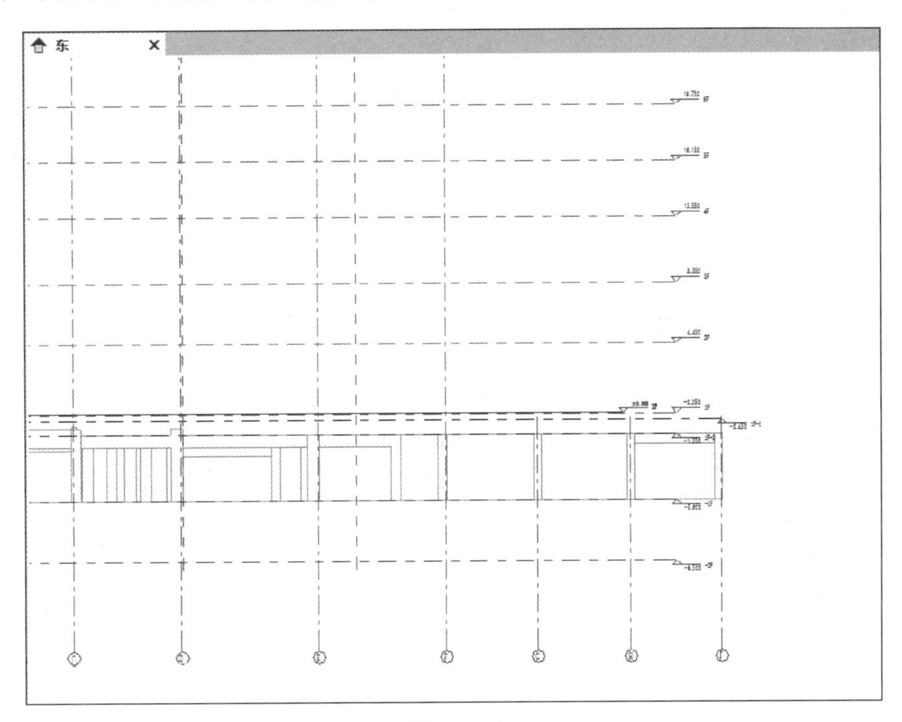

图　4-10

提示

本次机电样板文件中自带的标高只有 F1（标高为 0.0），因此不删除此标高，然后使用复制工具复制并监视建筑的标高，或者使用绘制标高命令，绘制与建筑模型一样的标高（绘制标高的方法参见项目 2 中相关标高轴网的操作）。

复制标高的具体操作如下。

（1）依次选择“协作”选项卡→“复制 / 监视”下拉列表→“选择链接”命令，如图 4-11 所示。

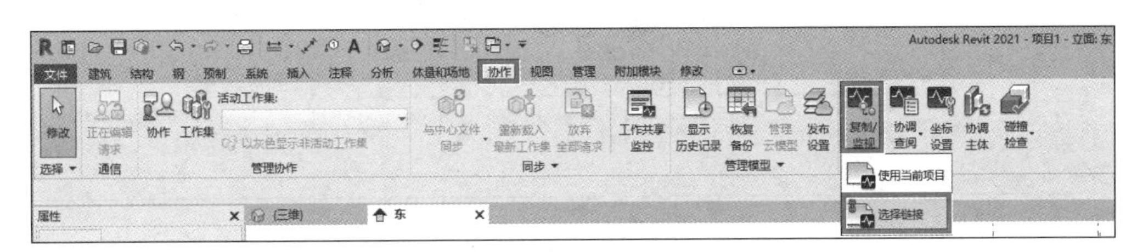

图　4-11

（2）当绘图区域出现蓝色框时，单击链接模型后，选择“复制”命令，激活“复制 / 监视”选项卡，如图 4-12 所示。

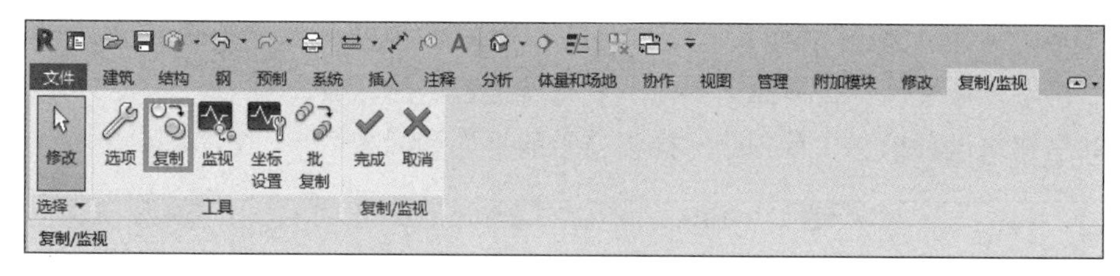

图 4-12

（3）勾选“多个”选项，如图 4-13 所示。然后按住 Ctrl 键，依次单击立面视图中选择标高 -2F、-1F 和 1F，被选中的标高线由黑色变为蓝色。当所需复制楼层标高选择完毕后，先单击选项栏中的“完成”按钮，再单击选项卡中的“完成”按钮，完成复制。

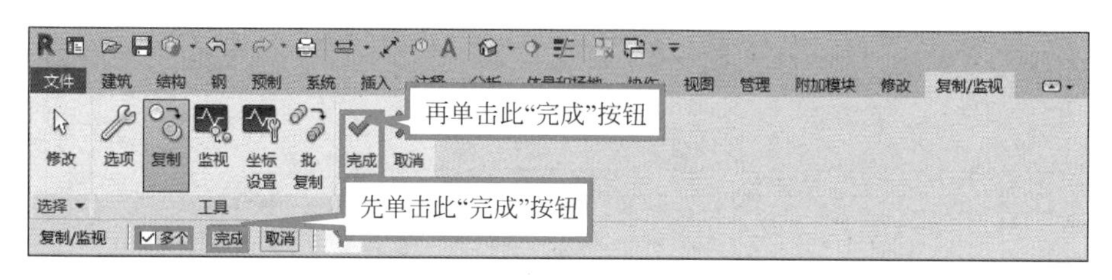

图 4-13

（4）完成标高的复制后，对标高的名称进行重命名。如图 4-14 所示，双击复制产生的两个标高线的名称，将相应的名称改为与建筑模型中的标高名称相同。

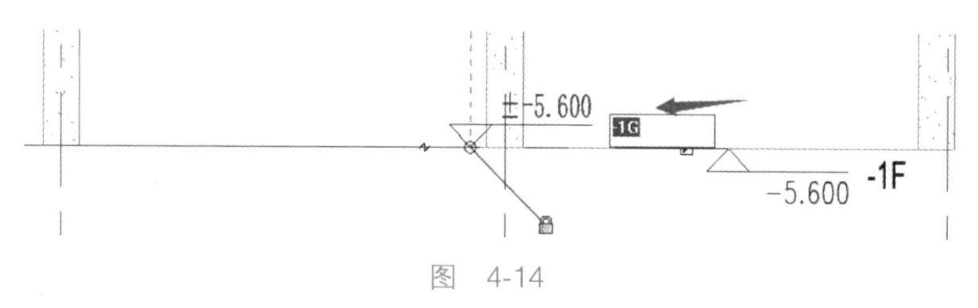

图 4-14

2）创建平面视图

（1）如图 4-15 所示，依次选择“视图”选项卡→“平面视图”下拉列表→“楼层平面”选项。弹出“新建楼层平面”对话框，选择“-1F”选项，然后单击“确定”按钮，如图 4-16 所示。

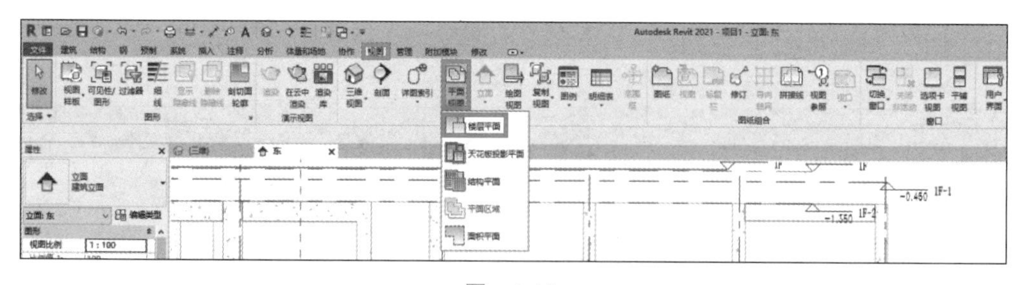

图 4-15

（2）依次选择“项目浏览器”→“视图 -（管线综合）”→“平面视图”→“楼层平面”→“-1F”，双击打开 -1F 平面图，如图 4-17 所示。由于插入链接的模型不在 4 个绘图区域内，因此需要调整绘图区域的范围。首先单击选中链接模型，按快捷键 HH（“临时隐藏”命令），将插入链接的模型进行临时隐藏，然后调整“”的位置。位置调整好后，单击窗口下方的“”按钮，选择“重设临时隐藏 / 隔离”选项，如图 4-18 所示，将隐藏的模型显现出来，效果如图 4-19 所示。

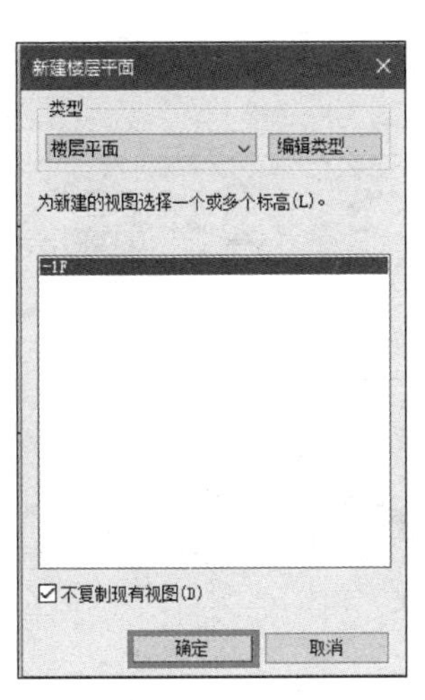

图　4-16

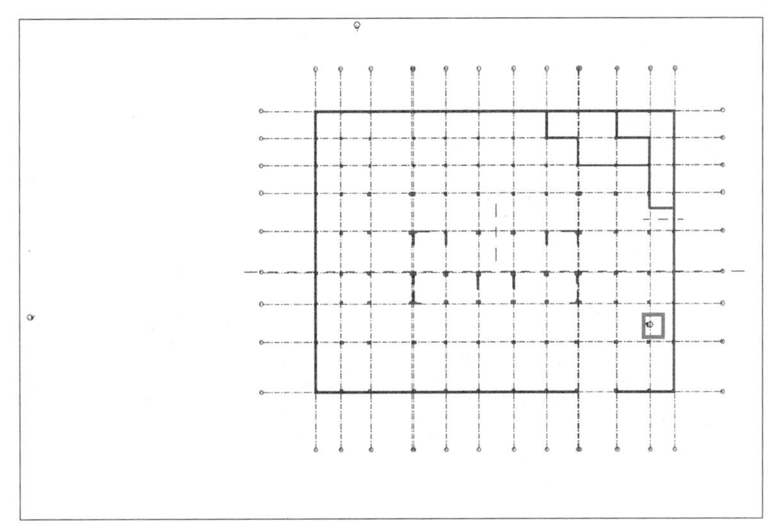

图　4-17

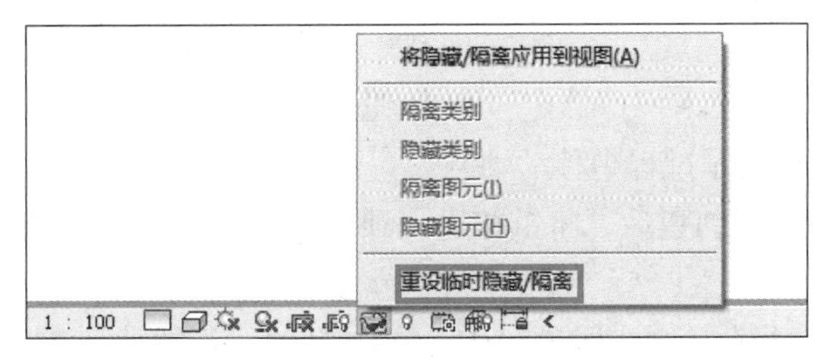

图　4-18

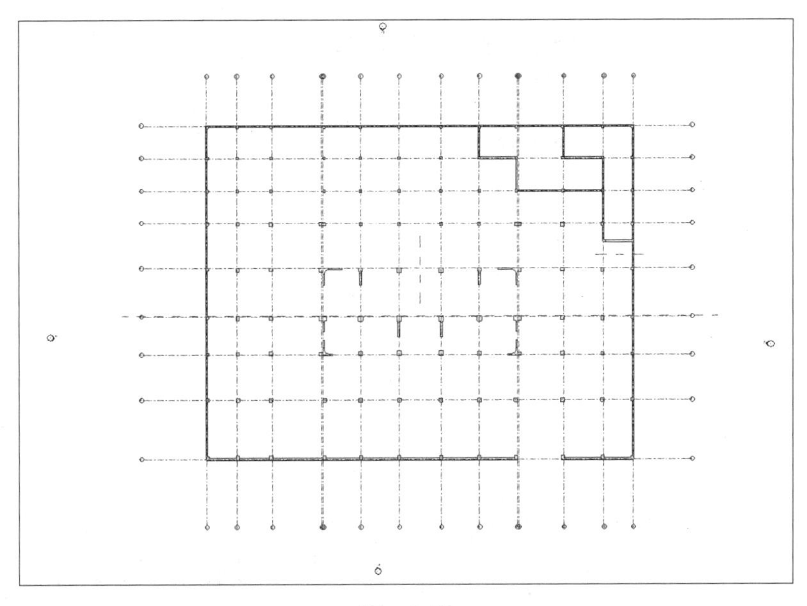

图　4-19

3）创建轴网

创建完成平面视图后，需要绘制轴网，具体步骤如下。

（1）如图 4-20 所示，依次选择“建筑”选项卡→“轴网”命令（或者按快捷键 GR）。弹出“修改 | 放置 轴网”选项卡，选择“拾取线” 命令，如图 4-21 所示。依次拾取 -1F 平面视图中的所有轴线。当拾取完成，按回车键确认。机电项目中一般只需要横轴的最下侧轴线和纵轴的最左侧轴线作为定位线。

图 4-20

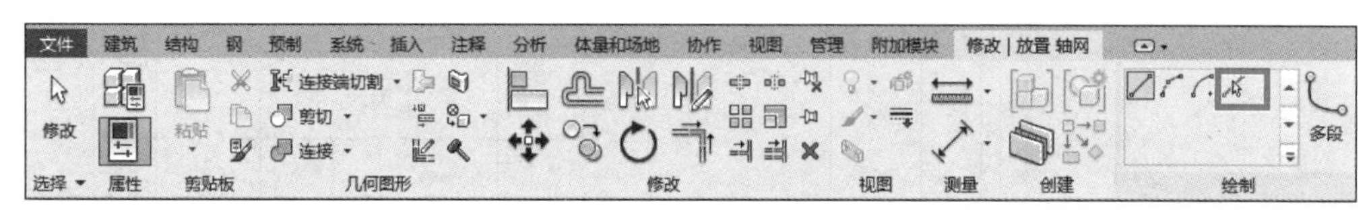

图 4-21

（2）完成轴网创建后，对轴网的编号进行重命名。如图 4-22 所示，双击绘制的轴线编号，将轴线编号改为与建筑结构模型相同的轴号。

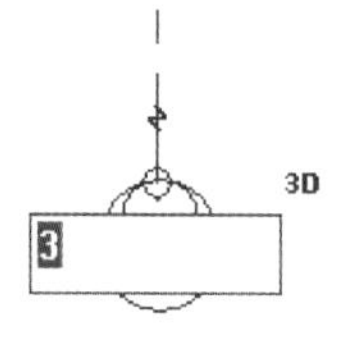

图 4-22

（3）当所需轴网创建完成后，按住 Ctrl 键，选中所绘制轴网，依次选择“修改 | 放置轴网”选项卡→“锁定” 按钮（或者按快捷键 PN），对轴网进行锁定，以免在操作过程中移动轴网。

（4）当完成标高轴网创建后，将链接进入项目的“地下室 -1F 结构模型”删除或者不显示。

① 不显示链接的操作：按快捷键 VV，在弹出的对话框中，取消勾选“Revit 链接”选项卡下的“地下室 -1F 结构模型”选项，单击“确定”按钮，如图 4-23 所示。

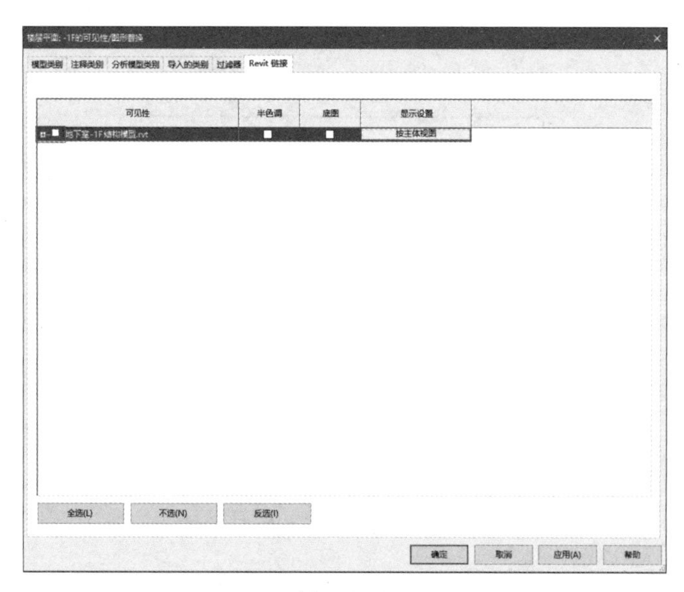

图 4-23

② 删除链接的操作：如图 4-24 所示，依次选择“管理”选项卡→“管理链接”命令。弹出“管理链接”对话框，如图 4-25 所示，选中链接的模型，单击“删除”按钮，并单击“确定”按钮，删除链接进入的地下室 -1F 结构模型。最后对项目进行保存，名称命名为“MEP--1F”。

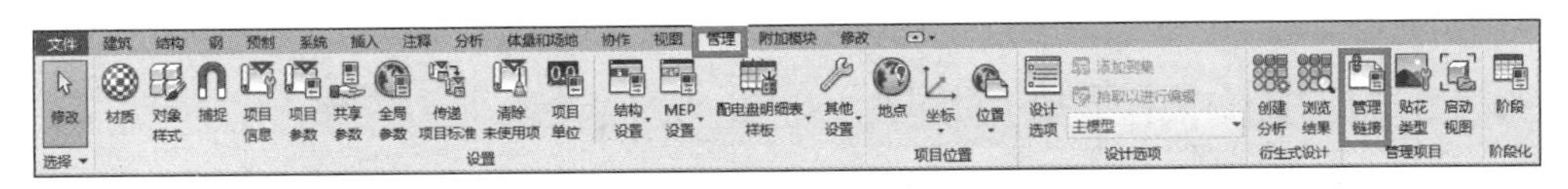

图 4-24

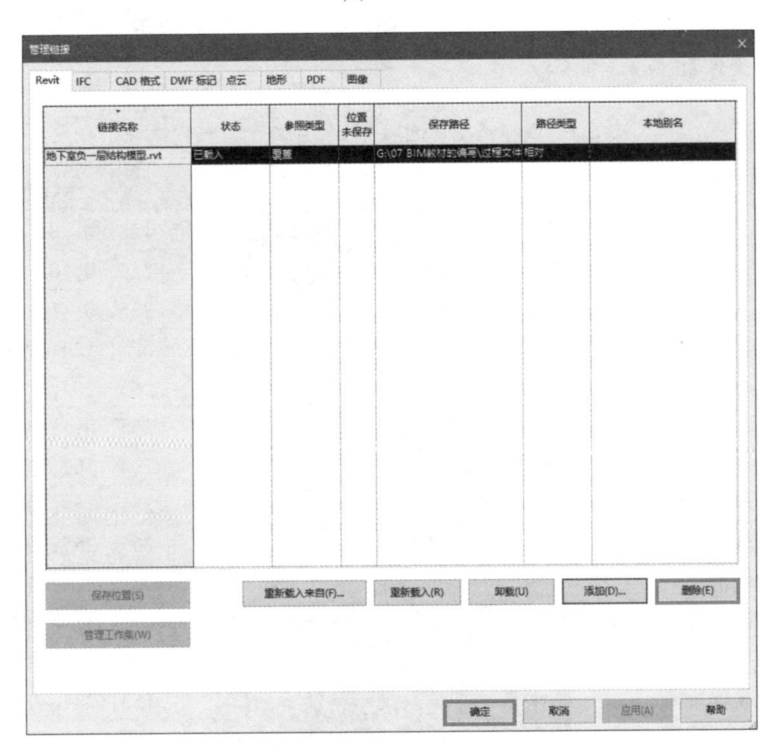

图 4-25

提示

（1）创建机电模型的标高轴网需与土建模型一致，因此机电模型的标高轴网可通过链接拾取土建模型的标高轴网。如果单独创建机电模型，可按照标高轴网的绘制方法进行绘制，但等模型全部创建完后需要移动土建或者机电模型与相应土建或者机电模型进行定位，保证其为相同定位点。

（2）创建机电模型的标高轴网需与土建模型一致，但机电模型轴网往往只需要两个相交横轴和纵轴作为定位轴，一般选择最左侧纵轴和最下面横轴。

（3）关于模型的隐藏形式有两种：一种为临时隐藏，通过按快捷键 HH 进行设置；另一种为不显示，通过按快捷键 VV 进行设置。

（4）创建轴网前，一定要先完成标高的创建，否则会出现后创建的标高层没有轴网的情况。

学习任务

根据上述操作利用“地下室 -1F 结构模型”完成机电项目的创建及标高轴网的建立工作。

任务 4.3 电缆桥架模型的创建

4.3.1 电缆桥架的常见类型、涂色规定及连接方式

电缆桥架的常见类型主要有强电桥架、弱电桥架、民航桥架等。电缆桥架具体的分类及相应的涂色规定如表 4-1 所示。

表 4-1 电缆桥架具体的分类及相应的涂色规定

桥架类型	涂 色 卡	RGB 值
强电－高压 CT		128，0，0
强电－CL		255，0，0
强电－CT		255，0，102
强电－母线槽		255，124，128
强电－MR		255，102，153
强电－XCT		255，0，51
弱电－UPS 线槽		204，102，0
弱电－消防线槽		255，153，0
弱电－楼控线槽		255，255，0
弱电－总线线槽		0，255，204
民航－综合布线桥架		0，153，0
民航－广播桥架		102，153，0
民航－安防布线桥架		153，204，0
民航－安防电源桥架		102，255，51
民航－耐火桥架		42，198，214
民航－阻燃桥架		204，192，217

根据电缆桥架形式的不同分为“带配件的电缆桥架”和“无配件的电缆桥架”，工程中较为常见的为“带配件的电缆桥架”。“带配件的电缆桥架”主要分为两种：一种为槽式电缆桥架（见图 4-26）；另一种为梯级式电缆桥架（见图 4-27）。

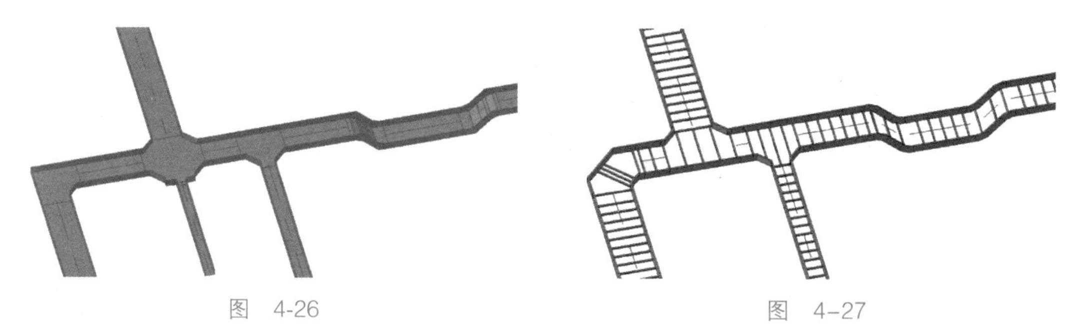

图 4-26　　图 4-27

4.3.2 电缆桥架模型的绘制

教学视频：CAD 图纸的导入

任务流程：复制视图→导入处理的 CAD 图纸→电缆桥架属性的设置→按照图纸绘制电缆桥架→注意桥架之间碰撞的处理。

1. CAD 底图的导入

导入已处理过的 CAD 图纸步骤如下。

打开“MEP-1F”文件,“项目浏览器”中楼层平面选择 -1F。

（1）如图 4-28 所示，依次选择“项目浏览器”→“视图（管线综合）”→“-1F”→“楼层平面：-1F”，右击选择“复制视图”中“复制”选项，复制新的视图“楼层平面：-1F 副本 1”。右击“楼层平面：-1F 副本 1”，选择“重命名”选项，如图 4-29 所示，命名为“-1F 弱电”。

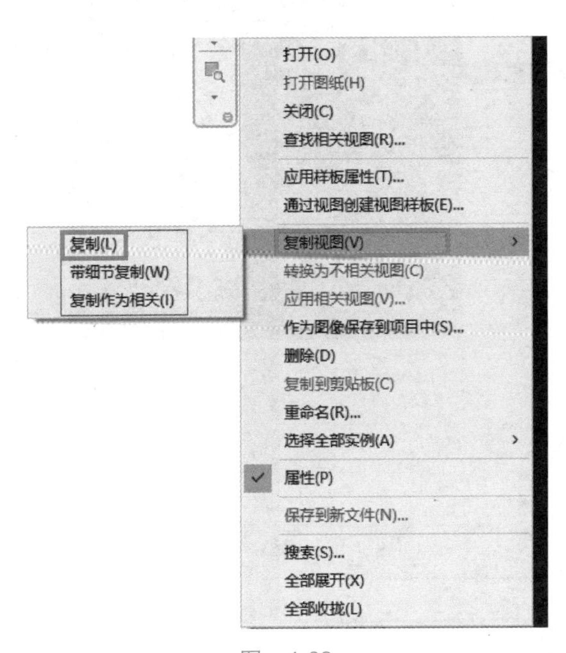

图 4-28

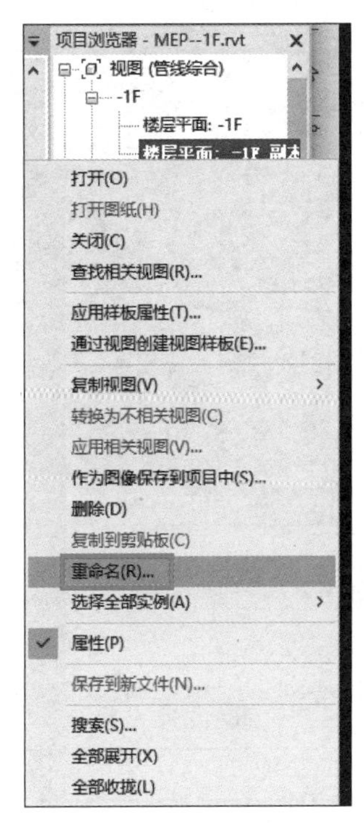

图 4-29

提示

“复制视图”选项中有 3 种选项，如图 4-28 所示，分别是“复制”“带细节复制”“复制作为相关”。它们的区别如下。

（1）“复制”：只是普通的复制，把当前视图中所有模型几何图元（包含隐藏的），复制到新的视图中，但新视图中不包含原视图中注释、导入/链接的 CAD 图。

（2）“带细节复制”：完整复制，把原视图中的所有图元、注释、导入的图形都复制出来。但各自修改仍互不影响。

（3）“复制作为相关”：额外展开一层，完整复制，子视图会显示裁剪区域和注释裁剪，用来控制显示范围，且视图间都会同步修改。

（2）设置视图中图形的可见性情况。依次选择“视图”选项卡→“可见性 / 图形替换”命令，或者通过按快捷键 VG 或 VV，即可弹出当前视图的“可见性 / 图形替换”对话框。在“楼层平面：-1F 弱电的可见性 / 图形替换”对话框中的“模型类别”选项卡中不显示除电气以外的图形。如图 4-30 所示，单击“全选”按钮，然后取消勾选所有选项，并单击“应用”按钮。

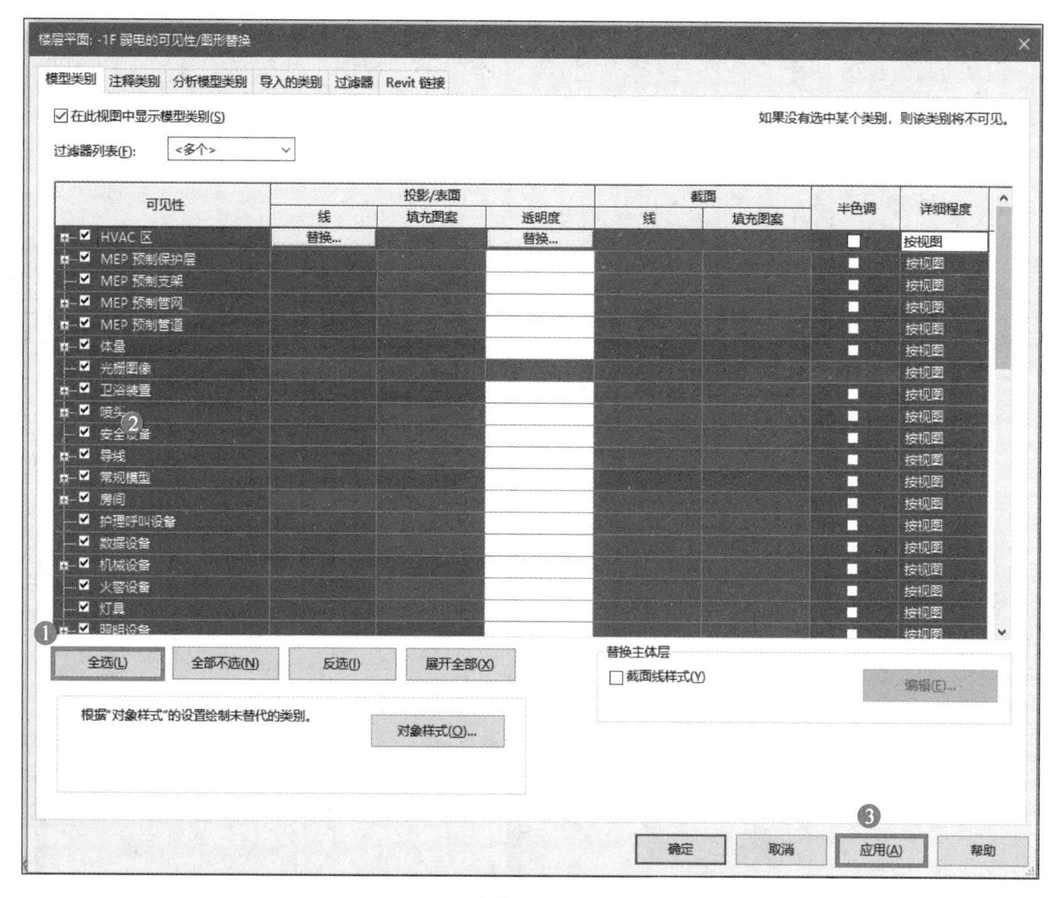

图　4-30

（3）如图 4-31 所示，在“过滤器列表”下拉列表中取消勾选“建筑”“结构”“机械”“管道”“基础设施”选项，只勾选“电气”选项。如图 4-32 所示，单击“全选”按钮，勾选“电气”列表中“可见性”下的所有选项，单击“确定”按钮，完成“楼层平面：-1F 弱电”相关视图的可见性设置。

（4）如图 4-33 所示，依次选择“插入”选项卡→“导入 CAD”命令。打开“导入 CAD 格式”对话框，选择“-1F 监控、门禁、报警系统平面图 .dwg”文件，“导入单位”设为“毫米”，勾选“仅当前视图”选项，“定位”设为“自动 - 内部原点到内部原点”，“放置于”设为“-1F”，单击“打开”按钮，如图 4-34 所示。

（5）导入 CAD 后，选中 CAD 图纸使用解锁命令将图纸解锁。

（6）使用“对齐”命令快捷键 AL，将导入的 CAD 图纸与 Revit 的轴网进行对齐。然后对导入的图纸进行锁定，结果如图 4-35 所示。

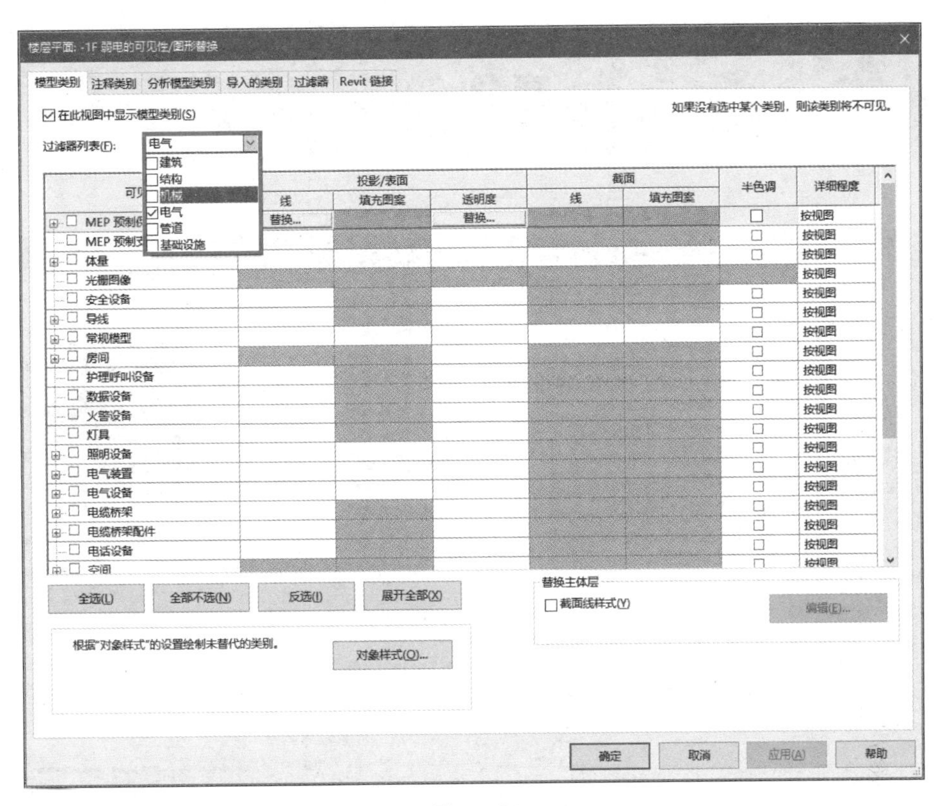
楼层平面: -1F 弱电的可见性/图形替换
模型类别
注释类别
分析模型类别
导入的类别
过滤器
Revit 链接
在此视图中显示模型类别(S)
如果没有选中某个类别，则该类别将不可见。
过滤器列表(F):
电气
建筑
结构
机械
电气
管道
基础设施
投影/表面
截面
半色调
详细程度
线
填充图案
透明度
替换...
按视图
MEP 预制
体量
光栅图像
安全设备
导线
常规模型
房间
护理呼叫设备
数据设备
火警设备
灯具
照明设备
电气装置
电气设备
电缆桥架
电缆桥架配件
电话设备
空间
全选(L)
全部不选(N)
反选(I)
展开全部(X)
替换主体层
截面线样式(Y)
编辑(E)...
根据"对象样式"的设置绘制未替代的类别。
对象样式(O)...
确定
取消
应用(A)
帮助

图　4-31

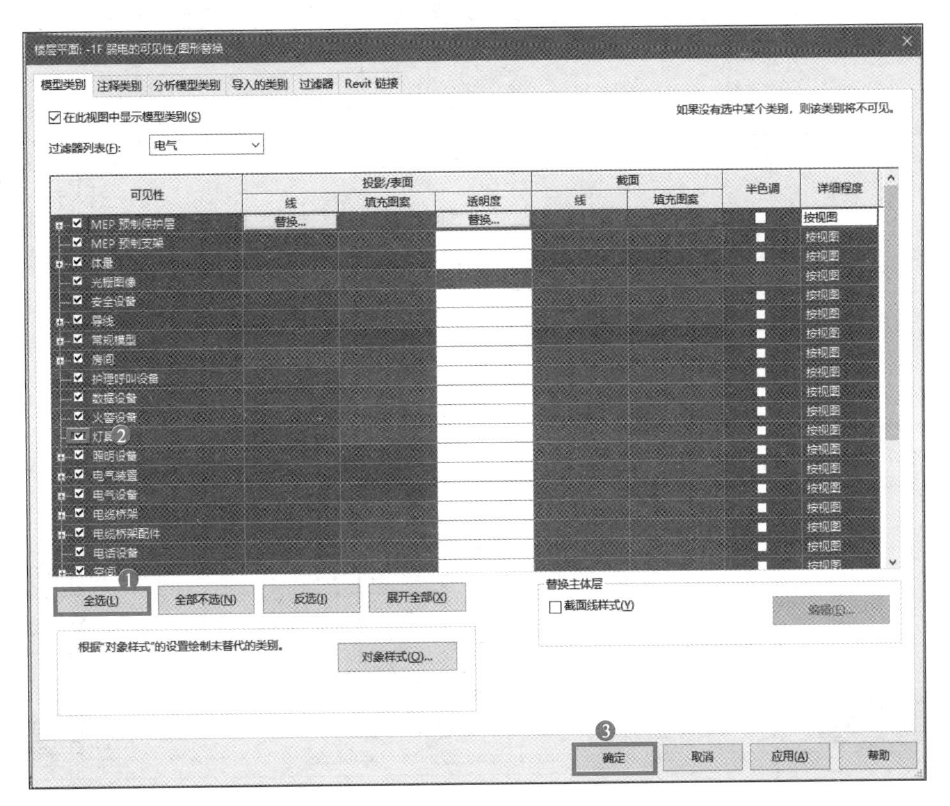
楼层平面: -1F 弱电的可见性/图形替换
模型类别
注释类别
分析模型类别
导入的类别
过滤器
Revit 链接
在此视图中显示模型类别(S)
如果没有选中某个类别，则该类别将不可见。
过滤器列表(F):
电气
可见性
投影/表面
截面
半色调
详细程度
线
填充图案
透明度
替换...
按视图
MEP 预制保护层
MEP 预制支架
体量
光栅图像
安全设备
导线
常规模型
房间
护理呼叫设备
数据设备
火警设备
灯具
照明设备
电气装置
电气设备
电缆桥架
电缆桥架配件
电话设备
空间
1
2
3
全选(L)
全部不选(N)
反选(I)
展开全部(X)
替换主体层
截面线样式(Y)
编辑(E)...
根据"对象样式"的设置绘制未替代的类别。
对象样式(O)...
确定
取消
应用(A)
帮助

图　4-32

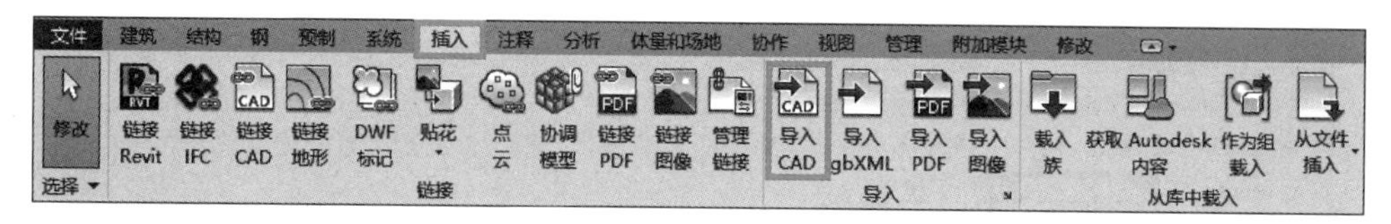

图 4-33

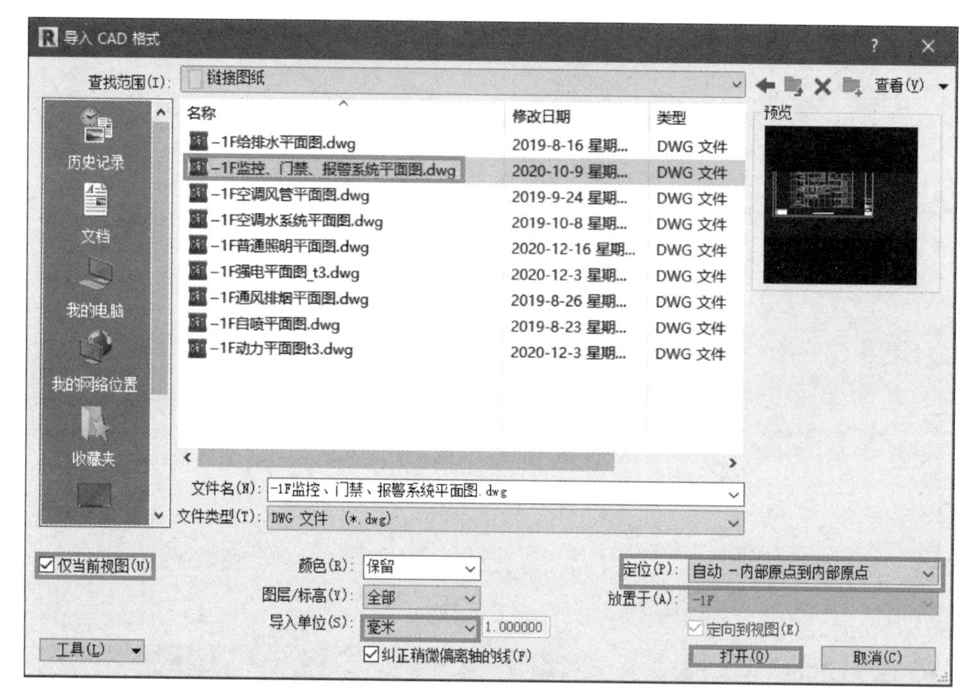

图 4-34

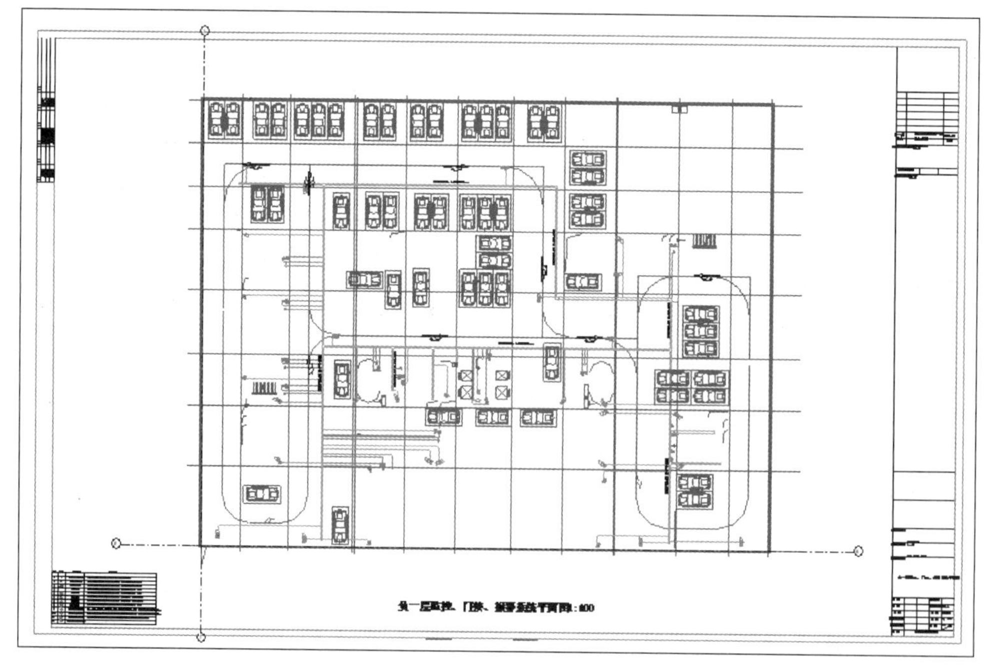

图 4-35

2. 电缆桥架的创建

1）电缆桥架属性的相关设置

（1）如图 4-36 所示，依次选择“系统”选项卡→“电缆桥架”命令（或者按快捷键 CT）。在弹出的“属性”对话框中单击“编辑类型”按钮。弹出“类型属性”对话框，单击“复制”按钮，将名称命名为“弱电－安防布线桥架”，并单击“确定”按钮，如图 4-37 所示。

图　4-36

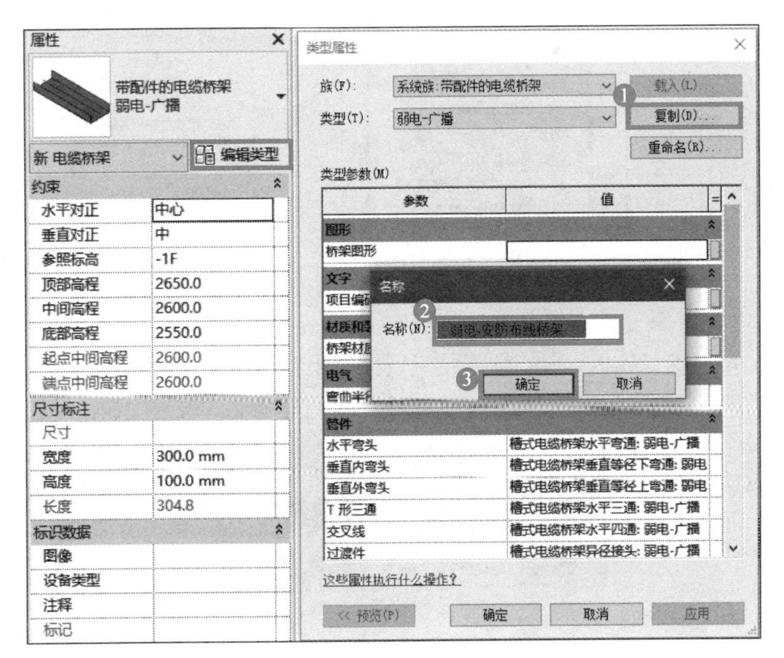

图　4-37

教学视频：电缆桥架属性的相关设置

提示

对于电缆桥架类型属性的定义还可在“项目浏览器”中，通过展开“族”→“电缆桥架”(如图 4-38 所示)，右击选定“带配件的电缆桥架”中的任意一个桥架类型，然后选择“复制”选项，并对已复制的桥架类型重命名为“弱电－安防布线桥架”，如图 4-39 所示。采用本办法依次将图 4-40 所示的“电缆桥架配件”下相关的各类配件（如槽式电缆桥架垂直等径上弯通、槽式电缆桥架垂直等径下弯通、槽式电缆桥架异径接头等）进行复制，并将名称重命名为相应的“弱电－安防布线桥架”(如弱电－安防布线桥架垂直等径上弯通、弱电－安防布线桥架垂直等径下弯通、弱电－安防布线桥架异径接头等)。复制命名的结果如图 4-41 所示。

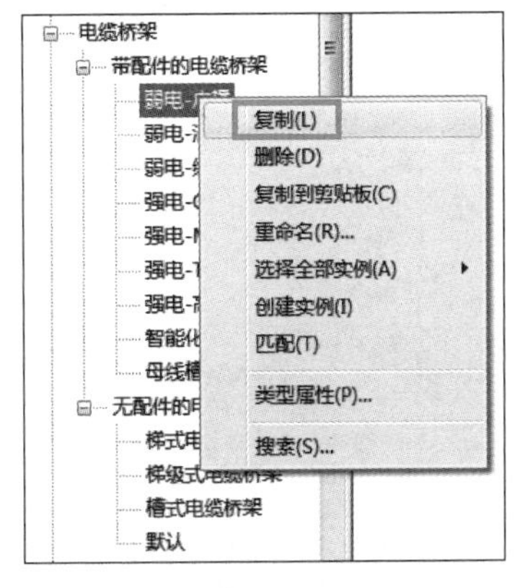

图　4-38

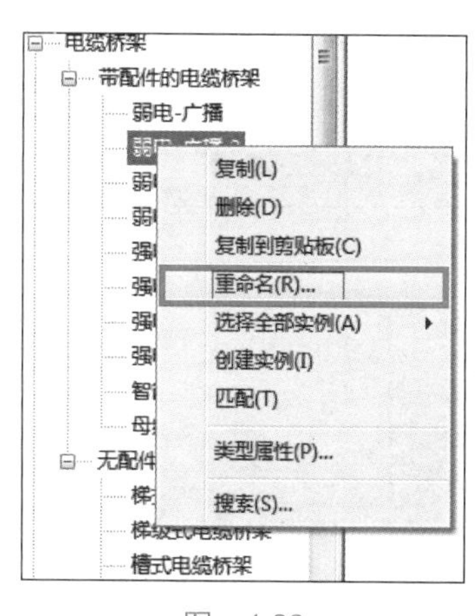

图 4-39

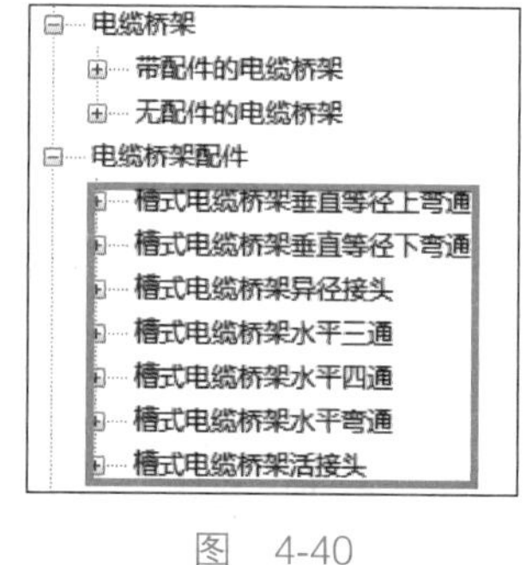

图 4-40

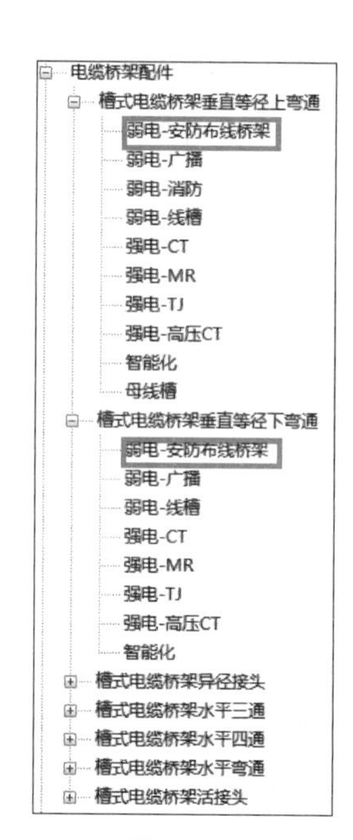

图 4-41

（2）对“弱电－安防布线桥架”的属性进行编辑。依次选择“系统”选项卡→“电缆桥架”命令。如图 4-42 所示，在“属性”下拉列表中选择“弱电－安防布线桥架”。单击“编辑类型”按钮，弹出“类型属性”对话框，对“管件”进行逐个编辑，选择对应的管件连接形式命名为“弱电－安防布线桥架”的管件，修改结果如图 4-43 所示。

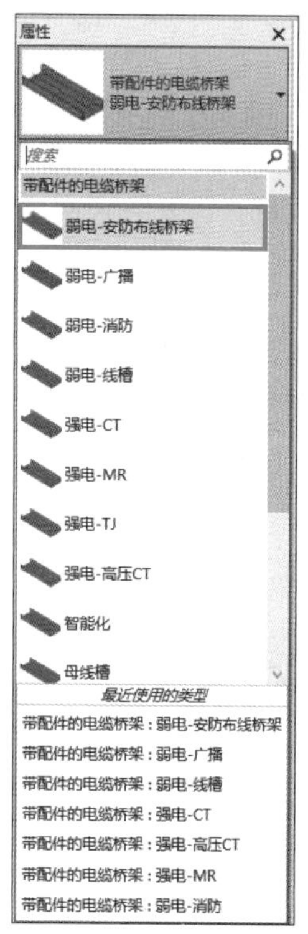

图 4-42

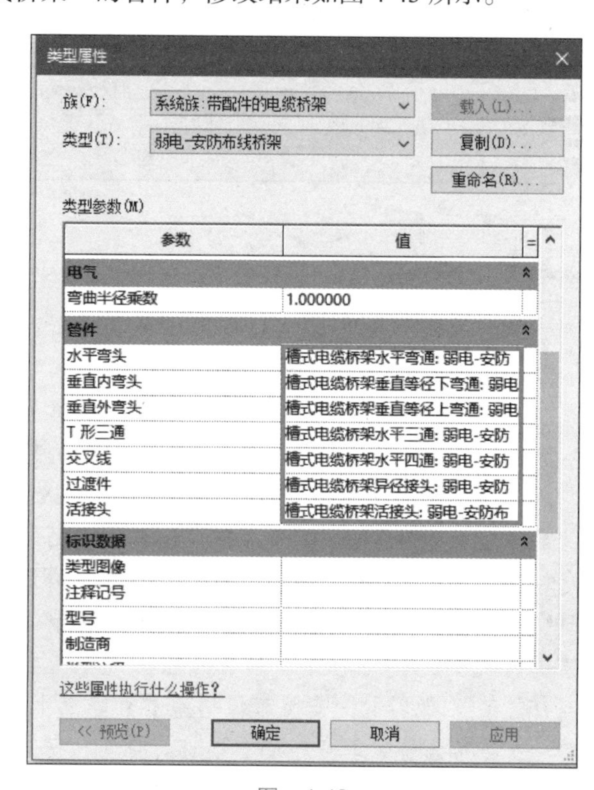

图 4-43

2）绘制电缆桥架

教学视频：绘制电缆桥架

当所需绘制电缆桥架的相关连接件命名设置好后，可进行相应电缆桥架的建模，在平、立、剖面视图及三维视图中均可以绘制水平、垂直和倾斜的电缆桥架。在平面视图中进行电缆桥架的建模如下。

（1）依次选择“系统”选项卡→“电缆桥架”命令，或者直接按快捷键 CT。

（2）选中电缆桥架类型，在电缆桥架“属性”对话框中选中需要绘制的电缆桥架类型“弱电 - 安防布线桥架”，如图 4-44 所示。

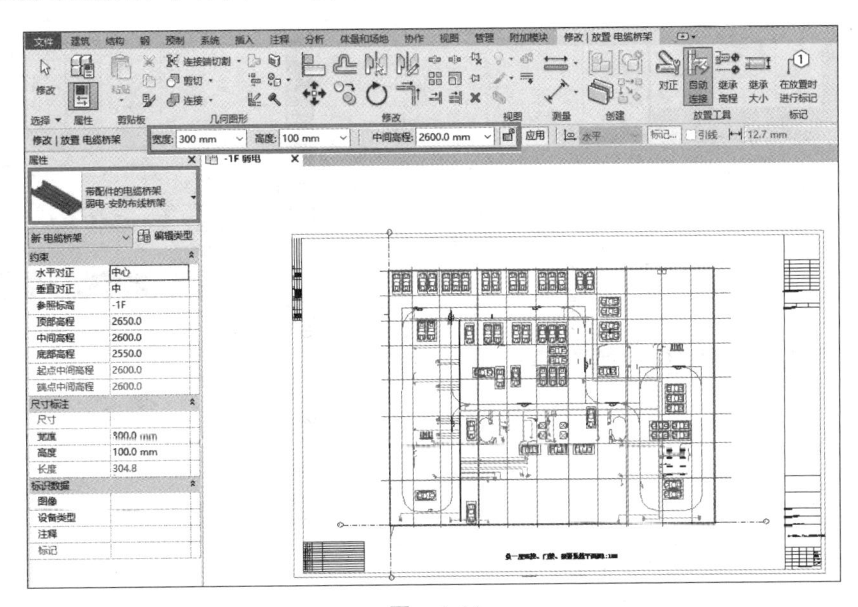

图　4-44

（3）在“修改 | 放置 电缆桥架”选项栏中将“宽度”设置为“200mm”，“高度”设置为“100mm”。在“中间高程”选项中输入自定义的偏移量数值，默认单位为毫米（mm），本项目根据图纸桥架的底部偏移量为 2400，因此将“中间高程”设置为“2450.0mm”，如图 4-45 所示。

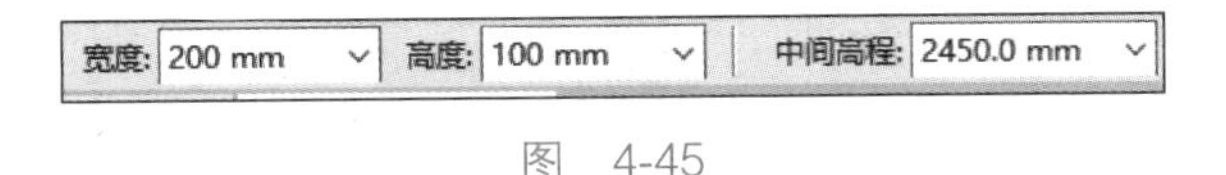

图　4-45

提示

当输入电缆桥架的高程为“中间高程”的参数时，如图 4-46 所示，在“属性”面板的“约束”栏中相应的“顶部高程”“底部高程”会根据输入的“中间高程”及电缆桥架的“高度”这两个参数进行相应的变化，由于在施工中电缆桥架的安装高度一般以“底部高程”为准，因此在设置高度时直接在“底部高程”中输入相应的桥架安装高度。

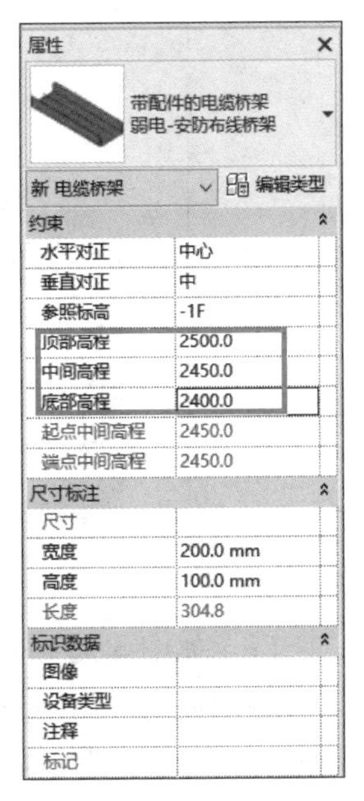

图　4-46

（4）沿着图纸绘制电缆桥架，指定电缆桥架的起点和终点。在绘图区域中单击即可指定电缆桥架起点，移动至终点位置再次单击，完成一段电缆桥架的绘制。在绘制过程中，根据绘制路径，在“类型属性”对话框中预设好的电缆桥架管件将自动添加到电缆桥架中。

（5）三通电缆桥架配件的绘制。如图 4-47 所示，先绘制两个方向的桥架。然后，如图 4-48 所示，选中需要拖曳的桥架，沿着三通生成方向进行拖曳，拖至竖向桥架的中心线后松开鼠标，即自动生成三通。也可先生成图 4-49 所示的弯头，然后单击弯头，在需要绘制电缆桥架的方向上单击“+”符号，沿“+”方向绘制电缆桥架。四通的绘制方法类同。

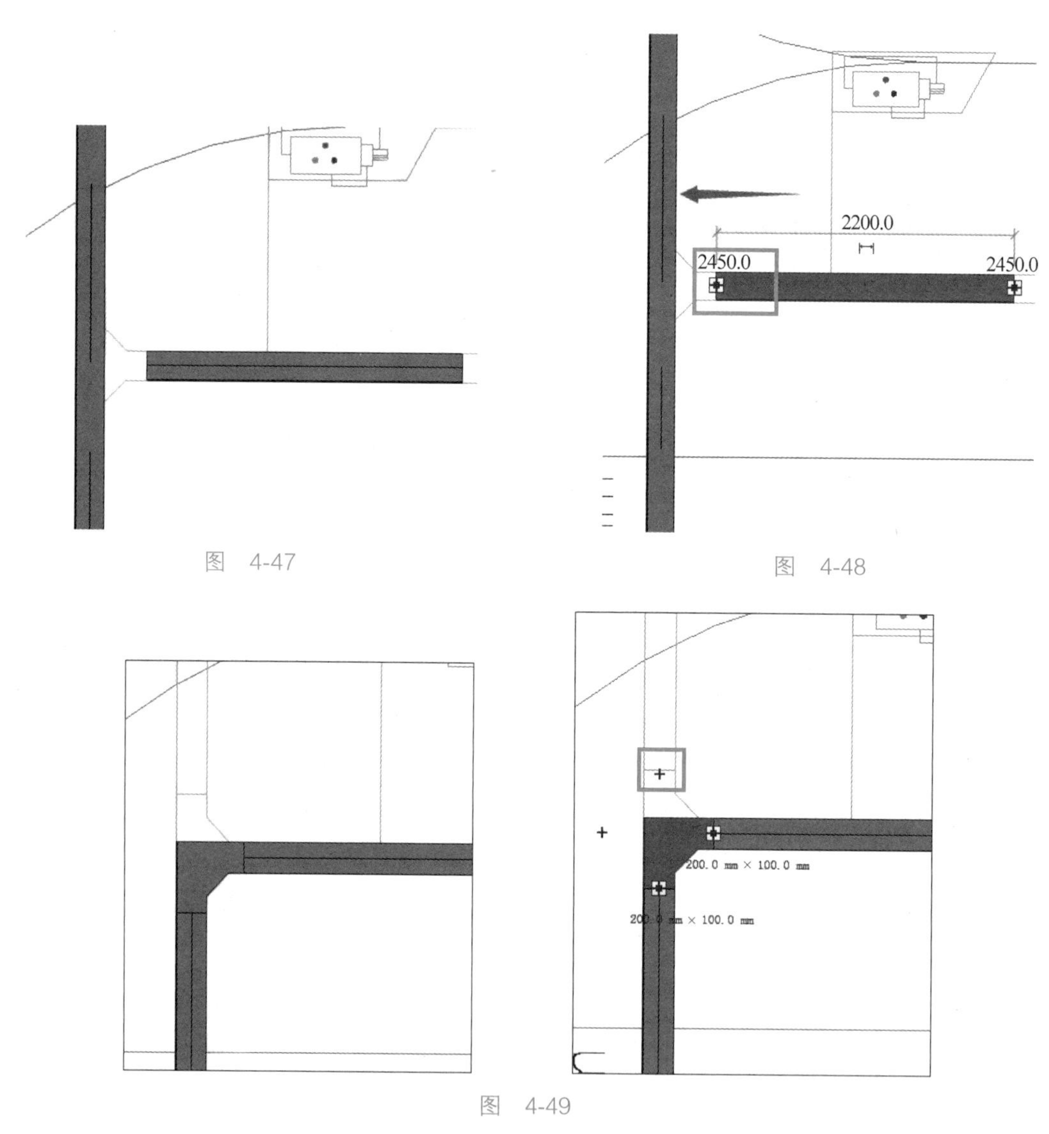

图 4-47

图 4-48

图 4-49

（6）如图 4-50 所示，当对桥架通过拖曳进行连接时，若空间不足，则会出现错误提示，提示内容如图 4-51 所示。此时需将水平桥架上的变径接头选中，通过按键盘上的“←”键向左侧进行移动（为加快移动速度，可同时按住键盘上的 Shift 键和“←”键），当移动到合适的位置时，再进行连接。连接结果如图 4-52 所示。

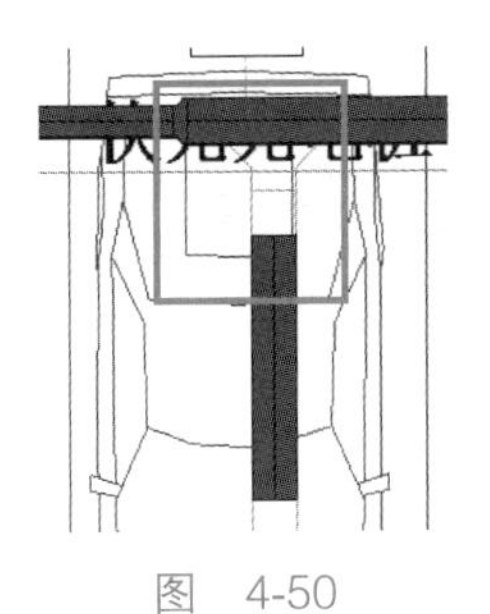

图　4-50

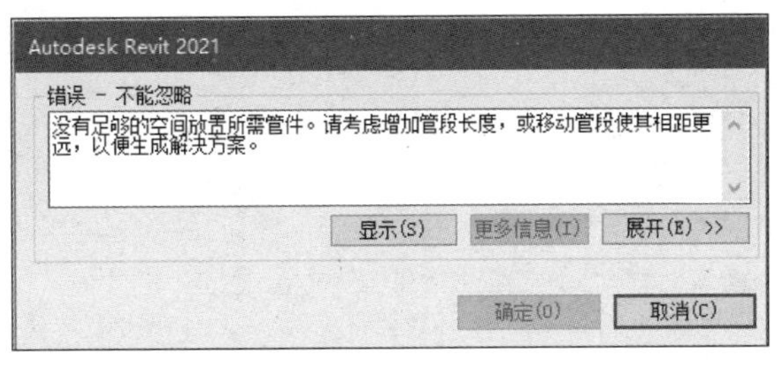

图　4-51

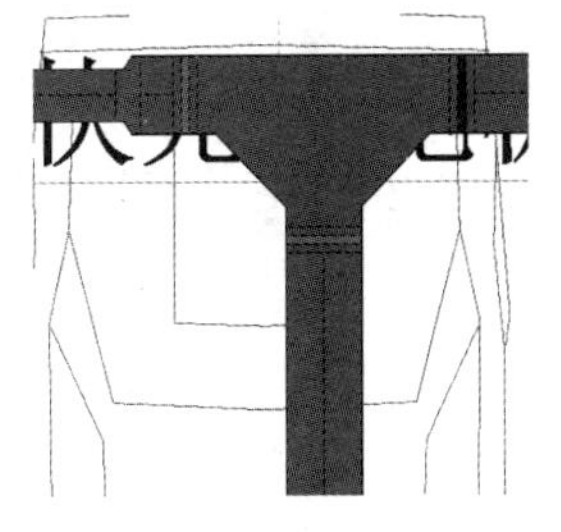

图　4-52

提示

当绘图过程中出现图 4-53 所示提示时，常见的检查方法为：按快捷键 VV，如图 4-54 所示，查看相应的"模型类别"选项卡里所对应的"电缆桥架""电缆桥架配件"其"可见性"是否为可见状态。当其相应设置为"可见"时，此时再检查相应的视图范围。如图 4-55 所示，单击"属性"对话框→"范围"选项栏→"视图范围"→"编辑"按钮，系统会弹出"视图范围"对话框，需要调整视图的深度，使视图范围为 -1F~1F 区域，且剖切面需剖到所创建的模型，设置如图 4-56 所示。

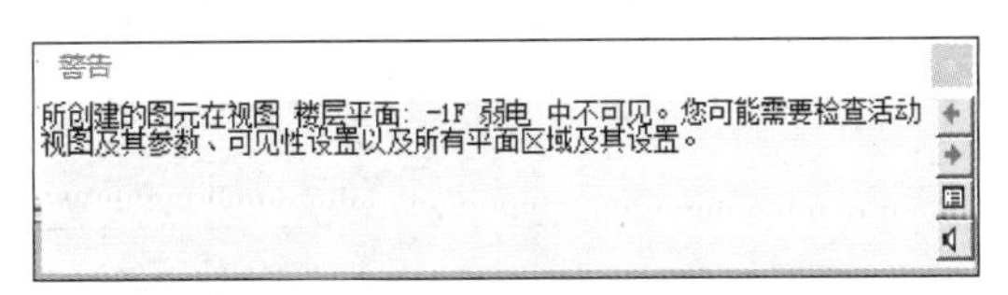

图　4-53

楼层平面：-1F 弱电的可见性/图形替换

模型类别　注释类别　分析模型类别　导入的类别　过滤器　Revit 链接

☑ 在此视图中显示模型类别(S)　　如果没有选中某个类别，则该类别将不可见。

过滤器列表(F)：电气

可见性	投影/表面 线	投影/表面 填充图案	投影/表面 透明度	截面 线	截面 填充图案	半色调	详细程度
☑ 体量						☐	按视图
☑ 光栅图像							按视图
☑ 安全设备						☐	按视图
☑ 导线						☐	按视图
☑ 常规模型						☐	按视图
☑ 房间						☐	按视图
☑ 护理呼叫设备						☐	按视图
☑ 数据设备						☐	按视图
☑ 火警设备						☐	按视图
☑ 灯具						☐	按视图
☑ 照明设备						☐	按视图
☑ 电气装置						☐	按视图
☑ 电气设备						☐	按视图
☑ 电缆桥架						☐	按视图
☑ 电缆桥架配件						☐	按视图
☑ 电话设备						☐	按视图
☑ 空间						☐	按视图
☑ 线						☐	按视图
☑ 线管						☐	按视图

全选(L)　全部不选(N)　反选(I)　展开全部(X)

替换主体层

☐ 截面线样式(Y)　编辑(E)...

根据"对象样式"的设置绘制未替代的类别。　对象样式(O)...

确定　取消　应用(A)　帮助

图　4-54

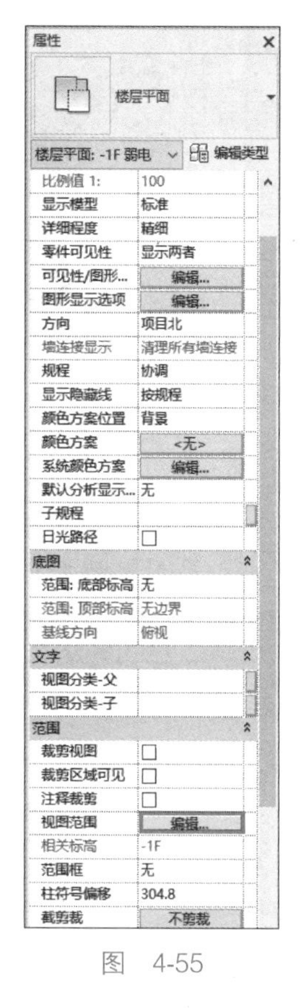

图 4-55

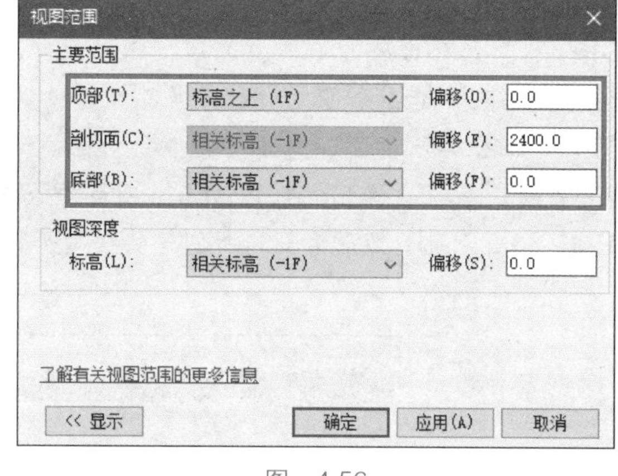

图 4-56

3）电缆桥架选项栏设置

（1）电缆桥架宽度、高度、偏移量属性设置。选择“电缆桥架”工具时，“修改 | 放置电缆桥架”需要设置如图 4-57 所示的相关参数。

图 4-57

① 宽度：指定电缆桥架的宽度。

② 高度：指定电缆桥架的高度。

③ 中间高程：指定电缆桥架相对于当前标高的垂直高程。可以输入偏移值或从建议偏移值列表中选择值。

（2）电缆桥架放置选项。选择“电缆桥架”工具时，“修改 | 放置电缆桥架”选项卡提供以下用于放置电缆桥架的选项，如图 4-58 所示。

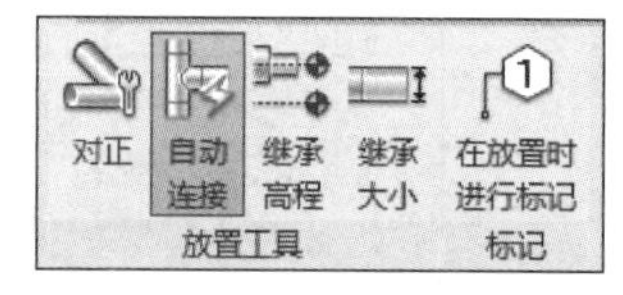

图 4-58

①：打开“对正设置”对话框，在该对话框中可以指定电缆桥架的“水平对正”“水平偏移”和“垂直对正”。

②：如果选中该选项，在开始或结束电缆桥架管段时，可以自动连接构件上的捕捉。该选项对于连接不同高程的管段非常有用。但是，以不同偏移绘制电缆桥架或要禁用捕捉非 MEP 图元时，请清除“自动连接”，以避免造成意外连接。

③ ：如果选中该选项，则会自动继承上一次绘制输入的高程点。

④ ：如果选中该选项，则会自动继承上一次绘制输入的尺寸大小。

⑤ ：在视图中放置电缆桥架管段时，将默认注释标记应用到电缆桥架管段。

4）桥架碰撞之间的处理

当绘制电缆桥架时，如图 4-59 所示，默认选择“自动连接”命令，当桥架相交时会自动生成四通，绘制结果如图 4-60 所示。当取消“自动连接”命令时，其碰撞结果如图 4-61 所示。

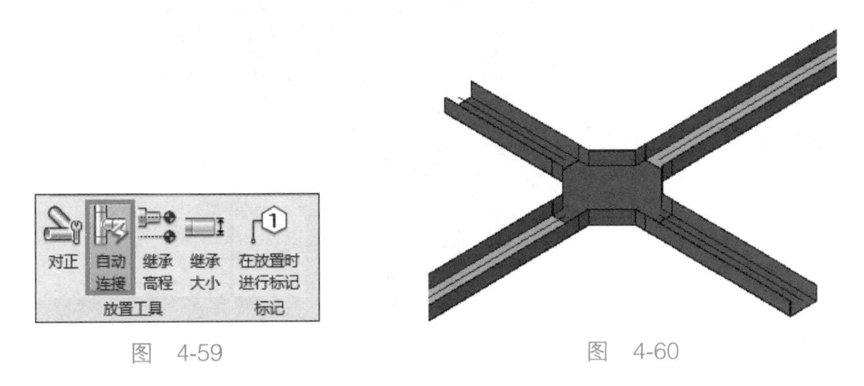

图　4-59　　　　图　4-60

当不同桥架间发生碰撞时，需将另一桥架进行“翻弯”处理。处理方法如下。

（1）如图 4-62 所示，选中需要调整的桥架。

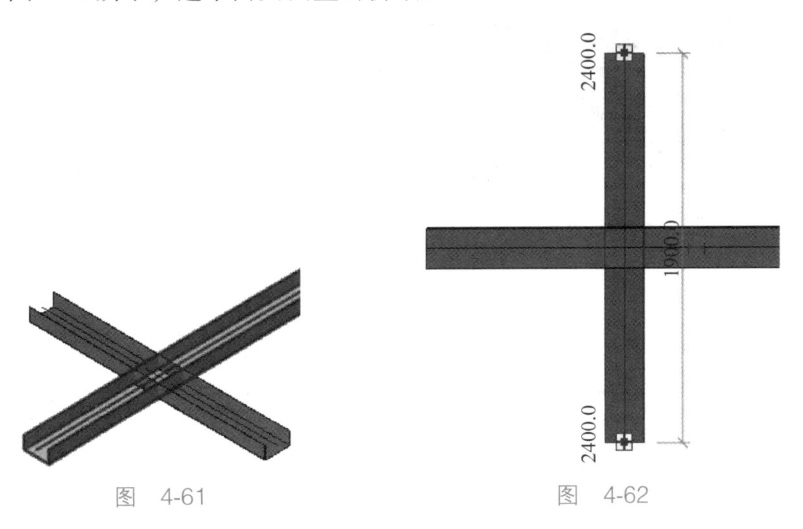

图　4-61　　　　图　4-62

（2）如图 4-63 所示，依次选择“修改”选项卡→“拆分”命令（或者按快捷键 SL），将需要调整的桥架进行分段。

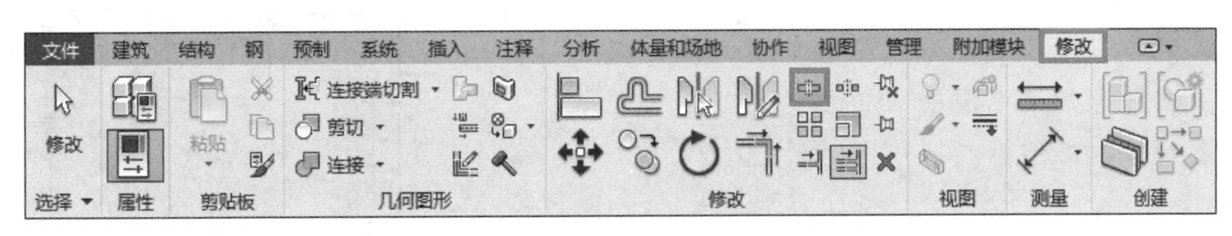

图　4-63

（3）如图 4-64 所示，选中被拆分为段的桥架，调整碰撞部分桥架的高度，根据桥架的高度将碰撞部分桥架的高度抬高。

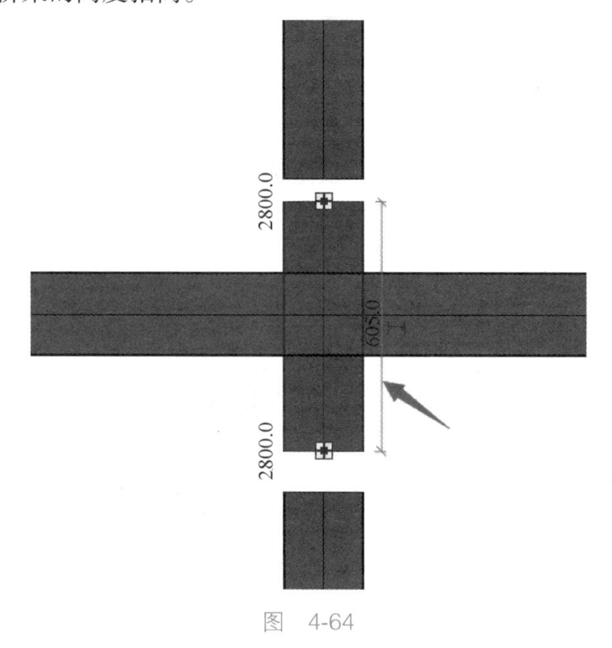

图 4-64

（4）将其余桥架与调整高度后的桥架进行连接，连接结果如图 4-65 所示。

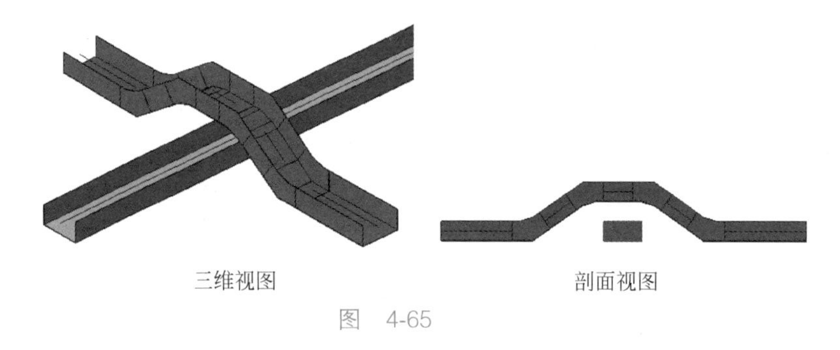

图 4-65

提示

电缆桥架碰撞避让原则：小桥架让大桥架；少根桥架让多根桥架。

学习任务

根据图纸完成 -1F 监控、门禁、报警系统平面图中相关桥架模型的创建，并完成本项目所有相关电缆桥架模型的创建，模型结果如图 4-66 所示。

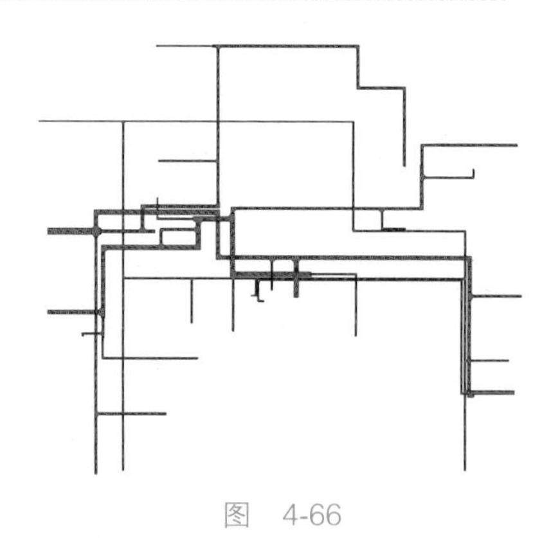

图 4-66

任务 4.4　电缆桥架的显示设置

任务流程：平面视图中新建过滤器→平面视图中添加过滤器并添加显示颜色→三维视图中添加过滤器并添加显示颜色。

4.4.1　电缆桥架的显示

1. 视图详细程度的设计

Revit MEP 中有 3 种视图详细程度：粗略、中等和精细。一般在绘图窗口的左下角进行修改，如图 4-67 所示。

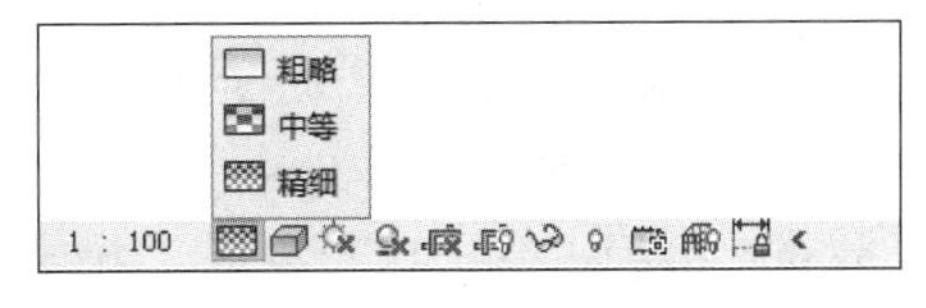

图　4-67

3 种视图详细程度显示情况如表 4-2 所示。在“粗略”和“中等”显示详细程度下，电缆桥架的显示为单线显示；在“精细”显示详细程度下，电缆桥架的显示为桥架形式。关于利用 Revit MEP 进行机电建模，其视图详细程度一般选择“精细”。

表 4-2　不同视图详细程度的显示结果

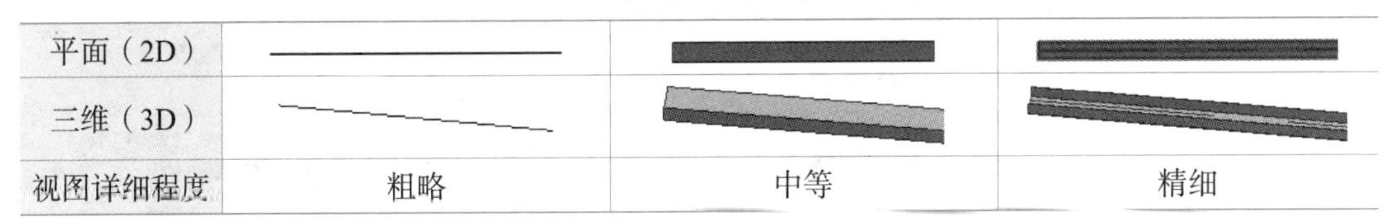

平面（2D）			
三维（3D）			
视图详细程度	粗略	中等	精细

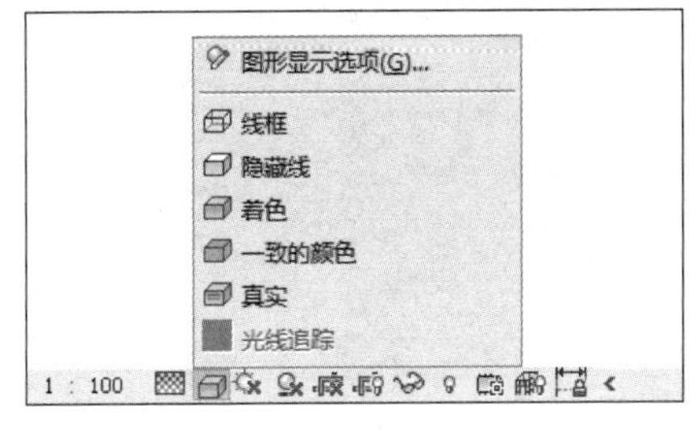

图　4-68

2. 图形显示情况

Revit MEP 中图形显示有线框、隐藏线、着色、一致的颜色、真实和光线追踪 6 种，一般在绘图窗口的左下角进行修改，如图 4-68 所示。

6 种图形显示选项的显示结果如表 4-3 所示，关于利用 Revit MEP 进行机电建模，其图形显示一般选择“着色”模式。

表 4-3　不同显示选项显示结果

显示选项	线框	隐藏线	着色
显示结果			
显示选项	一致的颜色	真实	光线追踪
显示结果			

4.4.2 电缆桥架过滤器的设置

在 Revit MEP 软件中，给排水与暖通专业的模型可以用系统加以区别。而电缆桥架专业没有系统，但可以通过添加电缆桥架及电缆桥架配件过滤器设置不同的颜色，用以区别不同的类别与用途，同时也可以过滤暂时不需要显示的桥架。如图 4-69 所示，对于两种弱电桥架在没有设置过滤器时，其在“着色”模式下显示均为灰色，为区别需通过利用过滤器进行配置不同的颜色以区别显示，具体操作步骤如下。

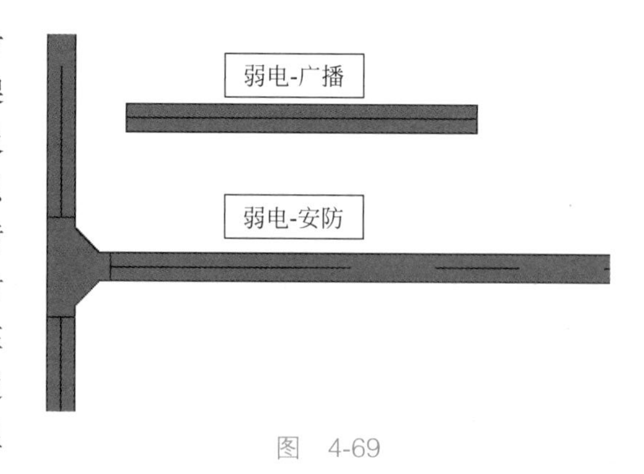

图 4-69

（1）通过按快捷键 VG 或快捷键 VV，即可弹出当前视图的“可见性 / 图形替换”对话框。如图 4-70 所示，选择“过滤器”选项卡进入“过滤器”对话框。

教学视频：电缆桥架过滤器的设置

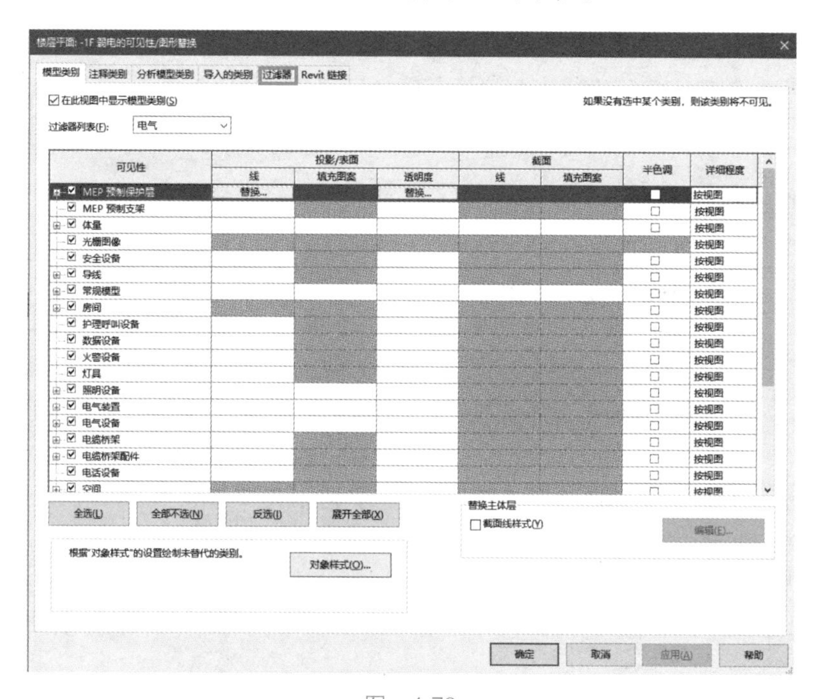

图 4-70

（2）如图 4-71 所示，单击“删除”按钮将样板文件里自带的过滤器删除。单击“编辑 / 新建”按钮，弹出“过滤器”编辑对话框，如图 4-72 所示。

（3）如图 4-73 所示，在“过滤器”下拉列表中右击“强电 -CT”，选择“复制”选项。如图 4-74 所示，右击复制产生的“强电 -CT（1）”，选择“重命名”选项，在弹出的“重命名”对话框的“新名称”文本框中输入“弱电 - 安防”，并单击“确定”按钮。

（4）如图 4-75 所示，在“弱电 - 安防”→“类别”中默认勾选“电缆桥架”“电缆桥架配件”，在“过滤器规则”中，将过滤器规则“类型名称”的“强电 -CT”更改为“弱电 - 安防”，并单击“确定”按钮。

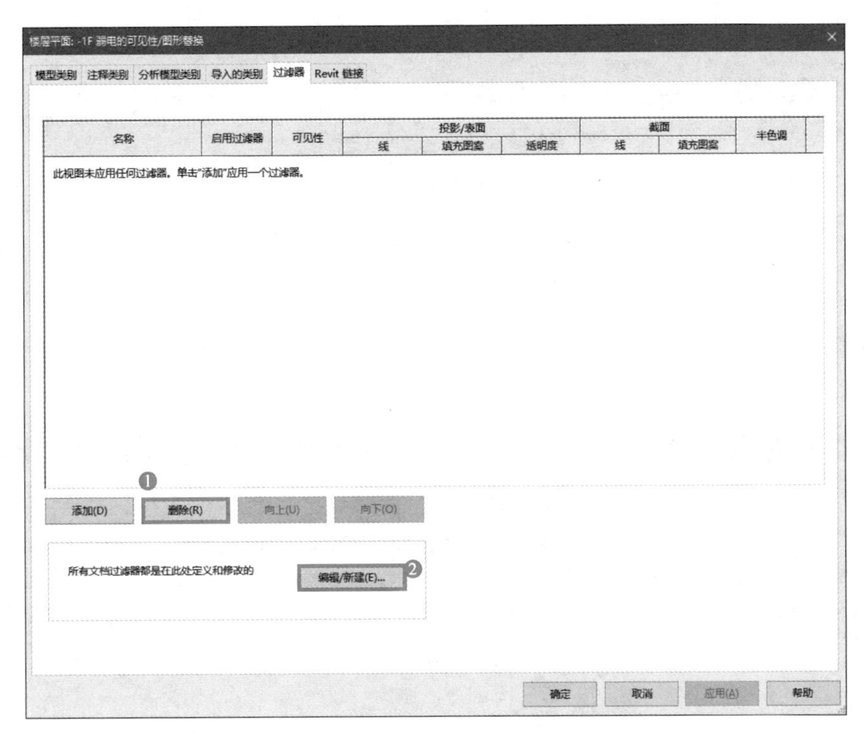

图　4-71

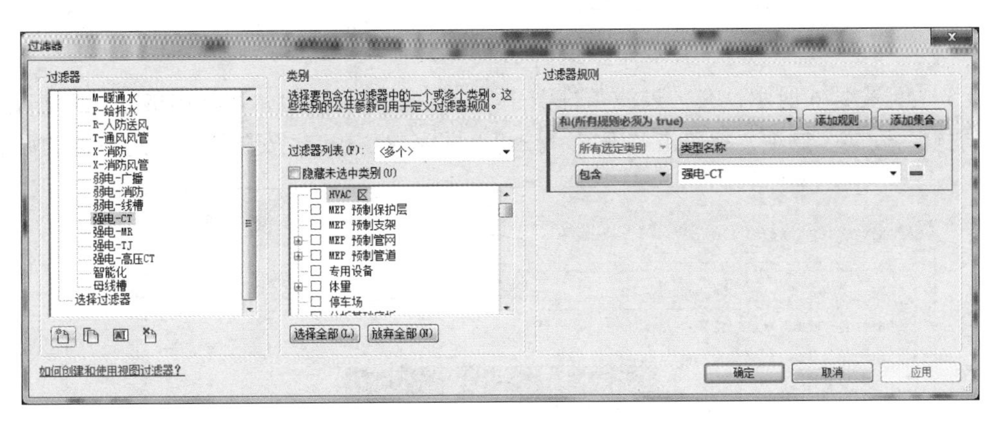

图　4-72

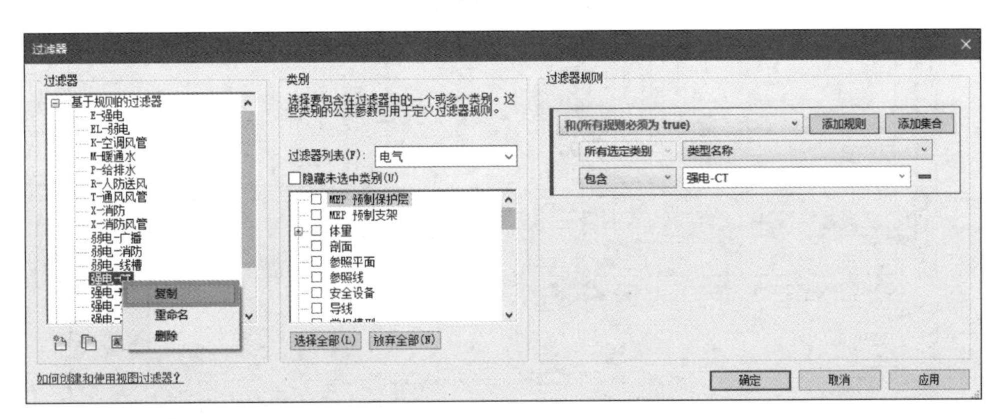

图　4-73

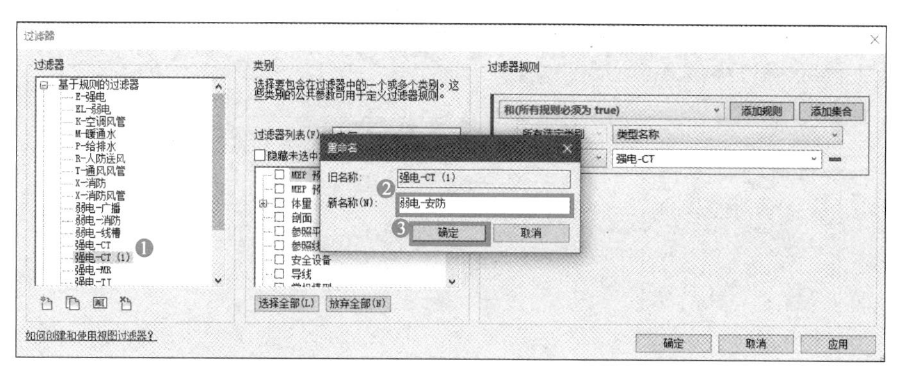

图 4-74

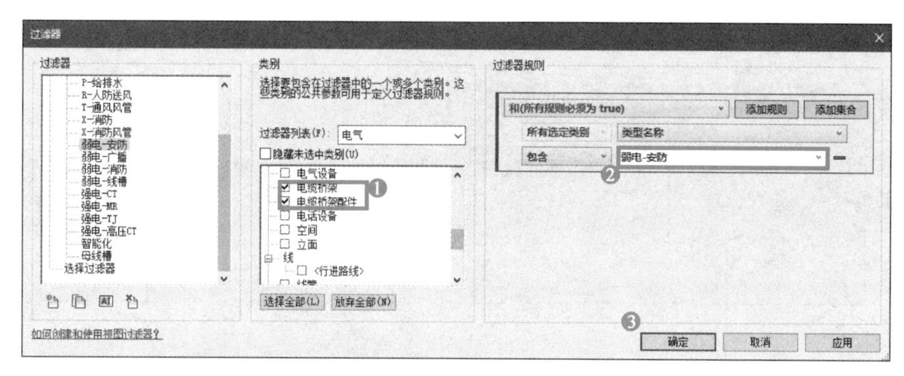

图 4-75

（5）如图 4-76 所示，在“过滤条件”中单击“添加”按钮，在弹出的对话框中，选择“弱电 - 安防”选项，并单击“确定”按钮。即完成“弱电 - 安防”桥架过滤器的设置。

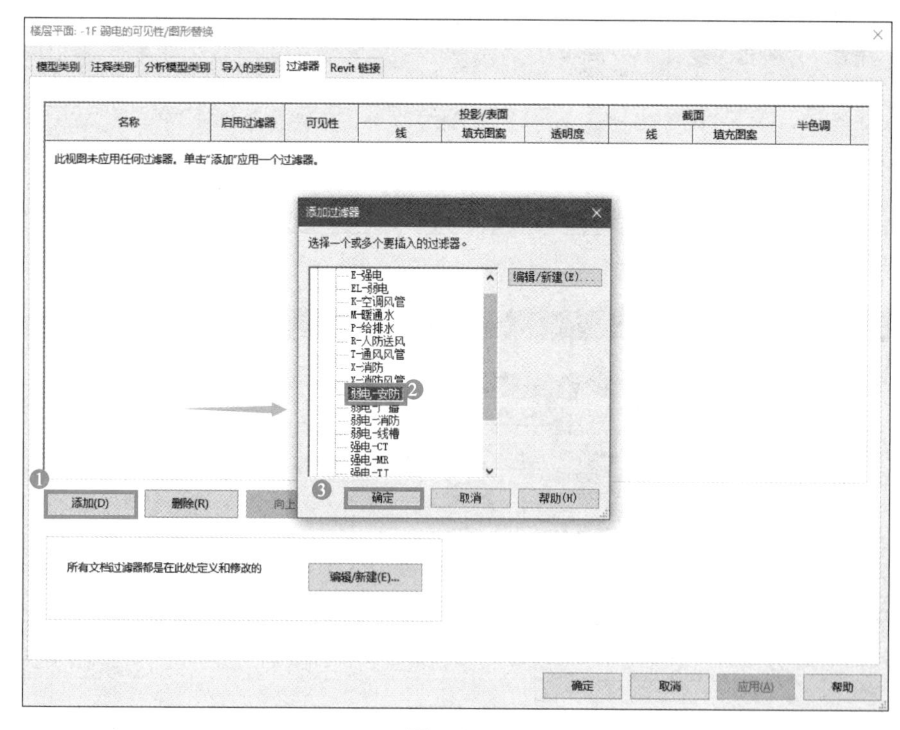

图 4-76

（6）为更加直观地区分不同类型的桥架，可对每一类型的桥架进行颜色填充加以区分。如图 4-77 所示，单击“弱电 – 安防”中的“填充图案”选项，单击“替换”按钮。在弹出的对话框中，对相应的填充样式图形进行设置，具体设置如图 4-78 所示。设置完成后，视图显示的结果如图 4-79 所示。

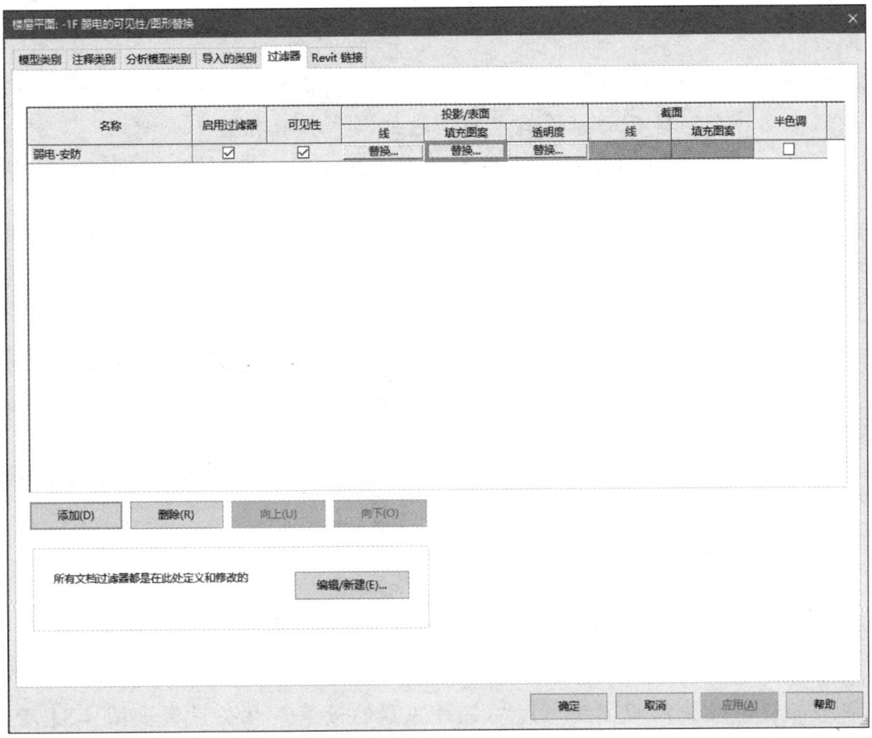

图　4-77

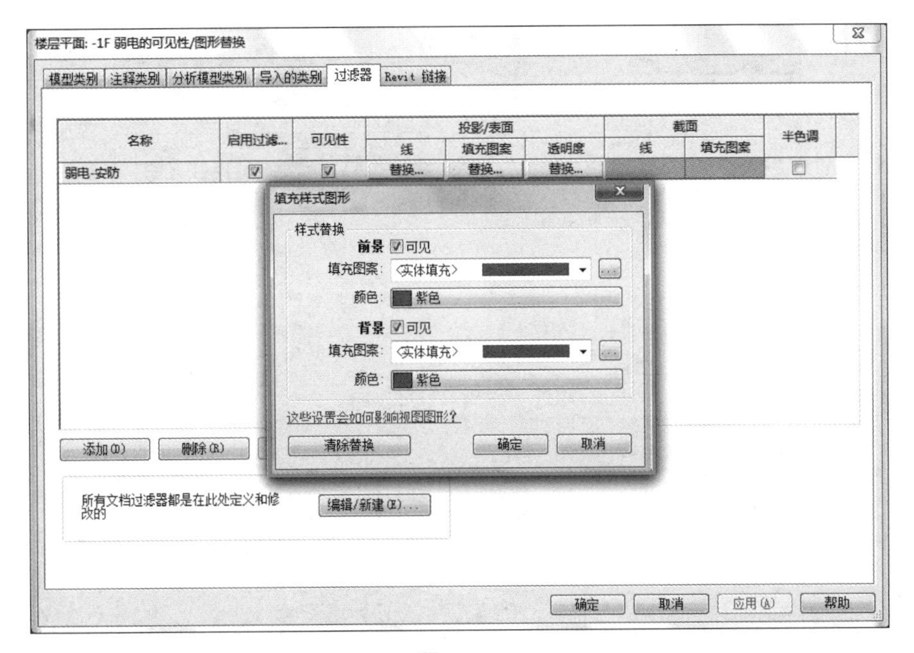

图　4-78

（7）将试图转到三维视图，按快捷键 VV，在弹出的对话框中，通过步骤（6）的设置方法在三维视图中对桥架进行颜色填充设置。

提示

（1）Revit 2021 版对于填充样式设置了前景和背景，在工程应用中往往将前景和背景的颜色及填充图案设置为相同。

（2）新建过滤器时，“过滤条件”一栏中选择的应是“包含”，且“包含的类型名称”中输入的名字应与建模时设置的电缆桥架的名字具有相应的关键词。

（3）桥架在建模时应该设置好相应的“电缆桥架配件”类型，否则会出现“电缆桥架配件”接头处未显示颜色，如图 4-80 所示。

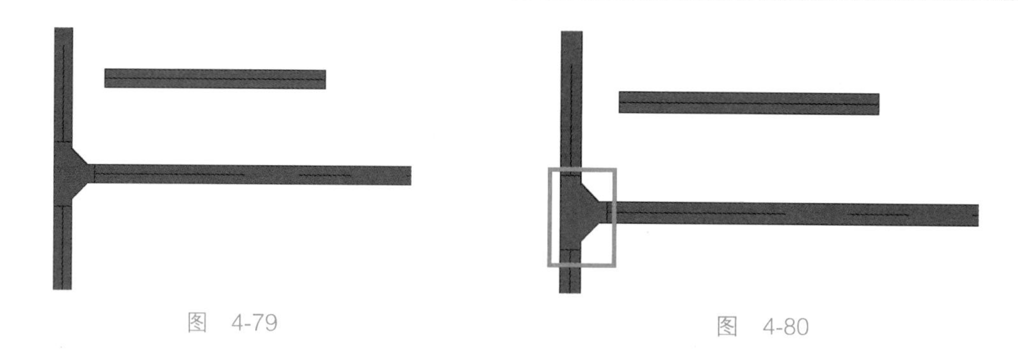

图 4-79　　　　图 4-80

学习任务

完成平面视图及三维视图中电缆桥架过滤器的设置。相关设置如图 4-81 所示，设置完显示结果如图 4-82 所示。

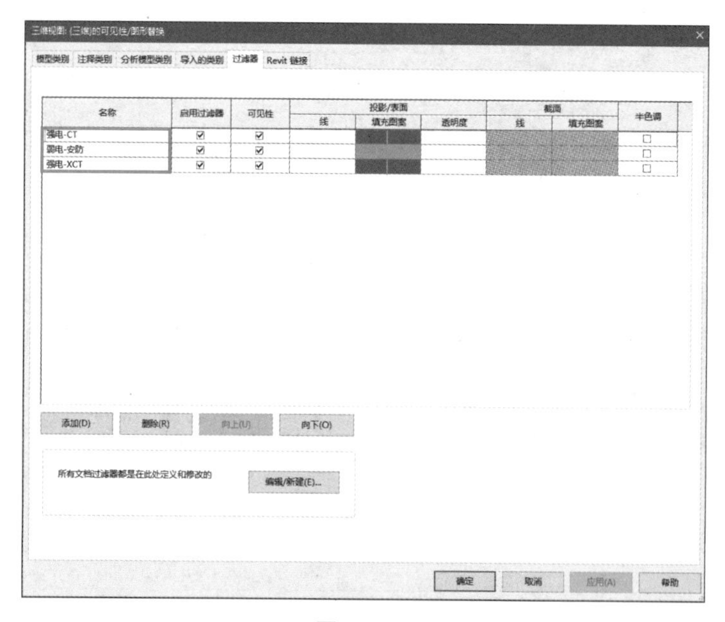

图 4-81

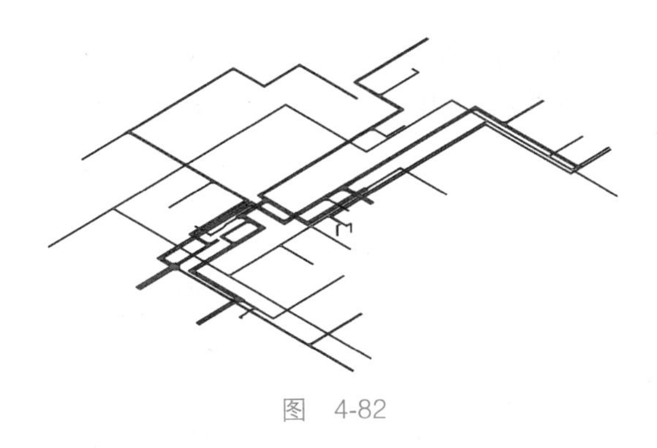

图　4-82

任务 4.5　电气开关、照明、电气设备的放置

电气设备由配电盘和变压器组成。电气设备可以是基于柱体的构建（必须放置在墙上的配电盘），也可以是非基于主体的构件（可以放置在视图中任何位置的变压器）。

如果需要放置电气设备，则在楼层平面视图下，如图 4-83 所示，依次选择“系统”选项卡→“电气设备”命令，或者按快捷键 EE。如果需要绘制照明设备，则需要依次选择“系统”选项卡→“照明设备”命令。如果需要放置除电气设备和照明设备以外的设备，可单击“设备”下三角按钮，弹出“电气装置”“通信”“数据”“火警”“照明”“护理呼叫”“安全”“电话”相应的设备分类，然后根据具体需求进行选择。

如图 4-84 所示，Revit MEP 放置的电气设备族按照其基于的主体不同可以分为以下三大类。

（1）放置在垂直面上：如壁装或依附柱。

（2）放置在面上：如楼板等平面上。

（3）放置在工作平面上：目前工作所在的平面上，如所处标高的高度。

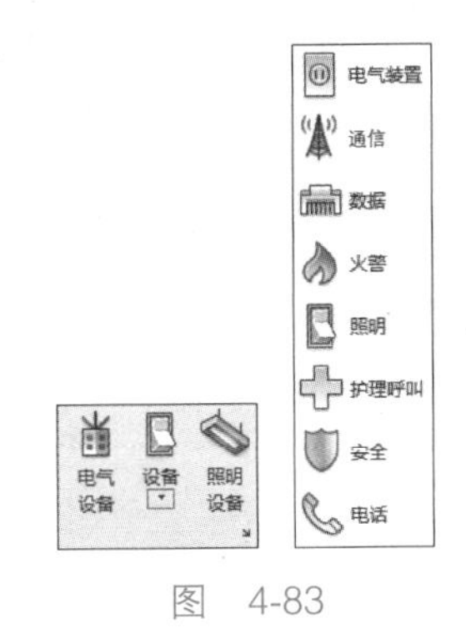

图　4-83

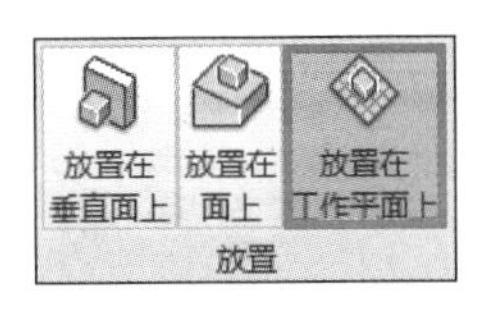

图　4-84

4.5.1　照明设备的放置

教学视频：照明设备的放置

任务流程：复制楼层平面视图重命名为“-1F 强电”→导入相关的 CAD 图纸→载入相关的照明设备族→简单画一块楼板→利用“照明设备”（快捷键 LF）放置照明设备→利用复制命令 CO 复制并放置其他的照明设备。

大多数的照明设备是必须放置在主体构建（天花板或墙）上的基于主体的构件。由于机电模型中没有建筑天花板或墙，因此需要在机电模型中载入建筑模型，或者在机电模型中先绘制一块天花板或墙，然后按以下步骤将照明设备放置在天花板或楼板下。以地下室普通照明平面图中 UPS 间内照明灯具的放置为例讲解照明设备放置的方法，图纸如表 4-4 所示。

表 4-4　UPS 间内照明灯具布置图

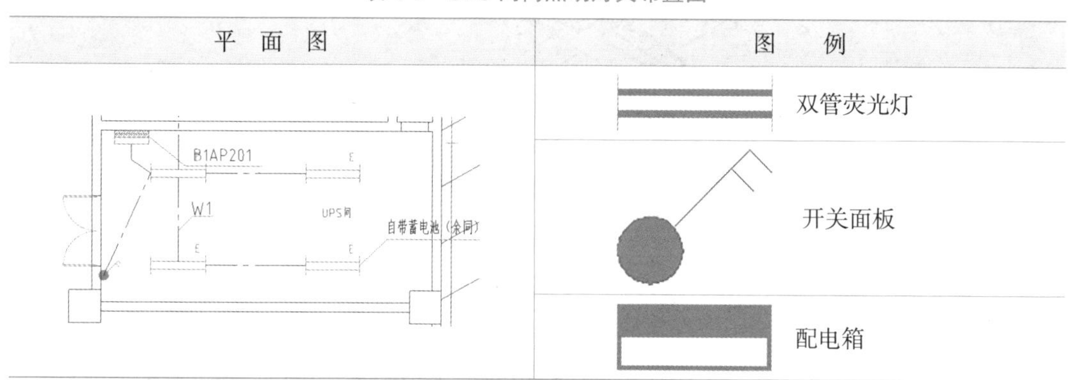

（1）在“项目浏览器”中，展开“视图”中的“楼板平面”，复制一个视图，命名为“-1F 强电”。双击“-1F 强电”，进入要放置照明设备的视图。

（2）导入处理的“-1F 普通照明平面图 .CAD”图纸，利用对齐命令（快捷键 AL）及锁定命令（快捷键 PN），对导入的 CAD 图纸进行对齐与锁定。

（3）由于照明设备需要放置在天花板或楼板下，本项目所建模型为地下室，因此需要先在机电模型中绘图区域画一小块楼板，具体绘制方法参照项目 2 结构模型中楼板的绘制，具体操作详见 2.3.2 小节。

（4）依次选择“系统”选项卡→“照明设备”命令，或者按快捷键 LF，在弹出的对话框中单击“是”按钮，如图 4-85 所示。

（5）在类型选择器中，选择设备类型，如“双管悬挂式灯具”，如图 4-86 所示，单击“打开”按钮。

图　4-85

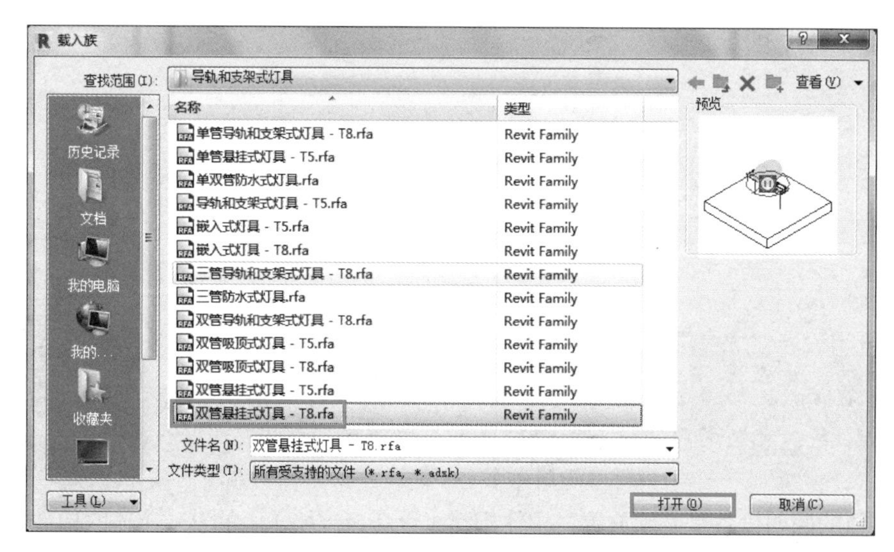

图　4-86

（6）由于照明设备悬挂在楼板下，因此先将视图切换到三维视图。通过旋转视图，将楼板下表面旋转到可以单击选中的状态，如图 4-87 所示。

（7）按快捷键 LF，如图 4-88 所示，默认选择为“放置在面上”，然后将鼠标移至楼板下并单击，将照明设备放置在楼板下。

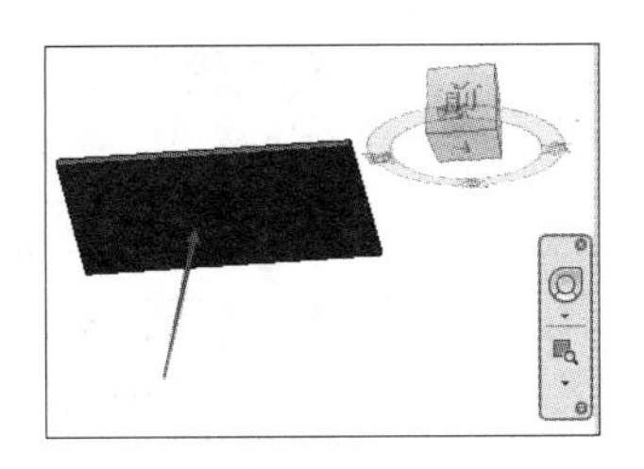

图　4-87

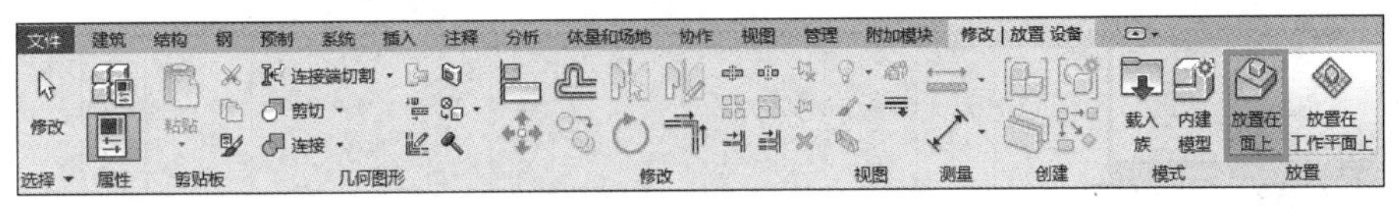

图　4-88

（8）将视图模式切换到“楼层平面：-1F 强电”，通过“复制”命令，放置其他照明设备。此时可将之前绘制的楼板删除，然后将已放置好的灯具选中，如图 4-89 所示，在“修改 | 照明设备”上下文选项卡中选择“复制”命令或按快捷键 CO。如图 4-90 所示，勾选“多个”选项，然后将鼠标移至已选中的照明设备。如图 4-91 所示，选择相应的端点 作为复制的起点，移动鼠标至相应的终点作为复制照明设备放置的终点，再依次移动鼠标至需要放置照明设备的位置，将所需的照明设备进行放置，放置结果如图 4-92 所示。

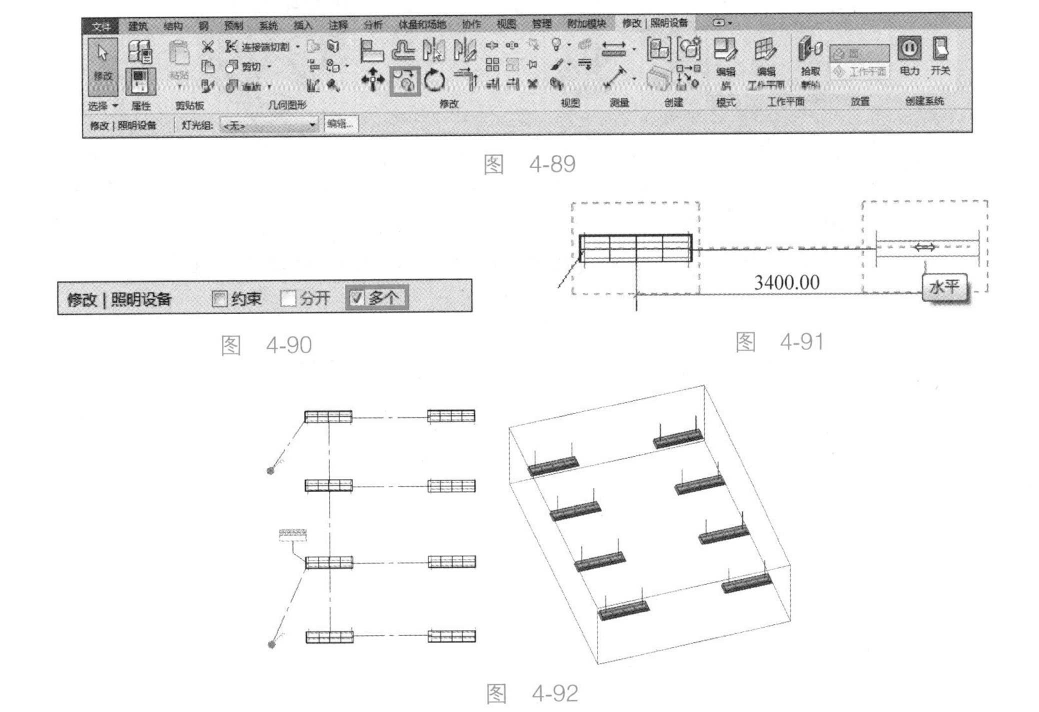

图　4-89

图　4-90

图　4-91

图　4-92

4.5.2　电气开关与电气设备的放置

任务流程：利用快捷键 RP 在平面视图中需要放置开关等电气设备的位置画一个参照平面→利用“照明设备”（快捷键 LF）放置开关等电气设备→利用复制命令 CO 复制并放置其他的电气设备。

教学视频：电气开关与电气设备的放置

大多数电气开关面板均放置在垂直面上（如墙面上），因此在放置电气开关时，或者载入建筑结构模型，或者先在机电模型上画一面墙，或者先画一参照平面，然后进行电气开关的放置。下面介绍先在平面视图中画参照平面，然后放置电气开关的方法。以表 4-4 里开关的放置为例具体步骤如下。

（1）进入“楼层平面：-1F 强电”平面视图中，然后按快捷键 RP，如图 4-93 所示，进入“修改 | 放置 参照平面”上下文选项卡。然后在绘图界面需放置开关的地方沿着墙体的外边界绘制一个参照平面。

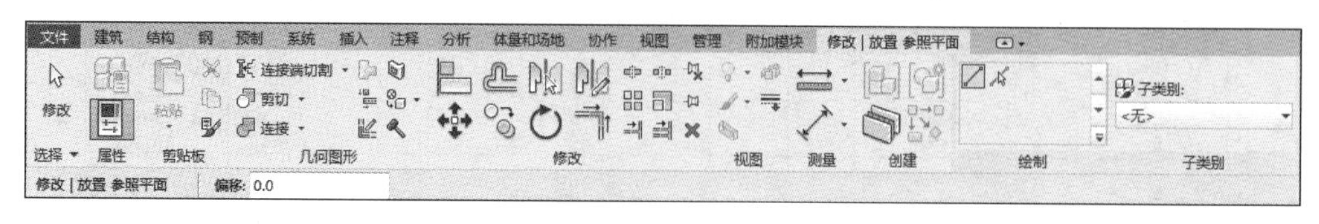

图 4-93

（2）依次选择“系统”选项卡→“照明”命令，如图 4-94 所示，默认放置类型为“放置在垂直面上”，选择相应的开关类型，将鼠标移至已绘制参照平面上，并放置开关。放置结果如图 4-95 所示。单击开关可在“属性”栏编辑开关的垂直高度。

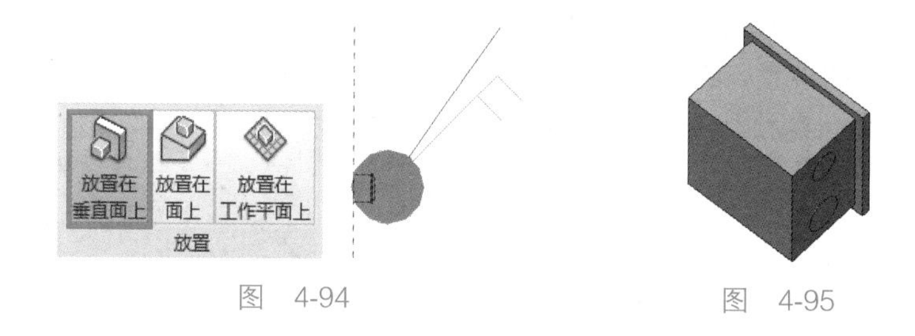

图 4-94　　图 4-95

（3）通过复制命令（快捷键 CO），在平面视图中复制并放置相应的开关。

（4）参照与开关面板相同的方法放置配电箱。最终 UPS 房间内模型如图 4-96 所示。

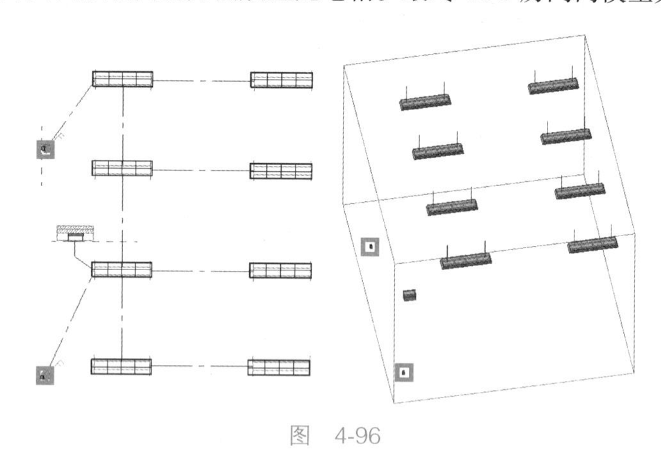

图 4-96

学习任务

完成 -1F 普通照明平面图中相应的开关、照明设备、配电箱等设备的放置，并完成 -1F 监控、门禁、报警系统平面图中电气设备如摄像机、声光报警器等的布置。

任务 4.6　线管的创建及与设备表面的连接

4.6.1　线管的创建

任务流程：设置线管参数、添加线管连接管件→设置线管的尺寸参数→按照图纸进行线管的绘制。

在平、立、剖面视图和三维视图中均可以绘制水平、垂直和倾斜的线管。与电缆桥架一样，Revit MEP 2021 版提供了两种线管管路形式：无配件的线管和带配件的线管。默认的样板文件包含两种线管的类型，如图 4-97 所示，“刚性非金属线管（RNC Sch 40）”和“刚性非金属线管（RNC Sch 80）”。用户可根据实际自行添加定义线管类型。

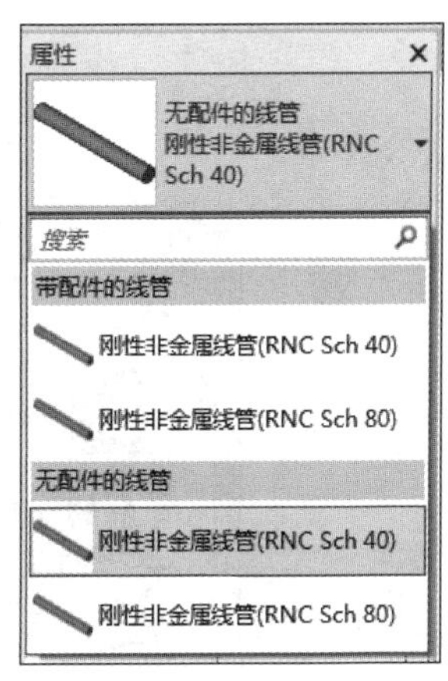

图　4-97

1）线管的参数设置

（1）添加或者编辑线管的类型。依次选择“系统”选项卡→“线管”命令，在右侧出现的“属性”对话框中单击“编辑类型”按钮，弹出“类型属性”对话框，如图 4-98 所示，对“管件”中需要的各种配件的族进行载入。接着选择相应的管件进行匹配。由于 Revit MEP 默认的管件连接方式均为“无”，因此，单击“系统”选项卡的 按钮（或者按快捷键 NF），在弹出的对话框中单击“是”按钮，选择需要载入的线管配件的族，载入后即可对相应的管件连接方式进行添加。

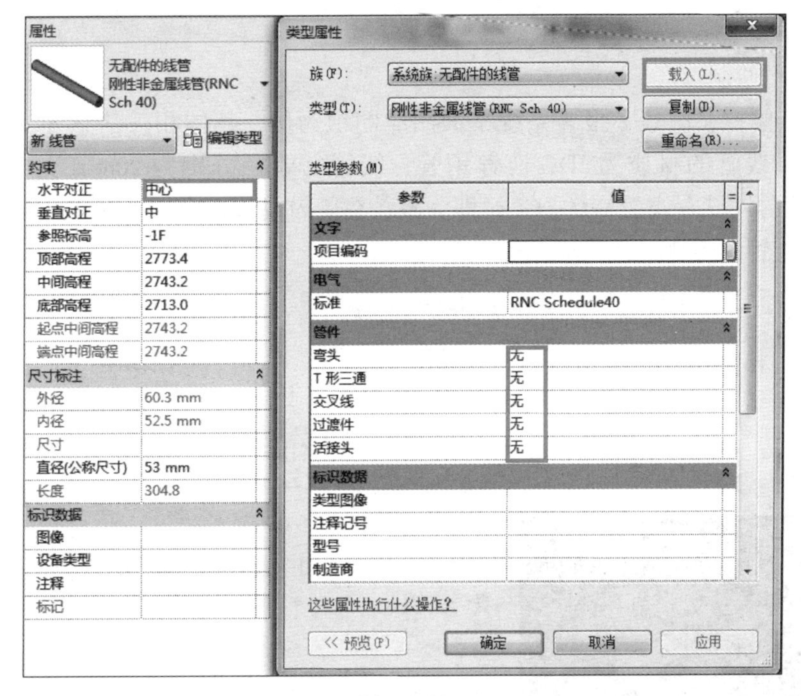

图　4-98

（2）线管管径尺寸的设置。如图 4-99 所示，依次选择“系统”选项卡→“照明设备”面板，单击 按钮（或者按快捷键 ES）。如图 4-100 所示，依次选择“线管设置”→

“尺寸”选项，在右侧面板中即可设置线管尺寸，单击“新建尺寸”按钮可以创建新的尺寸列表。

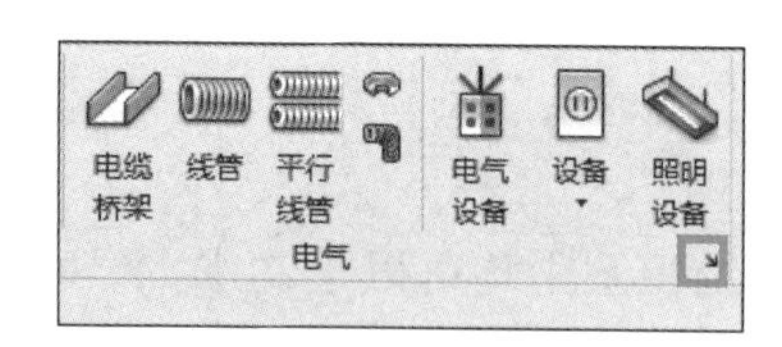

图 4-99

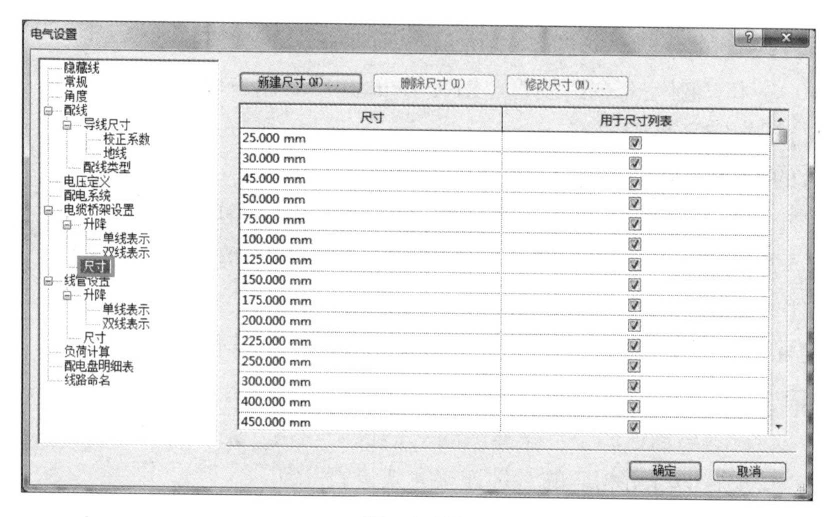

图 4-100

2）线管的绘制

以“-1F 监控、门禁、报警系统平面图”图纸为例，具体相关信息如表 4-5 所示，线管的材质为 JDG 镀锌钢管，线管的管径分别为 20mm 和 25mm，线管的铺设方式为 WC、CC，即为暗敷在墙内或顶棚内。下面以此图为例讲解线管的绘制。

教学视频：线管的绘制

表 4-5 线管的绘制

图 纸	图 例	安装方式
	室内枪型摄像机	JDG25-WC、CC 距天花板安装高度 0.5m
	双门门锁	JDG20-WC、CC 嵌入安装，与装修配合
	门禁读卡器	JDG20-WC、CC 壁挂安装高度 1.3m
	开门按钮	JDG20-WC、CC 壁挂安装高度 1.3m

（1）如图 4-101 所示，依次选择“系统”选项卡→“线管”命令（或者按快捷键 CN）进入线管绘制界面。

图 4-101

（2）如图 4-102 所示，单击“属性”对话框中的“编辑类型”按钮，弹出“类型属性”对话框，单击“复制”按钮，将名字命名为“镀锌线管 JDG”，然后单击“确定”按钮。如图 4-103 所示，在“类型属性”对话框的“电气”下拉列表中选择对应的标准“EMT”。

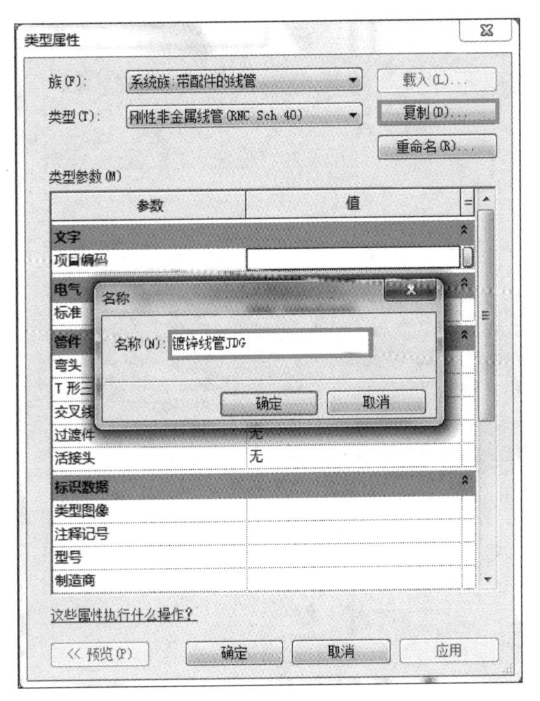

图 4-102

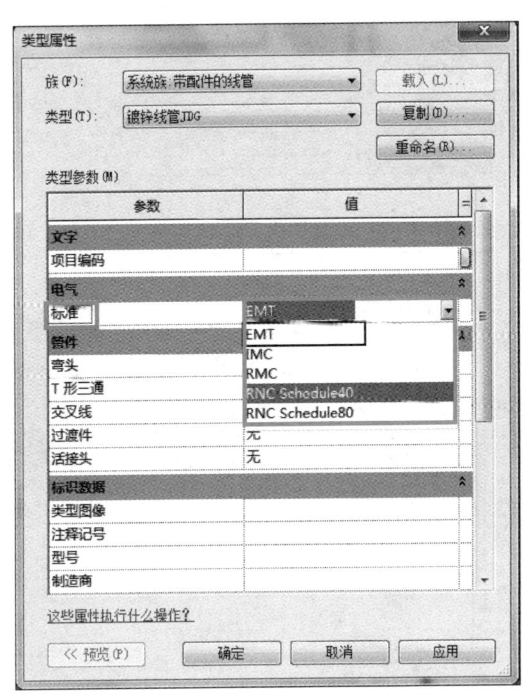

图 4-103

（3）载入所需线管配件。按快捷键 NF 或者单击图标，在弹出的对话框中单击“是”按钮，选择需要载入的线管配件的族“线管主体 - 进线口类型 L- 铝 .rfa”。

（4）编辑线管的参数。按快捷键 CN 或者单击图标，在“属性”对话框中单击“编辑类型”按钮，弹出如图 4-104 所示的对话框，将“管件”选项栏中的“弯头”选择已载入的族库，并单击“确定”按钮。

（5）由于没有所绘制的线管管径 20mm，因此需要“新建尺寸”。按快捷键 ES，如图 4-105 所示，在弹出的对话框中依次选择“线管设置”→“尺寸”选项，“标准”选择“EMT”。单击“新建尺寸”按钮，弹出“添加线管尺寸”对话框，输入公称直径为“20.000mm”以及其他相关参数信息，并单击两次“确定”按钮。

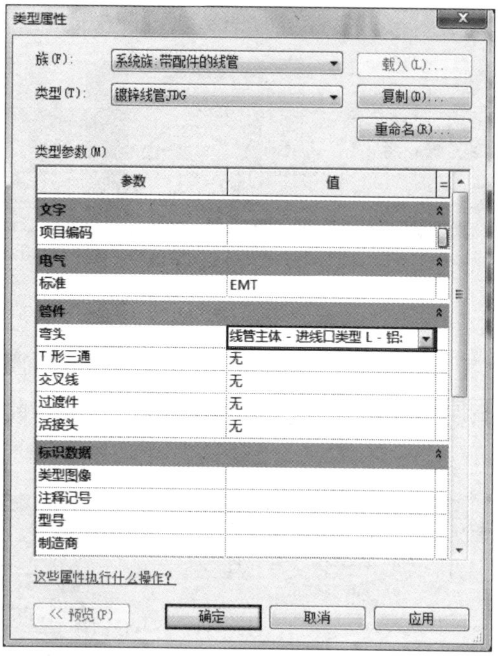

图 4-104

提示

当 Revit 自带的族库无法找到所需的线管族库时，可通过安装族库大师插件选择所需要的族库。

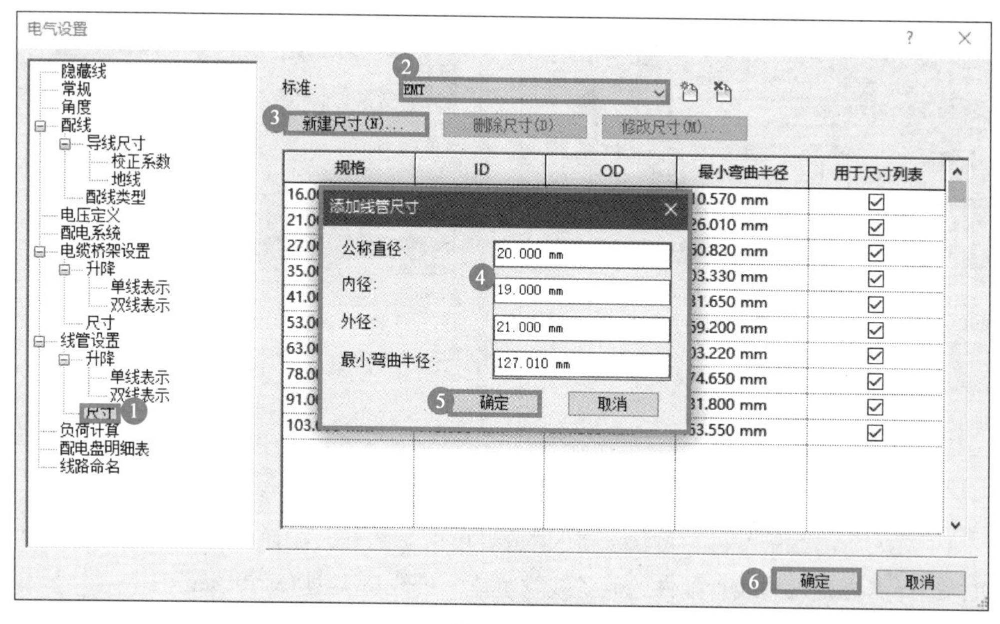

图 4-105

（6）按快捷键 CN，如图 4-106 所示，在“属性”对话框下拉列表中选择“镀锌线管 JDG”，然后输入“直径”和“中间高程”等相关参数信息，在平面视图中沿着线管的走向开始绘制线管。

（7）线管立管的绘制。按快捷键 CN，如图 4-107 所示，在“中间高程”处输入起点偏移量“2400.0mm”，在平面图中单击起点。然后输入终点偏移量“5000”，单击两次“应用”按钮，即生成所需的立管，如图 4-108 所示。

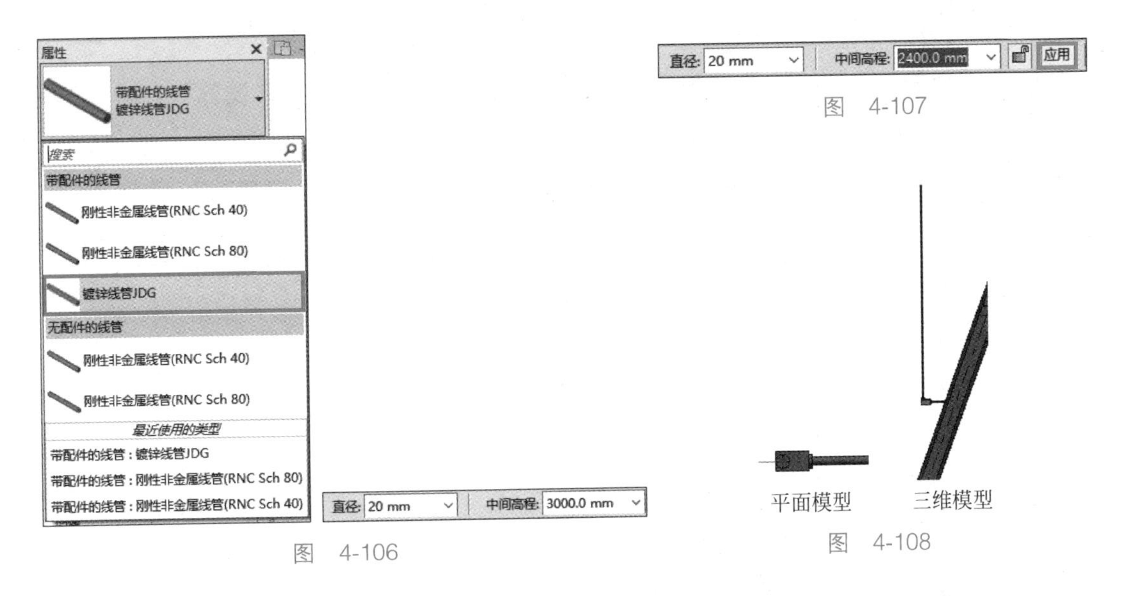

图　4-106

图　4-107

图　4-108

提示

当线管在绘制过程中无法自动生成连接管件时，如图 4-109 所示，先分段绘制线管，然后在三维模型或者平面模型中，按快捷键 TR，分别单击需要连接的两根线管，生成相应的连接件，如图 4-110 所示。一般设置线管的连接管件弯头的连接方式都会直接生成相应的连接管件。

（8）继续完成相应线管的绘制。线管建模结果如图 4-111 所示。

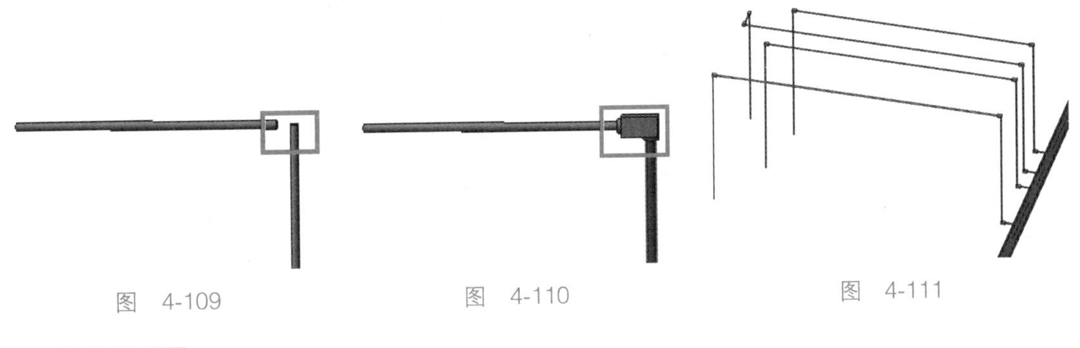

图　4-109

图　4-110

图　4-111

学习任务

按照相应的要求完成 -1F 监控、门禁、报警系统平面图图纸所需要的线管的建模。

4.6.2　线管与设备表面的连接

教学视频：
线管与设备
表面的连接

任务流程： 放置需要连接线管的设备→编辑设备族文件添加表面连接件→将编辑好的族载入项目→从面绘制线管。

在实际工程中，有些设备表面需要连接许多根线管，如配电盘。传统方法中，用户需要为该设备预先添加相应数目的线管连接件。设备表面线管连接的具体步骤如下。

（1）先在视图内放置一配电箱。具体方法详见项目 4 中任务 4.5。

（2）选择需要连接线管的设备，如配电箱，依次选择“修改 | 电气设备”上下文选项卡→“编辑族”命令，如图 4-112 所示。

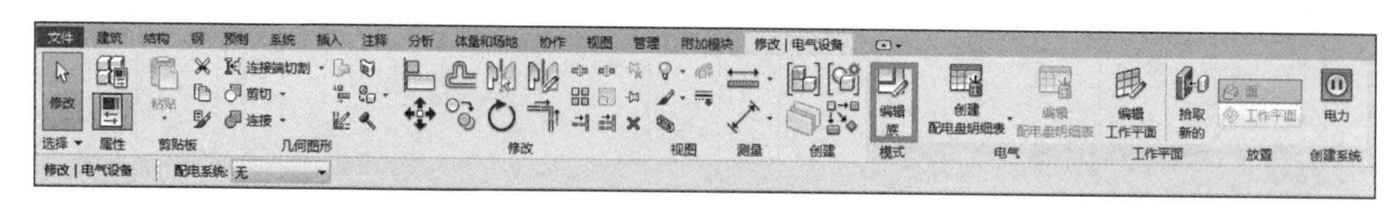

图　4-112

（3）依次选择“创建”选项卡→“线管连接件”命令，在选项栏上选中“表面连接件”选项，如图 4-113 和图 4-114 所示。

图　4-113

图　4-114

（4）单击需要放置的表面，放置线管表面连接件。线管表面连接件显示为一个正方形，保持其默认角度为 0°。选择“载入到项目中”命令，如图 4-115 所示。

（5）进入“楼层平面视图”，单击选中需要添加线管的设备，图 4-116 所示为设备选中状态，鼠标移到 ⊞ 符号处右击，在弹出的列表中选择“从面绘制线管”选项。

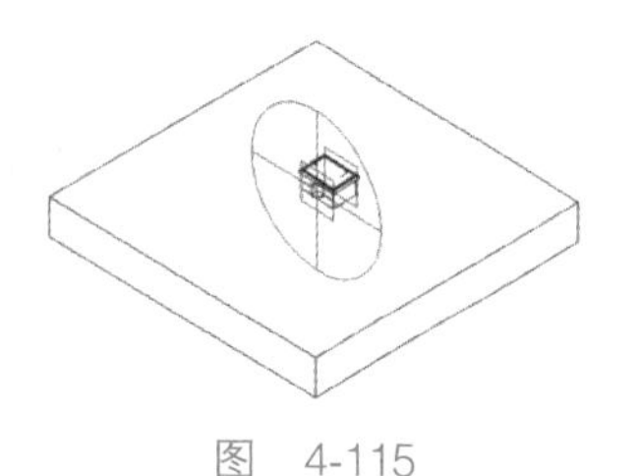

图　4-115

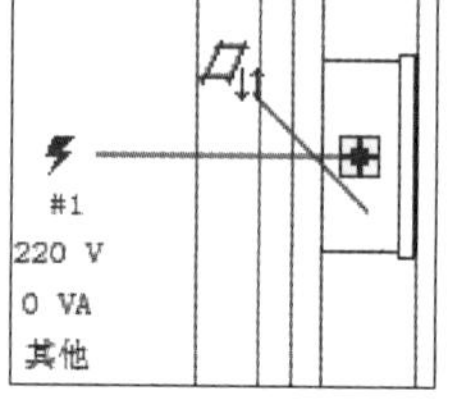

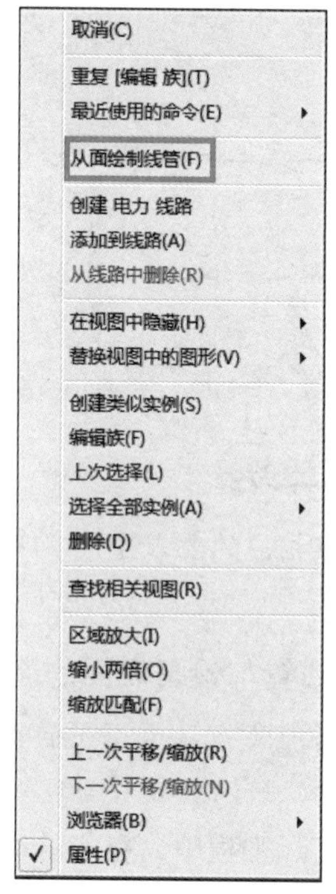

图　4-116

（6）如图 4-117 所示，进入“表面连接”编辑模式，绘图区域左上角会显示“连接件表面”的位置，在功能区中选择“移动连接件”工具，当其高亮显示时，可以在绘图区域淡蓝色区域内移动线管的连接位置。

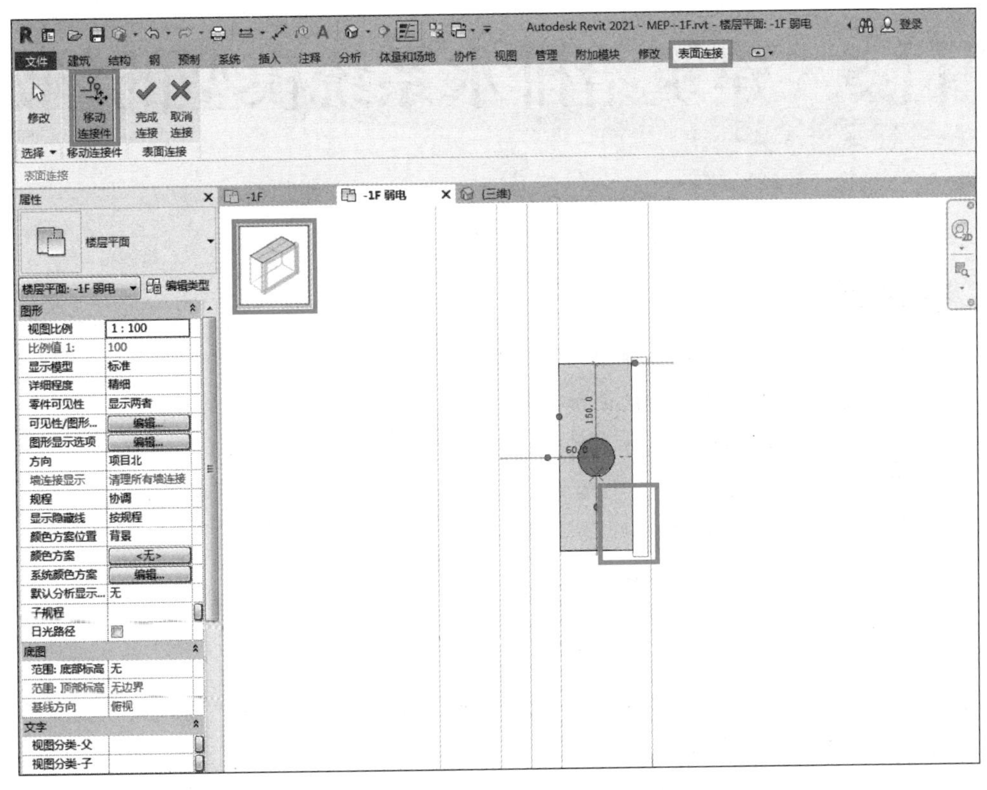

图　4-117

（7）单击“完成连接”按钮后，回到平面视图沿线管的走向绘制线管。当线管与表面连接件断开连接时，连接件也会自动删除，结构如图 4-118 所示。

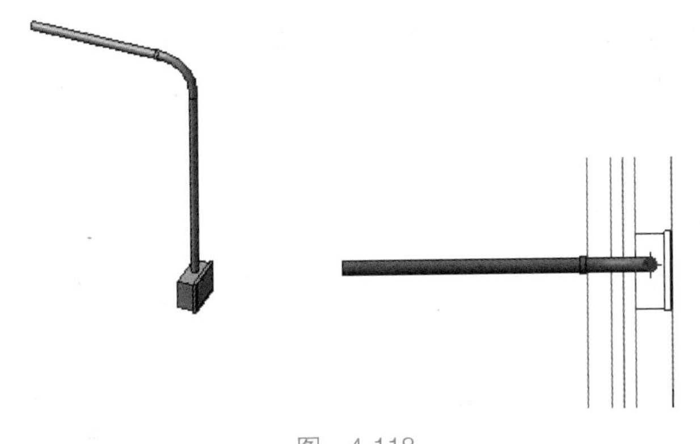

图　4-118

学习任务

完成 -1F 监控、门禁、报警系统平面图中相应的线管的绘制。

项目 5　建筑给排水系统模型的创建

学习目标

1. 掌握管道系统的创建及编辑方法。
2. 掌握管道系统规格与材质的添加方法。
3. 掌握管道系统配置与连接方式的选择。
4. 掌握给排水系统的建模。
5. 掌握消火栓系统的建模。
6. 掌握自动喷水灭火系统的建模。

项目导入

建筑给排水系统包括空调水系统、生活给排水系统、雨水系统、自动喷水灭火系统、消火栓系统等。空调水系统又分为冷冻水、冷却水、冷凝水等系统；生活给排水系统又分为冷水给水系统、热水给水系统和排水系统等。本项目主要选取建筑给排水系统、自动喷水灭火系统、消火栓系统作为案例，介绍水管系统在Revit MEP中的绘制方法。

学习任务

本项目的学习任务为根据建筑给排水图纸完成建筑物给排水系统中水管、管道附件、机械设备等绘制，并根据自动喷水灭火系统图纸和消火栓系统图纸完成这两个系统的水管、阀门阀件、机械设备等模型的创建。

项目实施

给排水模型的创建→添加阀门阀件→连接消火栓箱→创建喷头→过滤器的添加设置。

任务 5.1　给排水管道模型的创建

5.1.1　项目准备

教学视频：项目准备

任务流程： 复制新的楼层平面视图，并命名为“-1F 给排水”→设置视图中图形的可见性情况→导入CAD图纸→对齐命令移动导入的CAD图纸并锁定。

给排水管道模型创建的具体步骤操作如下。

（1）在“项目浏览器”中，复制新的楼层平面视图，并命名为“-1F 给排水”。

（2）设置视图中图形的可见性情况。如图 5-1 所示，按快捷键 VV，勾选“过滤器列表”中“管道”下拉列表中相关参数的可见性。

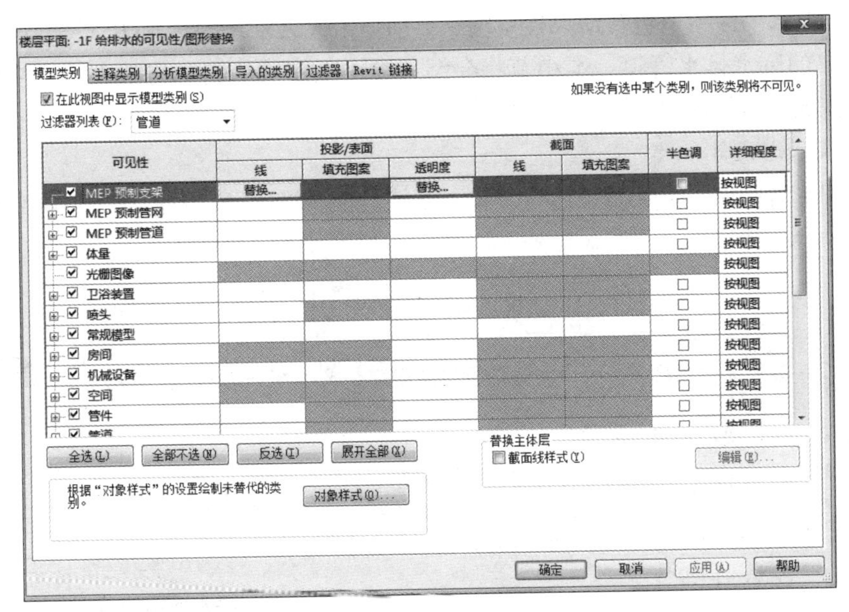

图　5-1

（3）导入处理好的“-1F 给排水平面图 .CAD”图纸，并将图纸进行对齐、锁定操作，结果如图 5-2 所示。

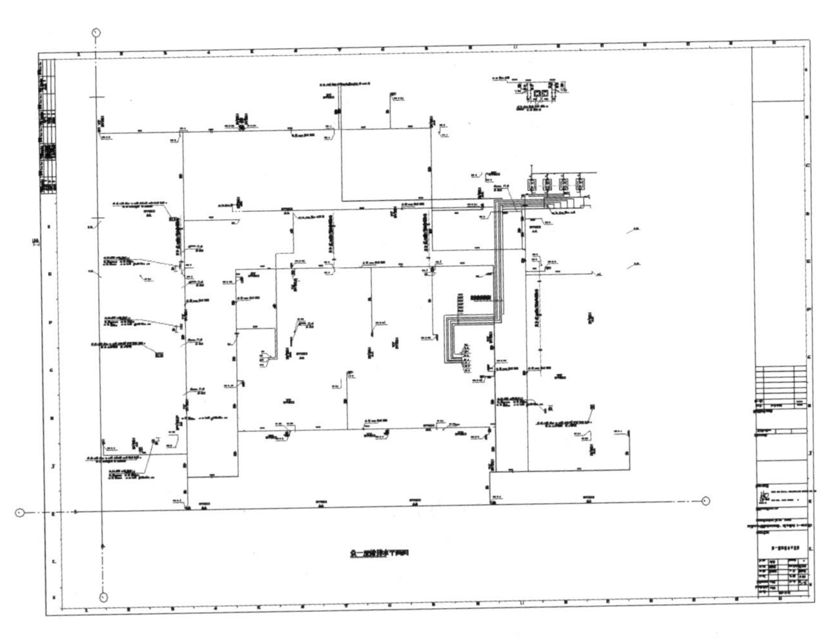

图　5-2

5.1.2 给排水模型的创建

任务流程：学习管道设计参数中关于管道系统类型、管道类型、管道尺寸、坡度值等的相关设置→选择管道类型→选择管道尺寸并绘制管道→参照图纸绘制相应的水平管、立管及有坡度的管道。

-1F 给排水平面图中包含消火栓系统、自动喷水灭火系统的给水主管道、生活给水主管道和主要的废水排水管道。本小节将介绍各类水系统的绘制，与消火栓、喷头等的连接，最终完成完整的模型。

1. 设置管道设计参数

在绘制水管前应对水管系统进行分类。系统名称、管道管材及连接方式和系统颜色如表 5-1 所示。

表 5-1 给排水水管常见类型及涂色规定

<table>
<tr><th>专业</th><th>系统缩写</th><th>系统名称</th><th>管道管材及连接方式</th><th>Revit 族类型</th><th>系统颜色（RGB）</th></tr>
<tr><td rowspan="10">给排水</td><td>P-J1</td><td>P-市政给水管</td><td rowspan="4">薄壁不锈钢给水管
DN≤100 卡压式连接
DN>100 对接氩弧焊连接</td><td rowspan="6">给排水通用管道</td><td rowspan="2">0，255，0</td></tr>
<tr><td>P-J2</td><td>P-加压生活给水管</td></tr>
<tr><td>P-RJ</td><td>P-热水给水管</td><td rowspan="2">255，127，191</td></tr>
<tr><td>P-RH</td><td>P-热水回水管</td></tr>
<tr><td>P-Z1</td><td>P-市政中水管</td><td rowspan="2">室内及屋面采用钢塑复合管
内搪瓷不缩径管件连接
室外直埋采用钢丝网骨架塑料复合管
电热熔连接</td><td rowspan="2">0，204，153</td></tr>
<tr><td>P-Z1</td><td>P-加压中水管</td></tr>
<tr><td>P-F</td><td>P-废水管</td><td>PVC-U 实壁塑料排水管
承插黏接连接
厨房部分采用机制铸铁排水管
A 型法兰承插式胶圈连接塑料排水管
埋地出户部分采用 HDPE</td><td>PVC-U 实壁塑料排水管</td><td>255，127，127</td></tr>
<tr><td>P-YF</td><td>P-压力废水管</td><td>内外热镀锌焊接钢管
DN≤50 丝扣连接
DN>50 卡箍连接</td><td>焊接钢管</td><td>255，127，127</td></tr>
<tr><td>P-T</td><td>P-通气管</td><td>PVC-U 实壁塑料排水管
承插黏接连接</td><td>PVC-U 实壁塑料排水管</td><td>0，0，0</td></tr>
<tr><td>P-W</td><td>P-污水管</td><td>PVC-U 实壁塑料排管
承插黏接连接
厨房部分采用机制铸铁排水管
A 型法兰承插式胶圈连接
埋地出户部分采用 HDPE 塑料排水管
承插黏接连接</td><td>PVC-U 实壁塑料排水管</td><td>76，114，153</td></tr>
</table>

续表

专业	系统缩写	系统名称	管道管材及连接方式	Revit 族类型	系统颜色（RGB）
	P-YW	P-压力污水管	内外热镀锌焊接钢管 DN≤50 丝扣连接 DN > 50 卡箍连接	焊接钢管	76，114，153
	P-Y	P-雨水管	奥氏体非磁性不锈钢管 氩电联焊 埋地管采用 HDPE 电熔连接		153，102，204
	P-HY	P-压力虹吸雨水	奥氏体非磁性不锈钢管 氩电联焊	给排水通用管道	153，102，204
消防	X-XH	X-消火栓消防管	内外涂塑焊接钢管 DN≤50 丝扣连接 DN > 50 卡箍连接	焊接钢管	255，0，0
	X-ZP	X-自动喷水灭火给水主干管			255，0，255
	Z-ZP	X-自喷支管（单独喷淋图上表达）			255，0，0
	X-QX	X-气体灭火管	内外壁热浸镀锌无缝钢管 DN < 100 丝扣连接 DN≥100 法兰连接	给排水通用管道	255，191，127
	X-SP	X-消防炮消防管	内外涂塑焊接钢管 DN≤50 丝扣连接 DN > 50 卡箍连接	焊接钢管	255，0，255

不同管道连接方式的 BIM 表达方式如下。

（1）丝扣连接。对应 Revit 连接方式是丝接，如图 5-3 所示。

（2）热熔连接。对应 Revit 连接方式是热熔对接 -PE，如图 5-4 所示。

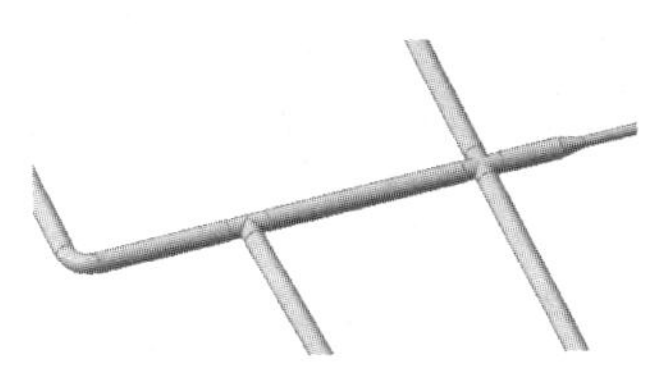

图　5-3

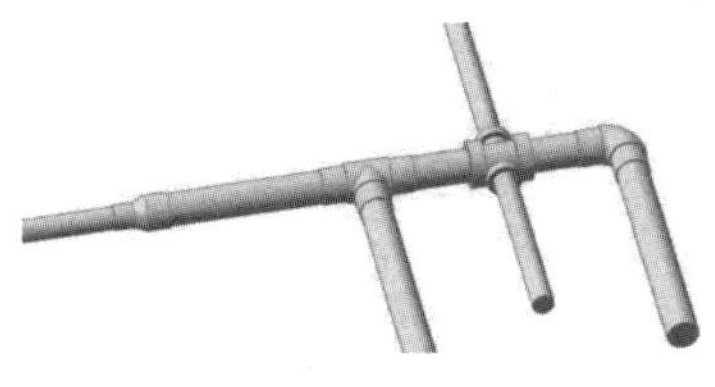

图　5-4

（3）卡箍连接。对应 Revit 连接方式是卡箍，如图 5-5 所示。

（4）承插黏接连接。对应 Revit 连接方式是承接连接管件，如图 5-6 所示。

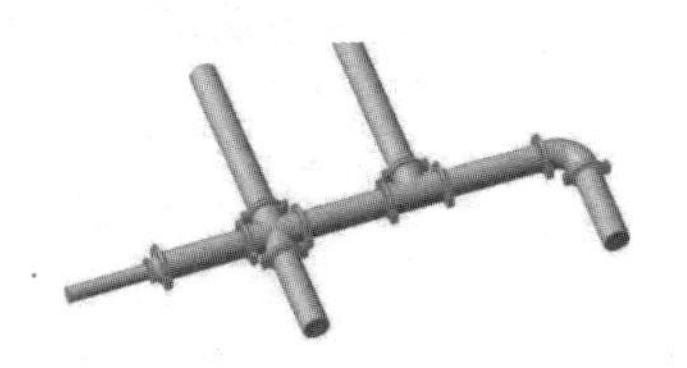

图　5-5

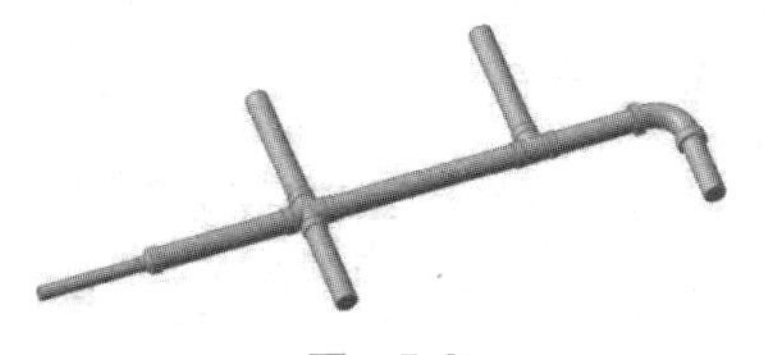

图　5-6

-1F 给排水平面图主要包含消火栓系统（X-消火栓消防管）、自动喷水灭火系统的给水主干管（X-自动喷水灭火给水主干管）、给水系统（P-市政给水管）、排水系统（P-压力废水管）四种管道类型。

1）管道系统类型设置

（1）如图 5-7 所示，依次选择“项目浏览器”→“族”→“管道系统”→“P-给水”，右击，在弹出的快捷菜单中选择“复制”或“重命名”选项，创建“P-市政给水管”系统。

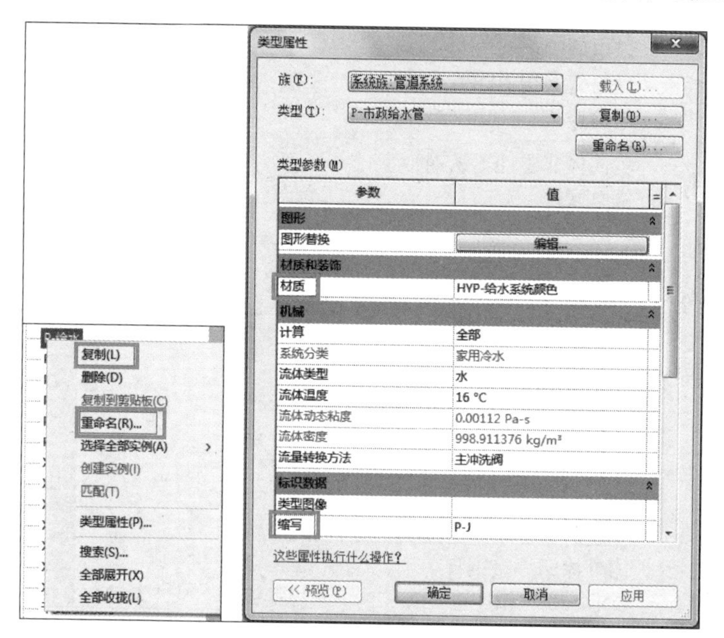

教学视频：管道系统类型设置

图 5-7

（2）双击“P-市政给水管”，弹出“P-市政给水管”的“类型属性”对话框，可对“P-市政给水管”系统的材质、缩写等进行更改。

（3）依次单击“材质”→“HYP-给水系统颜色”→ ▭ 选项，弹出“材质浏览器-HYP-给水系统颜色”对话框，单击“着色”选项，弹出“颜色”对话框，改变颜色区域内红、绿、蓝的数值，并单击“确定”按钮，即完成对管道系统颜色的添加和修改，如图 5-8 所示。

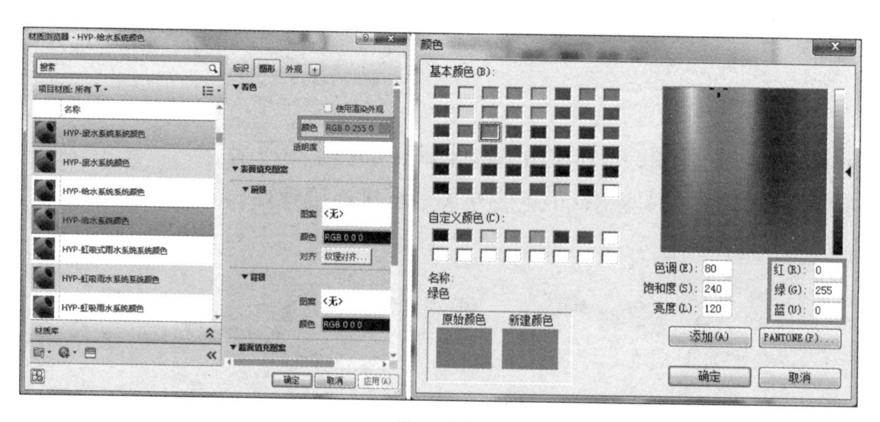

图 5-8

（4）依次单击“缩写”→“P-J”选项，将系统缩写改成“P-J1”。根据图纸分别对“P-给水”“P-压力废水”“X-自喷”“X-消火栓”这 4 种管道系统按表 5-1 所示进行核对和对应的修改。

2）管道类型设置

依次选择“系统”选项卡→“管道”命令，在“属性”对话框中选择相应的管道类型，如没有所需要的类型，可单击“编辑类型”按钮，弹出“类型属性”对话框，单击“复制”按钮，复制出一种新的类型进行修改，也可单击“重命名”按钮，将某种类型重命名为需要的名字。下面以“P-市政给水管”为例介绍管道类型属性的设置。

（1）如图 5-9 所示，依次选择“系统”选项卡→“管道”命令，或者按快捷键 PI，在“属性”对话框中选择“不锈钢 - 卡压”管道类型，单击“编辑类型”按钮，弹出“类型属性”对话框，如图 5-10 所示，单击“复制”按钮，复制出一种新的类型，名称命名为“P-市政给水管”。

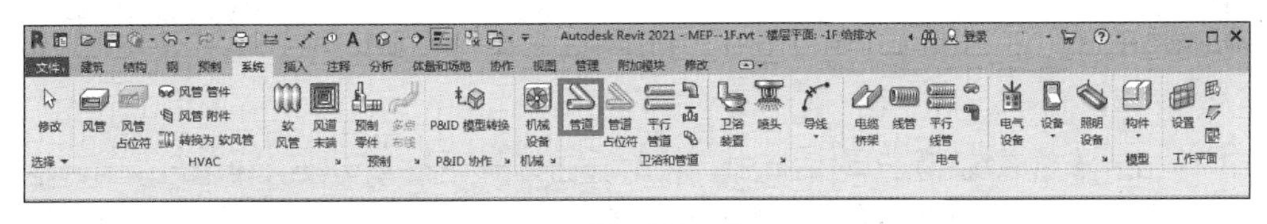

图　5-9

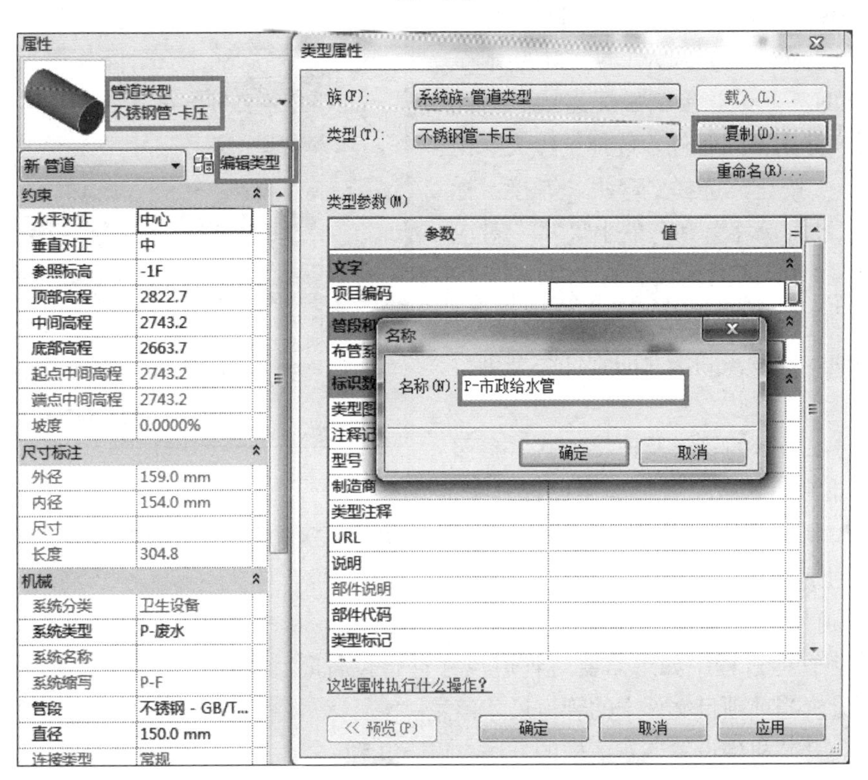

图　5-10

（2）如图 5-11 所示，依次单击“布管系统配置”→“编辑”按钮，弹出“布管系统配置”对话框。

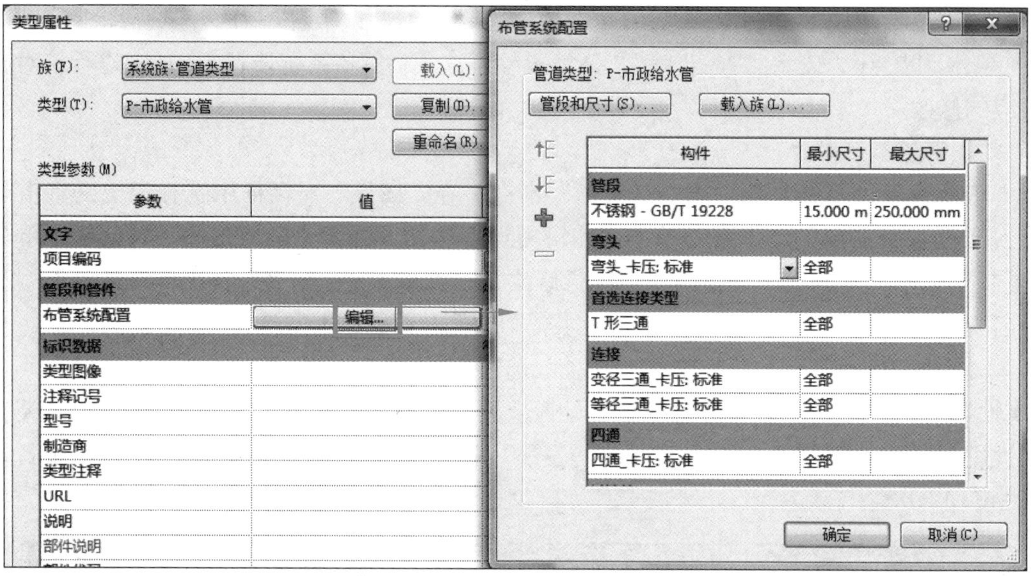

图 5-11

（3）在“布管系统配置”对话框中，对“P-市政给水管”的管材及连接方式按表 5-1 规定进行编辑。如表 5-1 所示，“P-市政给水管”的管材及连接方式为 DN ≤ 100 卡压式连接、DN > 100 对接氩弧焊连接。为此需要不同尺寸用不同管件。选择“弯头”构件，单击 + 按钮，选择“弯头 _ 焊接：标准”，在“最大尺寸”和“最小尺寸”对应栏分别设置相应区间。设置好后如图 5-12 所示，分别对于构件中的弯头、T 形三通、接头、四通、活接头和法兰的管件类型进行设置。

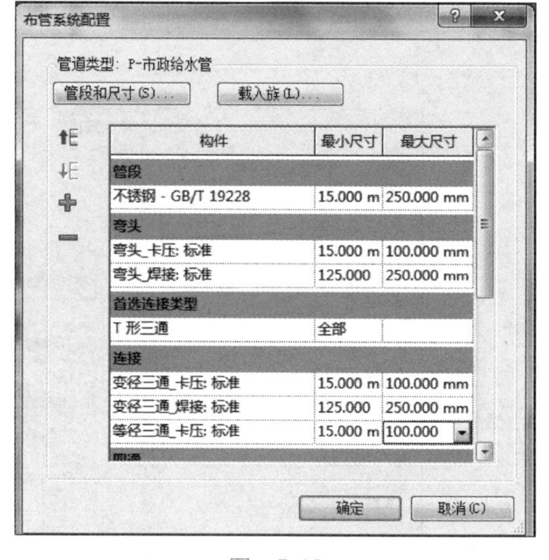

图 5-12

按表 5-1 所示的管材及连接方式，参照上述“P-市政给水管”管道类型设置方法，分别完成对剩余“P-压力废水管”“X-消火栓消防管”“X-自动喷水灭火给水主干管”3 种管道类型的设置。

3）管道尺寸设置

在绘制管道过程中如果需要对管道尺寸进行设置时，可通过“机械设置”中的“尺寸”选项设置当前项目文件中的管道尺寸信息。

（1）打开“机械设置”对话框的方法有以下几种。

① 依次选择“管理”选项卡→“MEP 设置”下拉列表→“机械设置”命令，如图 5-13 所示。

② 依次选择“系统”选项卡→“机械”下拉箭头，如图 5-14 所示。

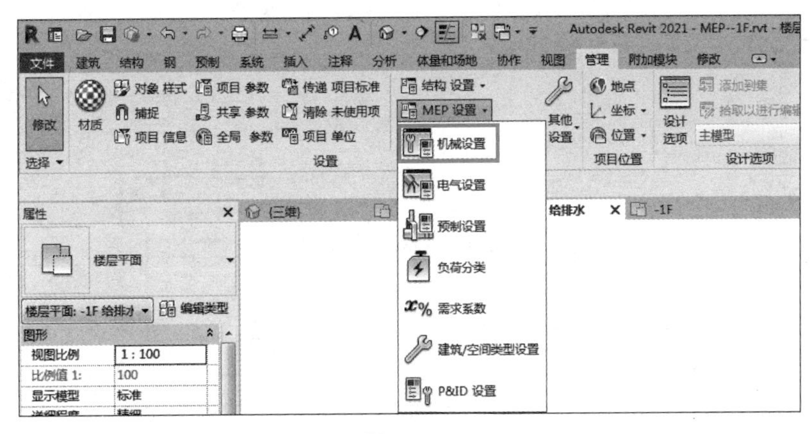

图　5-13

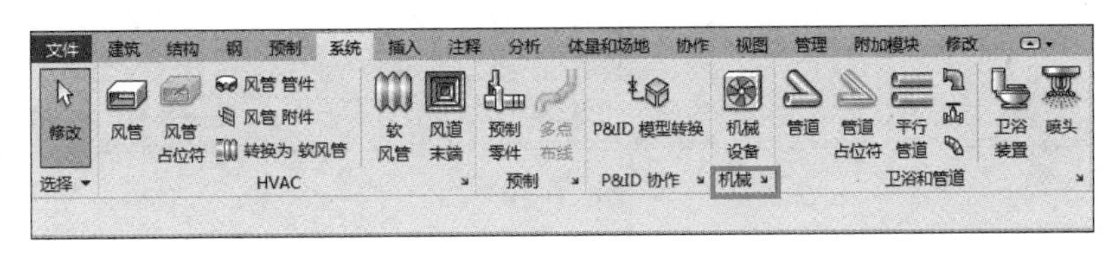

图　5-14

③ 直接按机械设置快捷键 MS。

（2）添加 / 删除管段尺寸。如图 5-15 所示，当需要设置“管段和尺寸”时，选择“管段和尺寸”选项，进入管段和尺寸的编辑对话框。此时“管段”下拉列表中应选择对应的管段名称“不锈钢 -GB/T 19228”（注：管段材质不同所选择的管段就不同）。然后对不需要的管段公称尺寸进行“删除尺寸”，对没有的公称尺寸进行“新建尺寸”。本案例中“P-市政给水管”中 JdL-1 管道管径为 160mm，但尺寸列表中没有，因此需要进行“新建尺寸”。在弹出的“添加管道尺寸”对话框中输入相应的“公称直径”“内径”“外径”相关参数，具体设置如图 5-16 所示。

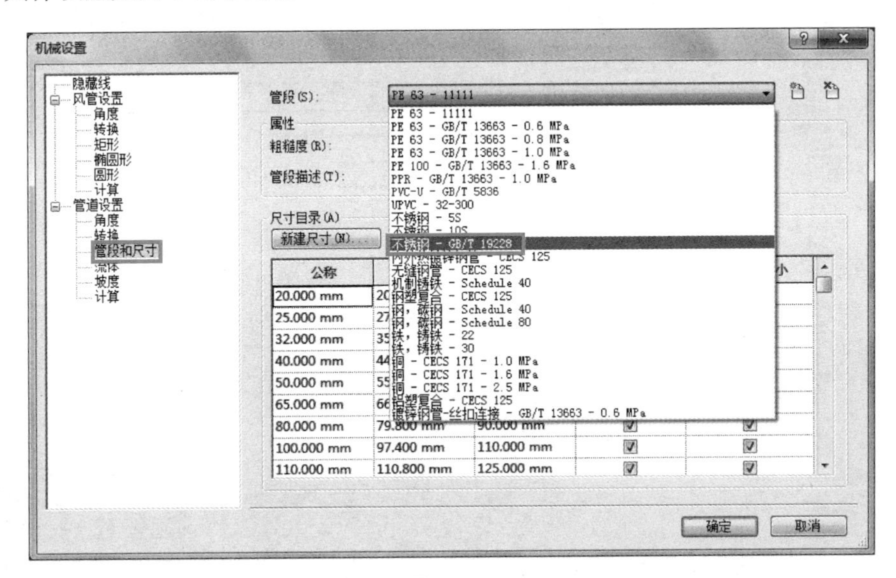

图　5-15

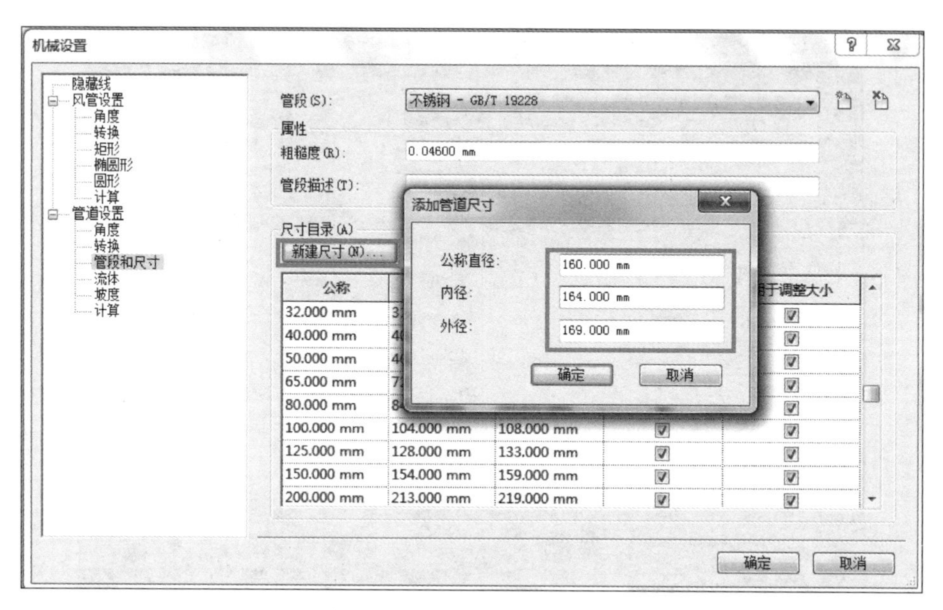

图 5-16

提示

新建管道的公称直径和现有列表中管道的公称直径不允许重复。如果在绘制区域已绘制某尺寸的管道，则该尺寸在尺寸列表中是不能删除的，需要先删除项目中的管道，才能删除尺寸列表中的尺寸。

4）管道坡度值设置

如图 5-17 所示，在“机械设置”对话框中，选择“坡度”选项，单击“新建坡度”按钮，输入需要新建的坡度值即可。

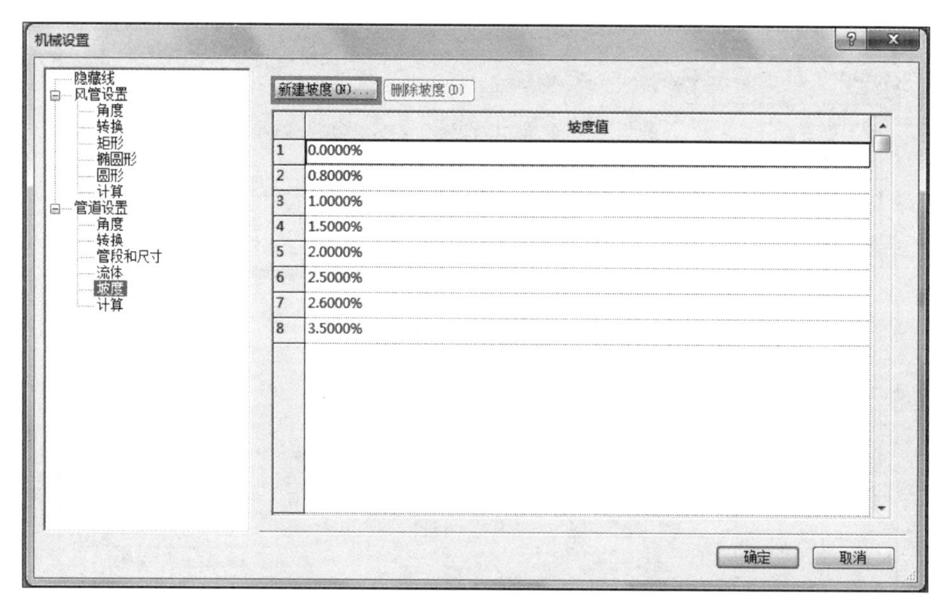

图 5-17

2. 管道的创建

依次选择“系统”选项卡→“管道”命令，或者按快捷键PI，弹出“修改|放置 管道”上下文选项卡。下面以绘制“P–市政给水管”中 JdL–1 管道为例。本案例中 JdL–1 管道先从地上室外给水管网（相对 –1F 的参照标高为 5550mm）获得水，然后向下输入 –1F，在 –1F 中水平走向贴梁底安装（相对于 –1F 的标高为 3300mm），输送到水井，向上和向下分别走向为 6F 和 –1F。

（1）选择管道类型。在“属性”对话框中选择需要绘制的管道类型，如图 5-18 所示，“管道类型”选择“P–市政给水管”。

（2）选择管道系统类型。如图 5-19 所示，在“属性”对话框的“机械”分类的“系统类型”中选择对应的“P–市政给水管”系统类型。

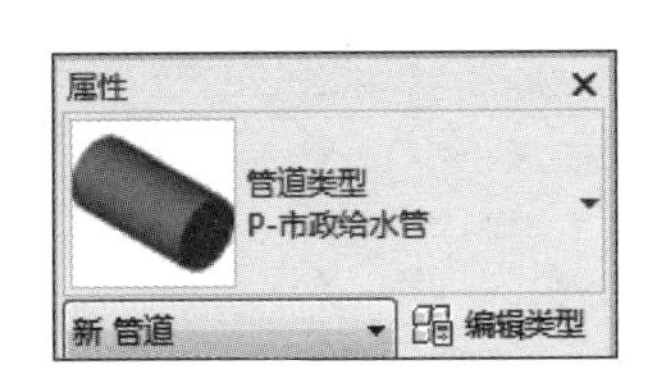

图　5-18

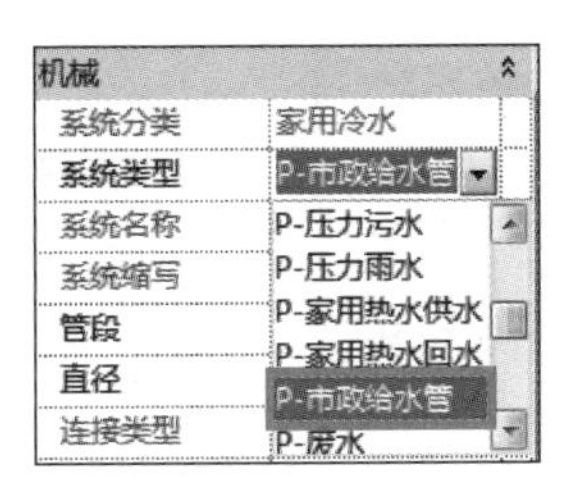

图　5-19

提示

在“属性”对话框的机械分类中，“系统分类”灰显，不可修改，但“系统类型”可以选择已有系统，如果没有所需要的系统，可按照本章 5.1.2 小节中设置管道设计参数中 1）管道系统类型设置的方法进行设置，即在“项目浏览器”中的“管道系统”找到类似系统通过右击该系统“复制”“重命名”得到新的系统，但是原有的系统不能被删除，复制或重命名出来的新的系统分类也不能被修改。

（3）输入管道的直径与高程相关参数并绘制管道。如图 5-20 所示在“修改 | 放置 管道”选项栏的“直径”选项中输入或选择需要的管径（本案例中 JdL–1 管道直径均为“160.0mm”），“中间高程”为该管道的标高。先绘制水平管网，然后输入“中间高程”为“3300.0mm”，选择系统末端的水管，在起始位置单击，拖曳光标到需要转折的位置并单击，再继续沿着底图线条拖曳光标，直到该管道结束的位置，单击，然后按 Esc 键退出绘制。

提示

当绘制水管，窗口界面提示所绘制管道不可见时，可通过调整视图范围解决问题。具体方法详见 1.3.3.1 平面图的生成（四）视图范围的设置。

（4）管道绘制完毕后，使用“对齐”命令（或按快捷键 AL）将管道中心线与底图相应位置对齐。使用相同的方法在底图上绘制其他的管道干管。

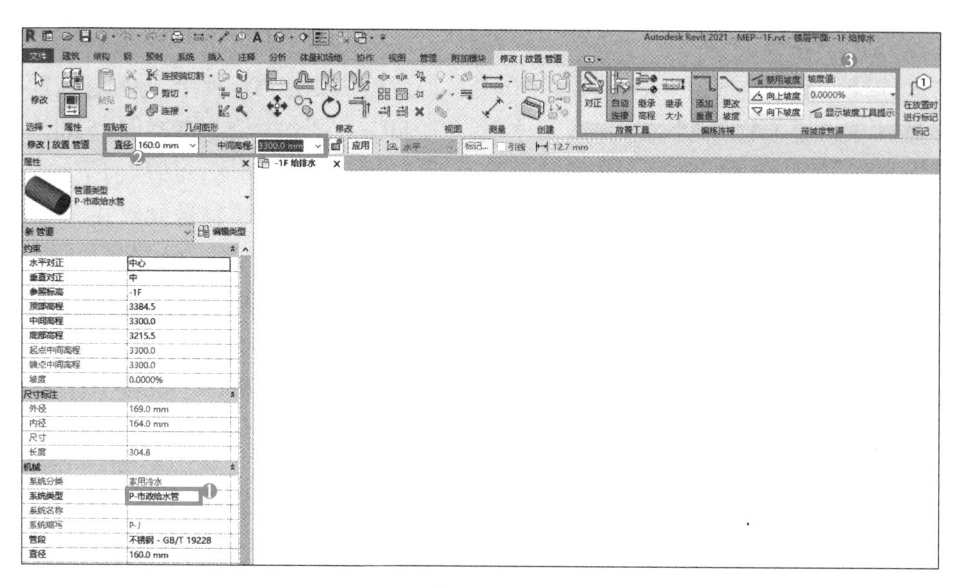

图 5-20

提示

默认的“中间高程”是指管道中心线相对于当前平面标高的距离。Revit 2021 版较以前版本在管道高程设置上增加了顶部高程和底部高程，当设置了中间高程后顶部高程和底部高程会根据管道的直径而进行相应变化。由于工程中支吊架上水管的安装往往以底部高程为主，因此 Revit 2021 版较以前版本在高程的设置上更加便捷，省去了计算的过程。

3. 立管的创建

如图 5-21 所示，管道的高度不一致，需要用立管将两端标高不同的管道连接起来。下面以绘制 JdL-1 为例，介绍立管的创建过程。

（1）选择“管道”命令，或者按快捷键 PI，输入管道的管径，输入起点标高值 5500mm，单击绘图区域，然后再输入终点标高值 0，单击两次“应用”按钮。此时已绘制出一条立管如图 5-22 和图 5-23 所示，但立管与水平管并未连接。

（2）在平面图区域按快捷键 AL，使所绘制立管与水平管中心对齐，然后单击水平管在端点位置处拖曳至立管，直至出现 ▣ 时停止，此时水平管已和立管连接起来，生成三通连接构件，结果如图 5-24 所示。

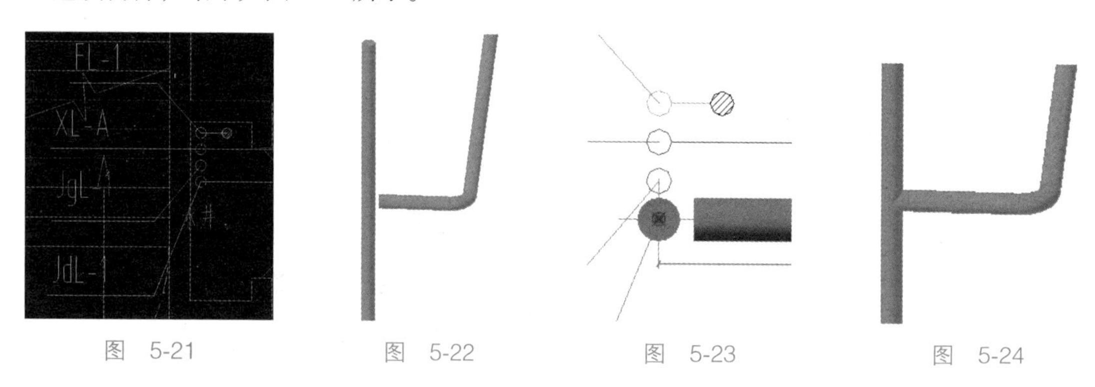

图 5-21　　图 5-22　　图 5-23　　图 5-24

4. 坡度水管的绘制

根据本项目案例中给水排水设计说明，在各平面图和系统图中，塑料排水管道未注明坡度者，均设置为“2.6000%”。选择“管道”命令，或者按快捷键 PI，输入管道的管径和标高，然后根据管道坡度的走向，选择“向上坡度”或者“向下坡度”命令，并在“坡度值”下拉列表中选择对应的坡度值，即可绘制管道，如图 5-25 所示。如果“坡度值”下拉列表中没有所需坡度值，则参照管道坡度值设置方法进行设置。

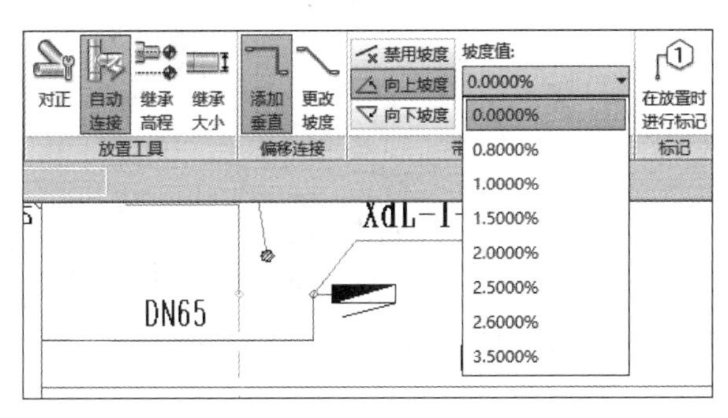

图 5-25

5. 管道变径接头、三通、四通、弯头的绘制

教学视频：管道变径接头、三通、四通、弯头的绘制

1）变径接头的绘制

绘制管道时，先输入管道的管径和标高，然后绘制管道，当管径发生变化时，改变管道的管径继续绘制，此时会在变径处自动生成变径接头。

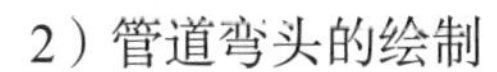
2）管道弯头的绘制

在绘制一根管道后，改变方向绘制第二根管道，在改变方向处会自动生成弯头，如图 5-26 所示。

3）管道三通的绘制

（1）选择“管道”工具（或者按快捷键 PI），输入管件和标高，如图 5-27 所示，绘制主管。

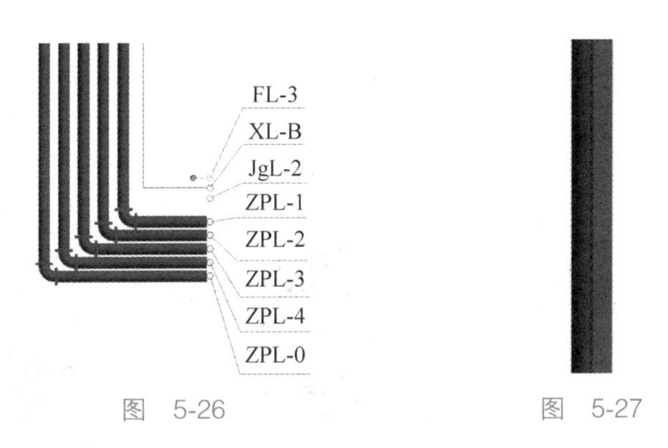

图 5-26　　图 5-27

（2）输入支管的管径与标高，把光标移到主管的合适位置的中心处，此时会出现一条蓝色的虚线，如图 5-28 所示，单击支管的起点，再次单击确认支管的终点，此时支管与主管的连接处会自动生成三通，绘制结果如图 5-29 所示。（提示：管道绘制时需默认激活“自动连接”）。

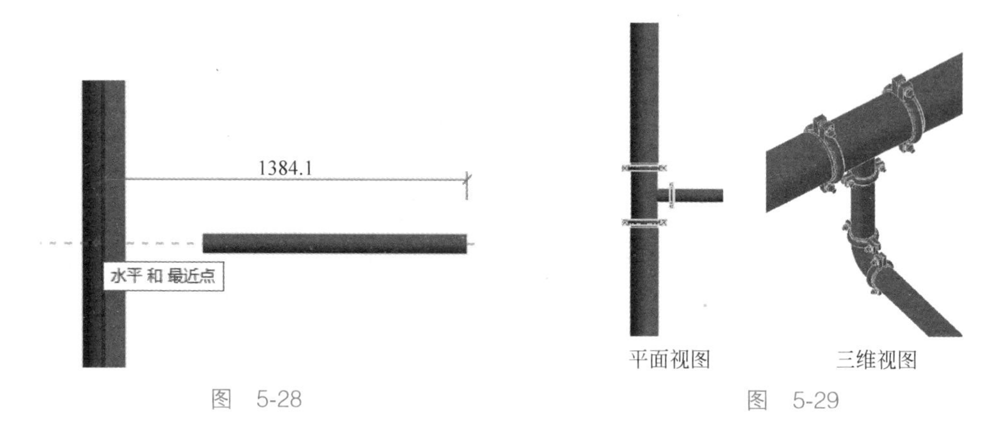

图 5-28　　图 5-29

（3）当主管与支管间没有生成自动三通时，可单击已绘制的支管，再拖曳光标至与之交叉管道的中心线处，单击也可生成三通。当相交叉的两根水管的高度不同时，按照相同的方法绘制时，会自动生成一段立管。

4）管道四通的绘制

方法一：先绘制一根水管，再绘制另一根与之交叉的水管，在“自动连接”激活的情况下，两根水管交叉的位置会自动生成四通。

方法二：如图 5-30 所示，通过管道三通的绘制方法待三通生成后，单击三通处的“+”号，三通会变成四通，然后单击四通，将光标移至 ⧫ 右击，在弹出的快捷菜单中，选择“绘制管道”选项，继续从此处绘制管道，标高相同即可完成管道的绘制。同理，单击“-”号即可将四通转换为三通。

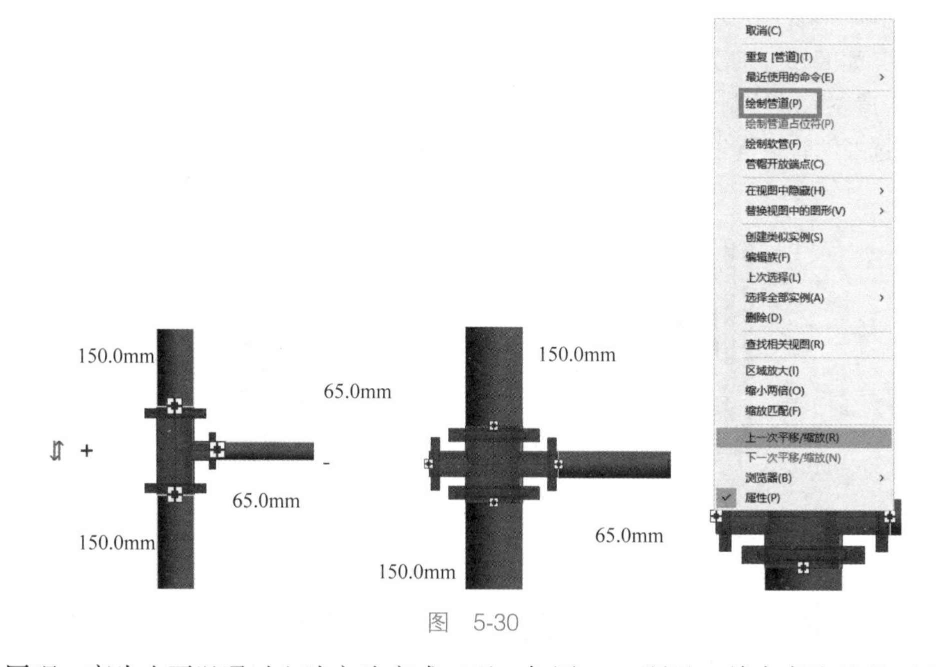

图 5-30

同理，弯头也可以通过上述方法变成三通。如图 5-31 所示，单击弯头处的两个“+”号，单击“+”号即可让弯头变成三通，至于生成三通的种类，取决于布管设置哪一种三通类型排列在第一位。生成三通后也可单击“-”号变回弯头。

学习任务

根据 -1F 给排水平面图完成图纸中相应的生活给水管、自喷给水管管道的绘制，绘制结果如图 5-32 所示。

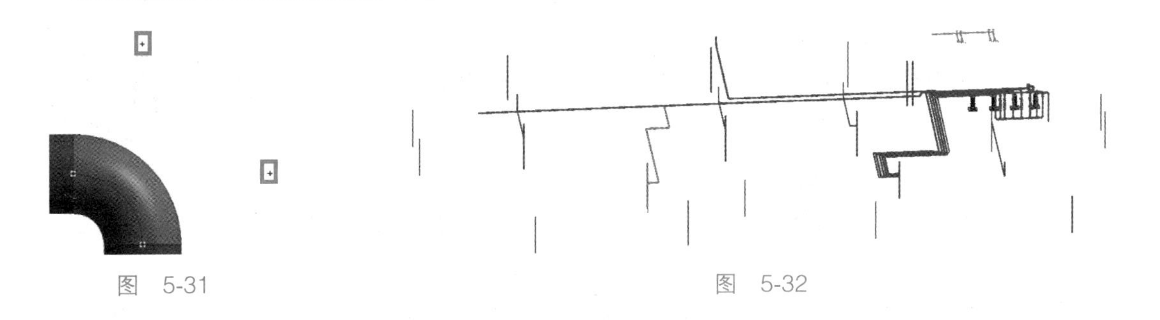

图　5-31　　　　　　　　　　图　5-32

任务 5.2　阀门阀件的添加和消火栓箱的连接

5.2.1　阀门阀件的添加

教学视频：阀门阀件的添加

任务流程： 平面视图中利用“管路附件”快捷键 PA 添加水平管上的阀门→在剖面视图中利用快捷键 PA 添加立管上的阀门。

1. 添加水平管上的阀门

依次选择“系统”选项卡→“管路附件”命令，或者按快捷键 PA，此时“修改 | 放置 管路附件”会被激活。如图 5-33 所示，在“属性”对话框中选择所需要的阀门，把光标指针移动到水管中心线处捕捉到中心线时（此时管道中心线会呈蓝色虚线显示），单击即可完成阀门的添加。

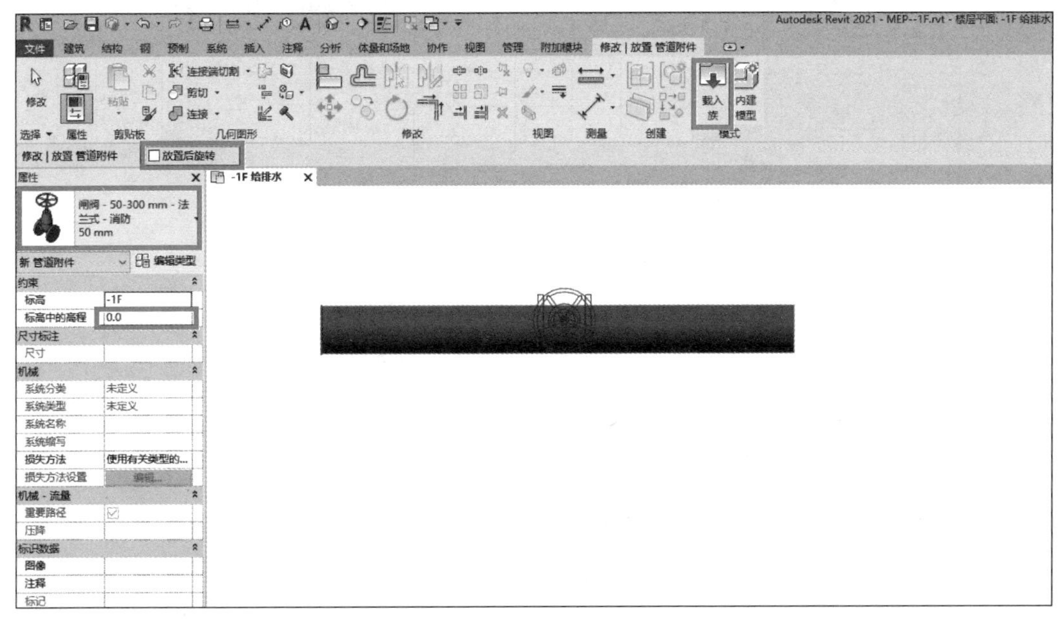

图　5-33

提示

（1）假如列表中没有所需要的阀门，可通过选择“修改|放置 管道附件”→“载入族”命令添加需要的阀门。

（2）添加阀门时不需要对默认的属性列表中的限制条件进行更改，不需要输入偏移量，因为阀门会自动与管道高度一致。

（3）个别管道附件需要放置后旋转的，可勾选“放置后旋转”复选框。

2. 添加立管阀门的方法

立管的阀门在平面视图中不宜添加，在三维视图中也不宜捕捉其位置，尤其是当阀门管件较多时，添加阀门会很困难，因此需要按照下述方法添加立管阀门。

以消防水泵房的自喷喷水灭火给水主干管为例，其平面图和对应的系统图分别如图5-34和图5-35所示。根据系统图可知，在平面图中6个立管上分别有两个电磁信号阀和一个湿式报警阀。

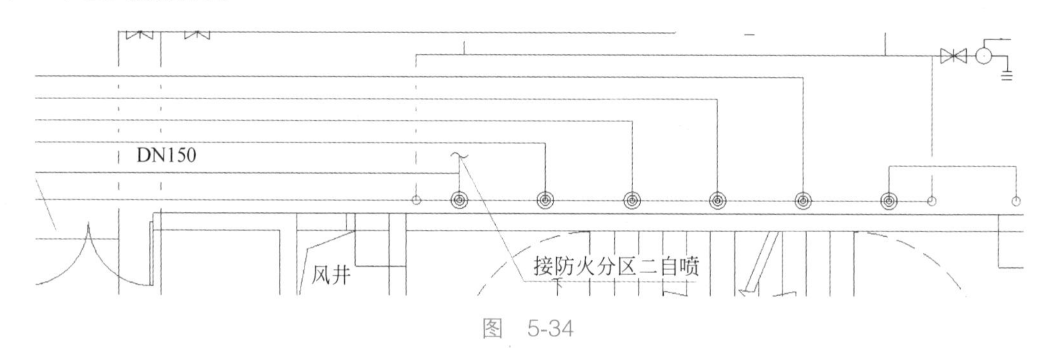

图 5-34

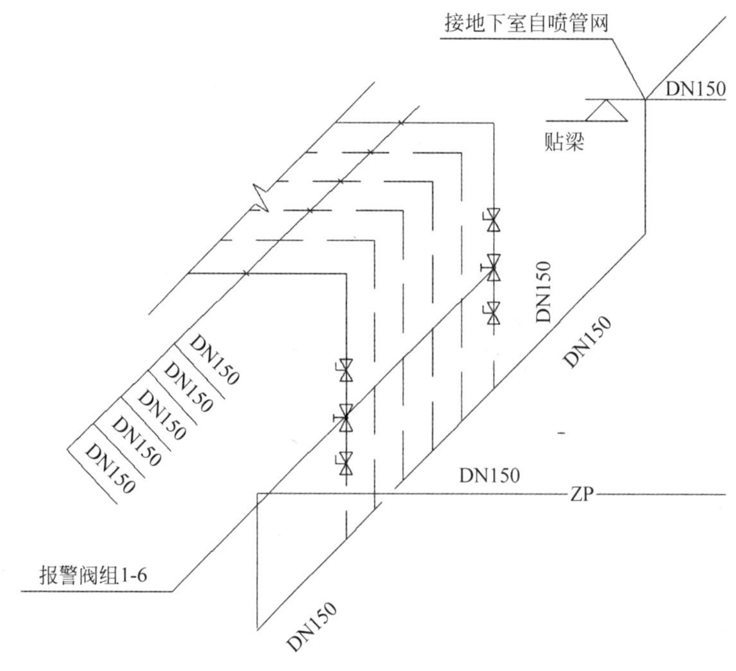

图 5-35

（1）将所需要的水平管和立管按照系统图和平面图进行绘制，如图 5-36 和图 5-37 所示。

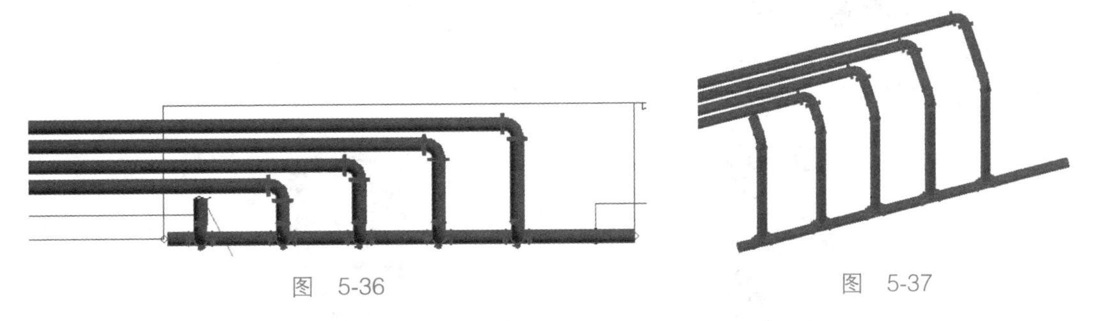

图 5-36　　图 5-37

（2）在平面视图中单击“剖面”按钮，然后在有立管存在的水平中心位置创建一个剖面图，如图 5-38 所示。右击剖面线，在弹出的快捷菜单中，选择“转到视图”命令，如图 5-39 所示。

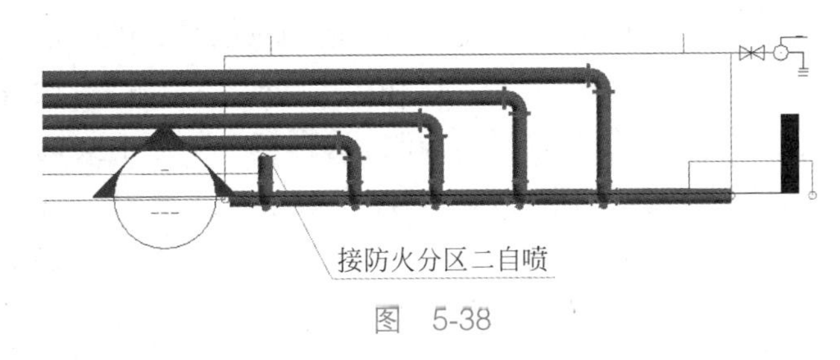

图 5-38

（3）上述操作后绘图截面会转到剖面视图，此时画面显示为粗略，为了较真实地显示画面，如图 5-40 所示，单击窗口下方“详细程度”按钮，选择“精细”选项。如图 5-41 所示，单击“视觉样式”按钮，选择“着色”选项，显示效果如图 5-42 所示。

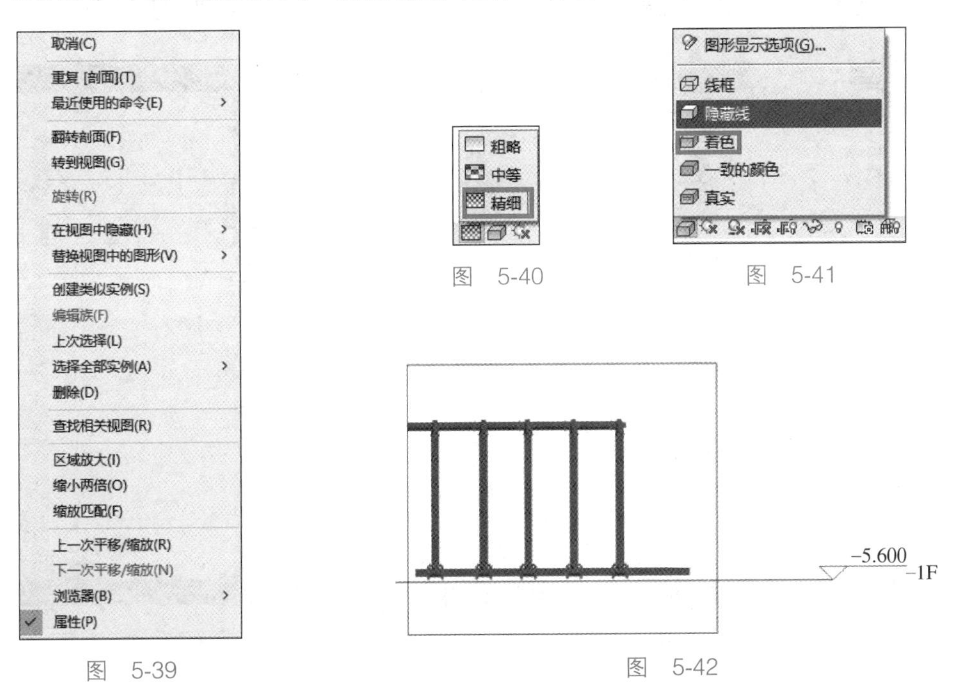

图 5-39　　图 5-40　　图 5-41　　图 5-42

（4）此时在剖面视图中，依次选择“系统”选项卡→“管路附件”命令，或者按快捷键 PA，在“属性”对话框中选择需要的阀门，把光标指针移动到立管管中心线处捕捉到中心线时（此时管道中心线会呈蓝色虚线显示），单击即可完成阀门的添加。当所添加的阀门方向不是所需方向时，如图 5-43 所示，单击 图标可以水平旋转阀门，单击 图标可以上下旋转阀门，旋转后的结果如图 5-44 所示。

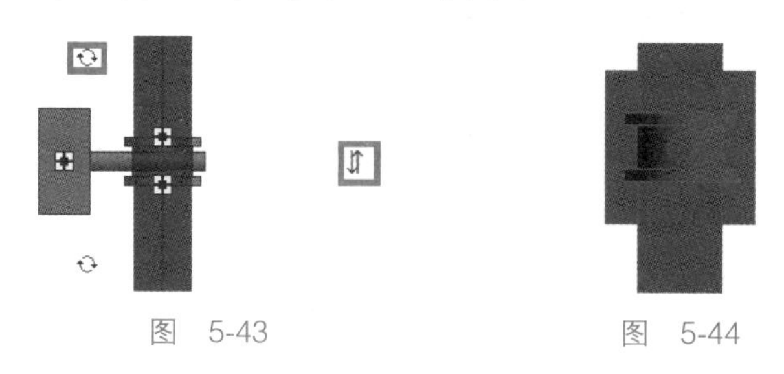

图　5-43　　　　图　5-44

当一根立管中的三个阀门全部添加完成后，后面立管阀门添加的方法可按上述方法依次添加，也可将已完成添加的阀门的立管复制到其他相应位置。操作方法如下。

如图 5-45 所示，先将其余立管依次选中，按“Delete”键删除。然后，将已完成添加阀门的立管选中（见图 5-46），依次选择“修改 | 选择多个”上下文选项卡→“复制”命令（或者按快捷键 CO），勾选“约束”和“多个”复选框，此时，在选中的复制管道中选择一个定位点（选择三通的端点为定位点），如图 5-47 所示，然后移动光标，如图 5-48 所示，直至到达需要下一个三通端点处单击，此时就完成了一个立管的复制。依次向右移动光标至下一个三通端点处再单击，直到所有的复制完成，按 Esc 键退出复制命令。需提示这样复制后的立管与原有的弯头和三通间并没有真正连接为一个整体，如果需要使其连接，还需要按照管道连接的方法进行连接。

完成复制后，切换到三维视图，如图 5-49 所示，已完成所有立管阀门的添加。

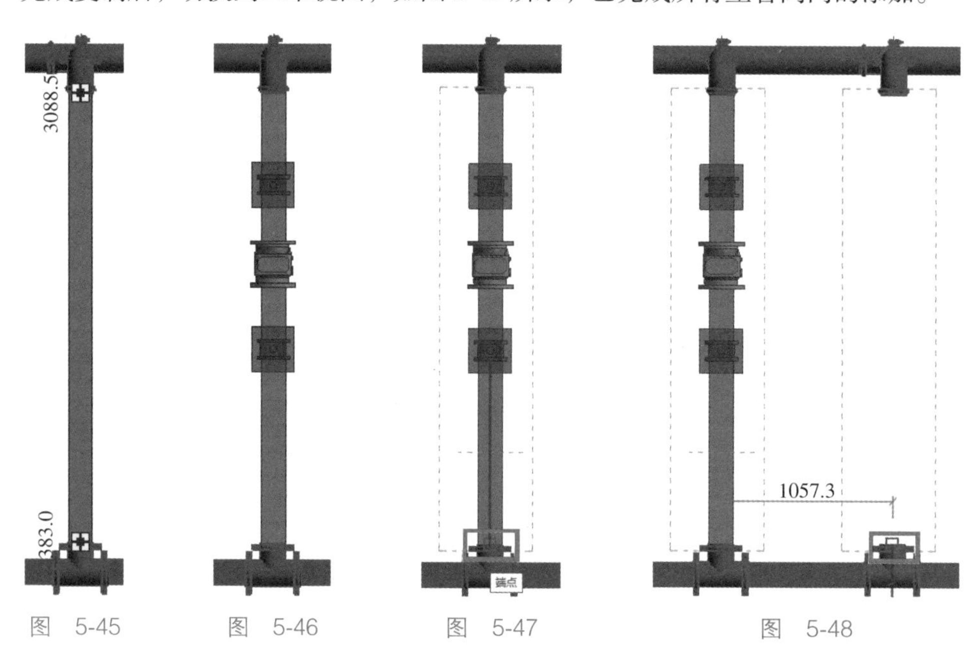

图　5-45　　图　5-46　　图　5-47　　图　5-48

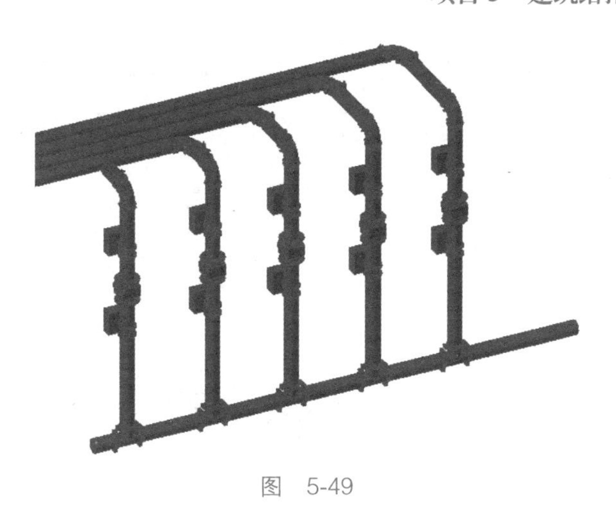

图　5-49

5.2.2　连接消火栓箱

教学视频：连接消火栓箱

任务流程：平面视图中载入消火栓箱→绘制参照平面→放置消火栓箱→对齐消防水平支管与消火栓箱水管接口→绘制水管实现水管与消火栓箱之间的连接→将水管与消火栓箱一起建成组→通过复制命令放置其他地方的消火栓箱。

消火栓箱的连接口都与水管接口相连。下面以 XdL-1-12 消火栓箱为例，按照以下步骤完成消火栓箱和水管的连接。

（1）载入消火栓箱项目族。如图 5-50 所示，依次选择“插入”选项卡→“载入族”命令，在族文件中选择消火栓，单击“打开”按钮，将该族载入项目中。

图　5-50

（2）绘制参照平面。由于消火栓机械设备放置在面上或者放置在工作平面上。由于绘制机电模型时，往往不需要载入土建模型，且工程中土建模型和机电模型同步创建。因此，在机电模型中需要放置在墙面上的设备，需要先绘制参照平面。依次选择“系统”选项卡→“参照平面”命令，或者按快捷键 RP，然后在合适的位置（一般为墙的外边界）绘制一条参照平面。

（3）放置消火栓箱项目用族。依次选择“系统”选项卡→“机械设备”命令，在“属性”对话框的类型选择器中选择已载入的消火栓箱，并在“限制条件”中的“偏移量”处输入消火栓的安装高度，一般输入 1200mm。如图 5-51 所示，在“修改 | 放置机械设备”上下文选项卡中的“放置”面板默认的是“放置在面上”，当机电模型中已载入土建模型，则选择“放置在面上”；如果没有载入土建模型，则选择“放置在工作平面上”，将消火栓放置在视图中绘制参照平面的合适位置单击，即将消火栓添加到项目中。

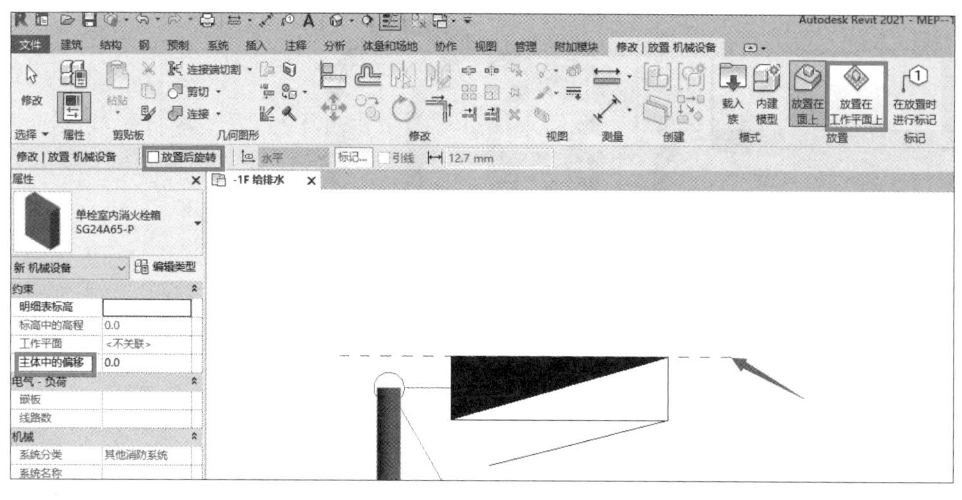

图 5-51

（4）对齐消防水平支管与消火栓箱水管接口。先按照水管管道的绘制方法将消防水管绘制完成，如图 5-52 所示。然后按快捷键 AL，将消防水管水平支管的中心与消火栓箱水管接口的中心对齐。如图 5-53 所示，先选择消防水管水平支管的中心，如图 5-54 所示，再选择消火栓箱水管接口的中心，此时消火栓箱会稍作一定距离的移动，对齐结果如图 5-55 所示。

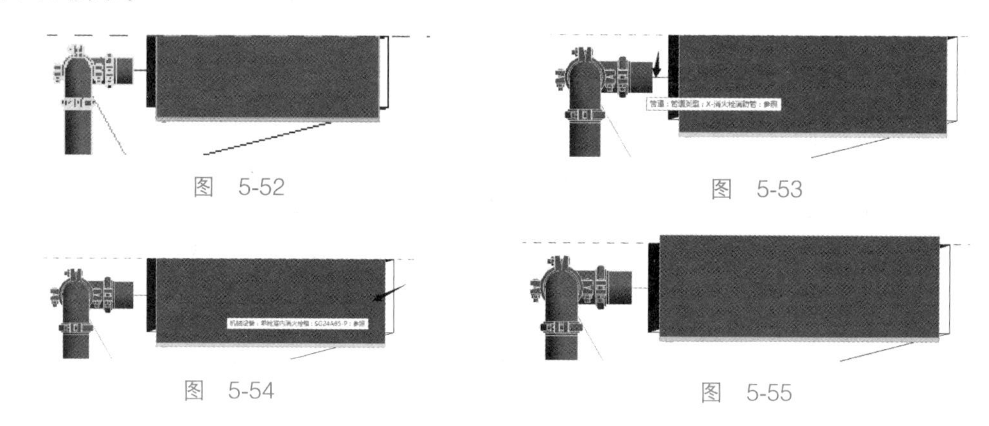

图 5-52　　图 5-53

图 5-54　　图 5-55

（5）绘制水管。如图 5-56 所示，选中消防水管水平支管，光标指针放置水平支管右侧端点，拖曳水平管道向右移动，移动到消火栓箱水管接口位置附近，直至出现端点图标时，如图 5-57 所示，松开鼠标，此时消防水平支管已与消火栓箱接口水管连接起来了，如图 5-58 所示。

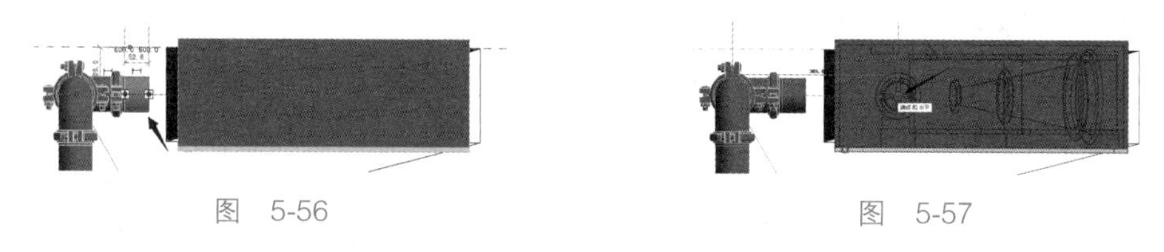

图 5-56　　图 5-57

（6）将与管道连接的消火栓箱创建为组。当绘制完一个消火栓后，如图 5-59 所示，在平面视图中框选与管道连接的消火栓箱，然后如图 5-60 所示，依次选择“修改 | 选择

多个”上下文选项卡下的 [图标] 按钮，在弹出的对话框中将创建模型组的名称命名为“消火栓”，并单击“确定”按钮。

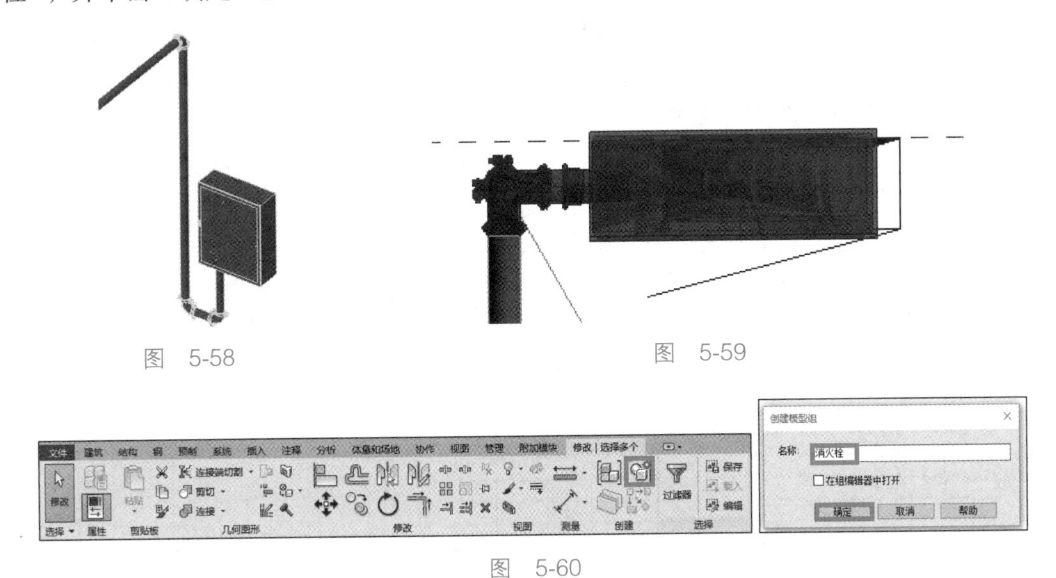

图　5-58

图　5-59

图　5-60

（7）通过按快捷键 CO，将以创建“消火栓”组进行复制和粘贴，结果如图 5-61 所示。

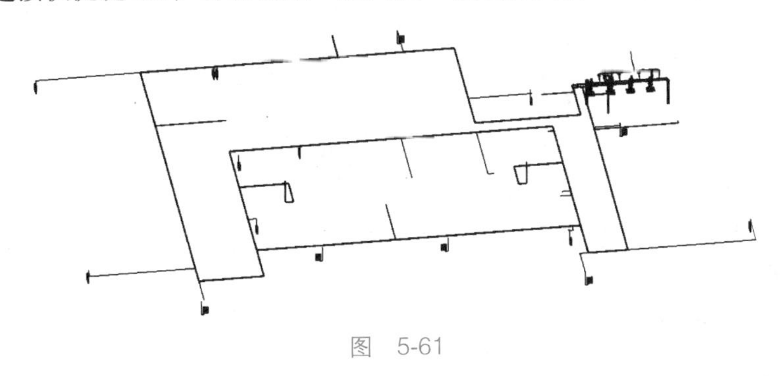

图　5-61

学习任务

根据 -1F 给排水平面图完成图纸中相应的水管管道附件的添加，并完成所有消火栓箱的放置，绘制结果如图 5-61 所示。

任务 5.3　喷头的绘制及过滤器的创建

5.3.1　喷头的创建

教学视频：喷头的创建

任务流程：复制平面视图并重命名为“-1F 自喷”→导入 CAD 图纸→对齐 CAD 图纸与轴网并锁定图纸→确定喷头的安装方式→绘制自喷管道→放置喷头→将喷头与自喷管道进行连接。

自喷平面图和给排水平面图是两张图纸，为此，本项目按照自喷平面图从图纸的导入到模型创建的顺序进行喷头绘制的介绍。

（1）依次选择“项目浏览器”→“视图（管线综合）”→“-1F”→“楼层平面：-1F 给排水”，右击，在弹出的快捷菜单中选择“复制视图”中的“带细节复制”选项，完成复制新的视图“楼层平面：-1F 给排水副本 1”。此时右击“楼层平面：-1F 给排水副本 1”，在弹出的快捷菜单中选择“重命名”选项，在弹出的“重命名视图”对话框中输入“-1F 自喷”，并单击“确定”按钮。

（2）依次选择“项目浏览器”→“视图（管线综合）”→“楼层平面：-1F 自喷”，此时依次选择“插入”选项卡→“导入 CAD”命令，打开“导入 CAD 格式”对话框，选择“-1F 自喷平面图 .dwg”，“导入单位”设为“毫米”，勾选“仅当前视图”复选框，“定位”设为“自动 - 原点到原点”，“放置于”设为“-1F”，单击“打开”按钮，如图 5-62 所示。

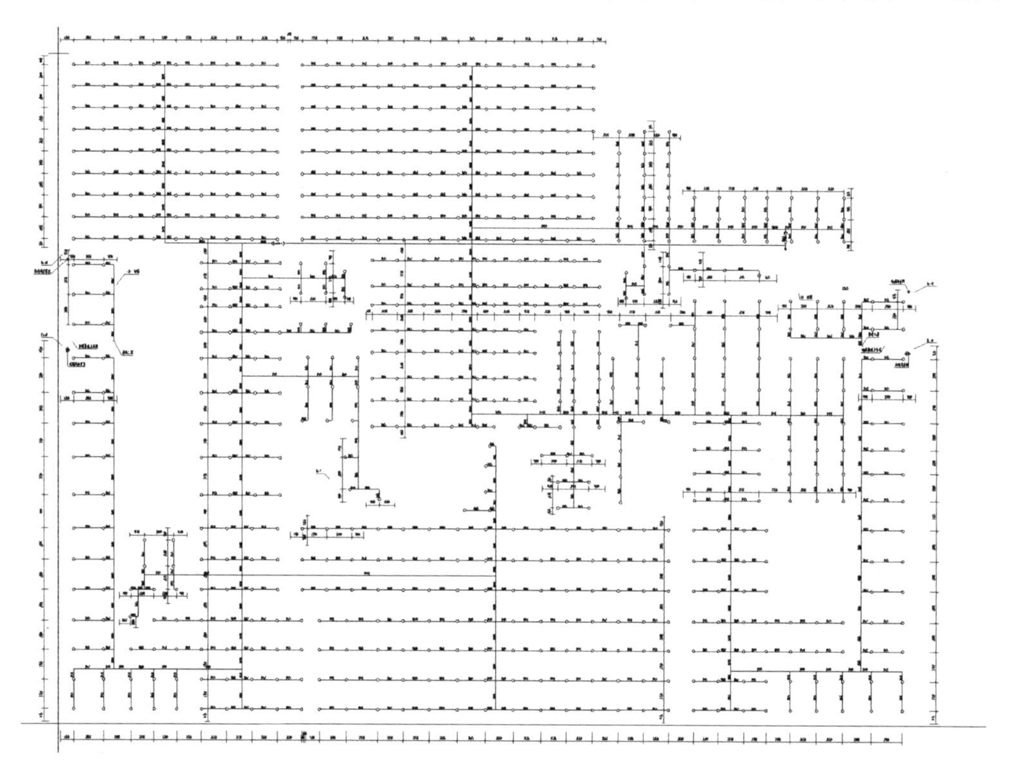

图 5-62

提示

在导入 CAD 图纸前，先对 CAD 图纸进行处理，处理方法参照项目 4 中 4.1 节中项目图纸的处理方法。

（3）导入 CAD 图纸后，先将图纸解锁，然后使用对齐命令，将 CAD 图纸与 Revit 绘制的轴网对齐。图纸对齐后，再将 CAD 图纸锁定。

（4）确定喷头的安装方式。下面以绘制图 5-63 所示的自喷管和喷头为例。

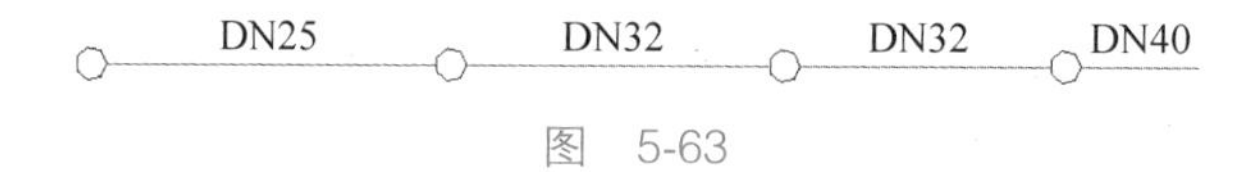

图 5-63

提示

本项目中的喷头分为上喷和下喷。在图纸说明中已表明：在无吊顶、无风管等障碍物处的喷头为直立型（向上安装），在有风管等障碍物处的喷头为下垂型（向下安装），在有吊顶处安装的喷头为吊顶型喷头。本项目中 -1F 的自喷根据喷头所处的位置选择不同的安装方式。所选择这段喷头上方无风管等障碍物，为此该段喷头为直立型（向上安装）。

（5）绘制自喷管道。绘制自喷管道的方法和绘制水管的方法一样，注意，绘制时管道类型一定要选择 X-自喷支管，管道系统类型选择 X-自喷支管。自喷管道的标高为 3100mm。如图 5-64 所示，已完成自喷管道的绘制。

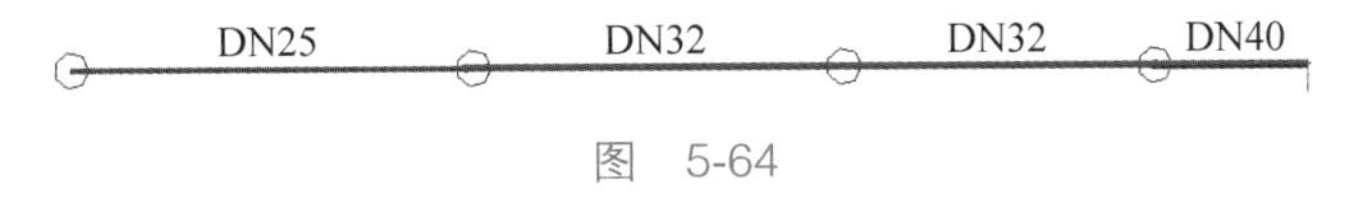

图 5-64

（6）选择适宜喷头。如图 5-65 所示，依次选择“系统”选项卡→“喷头”命令，此时激活“修改 | 放置 喷头”，在“属性”对话框内选择上喷头，温度级别为 68℃。当“属性”对话框内没有动作温度为 68℃的喷头，则选择任一上喷头，单击“编辑类型”按钮，如图 5-66 所示，单击“复制”按钮，将名称命名为“ELO-231-68℃”，并将其对应的额定温度改为 68℃，如图 5-67 所示。

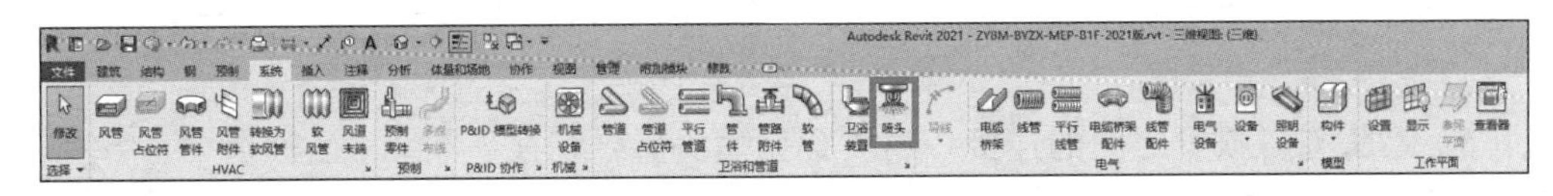

图 5-65

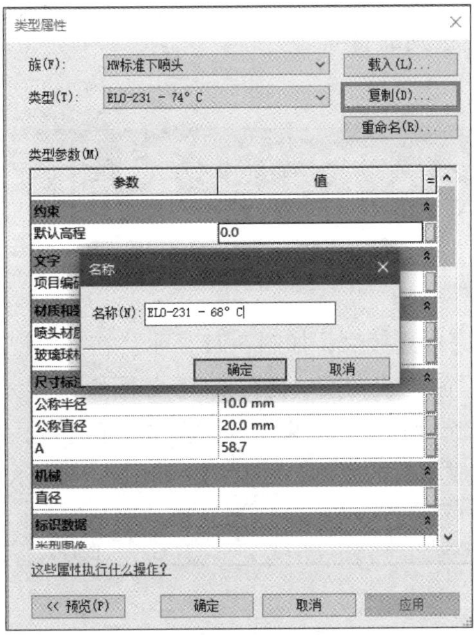

图 5-66

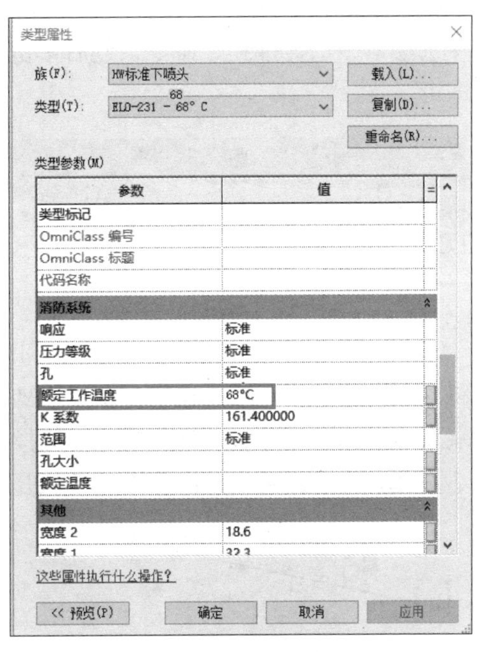

图 5-67

（7）放置喷头。依次选择“系统”选项卡→“喷头”命令，如图 5-68 所示。在“属性”对话框内选择“ELO-231-68℃”喷头，并修改“属性”对话框内的“限制条件”，将“主体中的偏移”设为“3700”。然后将光标移至绘图区域，在自喷管中心线上合适的位置单击，如图 5-69 所示。

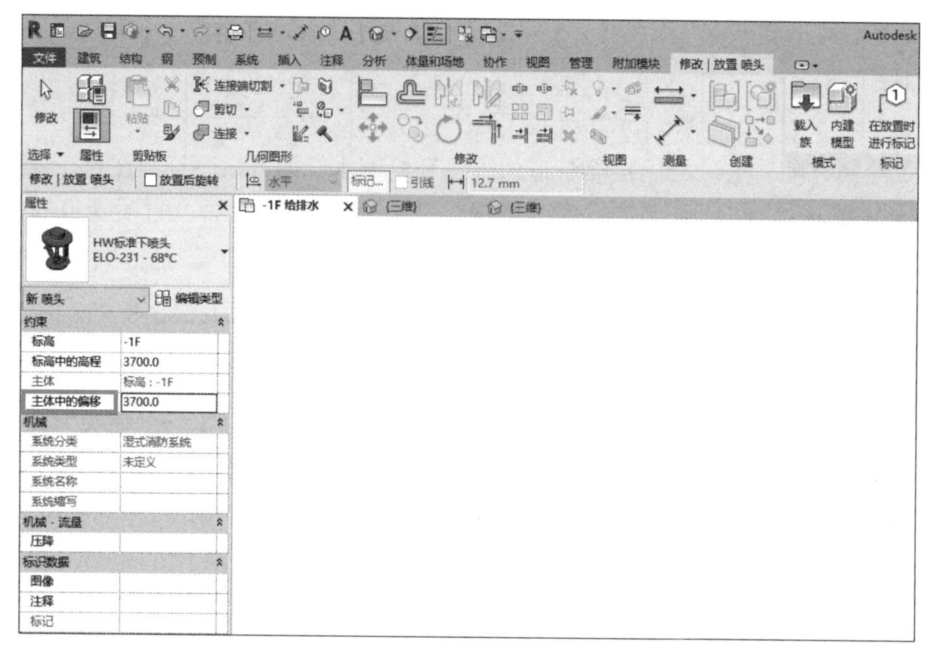

图 5-68

（8）喷头与自喷管之间的连接。当放置完喷头后，切换至三维视图。单击视图中放置的喷头，激活“修改 | 喷头”上下文选项卡，如图 5-70 所示，依次选择“修改 | 喷头”上下文选项卡→“连接到”命令，然后单击喷头连接到的自喷管即可。

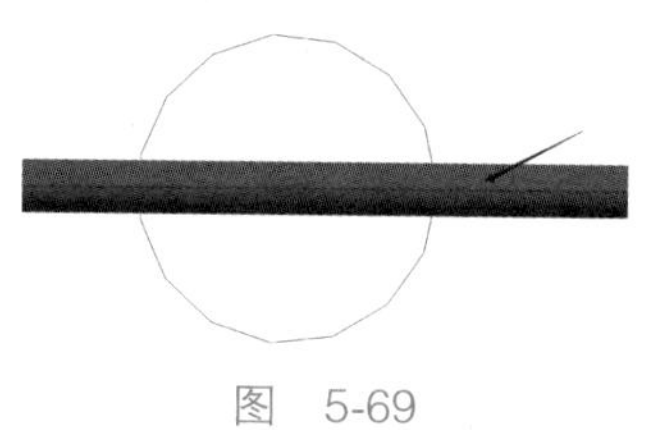

图 5-69

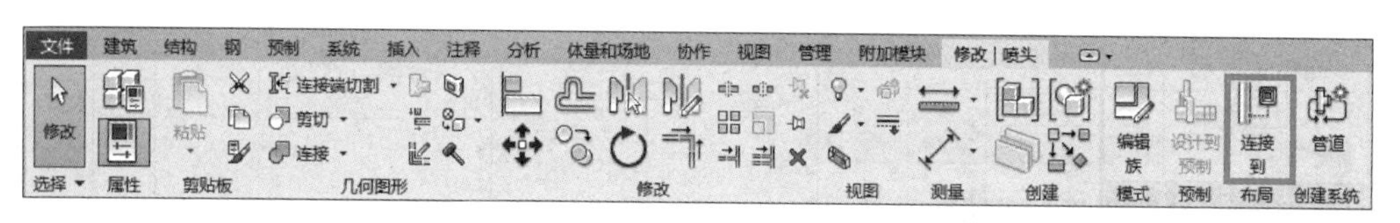

图 5-70

（9）当这根自喷管中所有喷头都已和自喷管完成连接后，如图 5-71 所示。在平面视图中将这根支管及所有喷头选中，使用“复制”命令或者按快捷键 CO，如图 5-72 所示，以端点作为参照点，勾选“修改 | 选择多个”选项栏中“约束”和“多个”复选框，如图 5-73 所示，在所需复制的管线端点单击直到完成所有的复制，复制结果如图 5-74 所示。

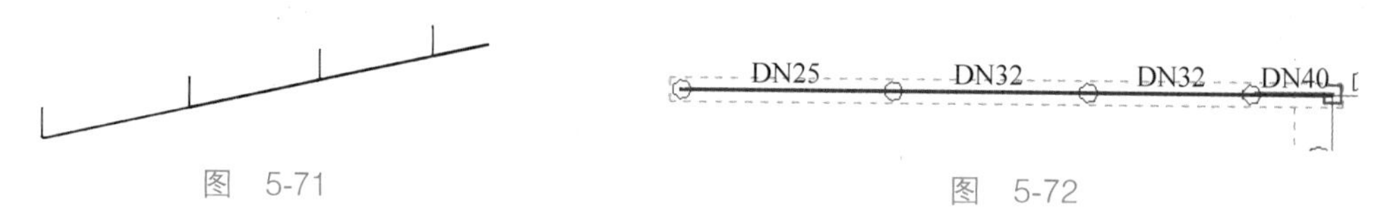

图 5-71　　图 5-72

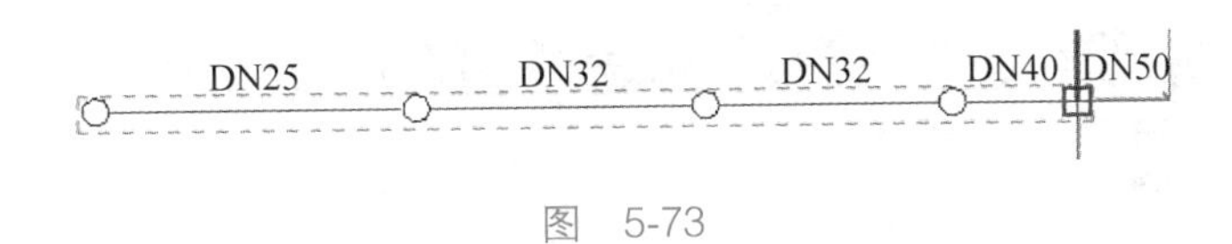

图　5-73

（10）根据上述方法将 -1F 自喷平面图中所有内容进行绘制，绘制结果如图 5-75 所示。

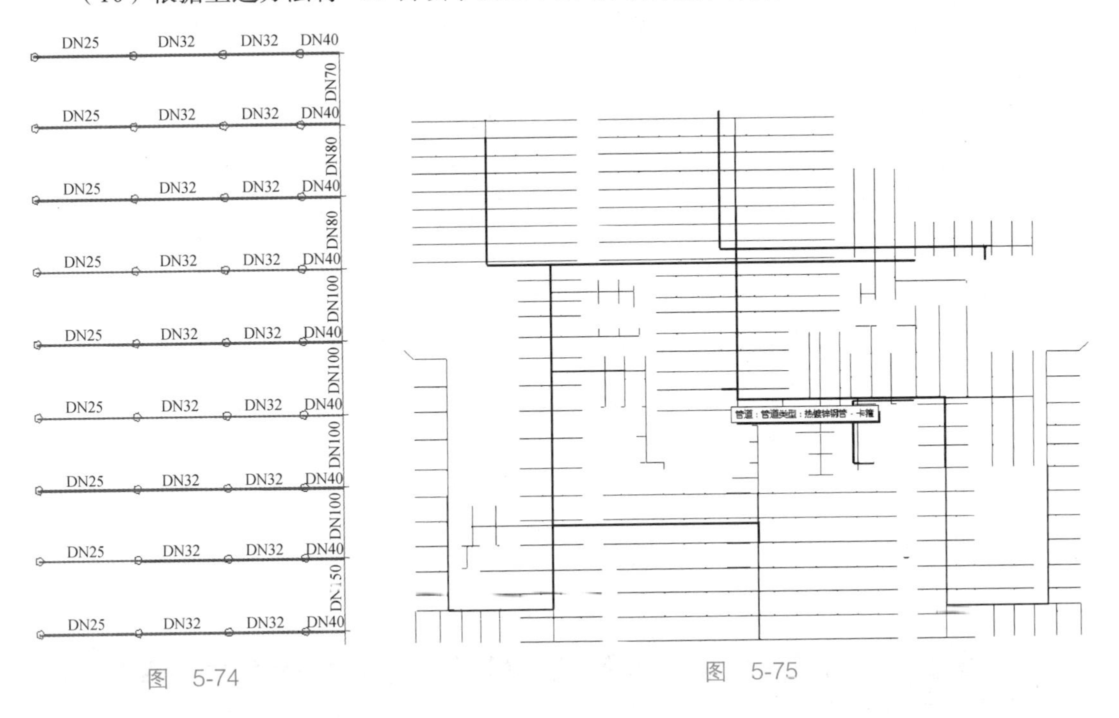

图　5-74　　　　　　　　　　　　图　5-75

5.3.2　管道过滤器的创建

教学视频：管道过滤器的创建

在 Revit MEP 中，如果需要对当前视图中的管道、管件和管路附件等根据需求将某些管线进行隐藏或者区别显示，可以通过“过滤器”功能来完成。

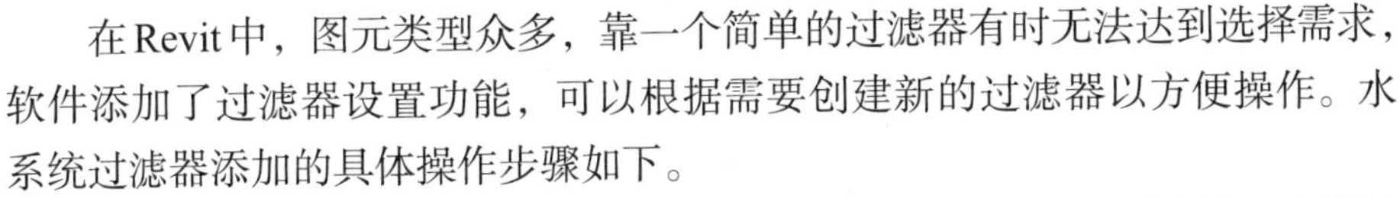

在 Revit 中，图元类型众多，靠一个简单的过滤器有时无法达到选择需求，软件添加了过滤器设置功能，可以根据需要创建新的过滤器以方便操作。水系统过滤器添加的具体操作步骤如下。

（1）通过按快捷键 VG 或者 VV，即可弹出当前视图的“可见性 / 图形替换”对话框，如图 5-76 所示。单击“过滤器”选项卡进入过滤器的对话框。

（2）如图 5-77 所示，单击“编辑 / 新建”按钮，即可弹出“过滤器”对话框，如图 5-78 所示。

（3）如图 5-79 所示，在“过滤器”对话框中，在过滤器下拉列表中右击“P-给排水”，在弹出的快捷菜单中选择“复制”选项。再右击复制产生的“P-给排水（1）”，选择“重命名”选项，在弹出的“重命名”对话框的“新名称”中输入“给排水：给水系统”。

（4）在“给排水：给水系统”类别中默认勾选“管件、管道、管道附件、管道隔热层”选项，在过滤器规则中，“过滤条件（I）”中选择“系统类型”选项，如图 5-80 所示。并将“包含”设为“等于”。

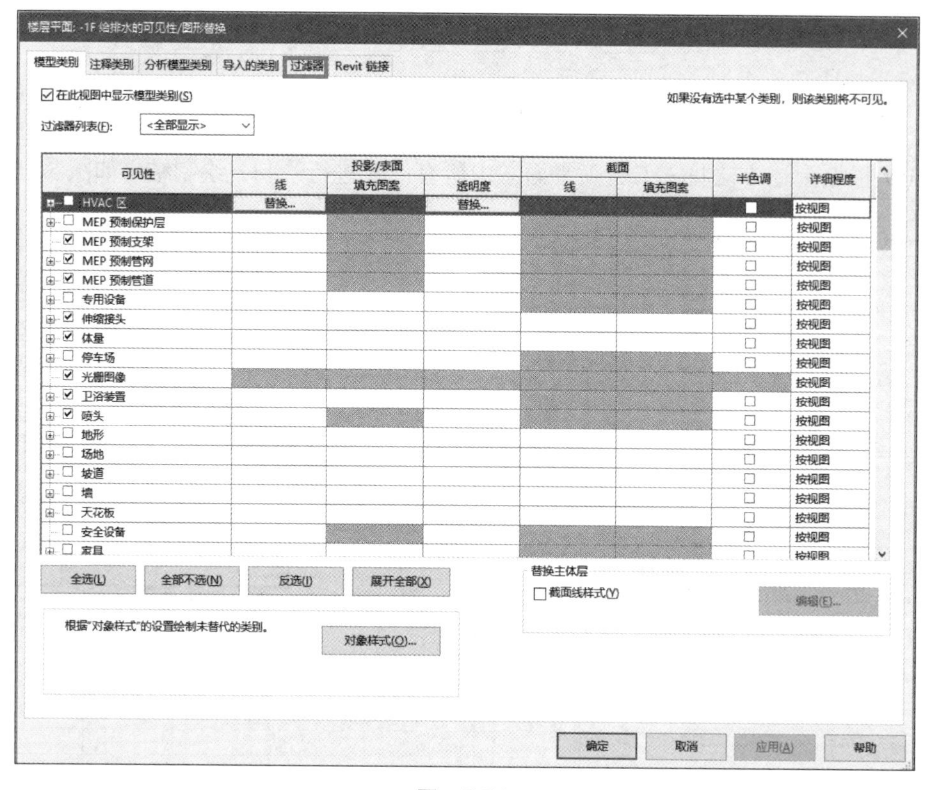

图 5-76

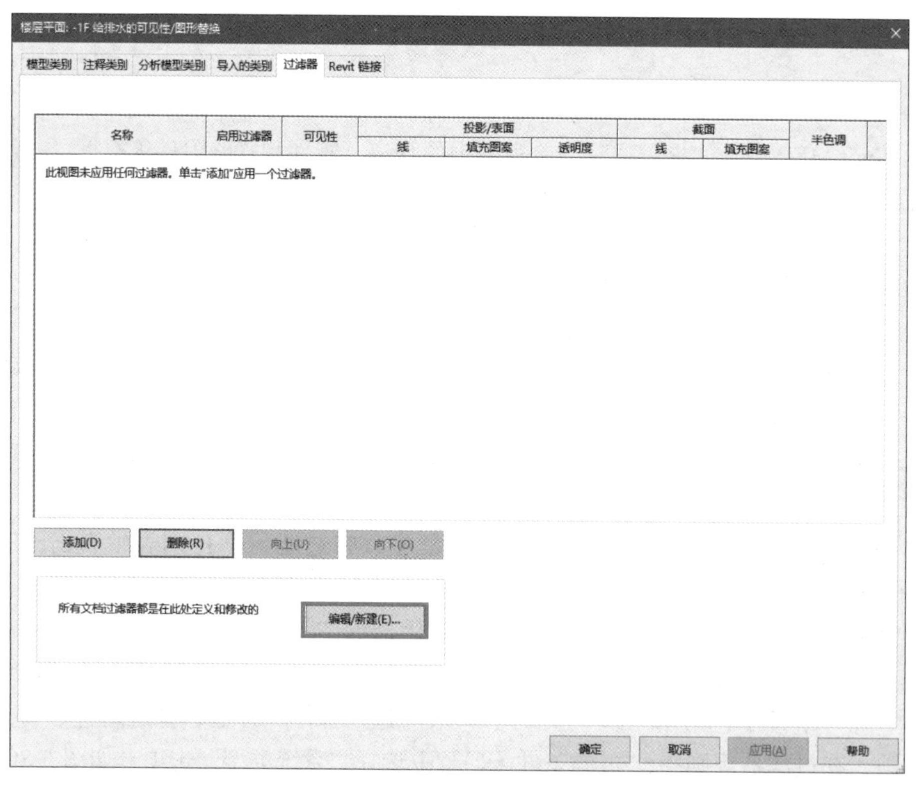

图 5-77

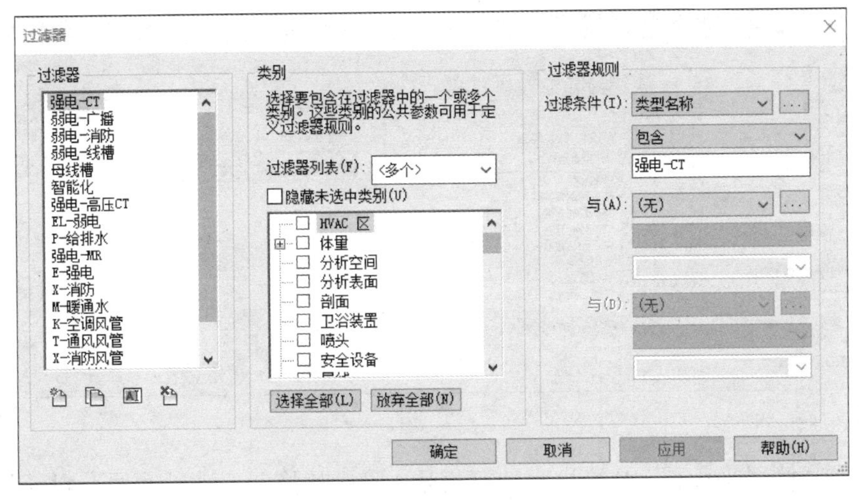

图　5-78

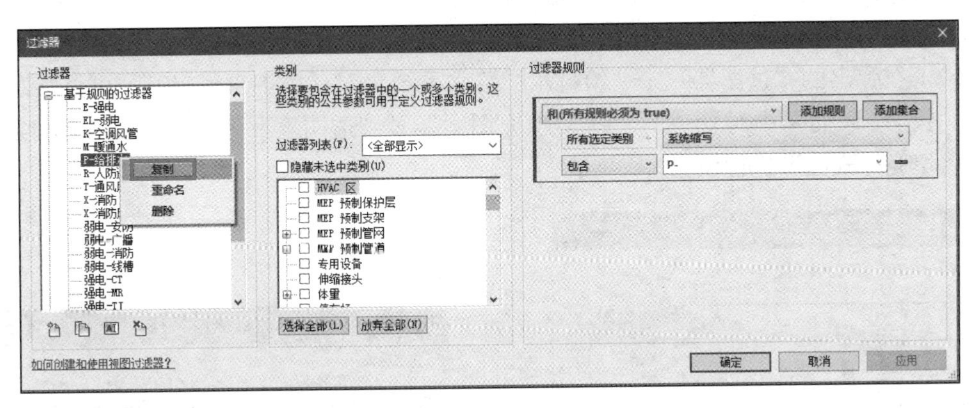

图　5-79

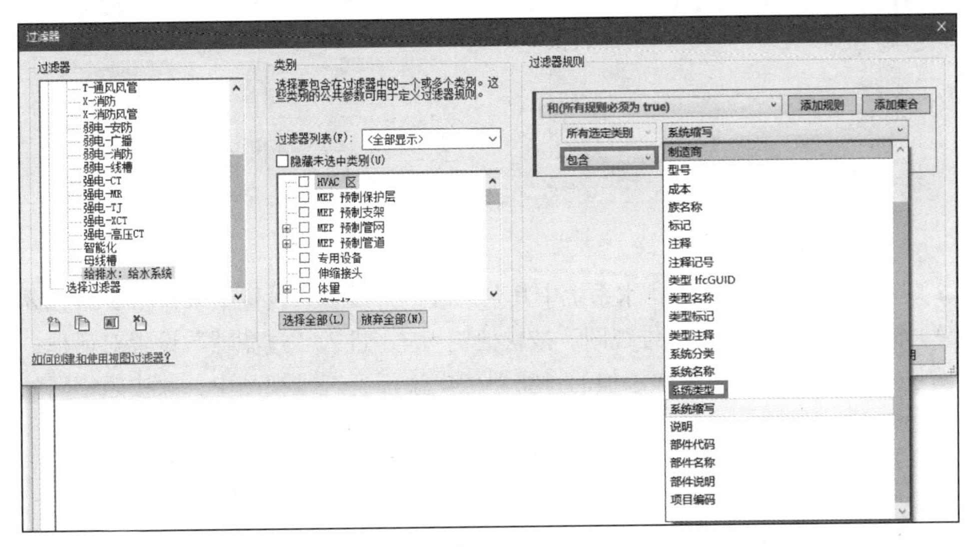

图　5-80

（5）在“系统类型”→“等于”对话框中选择“P-市政给水管”选项，如图 5-81 所示，并单击“确定”按钮。

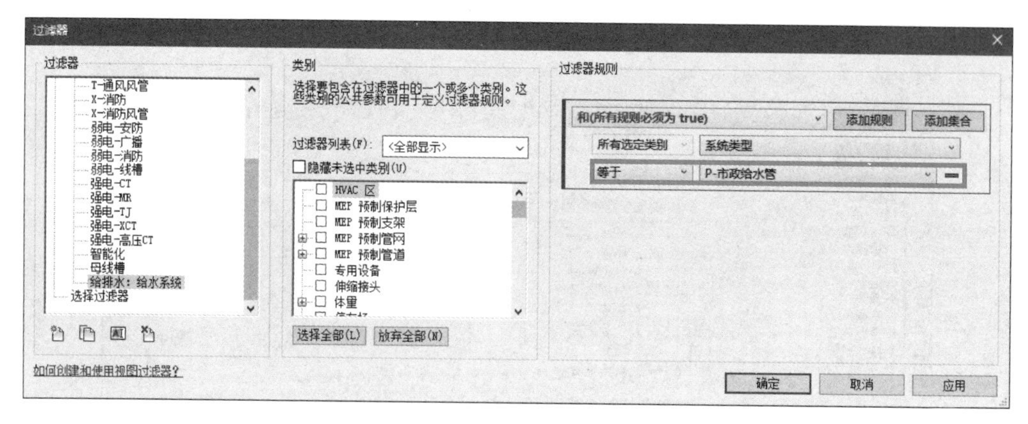

图　5-81

（6）在“楼层平面：-1F 给排水的可见性 / 图形替换”→“过滤器”对话框中单击“添加”按钮，弹出“添加过滤器”对话框，如图 5-82 所示。在“添加过滤器”对话框中选择“给排水：给水系统”选项，单击“确定”按钮。

（7）在弹出的“过滤器”→“给排水：给水系统”对话框中可编辑其“可见性”，也可在“投影 | 表面”中对管道的“线”“填充图案”及“透明度”进行设置。如图 5-83 所示，将填充样式图形进行设置。

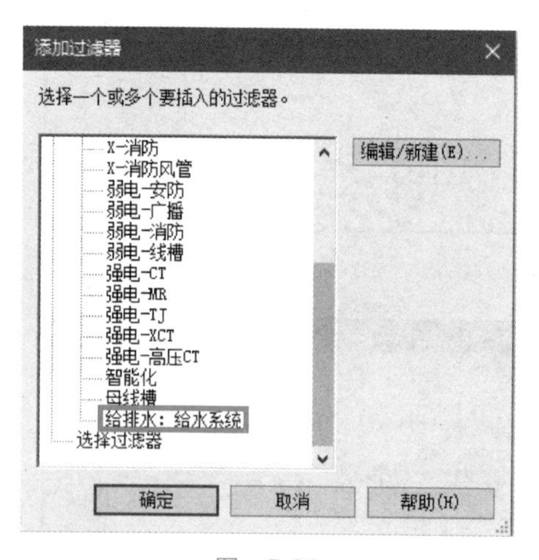

图　5-82

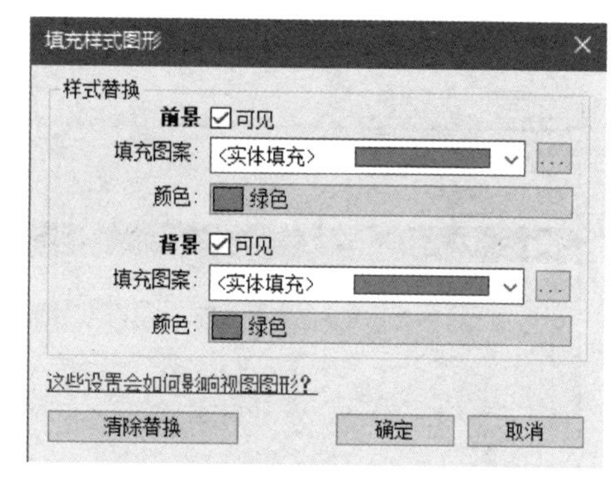

图　5-83

（8）按照相同的方法对给排水系统中其余系统进行设置，设置结果如图 5-84 所示。

（9）将视图模式切换为三维视图。按快捷键 VV，进入“过滤器”设置对话框，单击“添加”按钮，将在二维视图中添加的过滤器依次添加到三维视图中，并按照相同的方法对其“投影 / 表面”进行设置。

学习任务

根据 -1F 自喷平面图完成相应的自喷灭火系统的绘制，并完成模型中所有相关水系统过滤器的设置。

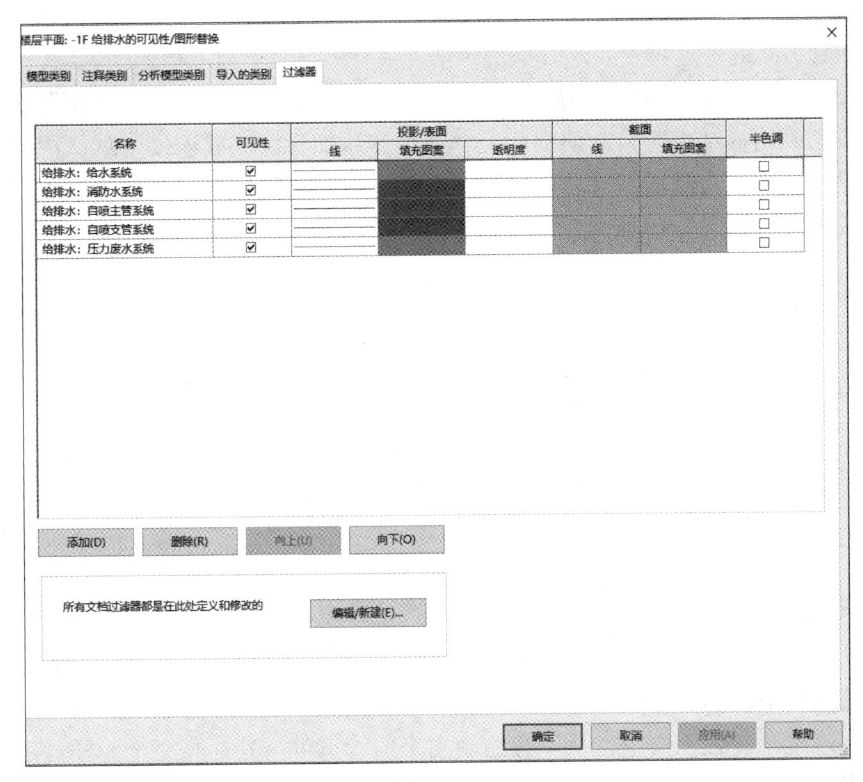

图　5-84

提　升　篇

1. 管道连接对正模式的修改

对于管道的绘制，Revit 2021 中相应的偏移量为“中间高程”。在“中间高程”下拉列表中，可以选择项目中已经用到的管道偏移量，也可以直接输入自定义的偏移量，默认单位为毫米。

管道对正方式：通过“修改 | 放置 管道”上下文选项卡下“放置工具”面板中的“对正”命令制定管道的对齐方式。打开“对正设置”对话框，如图 5-85 所示。

（1）水平对正：用于制定当前视图下相邻两端管道间的水平对齐方式。水平对正方式有中心、左、右三种形式。

（2）水平偏移：用于指定管道绘制起点位置与实际管道绘制位置间的偏移距离。该项多用于指定管道和墙体等参考图元间的水平偏移距离。

（3）垂直对正：用于制定当前视图下

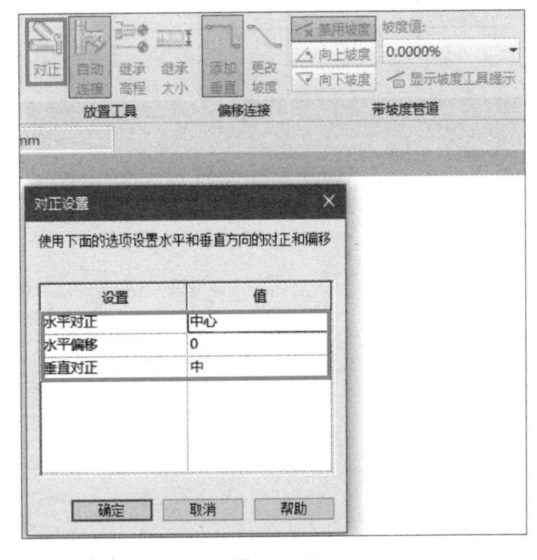

图　5-85

相邻两端管道间的垂直对齐方式。垂直对正方式有中、底、顶三种形式。

“修改 | 放置 管道”上下文选项卡下“放置工具”面板中的“自动连接”命令用于某一段管道开始或结束时自动捕捉相交管道，并添加管件完成连接，默认情况下，这一选项是激活的。当激活“自动连接”命令时，在两管段相交位置自动生成四通，否则不生成管件，如图 5-86 所示。

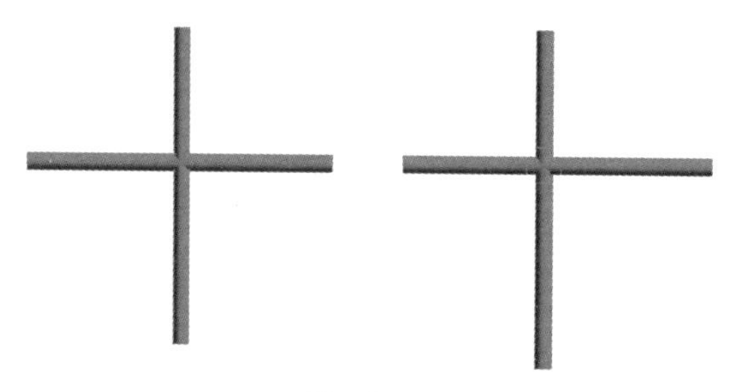

图 5-86

2. 绘图技巧（见图 5-87）

默认选择“自动连接”命令，可实现管路的自动连接。当不选择“自动连接”命令时，管路间则不会实现自动连接。

选择“继承高程”命令，从一旁绘制出来的管道可与其标高完全一样，这在绘制坡度管道极为有用。

选择“继承大小”命令，从一旁绘制出来的管道可与其大小完全一样，继承高程与继承大小需要用一次选择一次。

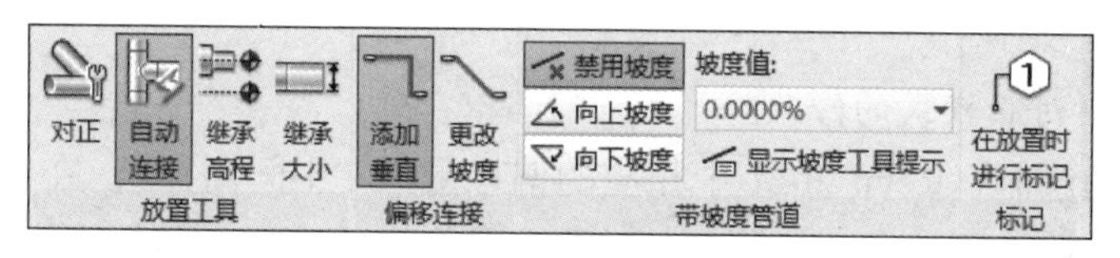

图 5-87

项目6　建筑暖通系统模型的创建

学习目标

1. 掌握暖通空调系统中风管管道相关属性的设置方法。
2. 掌握暖通空调系统中风管的绘制方法。
3. 掌握暖通空调系统中风管附件的绘制方法。
4. 掌握防排烟系统中轴流风机的添加及排烟机房的绘制方法。
5. 掌握通风空调系统中轴流风机、消声器及风机盘管等的绘制方法。
6. 掌握空调水系统的绘制方法。
7. 掌握空调风管和水管保温层的添加方法。

项目导入

风系统主要包括空调风系统、通风系统、排烟系统等，空调风系统又可分为新风系统、送风系统、回风系统。本项目主要选取暖通防排烟系统和暖通空调系统作为案例，讲解风管系统在 Revit MEP 中的绘制方法。在暖通空调系统中通过复习水管的绘制方法，介绍空调水系统的绘制。

学习任务

本项目任务为根据建筑暖通防排烟系统和暖通空调系统图纸完成建筑物暖通风系统中风管、管道附件、机械设备等的绘制；并根据暖通防排烟系统、暖通空调系统图纸完成这两系统中风管、管件、机械设备等模型的创建，在完成空调风系统的基础上，根据空调水系统图纸完成相应的空调水管的绘制。

项目实施

项目准备→风管的创建→风管附件和风道末端的创建→暖通防排烟机械设备的创建→暖通空调风系统的创建→暖通空调水系统的创建。

案例“某地下一层暖通系统”中，包含暖通防排烟系统和暖通空调系统，本项目将主要介绍这两个系统模型的构建。

任务 6.1　项目准备

任务流程： 学习风管常见类型、涂色规定及连接方式→学习空调水管常见类型、涂色规定及连接方式→复制“-1F 暖通风”楼层平面视图→导入 CAD 图纸→将导入的图纸进行对齐和锁定→“-1F 暖通风”楼层平面视图的过滤器显示设置。

教学视频：项目准备

6.1.1　风管常见类型、涂色规定和连接方式的表达

风管常见类型及涂色规定如表 6-1 所示。

表 6-1　风管常见类型及涂色规定

专　业	系统缩写	系统名称	管材 /Revit 族类型	颜色（RGB）
暖通风（空调）	K-AH	K-送风系统	镀锌钢板	255，0，0
	K-PA	K-新风系统		0，255，255
	K-AH	K-回风系统		255，255，0
暖通风（通风）	T-SA	T-送风系统		255，0，0
	T-EA（含 KC）	T-排风系统		255，191，127
暖通风（消防）	X-MA	X-补风系统		255，0，255
	X-SE	X-排烟系统		0，255，0
	X-SP	X-加压送风系统		191，255，0
	X-EG	X-气体灭火事后排风系统		255，0，255
变风量系统	V-VRF	V-多联机空调系统	机制内保温成品风管	
	V-VOA	V-多联机新风系统		
	V-VAH	V-多联机全空气系统		
弱电机房空调	H-CTH	H-精密空调系统	镀锌钢板	
湿度控制系统	HCO	湿度控制系统（新风）		
	HCR	湿度控制系统（全空气送风）		
	HCR	湿度控制系统（全空气回风）		
柴发烟道		柴发烟道	不锈钢双层预制烟囱	
人防送风	R-RF	R- 人防送风系统		

风管连接方式的 BIM 表达是所有风管连接方式均为顶平或底平，连接方式用样板设置连接。其中三通、四通、支管以接头方式连接，支管便于调整高度，可由预留风管高差的空间来走管。风管常见的连接方式如下。

（1）风管四通连接如图 6-1 所示。

（2）风管三通连接一如图 6-2 所示。

（3）风管三通连接二如图 6-3 所示，对应 Revit 族：“矩形 Y 形三通 _ 水平”。

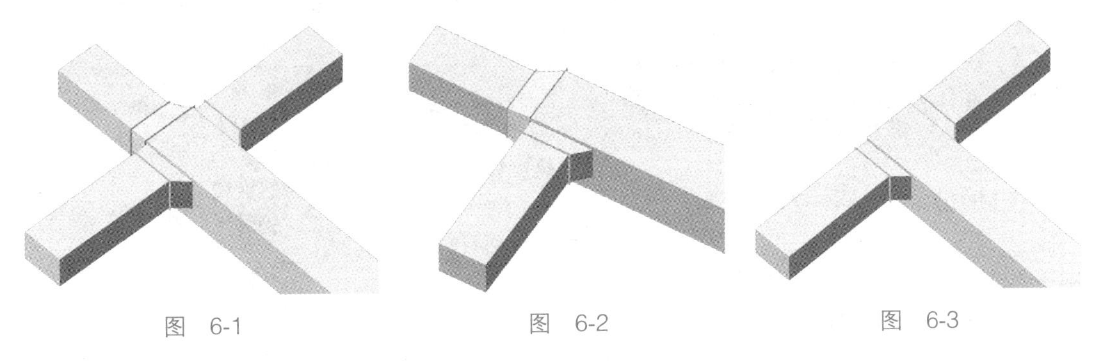

图　6-1　　　图　6-2　　　图　6-3

（4）风管弯头连接如图 6-4 所示，对应 Revit 族：“矩形弯头 – 弧形 – 法兰” – “镀锌钢板”。

（5）风管变径连接如图 6-5 所示，对应 Revit 族：“矩形变径” – “标准”。

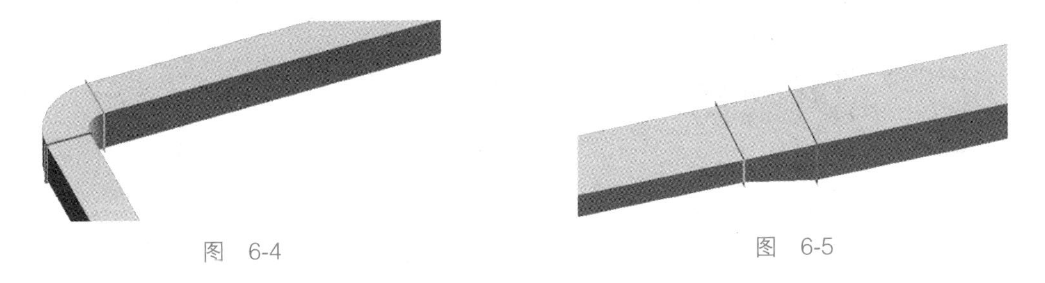

图　6-4　　　图　6-5

6.1.2　暖通水管常见类型及涂色规定

表 6-2 所示为暖通水管常见类型及涂色规定。

表 6-2　暖通水管常见类型及涂色规定

专业	系统缩写	系统名称	管材及连接方式	Revit 族类型	颜色（待定）
M-暖通水	M-CHWS	M-高温冷冻水 / 热水供水	DN ≤ 50 热镀锌焊接钢管，丝接 50 < DN < 250 无缝钢管，焊接 DN ≥ 250 焊接螺旋钢管，焊接	暖通通用管道	
	M-CHWR	M-高温冷冻水 / 热水回水			
	M-CHS	M-常温冷冻水供水			0，0，255
	M-CHR	M-常温冷冻水回水			0，0，255
	M-HS	M-热水供水			255，0，0
	M-HR	M-热水回水			255，0，0
	M-RS	M-地板辐射供水			
	M-RR	M-地板辐射回水			
	M-RPS	M-辐射板供水			
	M-RPR	M-辐射板回水			
	M-G	M-补给水	DN ≤ 50 热镀锌焊接钢管，丝接 50 < DN < 250 无缝钢管，焊接 DN ≥ 250 焊接螺旋钢管，焊接	暖通通用管道	

续表

专业	系统缩写	系统名称	管材及连接方式	Revit 族类型	颜色（待定）
M-暖通水	M-CD	M-空调冷凝水	凝结水热镀锌钢管配电房和弱电机房 DN < 50 焊接，焊接 DN ≥ 50 螺纹，丝接	热镀锌钢管	0，255，255
	M-VRF	M-制冷剂冷媒管	紫铜管，丝接	紫铜管	
	M-D	M-泄水管	DN ≤ 50 热镀锌焊接钢管 50 < DN < 250 无缝钢管 DN ≥ 250 焊接螺旋钢管	暖通通用管道	
	M-E	M-膨胀水			159，127，255
	M-MW	M-加湿水			
	M-R	M-燃油管道	无缝钢管		
	M-GA	M-燃气			255，0，255
	M-ST	M-蒸汽			0，255，255
	M-CWS（给排水：J-XJ）	M-冷却供水			0，255，255
	M-CWR（给排水：J-XH）	M-冷却回水			0，255，255

不同管道连接方式的 BIM 表达如下。

（1）丝扣连接。对应 Revit 连接方式：丝接，如图 6-6 所示。

（2）焊接。对应 Revit 连接方式：焊接，如图 6-7 所示。

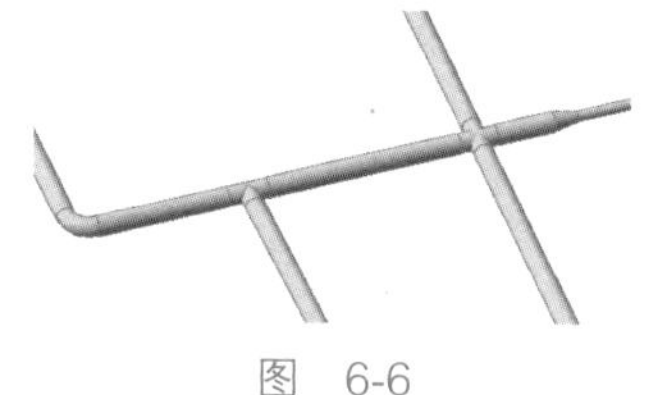

图 6-6

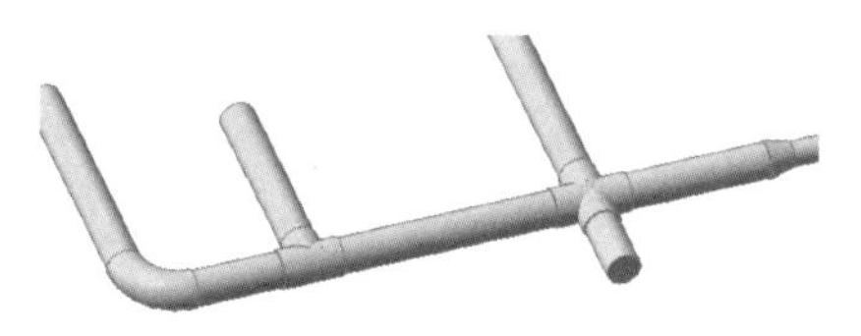

图 6-7

6.1.3 CAD 底图的导入

（1）依次选择“项目浏览器”→“视图（管线综合）”→“-1F”→“楼层平面：-1F 给排水”命令，右击，选择“复制视图”中的“复制”选项，完成复制新的视图：“楼层平面：-1F 给排水副本 1”。此时右击“楼层平面：-1F 给排水副本 1”，选择“重命名”选项，在弹出的“重命名视图”对话框中输入“-1F 暖通风”，并单击“确定”按钮。

（2）依次选择“项目浏览器”→“视图（管线综合）”→“楼层平面：-1F 暖通风”命令，设置视图中图形的可见性情况。依次选择“视图”选项卡→“可见性 / 图形替换”命令，或者通过按快捷键 VG 或 VV，即可弹出当前视图的“可见性 / 图形替换”对话框。在“楼层平面：-1F 暖通风的可见性 / 图形替换”→“模型类别”中勾选图 6-8 所示的复选框，其余可不勾选。

☑ 风管
☑ 风管内衬
☑ 风管占位符
☑ 风管管件
☑ 风管附件
☑ 风管隔热层
☑ 风道末端

图 6-8

（3）依次选择“插入”选项卡→“导入CAD”命令，打开“导入CAD格式”对话框，选择“-1F 暖通防排烟平面图 .dwg”，“导入单位”设为“毫米”，勾选“仅当前视图”选项，“定位”设为“自动 - 原点到原点”，“放置于”设为“-1F”，单击“打开”按钮，如图 6-9 所示。注意：在导入 CAD 图纸前，先对 CAD 图纸进行处理，处理方法参照项目 4 中 4.1 节中本项目图纸的处理方法。

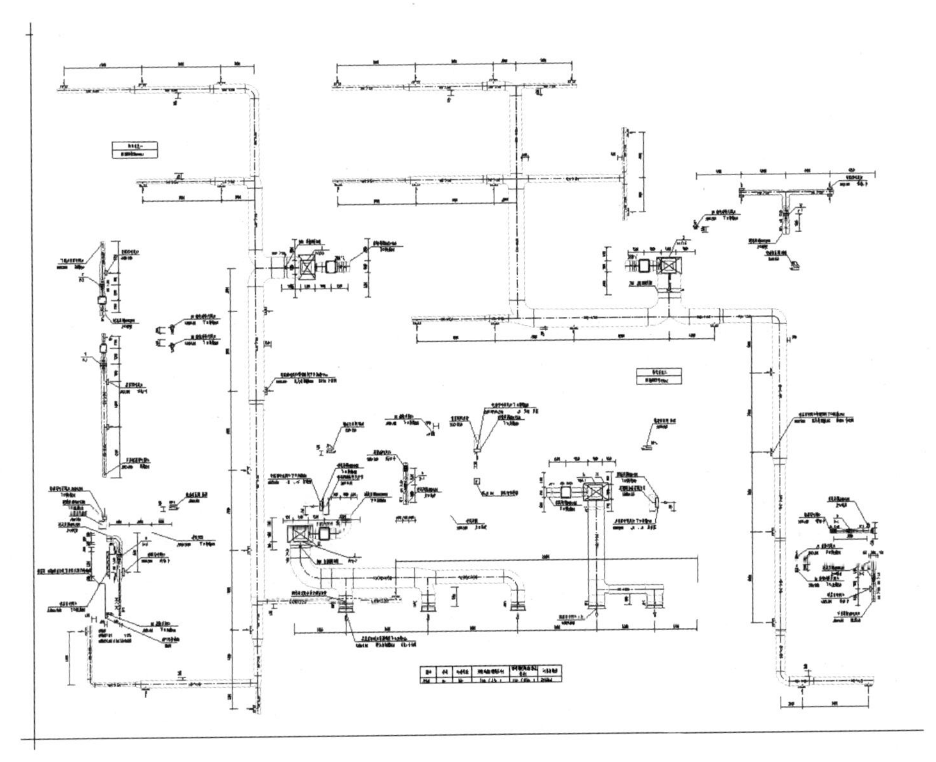

图　6-9

（4）导入 CAD 图纸后，先将图纸解锁，然后使用“对齐”命令将 CAD 图纸与 Revit 绘制的轴网对齐。图纸对齐后，再将 CAD 图纸锁定。

学习任务

完成相关暖通模型创建的项目准备工作。

任务 6.2　风管的创建

任务流程：风管属性的设置→绘制风管。

1. 风管属性的设置

下面以防排烟系统为例，介绍风管属性的设置。

教学视频：风管属性的设置

（1）单击系统分类里的风管（快捷键为 DT），单击“属性”对话框中的下拉列表，出现三大类风管：圆形风管、椭圆形风管、矩形风管，如图 6-10 所示，如选择矩形风管分类下的“镀锌钢板 _ 法兰”。

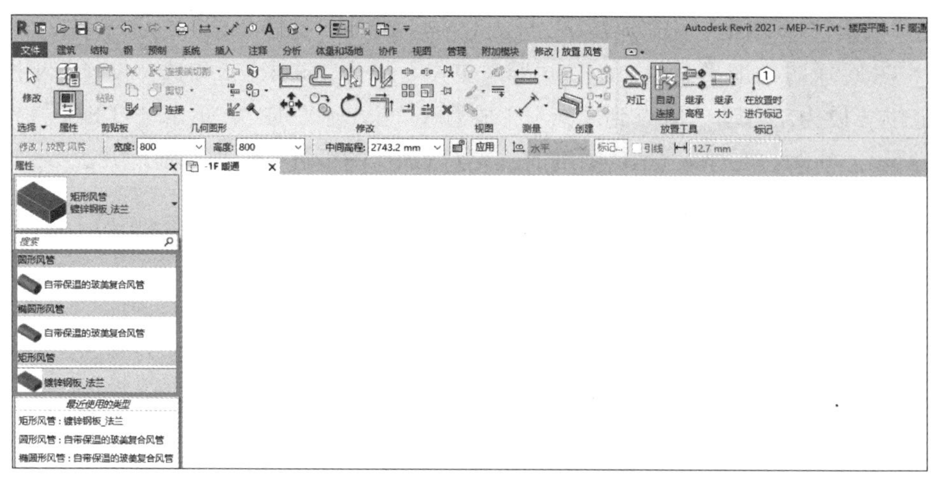

图 6-10

（2）单击“属性”对话框中的“编辑类型”按钮，弹出“类型属性”对话框，在“重命名”对话框中可以将当前类型重新修改一个名字，单击“复制”按钮可以新建一种类型，如图 6-11 所示，“新名称”为“X-排烟风管”，但是“矩形风管”中的风管类型只能复制出“矩形风管”，其他两大类风管同理。

（3）单击“类型参数”里“布管系统配置”右边的“编辑”按钮，弹出“布管系统配置”对话框，单击“风管尺寸”按钮可以修改常用风管尺寸，最关键的是在构件栏里可以修改绘制风管时自动生成的弯头、三通、四通等构件，在“首选连接类型”下拉列表中可以选择“接头”和“T 形三通”选项。

如图 6-12 所示，当在“首选连接类型”下拉列表中选择“接头”选项时，“连接”中三通类构件就会变灰，接头类构件就会变黑。灰色显示即为不使用，黑色显示即为使用。绘制风管时达到的效果如图 6-13 所示。

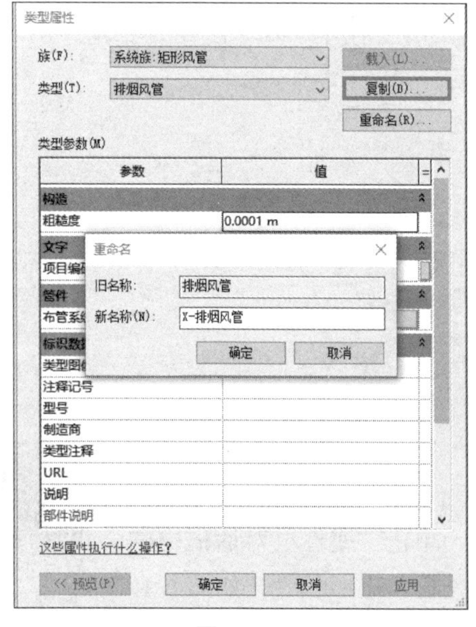

图 6-11

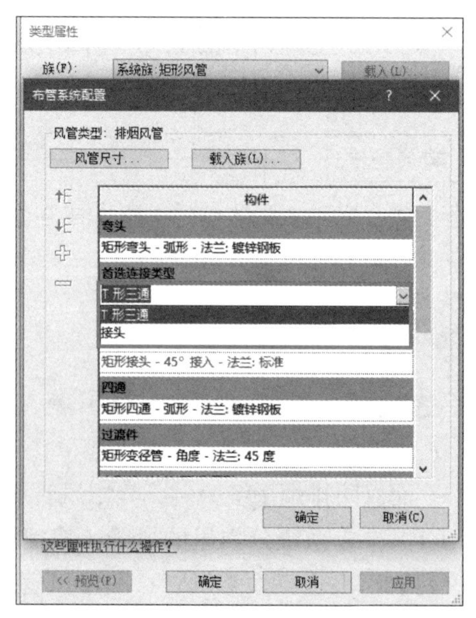

图 6-12

当在“首选连接类型”下拉列表中选择“T 形三通”选项时，“连接”中三通类构件就会变黑，接头类构件就会变灰，绘制风管时达到的效果如表 6-13 中第一排第一个所示。“布管系统配置”所选择的族库的不同，所对应生成的管件形式也有所不同，具体如表 6-3 所示。当没有所需族库时，可通过载入族选择需要的族。

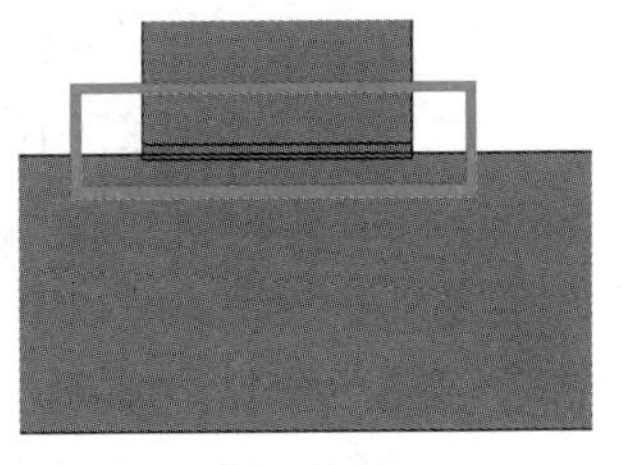

图　6-13

表 6-3　不同连接类型所对应的连接效果

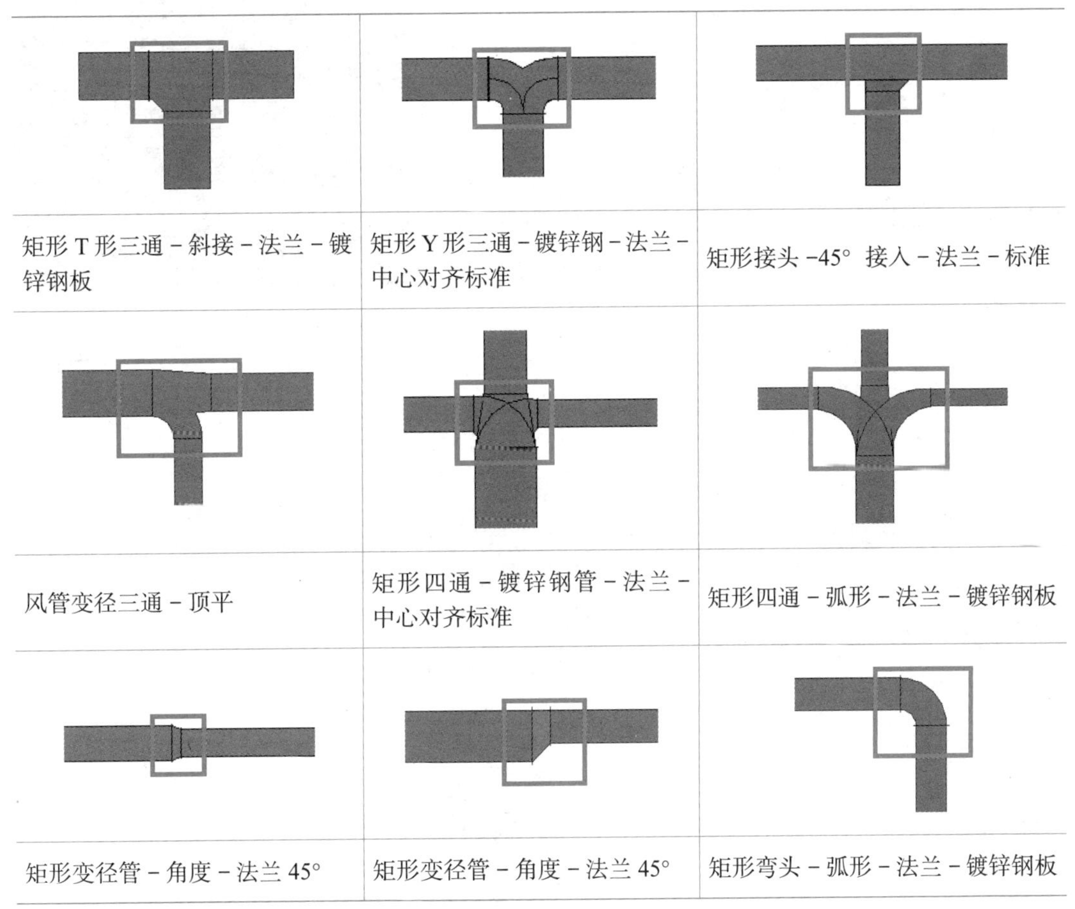

矩形 T 形三通－斜接－法兰－镀锌钢板	矩形 Y 形三通－镀锌钢－法兰－中心对齐标准	矩形接头 −45° 接入－法兰－标准
风管变径三通－顶平	矩形四通－镀锌钢管－法兰－中心对齐标准	矩形四通－弧形－法兰－镀锌钢板
矩形变径管－角度－法兰 45°	矩形变径管－角度－法兰 45°	矩形弯头－弧形－法兰－镀锌钢板

生成管件首选第一种，可以通过左边的快速上下调整构件的位置，还可以通过来新增和删除构件。布管系统配置里的所有设置只在当前类型的风管有效，并不影响其他类型风管的设置，也不影响已经绘制的图元。因此，根据所绘制风管的实际情况，有可能一种系统下的风管根据需要多次设置风管的布管系统配置。

（4）风管系统的设置。依次选择“项目浏览器”→“族”→“风管系统”→“X-排烟系统”命令，弹出“X- 排烟系统”的“类型属性”对话框，可对“X-排烟系统”系统的材质、系统缩写、HY 排烟系统颜色等进行更改。根据暖通排烟图纸分别对“X-排烟系统”“X-加压送风系统”两种风管系统按照表 6-1 所示进行核对和对应的修改。

2. 风管的绘制

1）Y 形三通风管的创建

教学视频：Y 形三通的绘制

下面以排烟机房排烟风机 P（Y）-6 风机出口处的主要风管 2000mm × 500mm 起向外衍生的风管为例进行介绍，如图 6-14 所示。

（1）创建防排烟系统的主风管。依次选择“系统”选项卡→“风管”命令，或者按快捷键 DT，在“属性”对话框中单击“编辑类型”按钮，打开“类型属性”对话框。单击“复制”按钮，弹出“重命名”对话框，输入“X-排烟风管”，单击“确定”按钮，如图 6-15 所示。

（2）设置风管的参数。依次单击“布管系统配置”→“编辑”按钮，修改管件类型，如图 6-16 所示，如果在下拉列表中没有所需要类型的管件，可以从族库中导入。

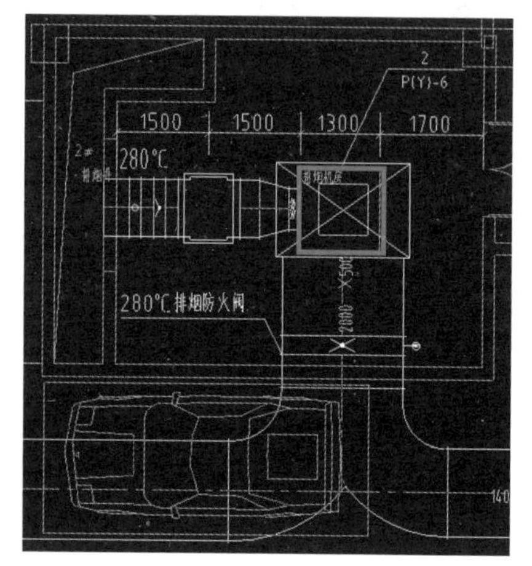

图 6-14

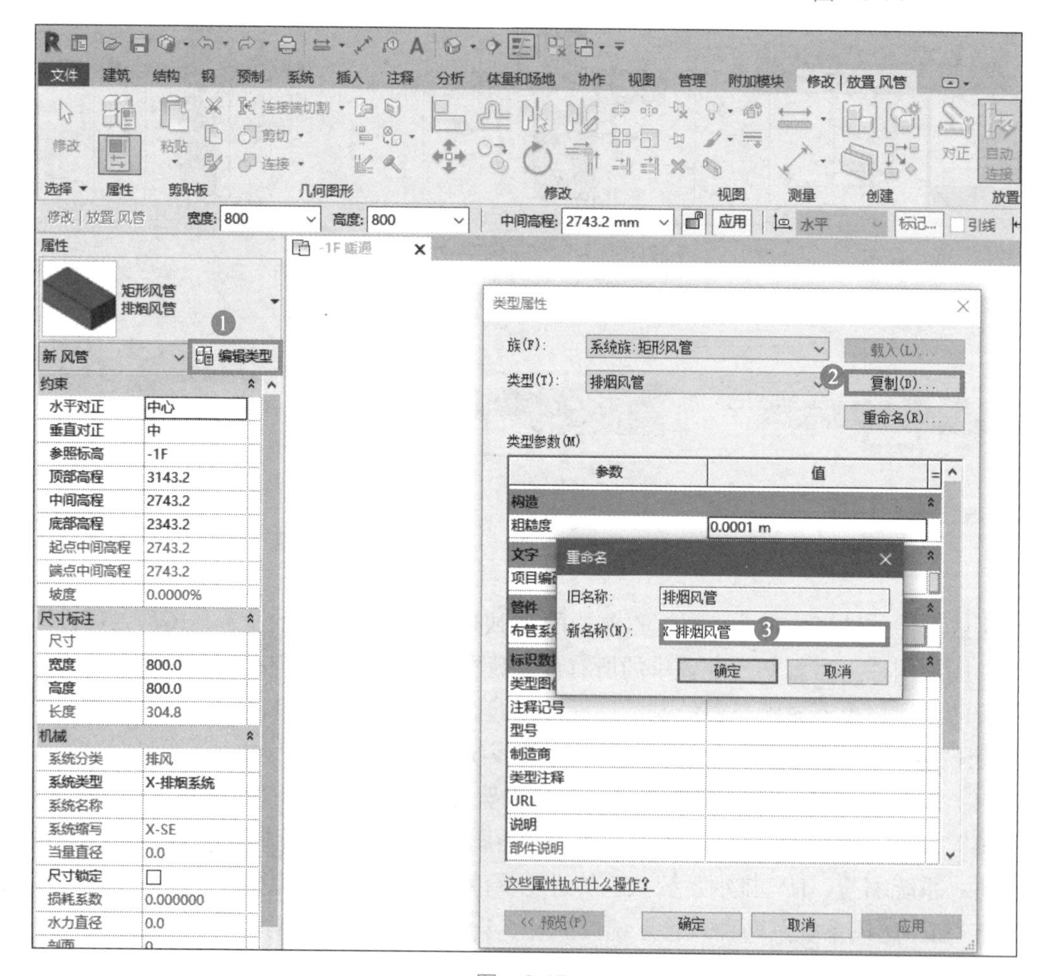

图 6-15

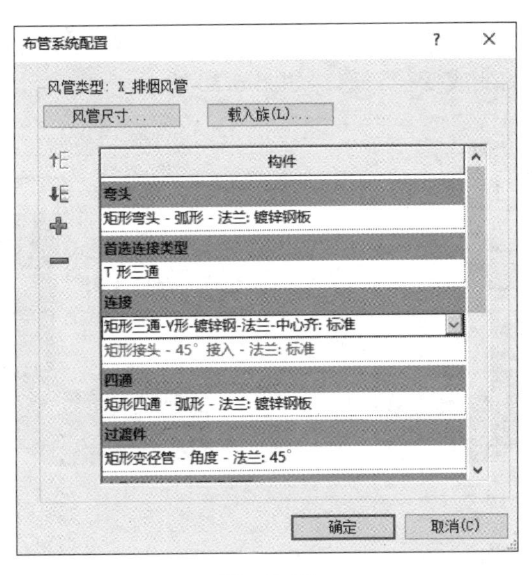

图　6-16

（3）绘制从排烟机房出来的主风管。根据 CAD 底图，在选项栏中设置风管的“宽度”为 2000mm，“高度”为 500mm，“中间高程”为 2950mm，如图 6-17 所示。“系统类型”选择“X-排烟系统”。

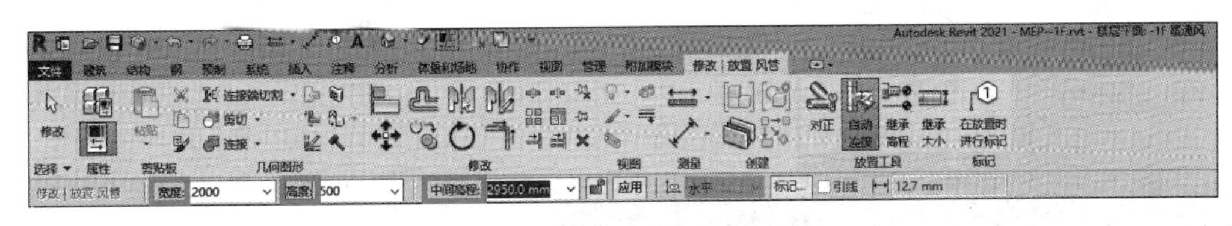

图　6-17

（4）绘制风管。第一次单击确认风管的起点，第二次单击确认风管的终点，如图 6-18 所示，完成水平风管 1600mm×400mm 管道的绘制。

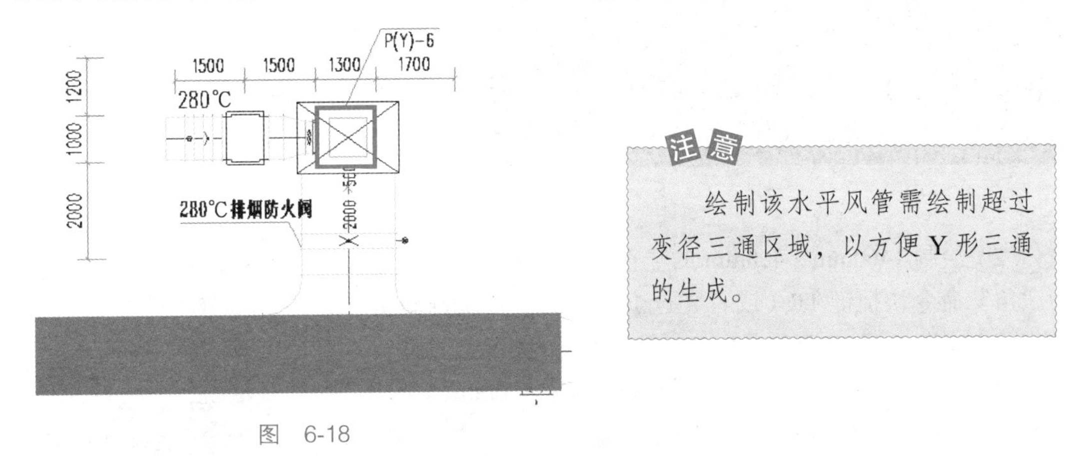

注意

绘制该水平风管需绘制超过变径三通区域，以方便 Y 形三通的生成。

图　6-18

（5）绘制竖直管道 2000mm×500mm 尺寸的风管，高度仍然设为 2950mm，绘制时管道的起点要单击水平管道的最下方至出现交点符号 ，终点即管道的终点，当两端风管的中心线相交即可自动生成三通。绘制结果如图 6-19 所示。

（6）单击选中三通右侧的尺寸为 1600mm × 400mm 的风管，将尺寸修改为 1250mm × 400mm，此时三通则自动变成变径三通，如图 6-20 所示。

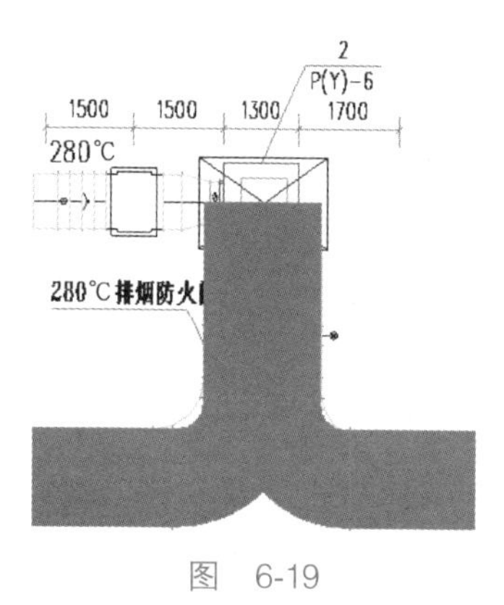

图 6-19

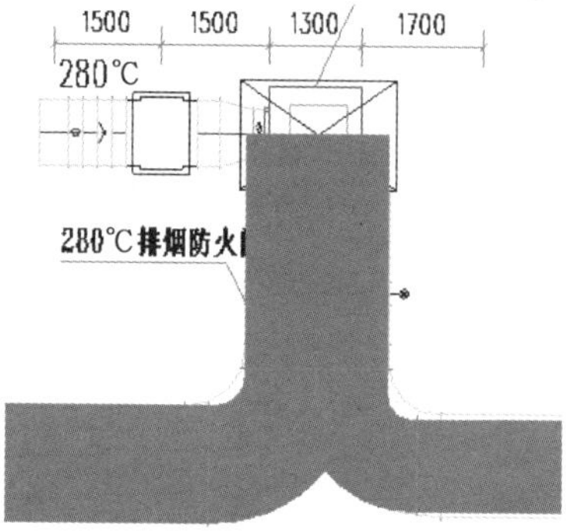

图 6-20

2）变径三通风管的创建

下面介绍从 P（Y）-6 风机出来的下列风管的绘制，如图 6-21 所示。

（1）由于此处风管三通与 Y 形三通不同，因此需要重新设置风管的连接构件，风管的连接类型设置如图 6-22 所示。

教学视频：变径三通风管的绘制

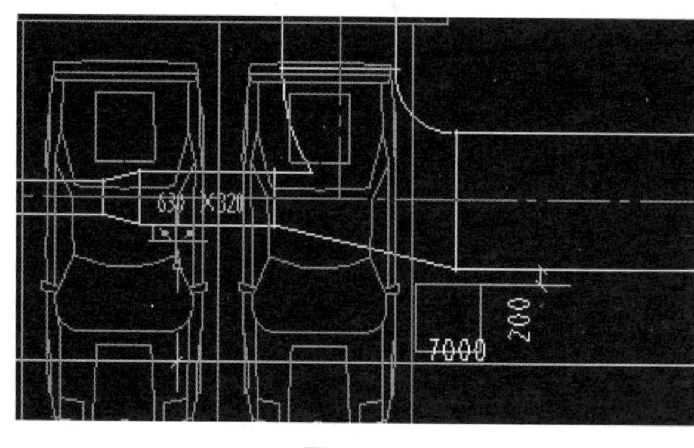

图 6-21

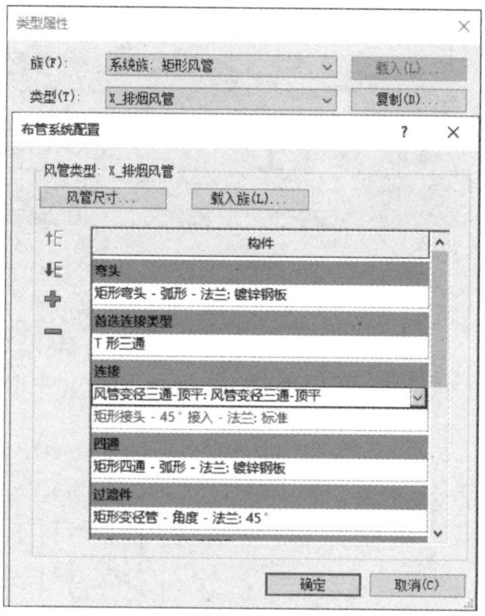

图 6-22

（2）绘制 1400mm × 400mm 的竖直风管。按修剪延伸为“角”命令快捷键 TR（或者先选中一风管，依次选择“修改 | 风管”上下文选项卡→ 命令），依次单击竖直风管 1400mm × 400mm 和水平风管 1600mm × 400mm，会自动生成一个弯头，结果如图 6-23 所示。

（3）如图 6-24 所示，选中已经生成的弯头，单击左侧的 按钮，此时弯头会自动生成一个三通，如图 6-25 所示。

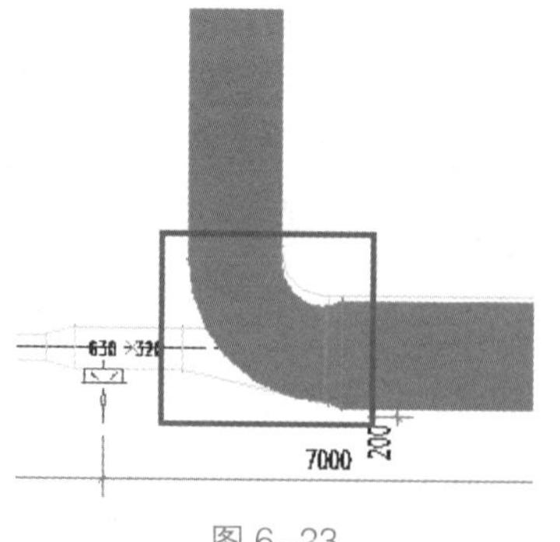

图 6-23

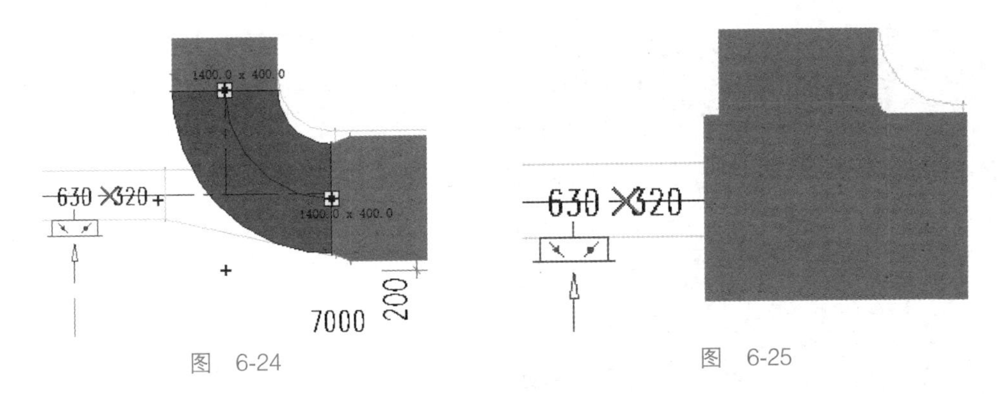

图　6-24　　　　图　6-25

（4）右击三通左侧的 按钮，弹出如图 6-26 所示的快捷菜单，选择“绘制风管”选项，然后输入风管的宽度为 630mm，高度为 320mm，在绘图区域进行绘制。绘制完成后，三通就会变成一个变径三通，结果如图 6-27 所示。

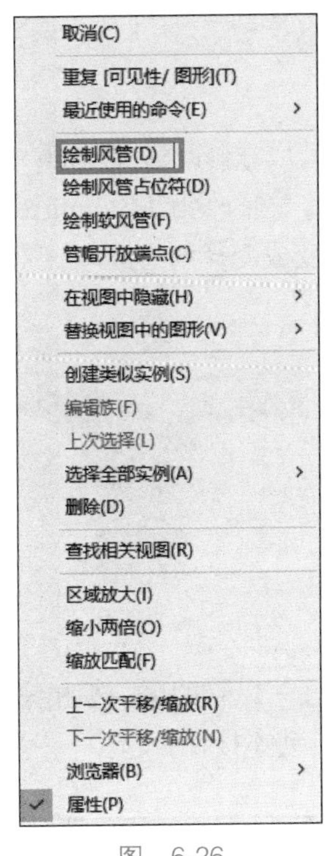

图　6-26

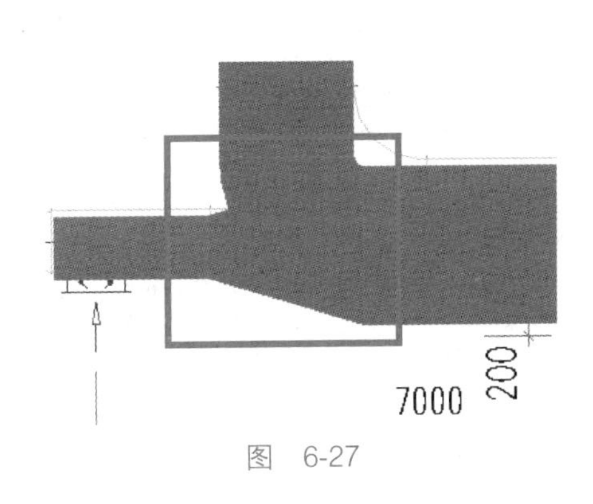

图　6-27

3）四通风管的创建

下面介绍如图 6-28 所示的四通区域的绘制方法。

教学视频：四通风管的绘制

（1）按照图 6-29 所示，设置“X_ 排烟风管”的四通连接件为“矩形四通 - 弧形 - 法兰：镀锌钢板”。

（2）绘制水平风管。风管尺寸按照 800mm × 320mm，标高为 2950mm，从左侧绘制到四通的右侧。绘制结果如图 6-30 所示。

（3）绘制垂直风管。风管尺寸按照 1400mm × 400mm，标高为 2950mm，从上部绘制到四通的下部，在水平管道和垂直管道交接处会自动生成四通，如图 6-31 所示。

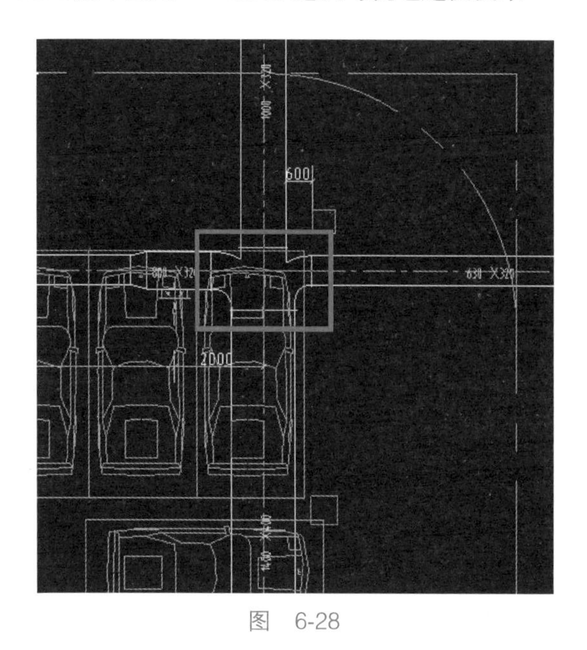

图 6-28

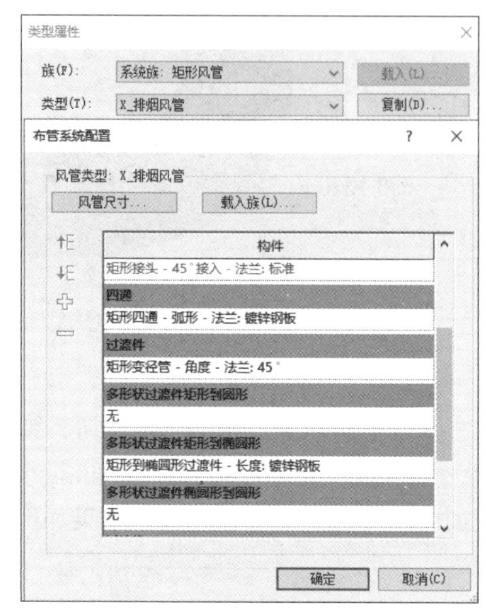

图 6-29

（4）选中图 6-31 所示右侧红色方框圈出来的风管，将其尺寸修改为 600mm × 320mm。并单击图 6-31 所示下侧红色方框圈出来的风管，将其尺寸修改为 1400mm × 400mm，绘制结果如图 6-32 所示。修改完风管尺寸后，四通会自动变成变径四通接口。

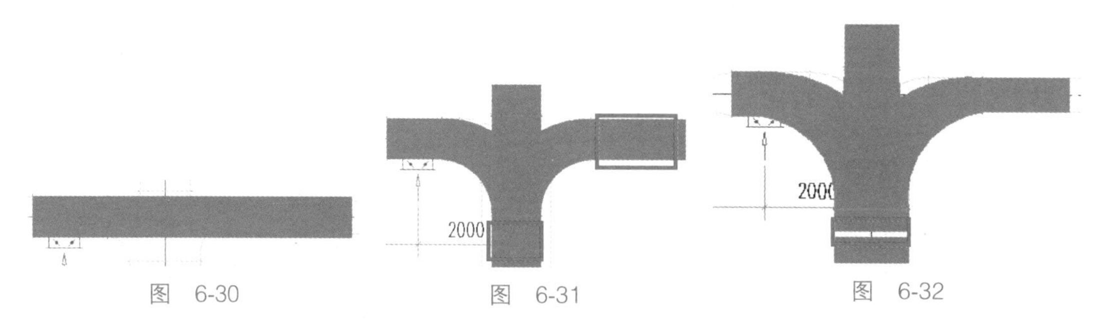

图 6-30　　图 6-31　　图 6-32

（5）如图 6-32 所示，由于所绘制的风管间有间隙，将任一风管的 拖住不放，一直往延伸方向拖曳，直至出现 时，松开鼠标。两截风管自动连接在一起。

注意

在拖曳前一定要注意使两截风管中心对齐，如果不对齐，则按快捷键 AL 使其对齐。

4）变径斜接风管的创建

下面介绍如图 6-33 所示的斜变径接口的绘制方法。

教学视频：变径斜接风管的创建

（1）如图 6-34 所示，依次单击“编辑类型”→“复制”按钮，复制命名为“T-排风风管”。

（2）沿着 CAD 底图绘制风管尺寸为 500mm × 400mm 的风管，绘制高度为 3000mm，绘制时风管系统类型选择“T-排风系统”。再沿着 CAD 底图绘制风管尺寸为 320mm × 320mm 的风管。绘制高度均为 3000mm。绘制结果如图 6-35 所示。

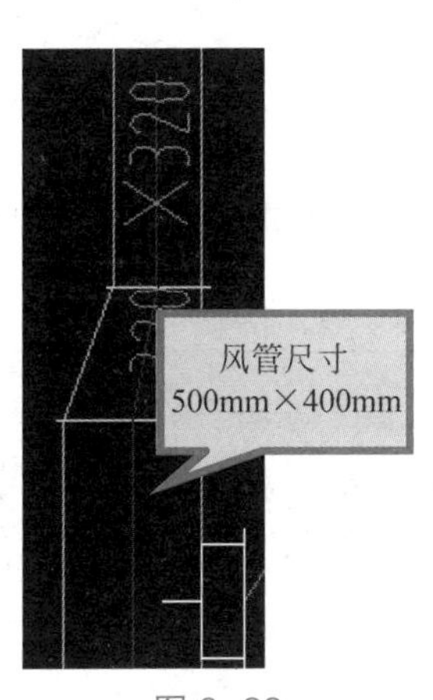

图 6-33

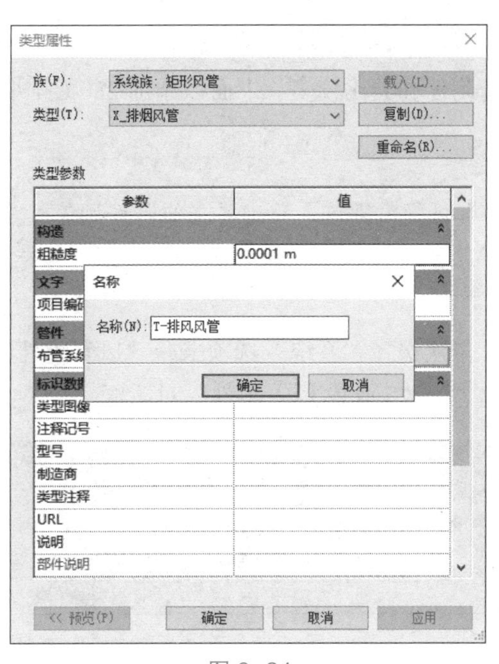

图 6-34

（3）采用拖曳方法将任一风管延伸方向处的 拖住不放，如图 6-36 所示，向延伸方向拖曳，直至出现 时松开鼠标，此时两截风管自动连接，在连接接口处自动生成斜 45° 变径斜接口，如图 6-37 所示。

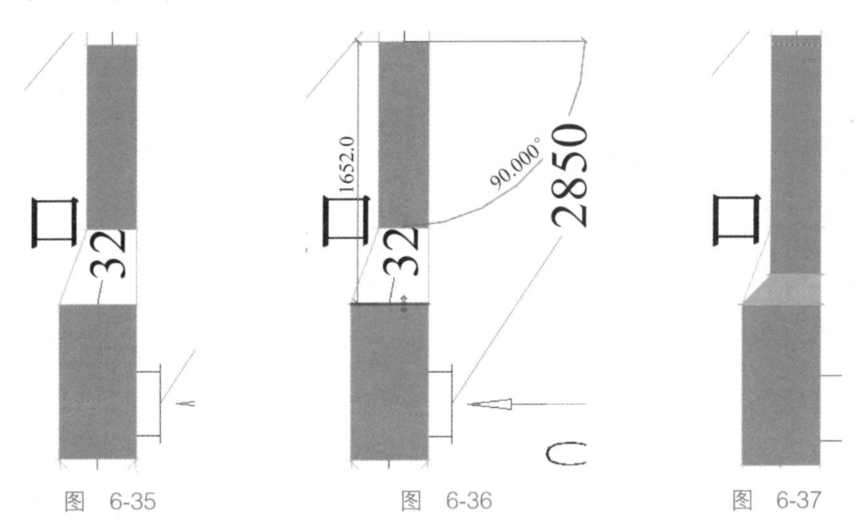

图　6-35　　图　6-36　　图　6-37

学习任务

完成 -1F 暖通防排烟平面图中相关风管的创建。

任务 6.3　风管附件和风道末端的创建

任务流程：用快捷键 DA 进行风管附件的创建→用快捷键 AT 进行风道末端的创建。

6.3.1 风管附件的创建

风管附件种类比较多。下面以添加 280℃排烟防火阀为例，介绍风管附件的创建。

> **注意**
>
> 添加风管附件前，一定要先绘制好风管。具体添加风管附件的方法如下。

教学视频：风管附件的创建

（1）依次选择“系统”选项卡→“风管附件”命令，或者按快捷键 DA，如图 6-38 所示，弹出“修改 | 放置 风管附件”对话框。

图 6-38

（2）在“类型选择器”中选择一个附件类型。如果没有所需的附件类型，则选择“载入族”命令，将所需要的风管附件载入进来，如图 6-39 所示。

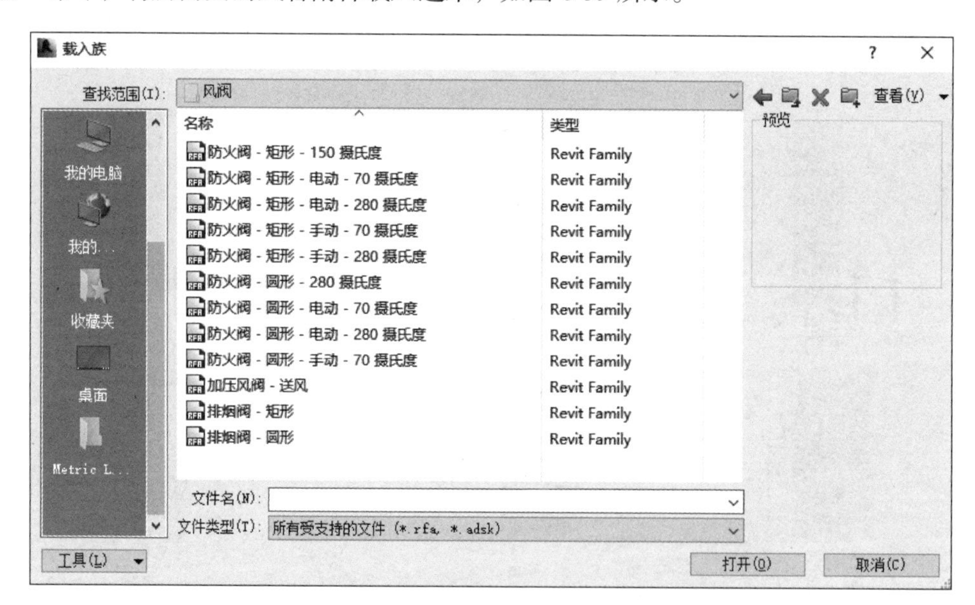

图 6-39

（3）选择好风管附件后，在需要放置风管附件处的风管位置上单击，放置结果如图 6-40 所示。

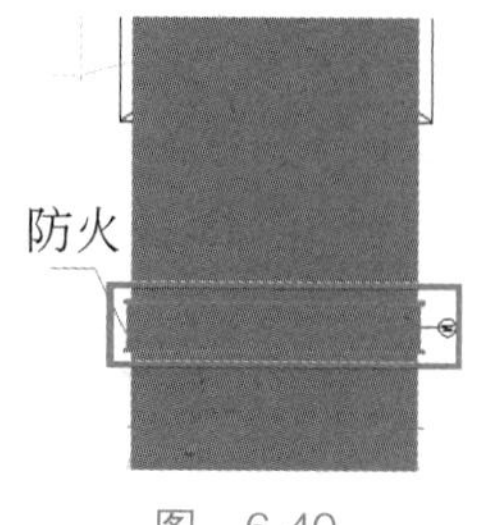

图 6-40

6.3.2 风道末端的创建

1. 基于面的风道末端的创建

下面以添加侧风口 ■ 为例进行介绍。

教学视频：基于面的风道末端的创建

添加风管末端前一定要先绘制好风管。

具体添加风管末端的方法如下。

（1）如图 6-41 所示，依次选择“系统”选项卡→“风道末端”命令，或者按快捷键 AT，弹出提示对话框，单击“是”按钮。

图　6-41

（2）在“类型选择器”中选择一个风道末端类型。如果没有所需的风口类型，则选择“载入族”命令，将所需要的风口族载入进来，如图 6-42 所示。

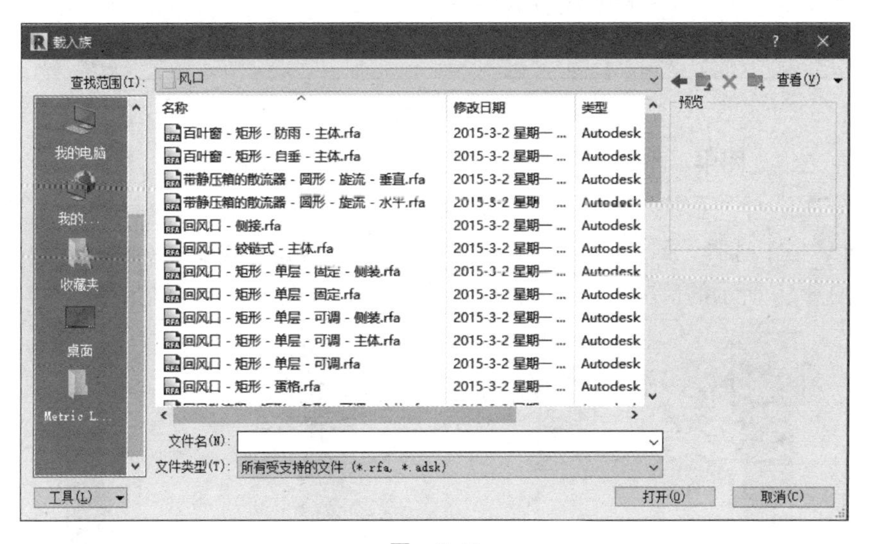

图　6-42

（3）本次族库为“单层百叶风口 - 基于主体 600mm × 300mm”。该族库是基于面的族，因此要放置该族时，需要在三维模型中放置。

（4）在三维模型中，首先将三维模型调整到适合放置风口的角度，按快捷键 AT，在合适的风管位置附近单击，如图 6-43 所示。风口会自动放置在风管上，如图 6-44 所示。

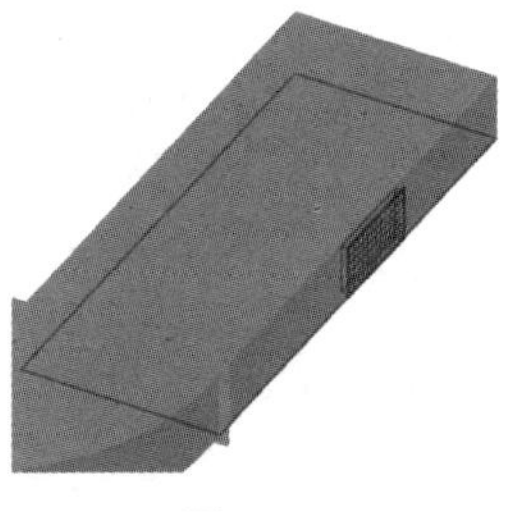

图　6-43

图　6-44

2. 与风管连接的风口的添加

下面以图 6-45 所示的单层百叶风口的添加方法为例，介绍与风管连接风口的添加方法。

（1）绘制 320mm × 320mm 的水平风管，如图 6-46 所示。

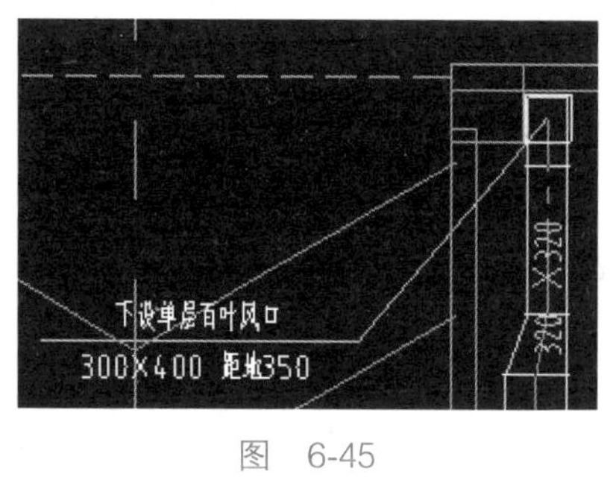

图 6-45

图 6-46

教学视频：与风管连接的风口的添加

（2）立管的绘制。右击已绘制风管末端的 ，在弹出的快捷菜单中选择“绘制风管”选项，此时在“中间高程”中输入“350.0mm”，如图 6-47 所示，双击两次“应用”按钮，即完成风管立管的绘制，绘制结果如图 6-48 所示。

图 6-47

（3）在三维视图中，将立管末端旋转到向上，如图 6-49 所示。

（4）依次选择“系统”选项卡→“风道末端”命令，或者按快捷键 AT，在弹出的“属性”对话框中选择“回风口 - 矩形 - 单层 - 固定 - 侧装 300mm × 400mm”，当在风管末端出现图 6-50 所示的情况时单击，风口会自动与立管连接起来，结果如图 6-51 所示。

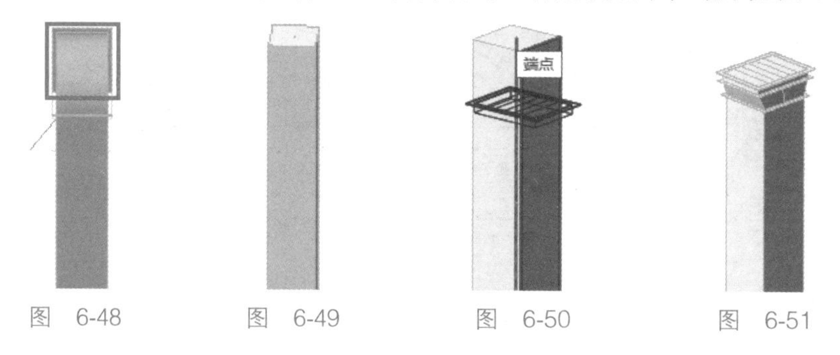

图 6-48　图 6-49　图 6-50　图 6-51

学习任务

完成 -1F 暖通防排烟平面图中相关风管的附件和风道末端的创建。

任务 6.4　暖通防排烟机械设备的创建

6.4.1　添加轴流风机和消声器

教学视频：添加轴流风机和消声器

任务流程：载入轴流风机和消声器→绘制风管→放置消声器→放置轴流风机→实现轴流风机与风管间的连接。

下面以“P-3”轴流风机的添加为例进行介绍，具体图纸和图例如图 6-52 所示。

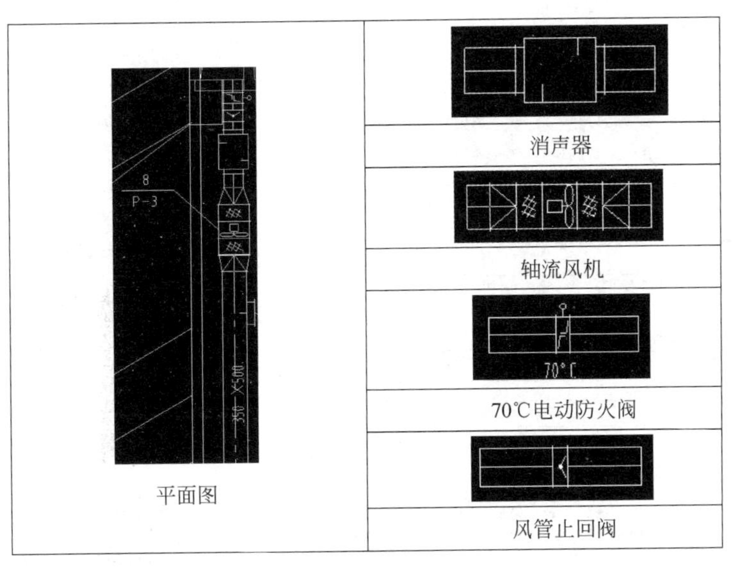

图　6-52

（1）载入轴流风机和消声器的族。依次选择“插入”选项卡→“载入族”命令，选择本书配套资源中的风机和消声器的族文件，单击“打开”按钮，将族载入项目中。

（2）绘制风管，风管尺寸为 350mm × 500mm，高度为 3000mm，绘制到超过静压箱的位置，结果如图 6-53 所示。

（3）放置消声器。如图 6-54 所示，依次选择“系统”→“构件”下拉列表→“放置构件”命令，在弹出的“属性”下拉列表中选择（1）中载入的“消声器”。如图 6-55 所示，然后将光标移至风管上在合适的位置（风管上出现两蓝色交叉线时）单击，此时消声器已添加到风管上，如图 6-56 所示。

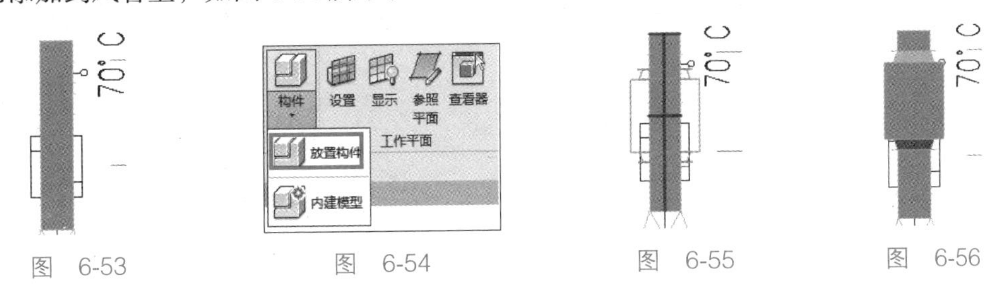

图　6-53　　图　6-54　　图　6-55　　图　6-56

（4）移动消声器的位置。单击已添加在风管上的消声器，然后按住键盘上的↓键，此时消声器会向下移动至与 CAD 底图上位置一致时停止。

（5）放置轴流风机。依次选择“系统”选项卡→“机械设备”命令，在左侧“属性”下拉列表中选择“P-3 轴流风机”。当轴流风机中没有所需的型号名称，可依次单击“编辑类型”→“复制”按钮，将名称命名成所需的名字即可，如图 6-57 所示。

在弹出的“类型属性”对话框中编辑其“主体中的偏移量”，在“主体中的偏移量”中输入 3000mm，并修改风机的半径、长度，修改数据按照图 6-58 所示进行修改，与此同时勾选“放置后旋转”复选框。然后将光标移到绘图区域风机所在位置时单击。此时轴流风机是水平放置的，由于已经勾选“放置后旋转”复选框，因此此时移动鼠标至旋转角度出现 90° 时单击，如图 6-59 所示，轴流风机旋转结果如图 6-60 所示。

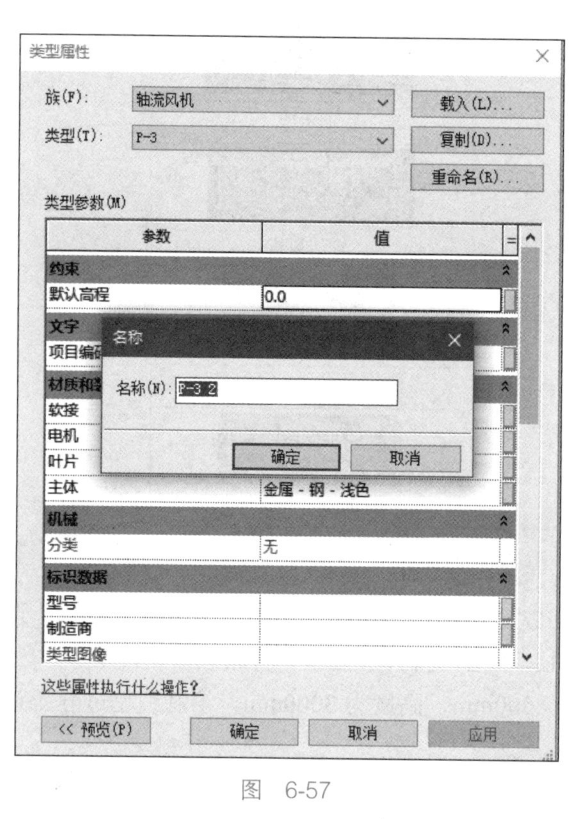

图 6-57

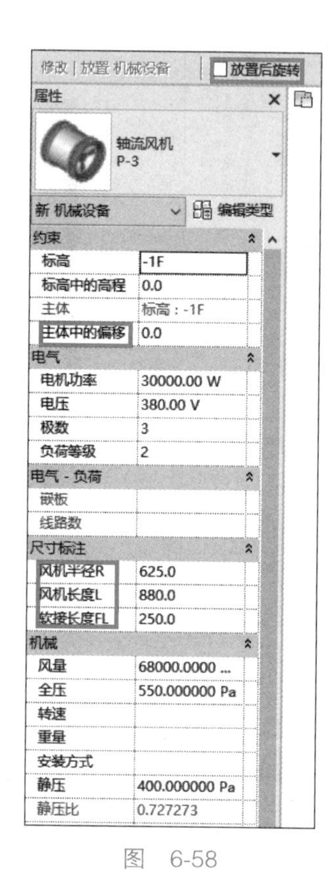

图 6-58

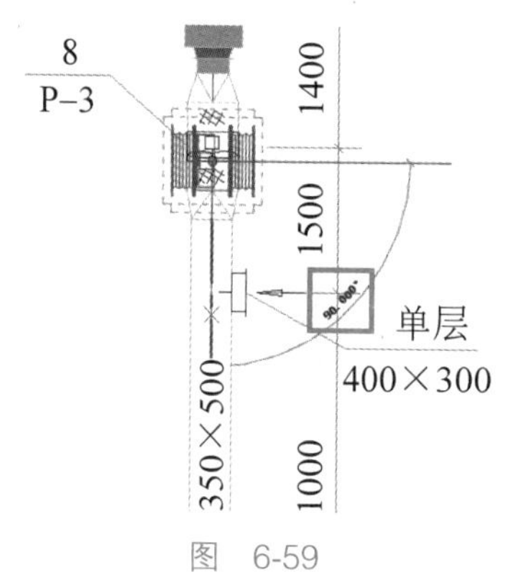

图 6-59

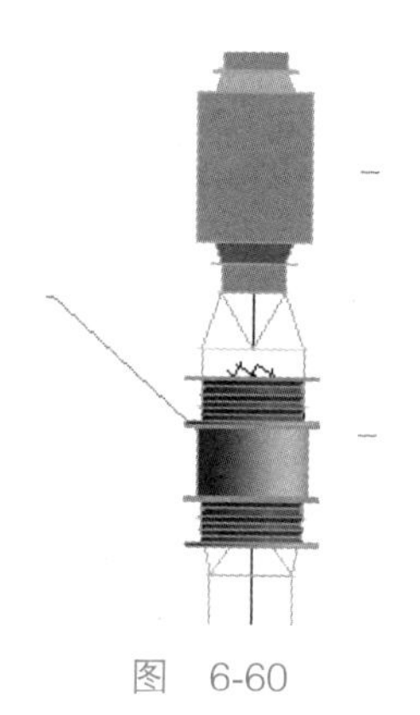

图 6-60

（6）轴流风机和风管之间的连接。单击图 6-61 所示风管下方末端的 ，将其向下拖曳至与轴流风机相交处出现 时松开。此时轴流风机与风管之间已生成连接构件“天方地圆 -30°”。再单击选中生成的连接构件“天方地圆 -30°”，在左侧“属性”下拉列表中选择“天方地圆 -45°”。如果下拉列表中没有 45° 的天方地圆，可依次单击“编辑类型”→“复制”按钮，重新新建一个 45° 的天方地圆，结果如图 6-62 所示。

（7）绘制轴流风机另一端的风管。按快捷键 DT，在弹出的对话框中输入风管的尺寸 350mm × 500mm，高度为 3000mm，然后将光标移至绘图区域轴流风机的末端至出现 时单击，一直向下至风管的另一端再单击。此时已完成轴流风机另一端风管的绘制，结果如图 6-63 所示。

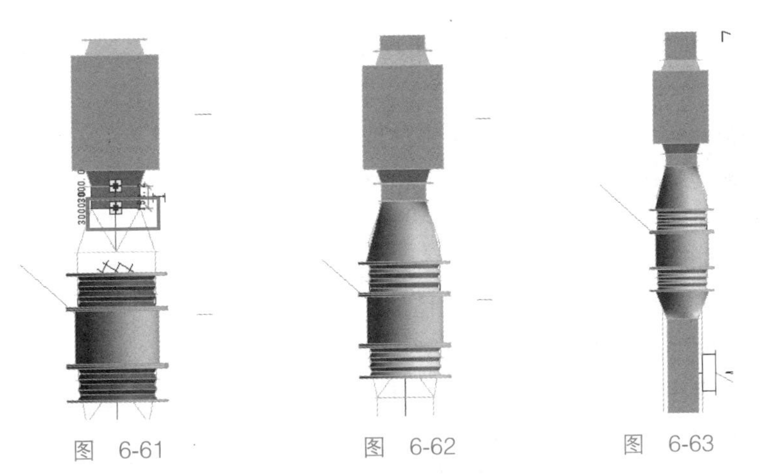

图　6-61　　　　图　6-62　　　　图　6-63

（8）添加风管附件和风口，结果如图 6-64 所示。

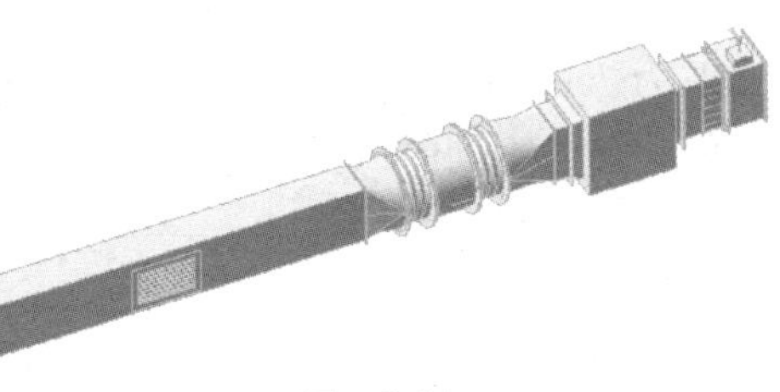

图　6-64

6.4.2　排烟机房的创建

任务流程：载入轴流风机和消声器→绘制风管→放置消声器→放置轴流风机→实现轴流风机与风管之间的连接。

下面以“P（Y）-5”柜式排烟风机介绍排烟机房的绘制方法，具体图纸如图 6-65 所示。

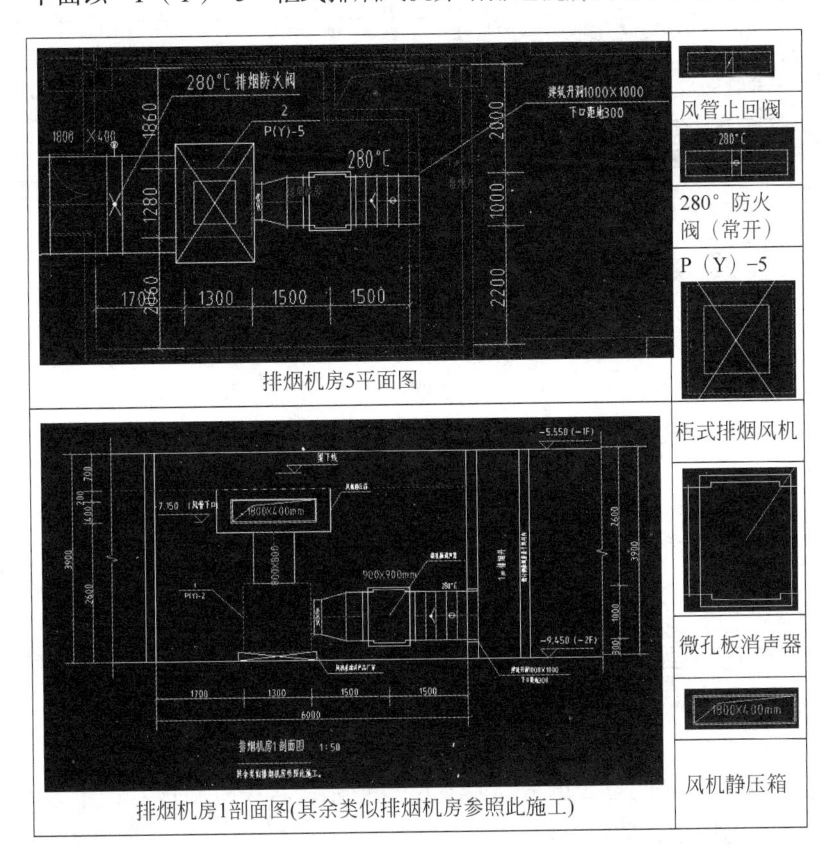

图　6-65

教学视频：排烟机房的创建

根据图纸可知排烟机房 5 参照排烟机房 1 的剖面图进行施工。下面介绍具体的绘制步骤。

（1）载入柜式排烟风机和消声静压箱的族。依次选择“插入”选项卡→“载入族”命令，选择本书配套资源中的柜式排烟风机和消声静压箱的族文件，单击“打开”按钮，将族载入项目中。

（2）修改柜式排烟风机的相关参数。依次选择“系统”选项卡→“机械设备”命令，在左侧“属性”下拉列表中选择“柜式排烟风机 30-A 型”。当柜式排烟风机中没有所需的型号名称时，可依次单击“编辑类型”→“复制”按钮，将名称命名成所需的名字“P（Y）-5”即可，如图 6-66 所示。根据排烟机房剖面图可知柜式排烟风机进风口的尺寸为 800mm × 800mm，出风口的尺寸为 700mm × 700mm，因此将该风机在尺寸标注栏中的“进风口 A”“进风口 B”的尺寸改为“800.0”；将“出风口 A”“出风口 B”的尺寸改为 700，具体如图 6-67 所示，并在“注释记号”中输入“P（Y）-5”，单击“确定”按钮。具体不同的风机型号所对应的尺寸参数有所不同，要根据具体的图纸进行具体的修改。

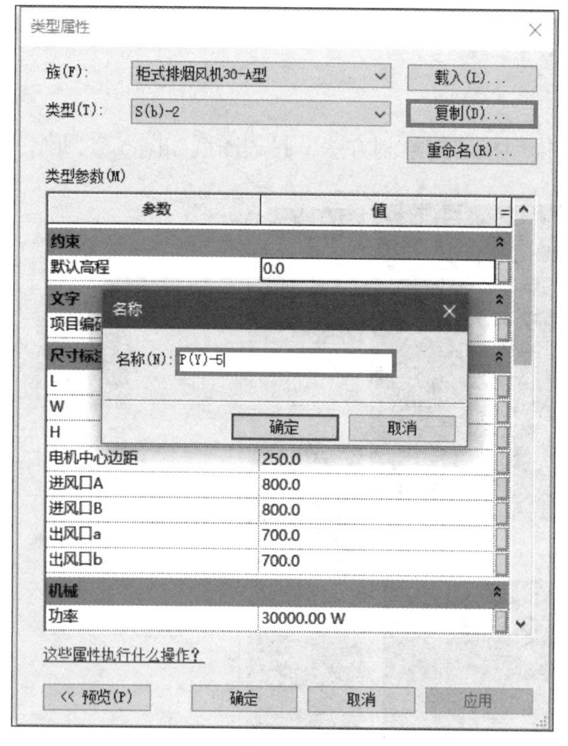

图 6-66

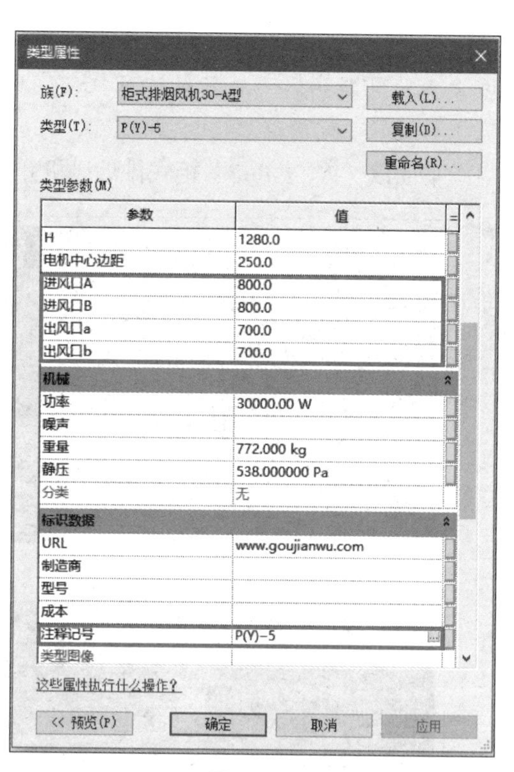

图 6-67

（3）放置柜式排烟风机。如图 6-68 所示，在“修改 | 放置 机械设备”选项栏中勾选“放置后旋转”复选框。在“属性”对话框中“标高”选择“-1F”，“主体中的偏移”输入“0.0”，如图 6-69 所示。

（4）在平面视图中风机所在的位置单击，如图 6-69 所示，将风机旋转 180°。然后按快捷键 AL 将风机对齐到与图纸合适的位置。

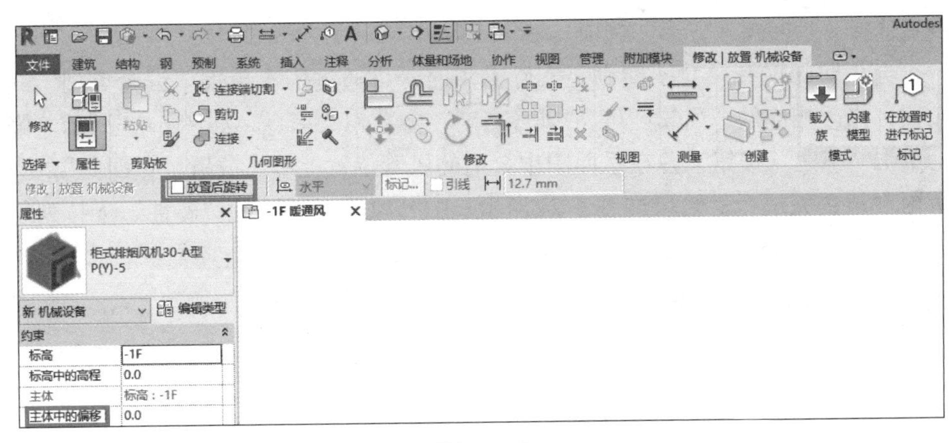

图　6-68

（5）绘制水平出风管。如图 6-70 所示，在风机选中状态下将光标移至出风口，单击图标 ，将弹出“修改 | 放置 风管”选项栏，将绘制风管的尺寸“宽度”改为“900”，“高度”也改为“900”，如图 6-71 所示。待修改完成后在平面视图窗口向右绘制水平出风管，绘制结果如图 6-72 所示。

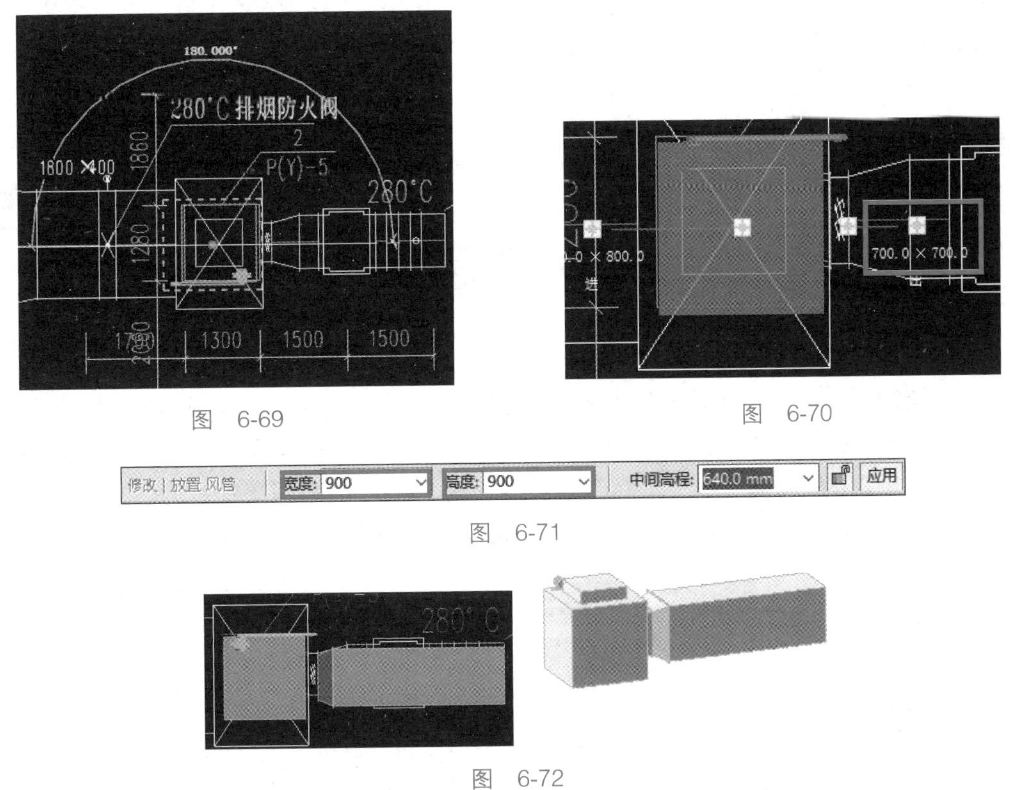

图　6-69

图　6-70

图　6-71

图　6-72

（6）添加水平向右出风管上安装的消声器、止回阀和 280℃排烟防火阀。依次选择“系统”选项卡→“风管附件”命令，在弹出的“属性”下拉列表中选择已载入的“消声器”。在平面图中步骤（5）绘制的风管上合适的位置单击即可放置消声器。按照相同的方法将“280℃排烟防火阀”放在出风管上。同时在“修改 | 放置 风管附件”的“属性”下

拉列表中选择“止回阀 - 方形”选项。

（7）当止回阀现有尺寸不能满足实际需求时，可通过依次单击“编辑类型”→“复制”按钮，修改相应的“风管宽度”“风管高度”参数相关信息，如图 6-73 所示。修改完成后，单击“确定”按钮，并在平面图中合适的风管位置上单击放置“止回阀”。当所有的风管附件放置完成后，结果如图 6-74 所示。当“风管附件”的“属性”下拉列表中没有所需要的族时，可通过“载入族”将所需要的族文件载入项目。

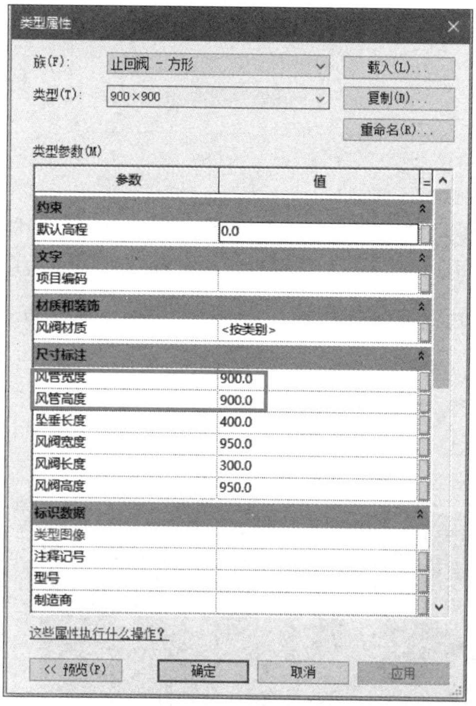

图 6-73

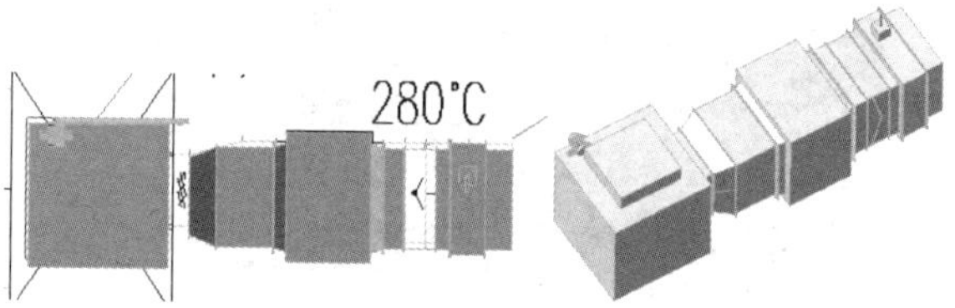

图 6-74

（8）绘制 1800mm × 400mm 的水平进风管。依次选择“系统”选项卡→“风管”命令，在“修改 | 放置 风管”的“属性”下拉列表中选择“X-排烟风管”选项，如图 6-75 所示，输入风管的“宽度”为“1800”，“高度”为“400”，“中间高程”为“3000.0mm”，然后在窗口合适的位置完成水平进风管 1800mm × 400mm 风管的绘制。

图 6-75

（9）放置静压箱。依次选择“系统”选项卡→“载入族”命令，首先从族库中载入所需要的“静压箱”族文件。根据风机静压箱水平接口和竖直接口风管的尺寸，对静压箱的参数进行修改。如图 6-76 所示，将静压箱的“主体中的偏移”输入“3000”，“风管高度 2”输入“400.0”，“风管高度 1”输入“800.0”，“风管宽度 2”输入“1800.0”，“风管宽度 1”输入“800.0”，然后在平面视图中的合适位置处放置静压箱。按快捷键 AL 将风管与静压箱风管接口对齐。单击所绘制的 1800mm × 400mm 的排烟风管端口的 ⊞ 拖曳风管，至出现 ▣ 时，即完成风管与静压箱之间的连接，绘制结果如图 6-77 所示。

（10）绘制柜式排烟风机竖向进风管，并完成该风管与静压箱之间的连接。依次单击“视图”选项卡→ 图标，在图 6-78 所示位置绘制一条水平剖面线。并右击，在弹出的快捷菜单中选择“转到视图”选项，将进入剖面框所对应的剖切位置的剖面视图，如图 6-79 所示。单击柜式风机 向上绘制 800mm × 800mm 的竖直风管至合适的高度，如图 6-80 所示。然后切换到三维视图，将模型旋转至合适的位置，按快捷键 AL，单击风管中心的 ■ 和静压箱下风口的 ■，使竖向风管与静压箱下风口中心对齐。然后再拉伸风管使风管与静压箱下风口连接起来。

图　6-76

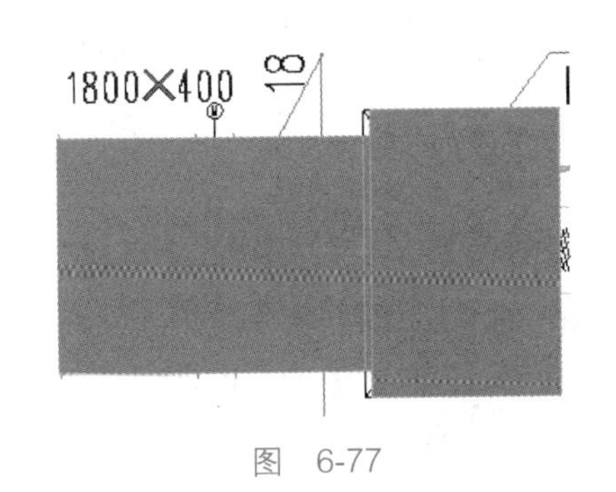

图　6-77

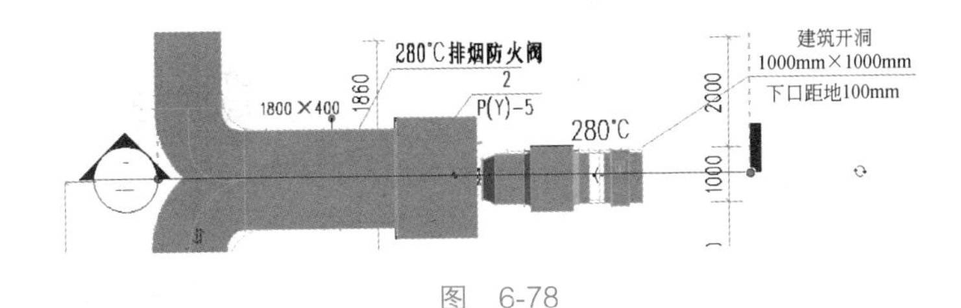

图　6-78

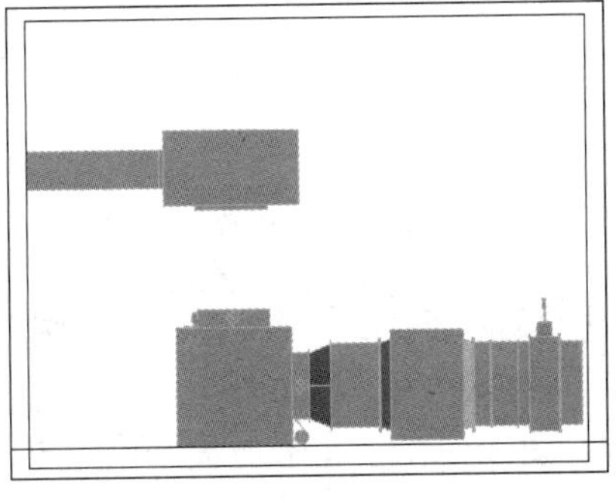
图　6-79

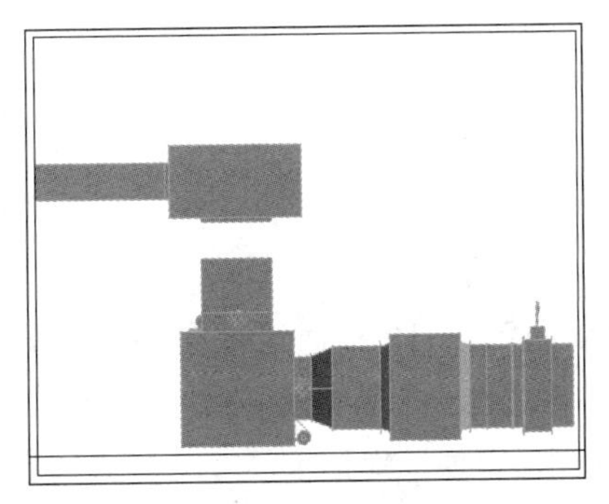
图　6-80

（11）放置 1800mm×400mm 风管上的风管附件，方法同第（6）步，结果如图 6-81 所示。

其余排烟机房的绘制方法参照本章节。当所有防排烟系统绘制完成后，其结果如图 6-82 所示。

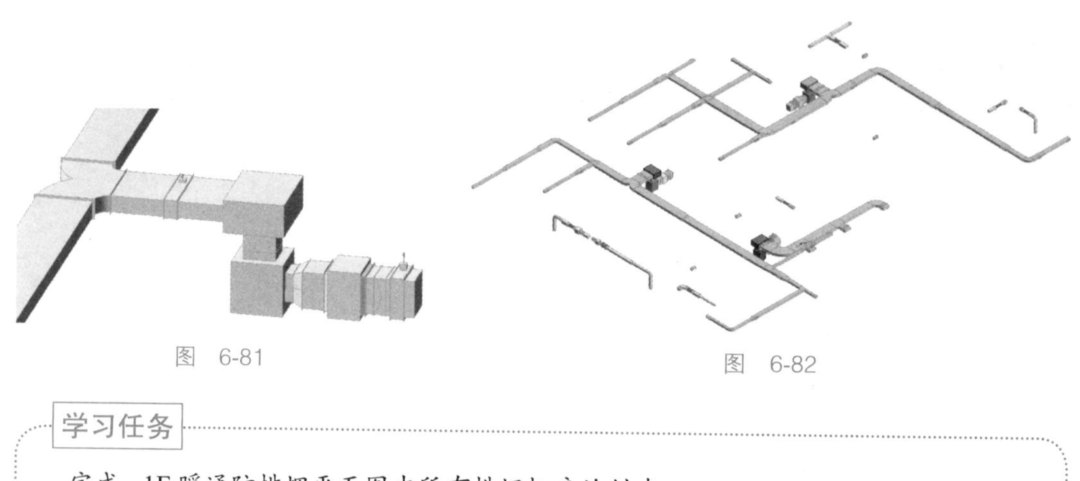

图 6-81　　　　图 6-82

学习任务

完成 -1F 暖通防排烟平面图中所有排烟机房的创建。

任务 6.5　暖通空调风系统的创建

6.5.1　空调风系统风机盘管的绘制

任务流程：导入空调风系统平面图→风管属性的设置→风管系统属性的设置→放置风机盘管→绘制风管→风管与风机盘管之间的连接→新风出风竖向立管和风口的绘制。

下面以风机盘管“FP-136”为例，介绍空调风系统风机盘管及空调风管风口的绘制，具体图纸如图 6-83 所示。

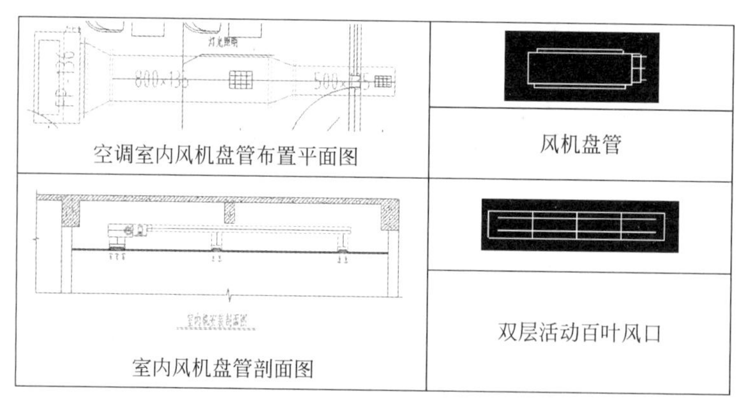

图 6-83

教学视频：空调风系统风机盘管的绘制

（1）隐藏 -1F 暖通风视图中之前导入的暖通防排烟平面图。依次选择“视图”选项卡→“可见性 / 图形替换”命令，或者通过按快捷键 VG 或 VV，即可弹出当前视图的“可见性 / 图形替换”对话框。在“导入的类别”选项卡中取消勾选“-1F 暖通防排烟 -t3.dwg”的可见性，如图 6-84 所示，单击“确定”按钮。

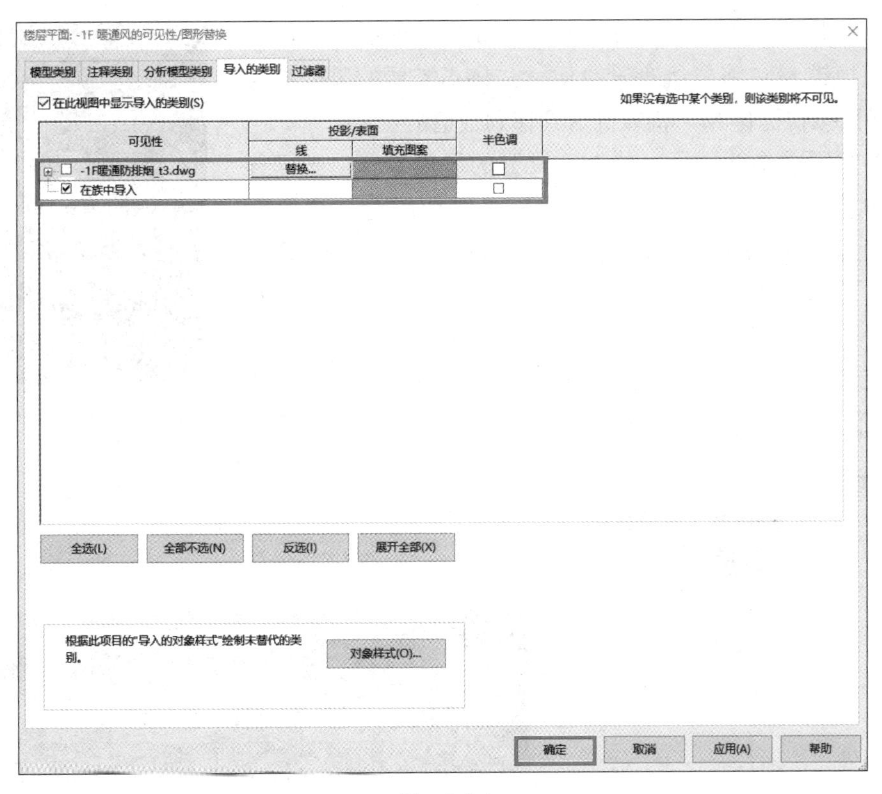

图　6-84

（2）导入空调风管 CAD 图纸。依次选择“插入”选项卡→“导入 CAD”命令，打开“导入 CAD 格式”对话框，选择“-1F 暖通风平面图 .dwg”，“导入单位”设为“毫米”，勾选“仅当前视图”复选框，“定位”设为“自动 - 原点到原点”，“放置于”设为“-1F”，单击“打开”按钮。先将导入的 CAD 图纸解锁，然后按快捷键 AL，将导入图纸的轴网与 Revit 的轴网对齐。图纸对齐后，再将 CAD 图纸锁定。

（3）风管属性的设置。单击系统分类里的风管（快捷键 DT），在“矩形风管 X-排烟风管”下依次单击“编辑类型”→“复制”按钮，将名称命名为“K-新风风管”，单击“确定”按钮。

（4）风管系统属性的设置。依次选择“项目浏览器”→“族”→“风管系统”→“K-新风系统”，弹出“K-新风系统”的“类型属性”对话框，对“K-新风系统”系统的材质、系统缩写、HY 排烟系统颜色等进行更改，完成相应的更改。

（5）修改风机盘管的参数。依次选择“系统”选项卡→“载入族”命令，首先从族库中载入所需要的“风机盘管 - 右接管”的族文件。然后通过依次单击“编辑类型”→“复制”按钮，将其命名为“FP-136”。如图 6-85 所示，勾选“放置后旋转”复选框，在“主体中的偏移”中输入“3300.0”。并在

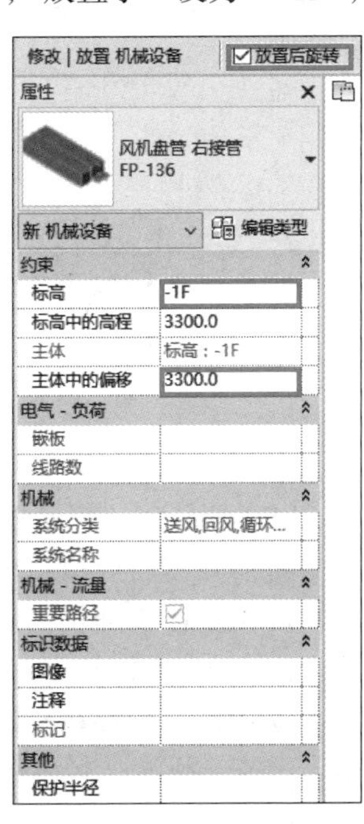

图　6-85

窗口合适的位置单击，向下旋转 90°，如图 6-86 所示。然后通过按快捷键 MM 将风机盘管镜像，并将不需要的风机盘管删除。最后按快捷键 MV 将风机盘管移到合适的位置。

（6）绘制水平新风管。单击已放置的风机盘管，光标移至 ◪ 单击，开始绘制 800mm × 135mm 的新风管，在风管的宽度处输入 800mm，高度处输入 135mm，然后接着绘制 500mm × 135mm 的新风管。当风管绘制完成后，单击已绘制的风管，在“属性”对话框的“机械”栏下选择系统类型，将机械的系统类型从“K-送风系统”改为“K-新风系统”，如图 6-87 所示。绘制结果如图 6-88 所示。

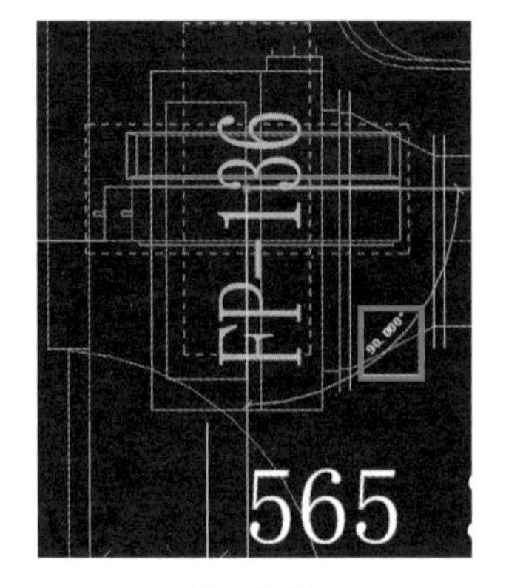

图 6-86

机械	
系统分类	送风
系统类型	K-送风系统
系统名称	K-新风系统 / K-送风系统 / R-人防送风系统 / T-送风系统 / X-加压送风系统 / X-补风系统
系统缩写	
底部高程	
顶部高程	
当量直径	
尺寸锁定	☐
损耗系数	0.000000
水力直径	231.0
剖面	2
面积	5.273 m²

图 6-87

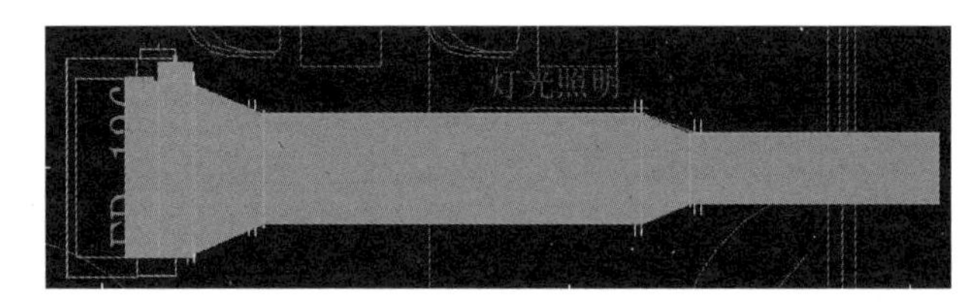

图 6-88

（7）回风风管的绘制。首先将视图模式切换到三维视图。单击风机盘管的回风风管绘制符号 ◪，如图 6-89 所示，在“中间高程”中输入“2500.0mm”；连续两次单击“应用”按钮，即完成绘制竖向回风风管，绘制结果如图 6-90 所示。

修改 | 放置 风管 | 宽度: 1220 | 高度: 135 | 中间高程: 2500.0 mm | 应用

图 6-89

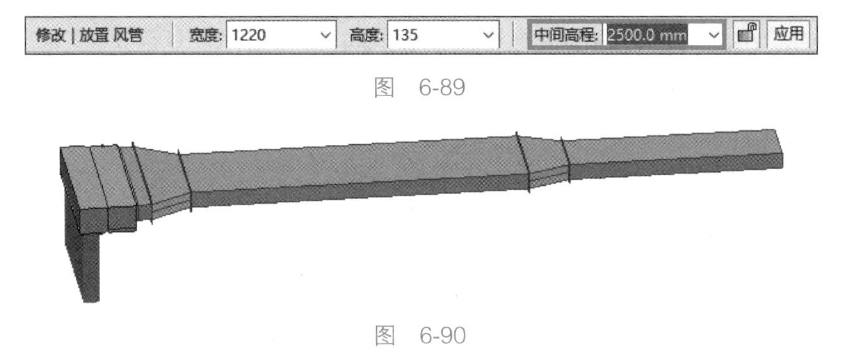

图 6-90

（8）新风出风竖向立管和风口的绘制。根据平面图纸可知，与 800mm × 135mm 新风管连接的双层百叶风口的尺寸为 400mm × 300mm，与 500mm × 135mm 新风管连接的双层百叶风口的尺寸为 300mm × 200mm。依次选择“系统”选项卡→“风道末端”命令，在“属性”对话框中找到双层百叶风口 400mm × 300mm，如果没有，则通过“载入族”将族文件载入。如图 6-91 所示，在“主体中的偏移”中输入“2500.0”。然后将光标移至窗口新风风管合适的位置上单击，如图 6-92 所示，绘制结果如图 6-93 所示。

（9）其余暖通空调风管的绘制方法类似。空调风系统绘制完成结果如图 6-94 所示。

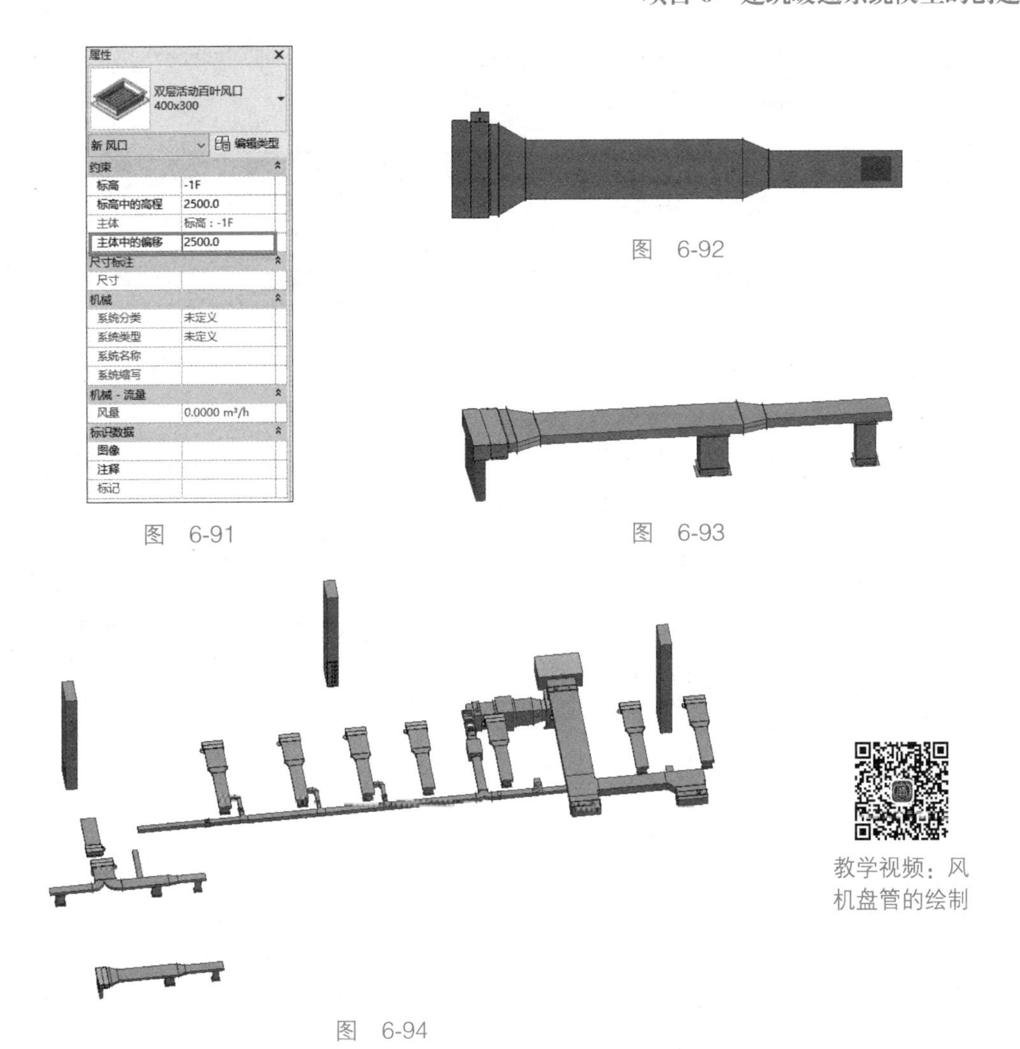

图 6-91

图 6-92

图 6-93

图 6-94

教学视频：风机盘管的绘制

（10）当所有空调风系统的风管绘制完成后，需对空调风管进行保温层的添加。如图 6-95 所示，先单击选中需添加保温层的风管，然后在“修改 | 风管”上下文选项卡下单击 按钮，弹出如图 6-96 所示的“添加风管隔热层”对话框。

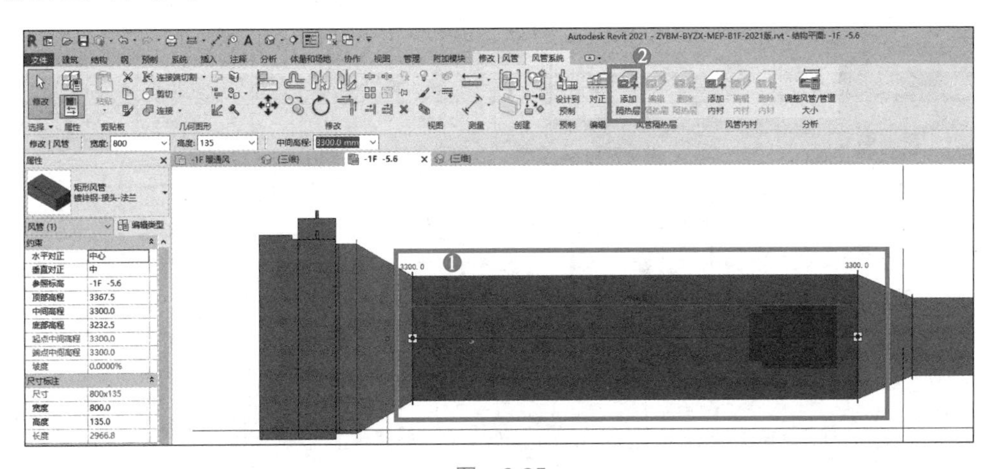

图 6-95

（11）根据风管隔热层的相关要求，如图 6-97 所示，选择“隔热层类型”为“酚醛泡沫体”，输入保温层的“厚度”参数，并单击“确定”按钮。

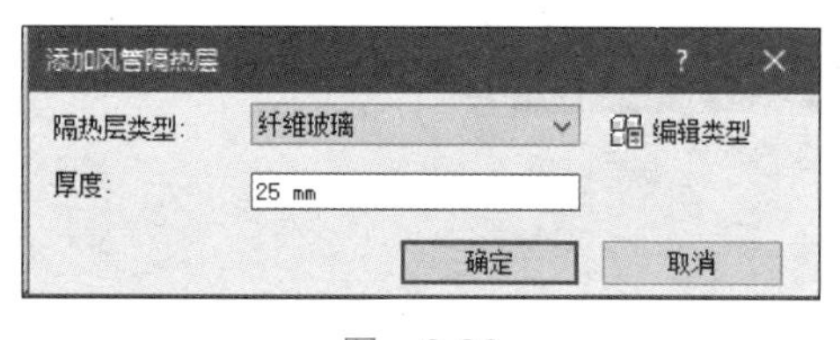

图 6-96

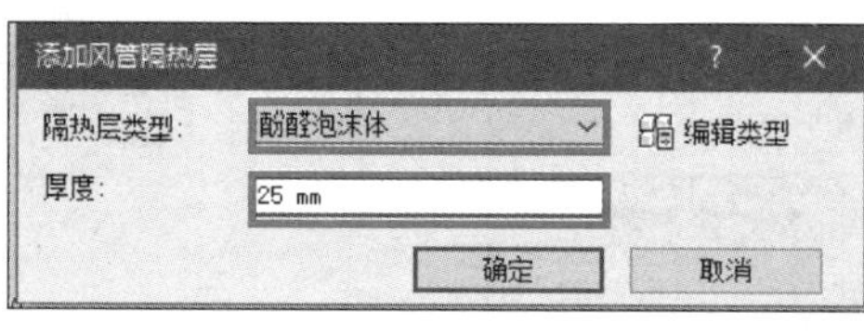

图 6-97

教学视频：风管隔热层的添加

提示

（1）当“隔热层类型”中自带的类型没有满足项目需要的类型时，可单击“编辑类型”按钮，对相应的隔热层材质进行添加和编辑。

（2）为了快速地选择空调风管进行隔热层的添加，可通过将光标停留在其中一根风管上，此构件处于备选状态，此时不要单击，按住 Tab 键，使与之相连的同一构件都将处于备选状态，两种状态可按 Tab 键来回进行切换。当所需风管处于备选状态下时再单击，可实现多根相连风管的连接，然后进行隔热层的添加。

6.5.2 风系统过滤器的添加

任务流程：在三维视图中完成相应的所有过滤器的创建→创建视图样板→应用视图样板。

在三维视图中，完成在三维视图中将所有系统进行过滤器设置。

教学视频：过滤器的设置

（1）在“过滤器”对话框中旋转“K-空调风管”，右击，在弹出的快捷菜单中选择“复制”选项，经复制产生“K-空调风管（1）”。右击，在弹出的快捷菜单中选择“重命名”选项，在弹出的“重命名”对话框中输入“暖通：新风系统”。

（2）如图 6-98 所示，在“过滤器”选项卡中选择“暖通：新风系统”，在“类别”选项卡中勾选如图 6-98 所示复选框，在“过滤器规则”选项卡中，将过滤条件设置为“系统类型”“等于”“K-新风系统”，单击“确定”按钮。

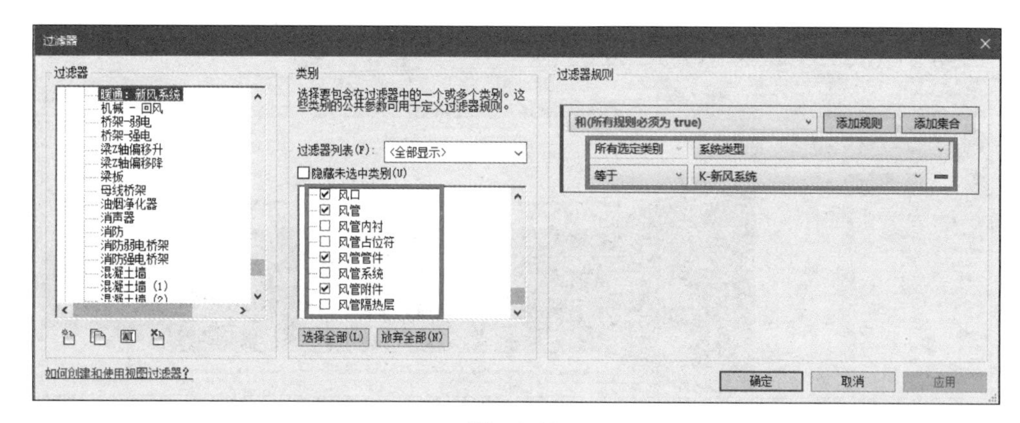

图 6-98

（3）返回“三维视图:{三维}的可见性/图形替换”对话框的“过滤器”选项卡中，单击“添加”按钮，将“暖通：新风系统”添加到过滤器中，并设置其“投影/表面”。其余风管系统的过滤器如图 6-99 所示，全部完成设置后单击“确定”按钮。

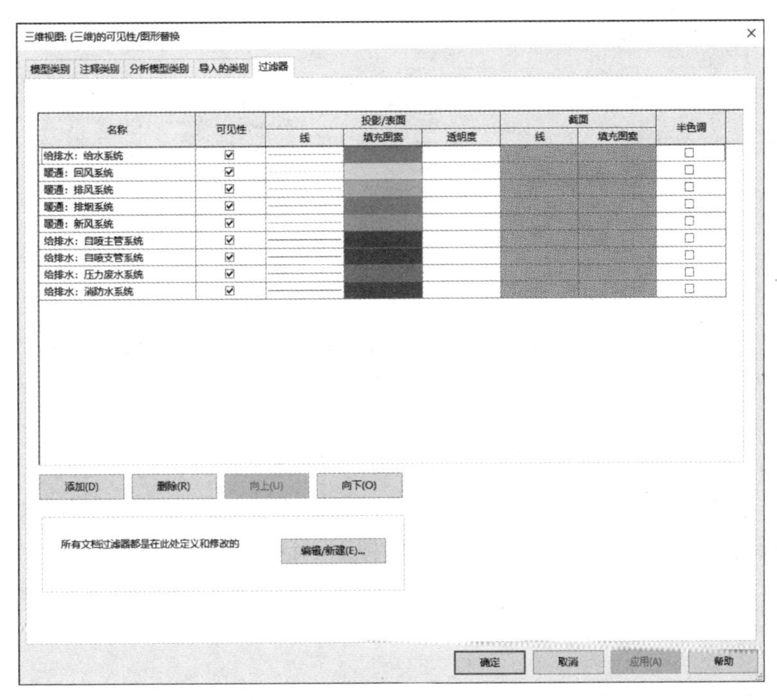

图　6-99

（4）右击“项目浏览器”中的“三维视图:{三维}”，在弹出的列表中选择“通过视图创建视图样板”选项，如图 6-100 所示，在弹出的对话框中命名为“三维视图样板”，并单击“确定”按钮。如图 6-101 所示，在弹出的“视图样板”对话框中单击“确定”按钮。

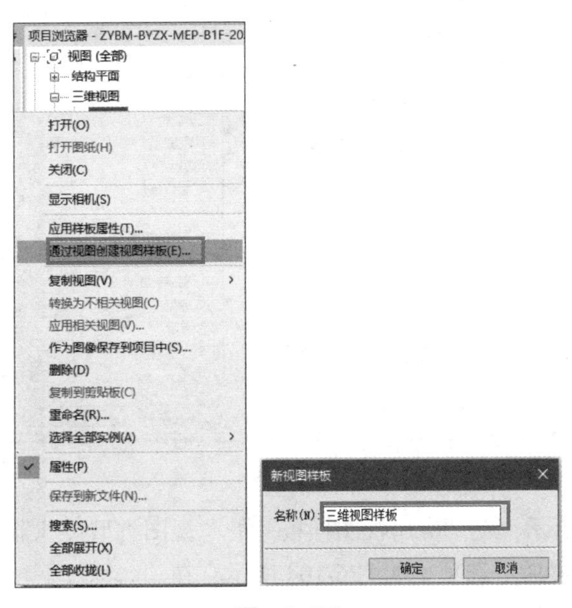

图　6-100

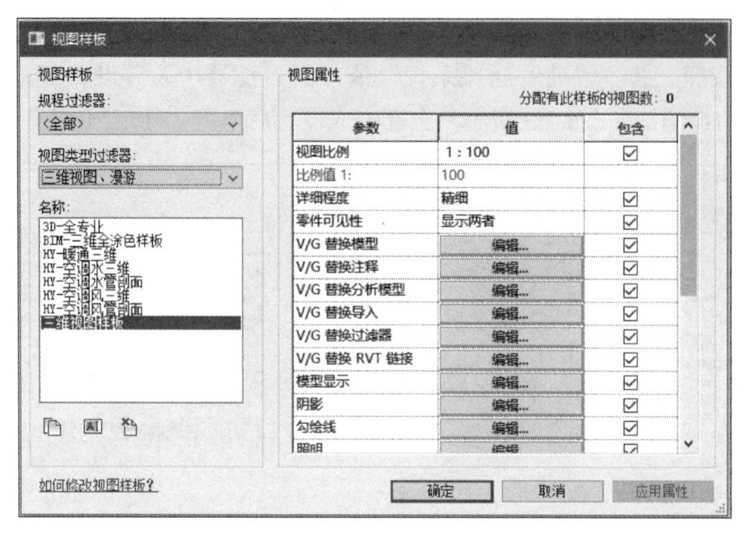

图 6-101

（5）双击“项目浏览器”中的“楼层平面：-1F 暖通风”，进入“楼层平面：-1F 暖通风”视图。右击“楼层平面：-1F 暖通风”，如图 6-102 所示，在弹出的快捷菜单中选择“应用样板属性”选项，弹出“应用视图样板”对话框。

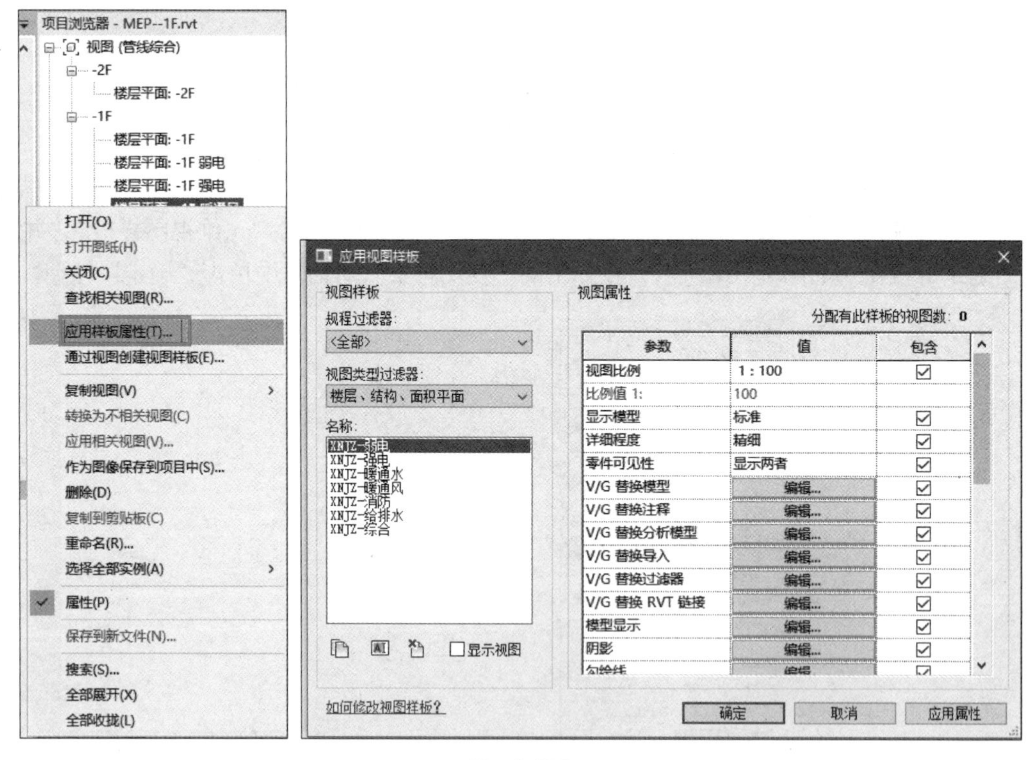

图 6-102

（6）如图 6-103 所示，在“应用视图样板”的“视图类型过滤器”选项卡的下拉列表中单击“三维视图、漫游”选项。如图 6-104 所示，在“名称”下拉列表中选择之前创建的“三维视图样板”，并单击“确定”按钮。

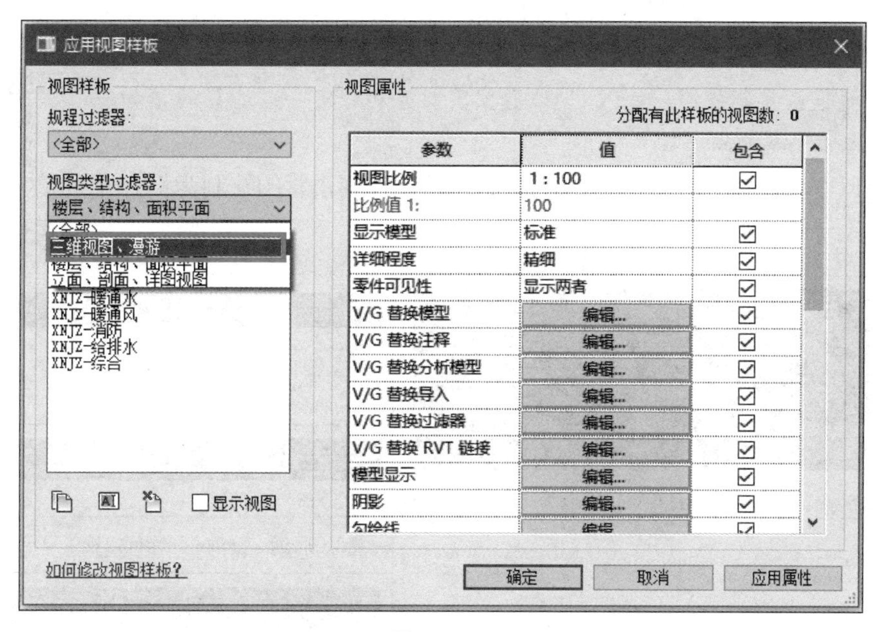

图　6-103

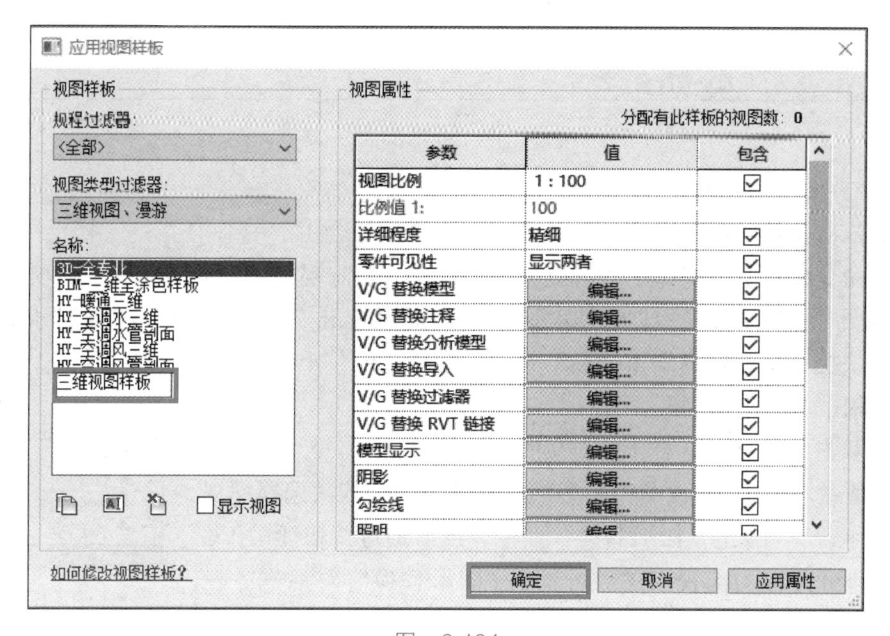

图　6-104

（7）在每个楼层视图下按照相同的方法应用之前已在三维视图样板中所创建的“三维视图样板”，这样可省去单独在每个楼层视图创建过滤器的步骤。

学习任务

完成 -1F 空调风管平面图中所有内容的创建，并完成相应风管系统过滤器的添加。

任务 6.6 暖通空调水系统的创建

教学视频：暖通水管的绘制

任务流程：复制视图→导入 CAD 并实现对齐和锁定→过滤器的添加→绘制空调水管→添加隔热层。

下面以“风机盘管 FP-102”及与之相连接的空调水管的绘制为例，介绍空调水系统的绘制方法，具体图纸如图 6-105 所示。

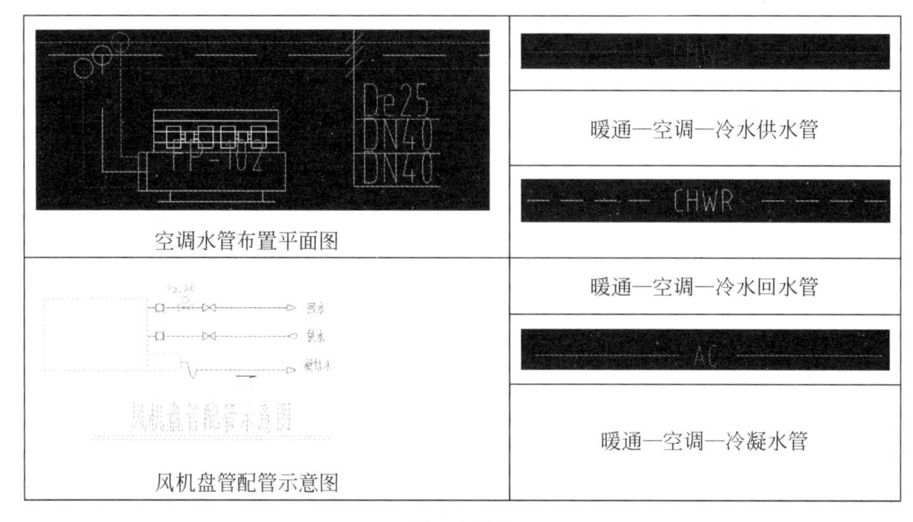

图 6-105

1. CAD 底图的导入

（1）依次选择“项目浏览器”→“视图（管线综合）”→“-1F”→“楼层平面：-1F 给排水”命令，右击，在弹出的快捷菜单中选择“复制视图”中的“复制”选项，完成复制新的视图“楼层平面：-1F 给排水副本 1”。此时右击“楼层平面：-1F 给排水副本 1”，在弹出的快捷菜单中选择“重命名”选项，在弹出的“重命名”对话框中输入“-1F 暖通水”，并单击“确定”按钮。

（2）双击“项目浏览器”→“视图（管线综合）”→“楼层平面：-1F 暖通水”，设置视图中图形的可见性情况。依次选择“视图”选项卡→“可见性 / 图形替换”命令，或者通过按快捷键 VG 或 VV，即可弹出当前视图的“可见性 / 图形替换”对话框。在“模型类别”中勾选如图 6-106 所示的复选框。

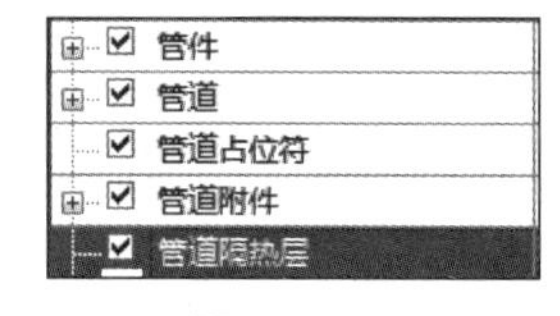

图 6-106

（3）依次选择“插入”选项卡→“导入 CAD”命令，弹出“导入 CAD 格式”对话框，选择“-1F 暖通水管平面图 .dwg”，“导入单位”设为“毫米”，勾选“仅当前视图”复选框，“定位”设为“自动 - 原点到原点”，“放置于”设为“-1F”，单击“打开”按钮，如图 6-107 所示。

注意

在导入 CAD 图纸前，先对 CAD 图纸进行处理。

（4）导入 CAD 后，先将图纸解锁，然后使用“对齐”命令将 CAD 图纸与 Revit 绘制的轴网对齐。图纸对齐后，再将 CAD 图纸锁定。

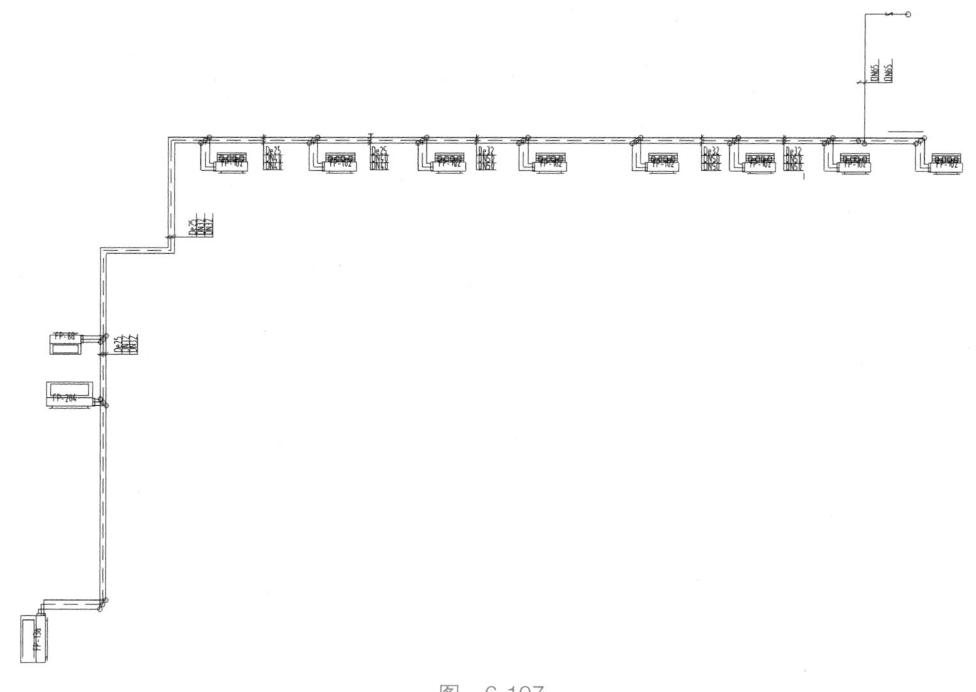

图　6-107

2. 过滤器的使用

由于“楼层平面：-1F 暖通水”与“楼层平面：-1F 给排水”在设置可见性时，其在“模型类别”中所勾选的模型类别均属于管道类型。因此，如果不添加过滤器，则在“楼层平面：-1F 暖通水”视图中将显示给排水的管道。与此同时，在“楼层平面：-1F 给排水”视图中也将显示暖通水的管道。因此，为更加区别地显示，则需要应用过滤器的功能。

3. 空调水系统模型的绘制

在 -1F 空调水系统图纸中所涉及的管道系统类型主要包括 M-冷却供水、M-冷却回水、M-冷凝水。系统命名和管道管材及连接方式、系统颜色可查看表 6-2。

1）管道系统类型的设置

管道系统类型的设置具体方法详见项目 5 任务 5.1。

2）管道类型的设置

管道类型的设置具体方法详见项目 5 任务 5.1。

3）暖通空调水管的绘制

绘制方法与项目 5 任务 5.1 的绘制方法相同。此处不详细讲解。暖通空调水管模型如图 6-108 所示。

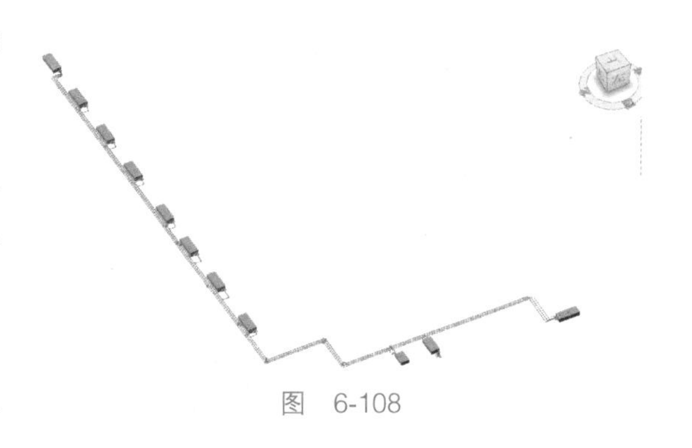

图　6-108

4）隔热层的添加

当暖通空调水管模型创建完成后，根

据需求对暖通空调水管中除冷凝水管以外的水管进行隔热层的添加，添加的步骤和方法与空调风管隔热层的添加类同。

提示

由于空调风管平面图中与空调水管平面图中相同位置是同一个风机盘管，因此，当在空调风系统中已完成风机盘管的创建，则在创建空调水系统时不要再放置风机盘管。

学习任务

完成 -1F 空调水管平面图中所有内容的创建，并完成相应的水管系统过滤器的添加。

项目 7　工程量统计、出图、项目协同

学习目标

1. 掌握工程量的统计方法。
2. 掌握平面图、剖面图出图方法。
3. 掌握碰撞检查操作方法。
4. 掌握漫游动画制作。

项目导入

在完成 BIM 建模后，可以利用相关软件进行初级应用，如工程量统计，平面图、剖面图出图等。

学习任务

本项目的学习任务为完成相应的工程量统计、平面图、剖面图出图，进行项目协同建模。

项目实施

项目实施总流程如下。

工程量统计：新建明细表→导出 txt 格式文件→在 Excel 中进行编辑。

平面图、剖面图出图：复制视图→整理视图→新建图纸→将视图放入图框中→整理图纸→导出 CAD。

项目协同：新建共享文件夹→映射网络驱动器→创建工作集→协同。

任务 7.1　工程量统计、出图

7.1.1　工程量统计

任务流程：新建明细表→选择要创建明细表的类别→选择字段→编辑字段→导出 txt 文件格式→在 Excel 中进行编辑。

（1）以创建“门”明细表为例。右击“项目浏览器”中的“明细表 / 数量（全部）”，如图 7-1 所示，在弹出的快捷菜单中选择“新建明细表 / 数量”选项，弹出“新建明细表”

对话框，如图 7-2 所示。

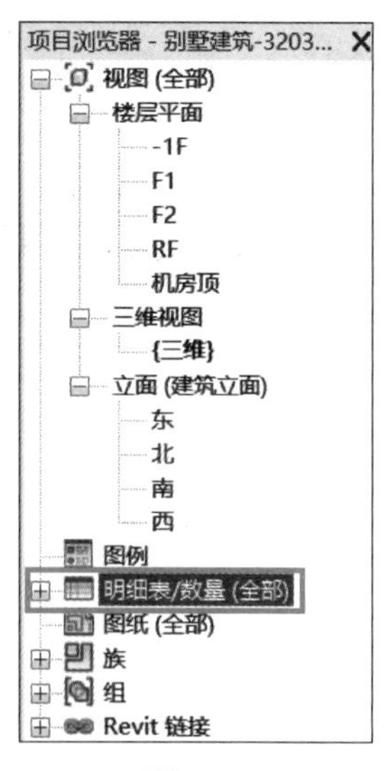

图 7-1

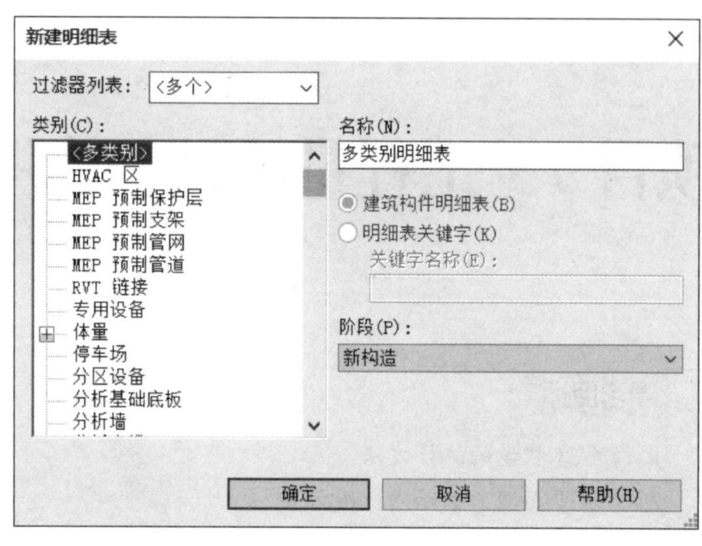

图 7-2

（2）在“类别”列表框中选择“门”选项，如图 7-3 所示，名称自动切换为“门明细表”，单击“确定”按钮。在明细表属性中双击所需的可用字段，如“合计”“宽度”“成本”“族与类型”“高度”，将其移动到右边的明细表字段中，如图 7-4 所示。

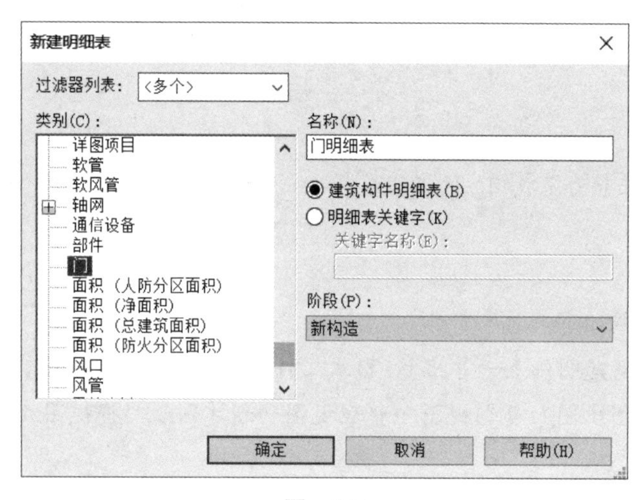

图 7-3

（3）选中右边的字段，单击上移参数和下移参数按钮可以调整字段顺序，如图 7-5 所示。调整完成后单击“确定”按钮，进入“门明细表”视图。

（4）单击左侧“属性”对话框中的“排序 / 成组”选项后的“编辑”按钮，如图 7-6 所示，可以按所需字段进行排序，勾选“总计”复选框，可以统计总数，如图 7-7 所示。单击“确定”按钮，完成后如图 7-8 所示。

（5）依次单击“文件”→“导出”→“报告”→“明细表”选项，如图 7-9 所示，将“门明细表”导出为“.txt”格式文件，如图 7-10 所示，在弹出的“导出明细表”对话框中单击“确定”按钮，如图 7-11 所示。

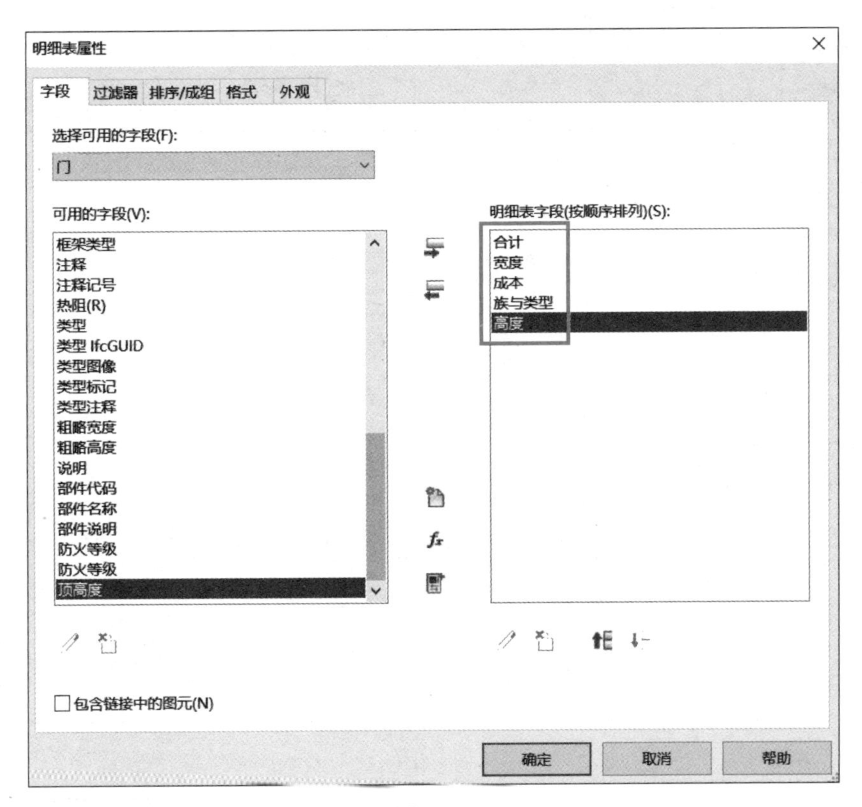

明细表属性
字段
过滤器
排序/成组
格式
外观
选择可用的字段(F):
门
可用的字段(V):
框架类型
注释
注释记号
热阻(R)
类型
类型 IfcGUID
类型图像
类型标记
类型注释
粗略宽度
粗略高度
说明
部件代码
部件名称
部件说明
防火等级
防火等级
顶高度
明细表字段(按顺序排列)(S):
合计
宽度
成本
族与类型
高度
包含链接中的图元(N)
确定
取消
帮助

图　7-4

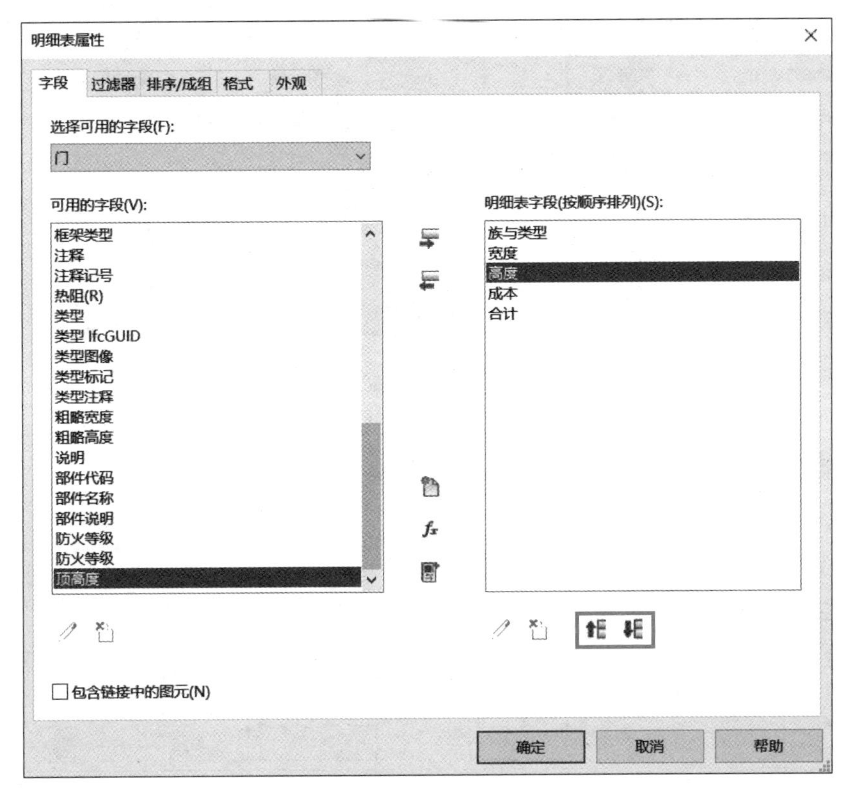

明细表属性
字段
过滤器
排序/成组
格式
外观
选择可用的字段(F):
门
可用的字段(V):
框架类型
注释
注释记号
热阻(R)
类型
类型 IfcGUID
类型图像
类型标记
类型注释
粗略宽度
粗略高度
说明
部件代码
部件名称
部件说明
防火等级
防火等级
顶高度
明细表字段(按顺序排列)(S):
族与类型
宽度
高度
成本
合计
包含链接中的图元(N)
确定
取消
帮助

图　7-5

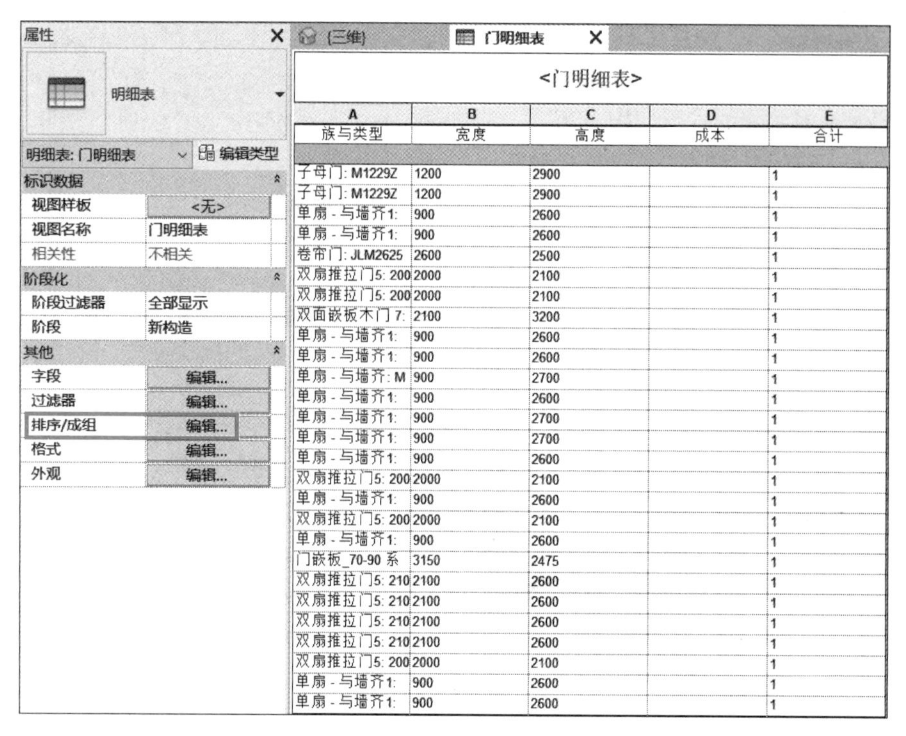

<门明细表>

A	B	C	D	E
族与类型	宽度	高度	成本	合计
子母门: M1229Z	1200	2900		1
子母门: M1229Z	1200	2900		1
单扇 - 与墙齐1:	900	2600		1
单扇 - 与墙齐1:	900	2600		1
卷帘门: JLM2625	2600	2500		1
双扇推拉门5: 200	2000	2100		1
双扇推拉门5: 200	2000	2100		1
双面嵌板木门 7:	2100	3200		1
单扇 - 与墙齐1:	900	2600		1
单扇 - 与墙齐1:	900	2600		1
单扇 - 与墙齐: M	900	2700		1
单扇 - 与墙齐1:	900	2600		1
单扇 - 与墙齐1:	900	2700		1
单扇 - 与墙齐1:	900	2700		1
单扇 - 与墙齐1:	900	2600		1
双扇推拉门5: 200	2000	2100		1
单扇 - 与墙齐1:	900	2600		1
双扇推拉门5: 200	2000	2100		1
单扇 - 与墙齐1:	900	2600		1
门嵌板_70-90 系	3150	2475		1
双扇推拉门5: 210	2100	2600		1
双扇推拉门5: 210	2100	2600		1
双扇推拉门5: 210	2100	2600		1
双扇推拉门5: 210	2100	2600		1
双扇推拉门5: 200	2000	2100		1
单扇 - 与墙齐1:	900	2600		1
单扇 - 与墙齐1:	900	2600		1

图　7-6

明细表属性

字段　过滤器　排序/成组　格式　外观

排序方式(S): 族与类型　◉ 升序(C)　○ 降序(D)
□ 页眉(H)　□ 页脚(F):　□ 空行(B)
否则按(T): 宽度　◉ 升序(N)　○ 降序(I)
□ 页眉(R)　□ 页脚(O):　□ 空行(L)
否则按(E): (无)　升序　降序
页眉　页脚:　空行
否则按(Y): (无)　升序　降序
页眉　页脚:　空行
□ 总计(G):
自定义总计标题(U):
总计
☑ 逐项列举每个实例(Z)

确定　取消　帮助

图　7-7

<门明细表>

A	B	C	D	E
族与类型	宽度	高度	成本	合计
单扇 - 与墙齐1: M0926	900	2600		1
单扇 - 与墙齐1: M0926	900	2600		1
单扇 - 与墙齐1: M0926	900	2600		1
单扇 - 与墙齐1: M0926	900	2600		1
单扇 - 与墙齐1: M0926	900	2600		1
单扇 - 与墙齐1: M0926	900	2600		1
单扇 - 与墙齐1: M0926	900	2600		1
单扇 - 与墙齐1: M0926	900	2600		1
单扇 - 与墙齐1: M0926	900	2600		1
单扇 - 与墙齐1: M0926	900	2600		1
单扇 - 与墙齐1: M0927B	900	2700		1
单扇 - 与墙齐1: M0927B	900	2700		1
单扇 - 与墙齐: M0927B	900	2700		1
卷帘门: JLM2625	2600	2500		1
双扇推拉门5: 2000 x 2100mm	2000	2100		1
双扇推拉门5: 2000 x 2100mm	2000	2100		1
双扇推拉门5: 2000 x 2100mm	2000	2100		1
双扇推拉门5: 2000 x 2100mm	2000	2100		1
双扇推拉门5: 2000 x 2100mm	2000	2100		1
双扇推拉门5: 2100 x 2100mm	2100	2600		1
双扇推拉门5: 2100 x 2100mm	2100	2600		1
双扇推拉门5: 2100 x 2100mm	2100	2600		1
双扇推拉门5: 2100 x 2100mm	2100	2600		1
双面嵌板木门 7: M2132	2100	3200		1
子母门: M1229Z	1200	2900		1
子母门: M1229Z	1200	2900		1
门嵌板_70-90 系列四扇推拉铝门: 70系列无横档	3150	2475		1

图 7-8

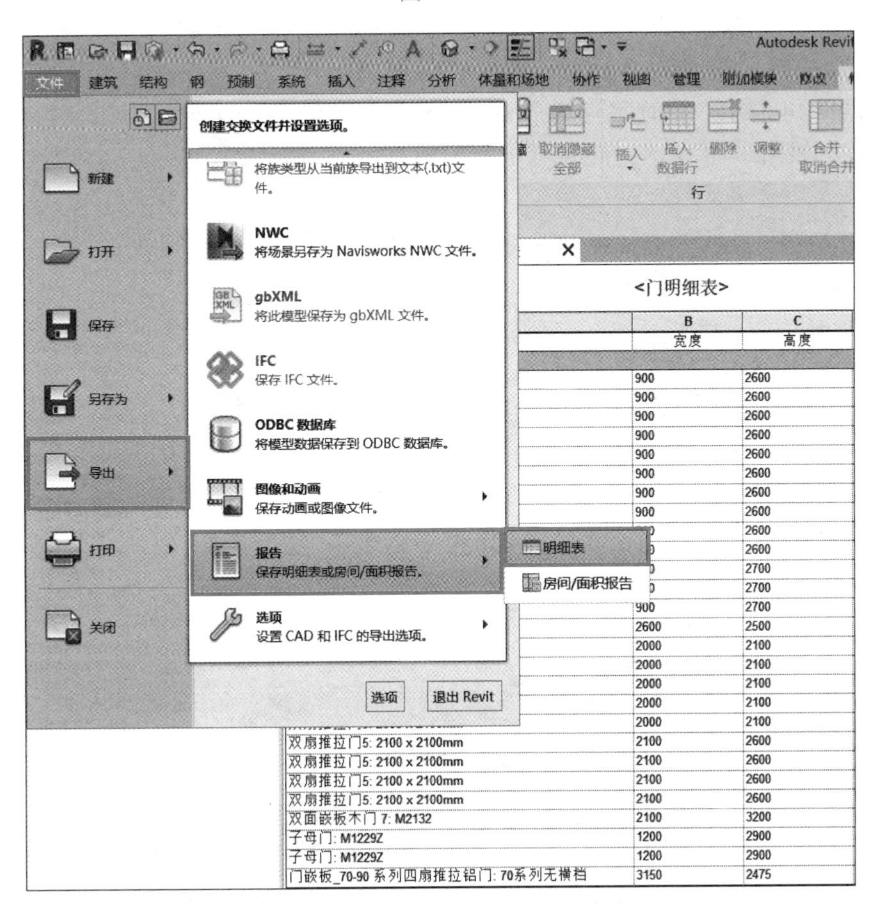

图 7-9

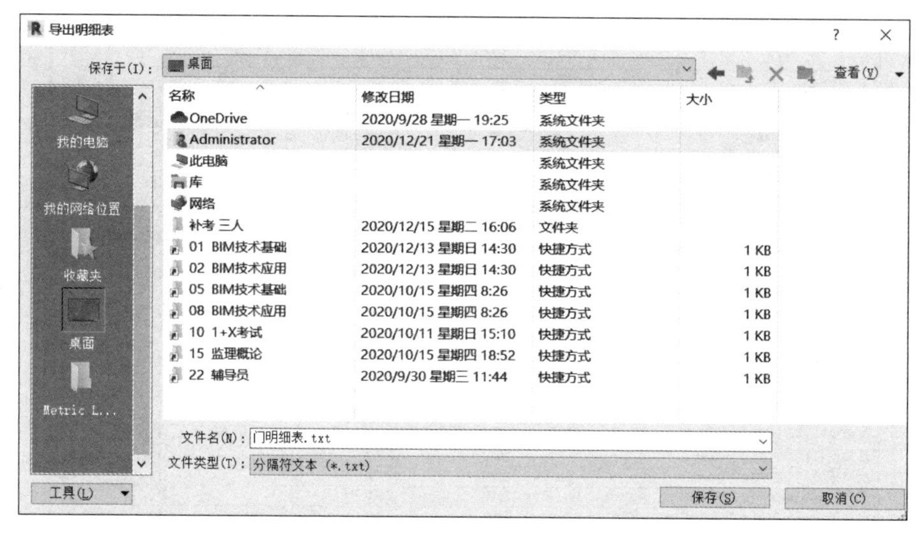

图 7-10

（6）打开 Office Excel 或 WPS 程序，单击“打开”按钮，在弹出的对话框中将文件类型切换为“所有文件”，如图 7-12 所示，选择“门明细表”文件，单击“打开”按钮。在弹出的对话框中直接单击“完成”按钮，如图 7-13 所示，打开“门明细表”，如图 7-14 所示。将其另存为“.xlsx”格式的 Excel 文件，如图 7-15 所示，此时可更方便地进行编辑。

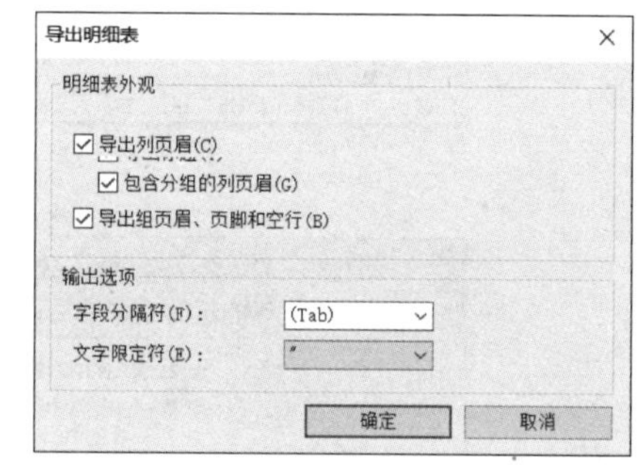

图 7-11

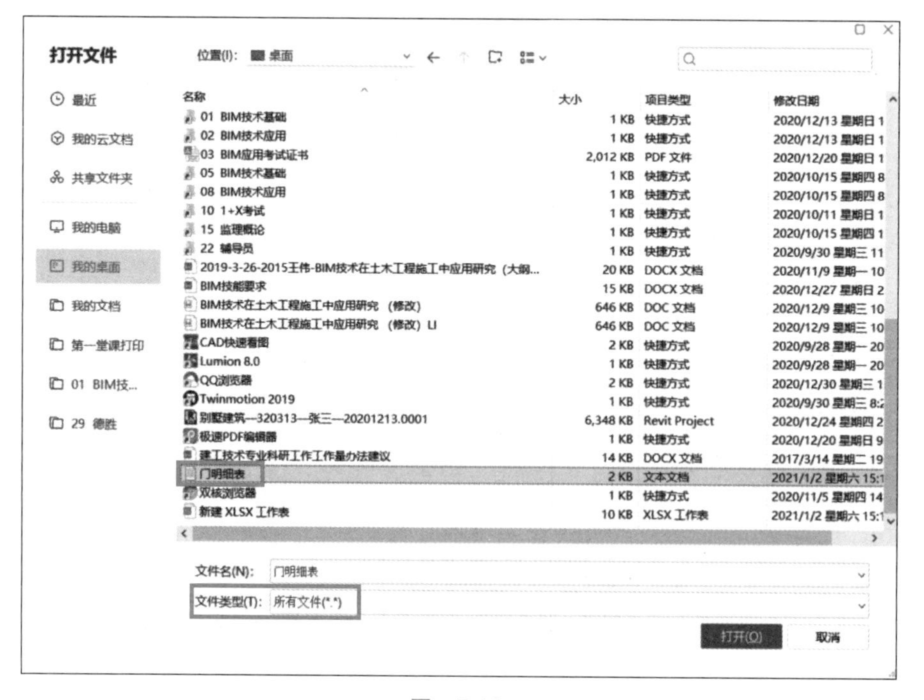

图 7-12

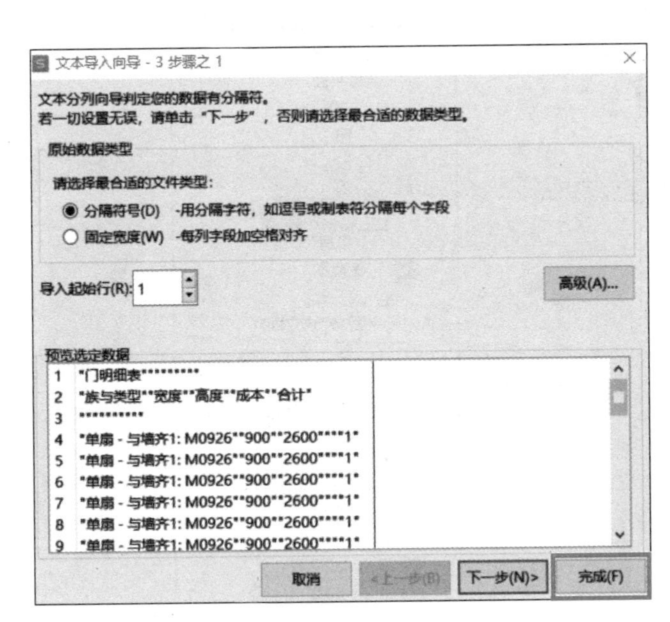

图　7-13

	A	B	C	D	E
1	门明细表				
2	族与类型	宽度	高度	成本	合计
3					
4	单扇 － 与	900	2600		1
5	单扇 － 与	900	2600		1
6	单扇 － 与	900	2600		1
7	单扇 － 与	900	2600		1
8	单扇 － 与	900	2600		1
9	单扇 － 与	900	2600		1
10	单扇 － 与	900	2600		1
11	单扇 － 与	900	2600		1
12	单扇 － 与	900	2600		1
13	单扇 － 与	900	2600		1
14	单扇 － 与	900	2700		1
15	单扇 － 与	900	2700		1
16	单扇 － 与	900	2700		1
17	卷帘门：	2600	2500		1
18	双扇推拉	2000	2100		1
19	双扇推拉	2000	2100		1
20	双扇推拉	2000	2100		1
21	双扇推拉	2000	2100		1
22	双扇推拉	2000	2100		1
23	双扇推拉	2100	2600		1
24	双扇推拉	2100	2600		1
25	双扇推拉	2100	2600		1
26	双扇推拉	2100	2600		1
27	双面嵌板	2100	3200		1
28	子母门：	1200	2900		1
29	子母门：	1200	2900		1
30	门嵌板_7	3150	2475		1
31	总计：27				

图　7-14

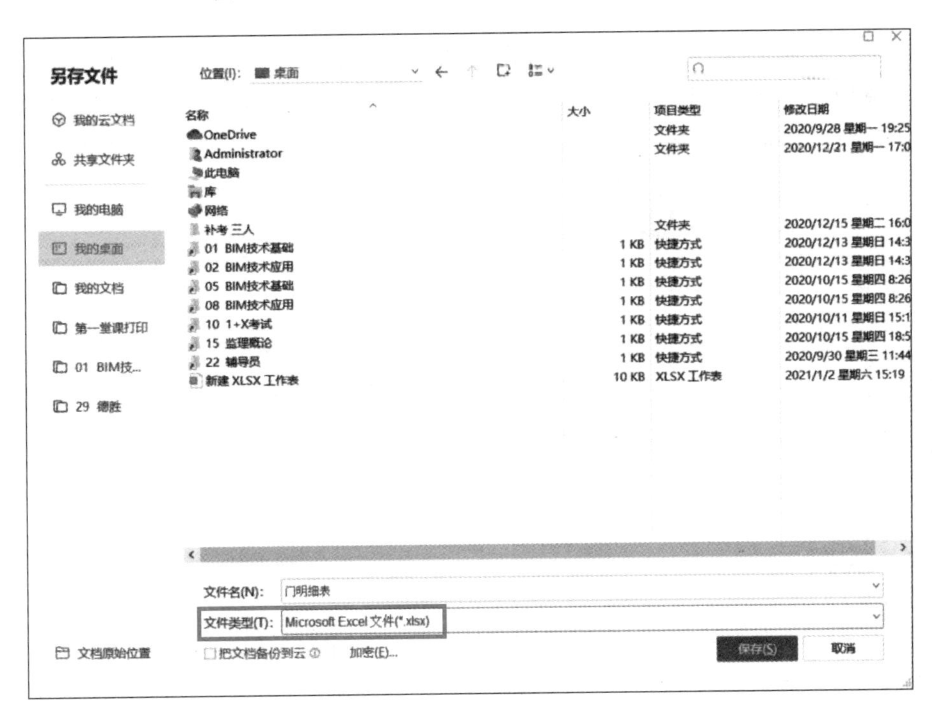

图　7-15

7.1.2　平面图、剖面图出图

任务流程：复制视图→整理视图→新建图纸→将视图放入图框中→整理图纸→导出 CAD。

（1）平面图出图。以创建“一层平面图”为例，右击“项目浏览器”中的“F1”，在弹出的快捷菜单中依次选择“复制视图”→“带细节复制”命令，复制出“F1 副本 1”视图，如图 7-16 所示，右击该视图，将其重命名为“一层平面图”，如图 7-17 所示。

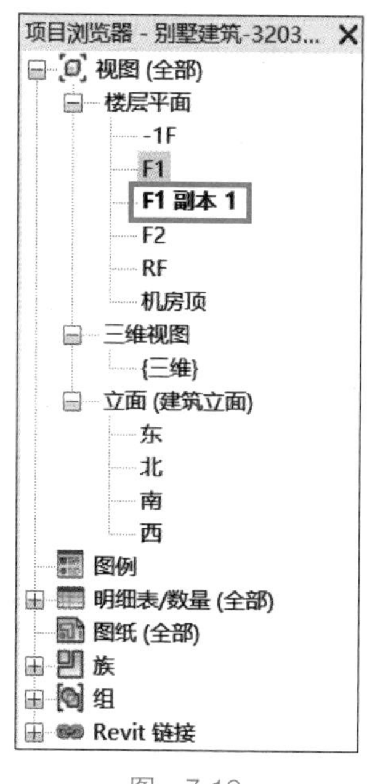

图 7-16

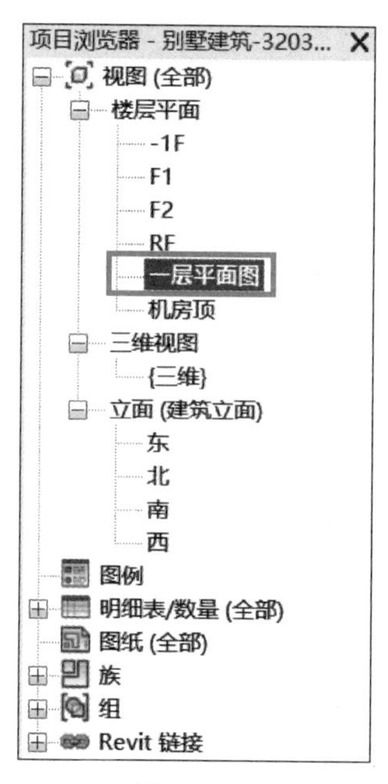

图 7-17

（2）按快捷键 VV，打开“可见性 / 图形替换”对话框，取消勾选“模型类别”选项卡中的“植物”复选框，以及“导入的类别”选项卡中的“在此视图中显示导入的类别”复选框，如图 7-18 和图 7-19 所示，单击“确定”按钮，完成后如图 7-20 所示。

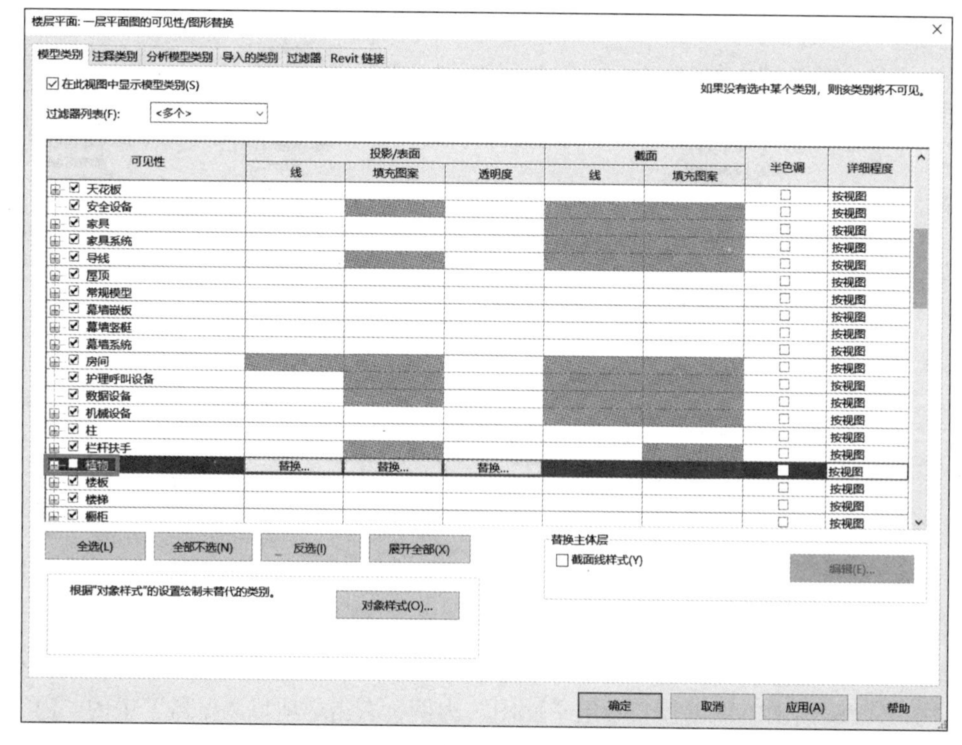

图 7-18

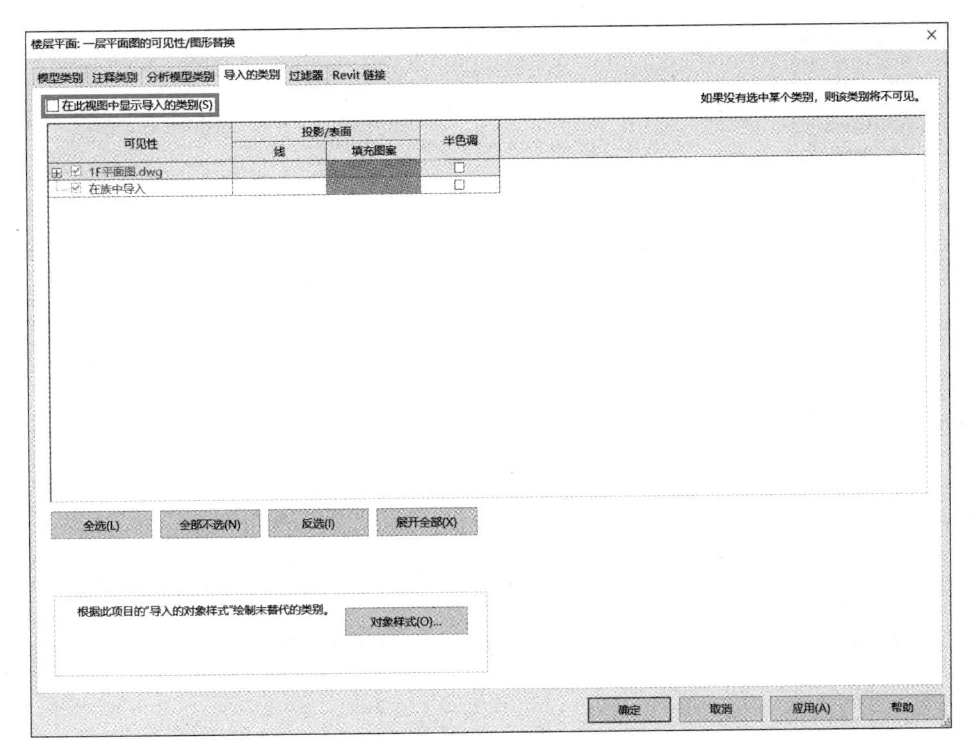

图 7–19

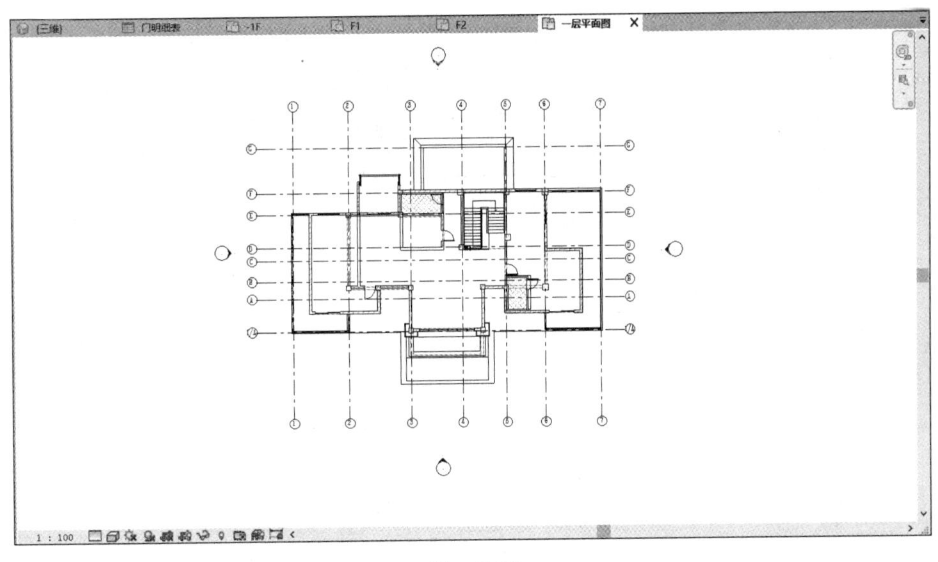

图　7-20

（3）勾选“属性”对话框中的“裁剪试图”和“裁剪区域可见”选项，如图 7-21 所示，在绘图区域出现裁剪框，如图 7-22 所示。

（4）选中裁剪框，拖动 4 个方向上的“蓝点”，将 4 个“小眼睛”等不需要在图纸中表达的元素进行裁剪，如图 7-23 所示。

（5）取消勾选“属性”对话框中的“裁剪区域可见”选项，将裁剪框隐藏，如图 7-24 所示。

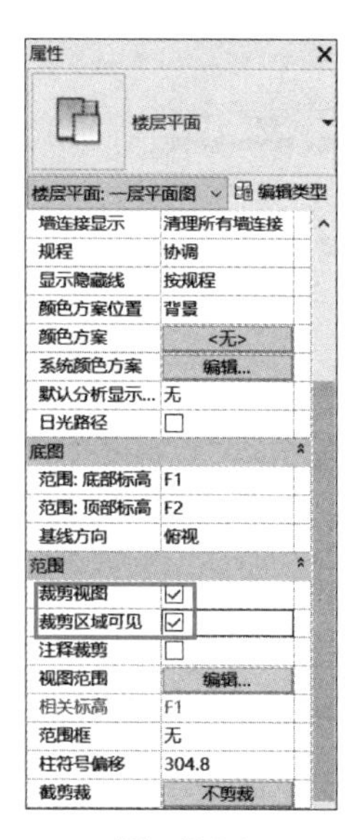

图　7-21

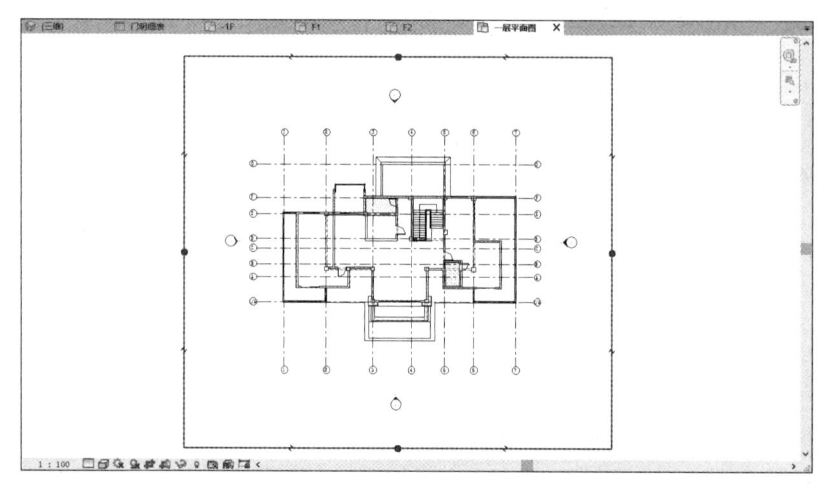

图　7-22

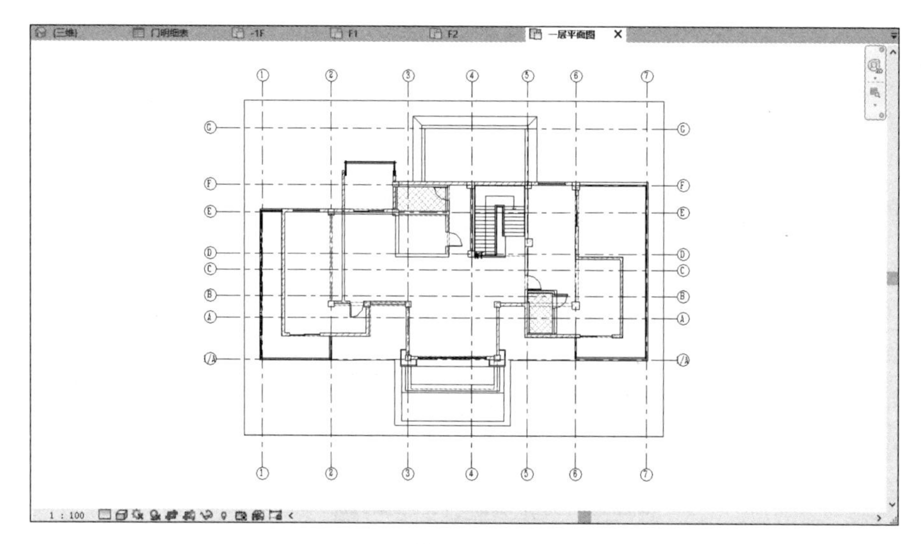

图　7-23

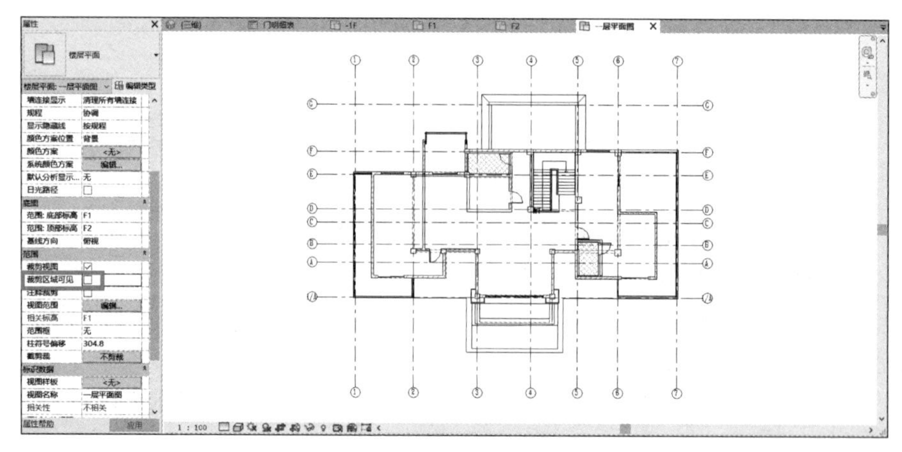

图　7-24

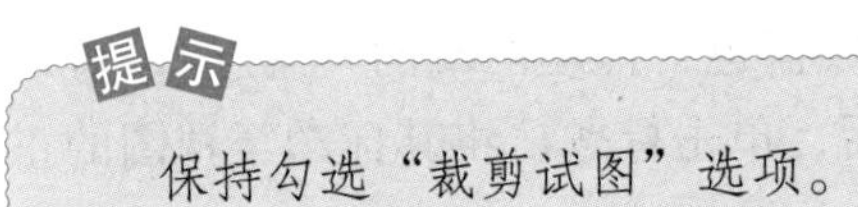

保持勾选“裁剪试图”选项。

（6）右击“项目浏览器”中的“图纸（全部）”，如图 7-25 所示，选择“新建图纸”命令。在弹出的对话框中选择“A2 公制”，如图 7-26 所示，单击“确定”按钮。

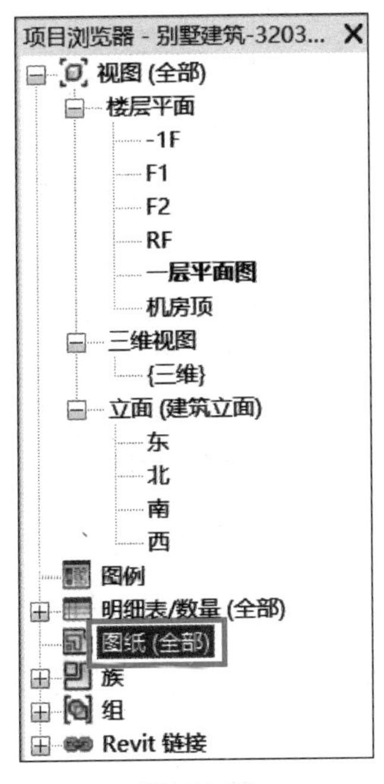

图　7-25

图　7-26

（7）右击“项目浏览器”中的“一层平面图”，将其拖入图框中，如图 7-27 所示。

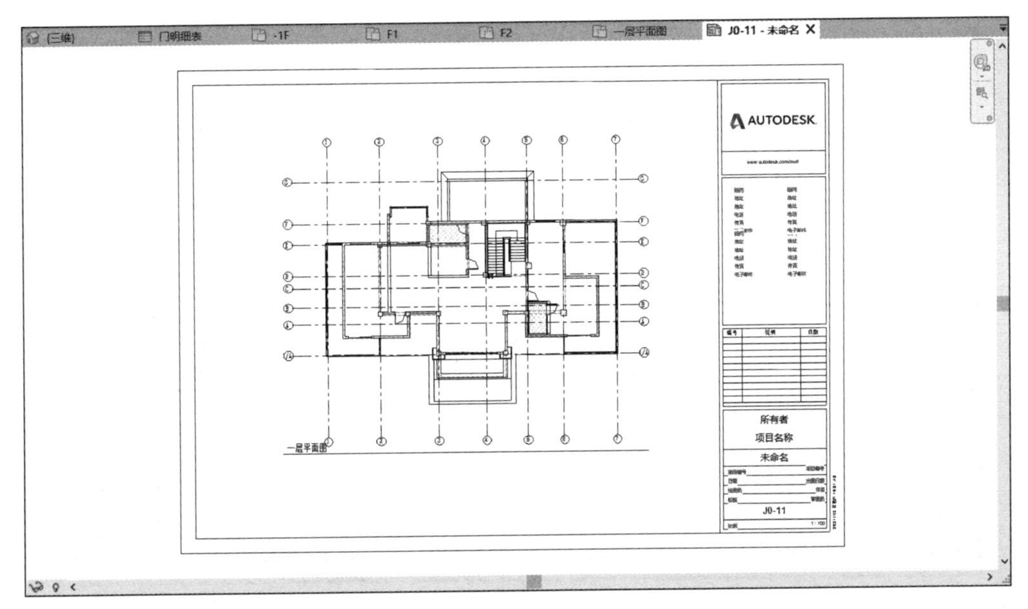

图　7-27

（8）选中图框中的“一层平面图”，此时标题变成蓝色，拖动两端的“蓝点”，可以改变标题线的长度，如图7-28所示。在空白处单击后，单击标题，将其拖动至视图的正下方，如图7-29所示。

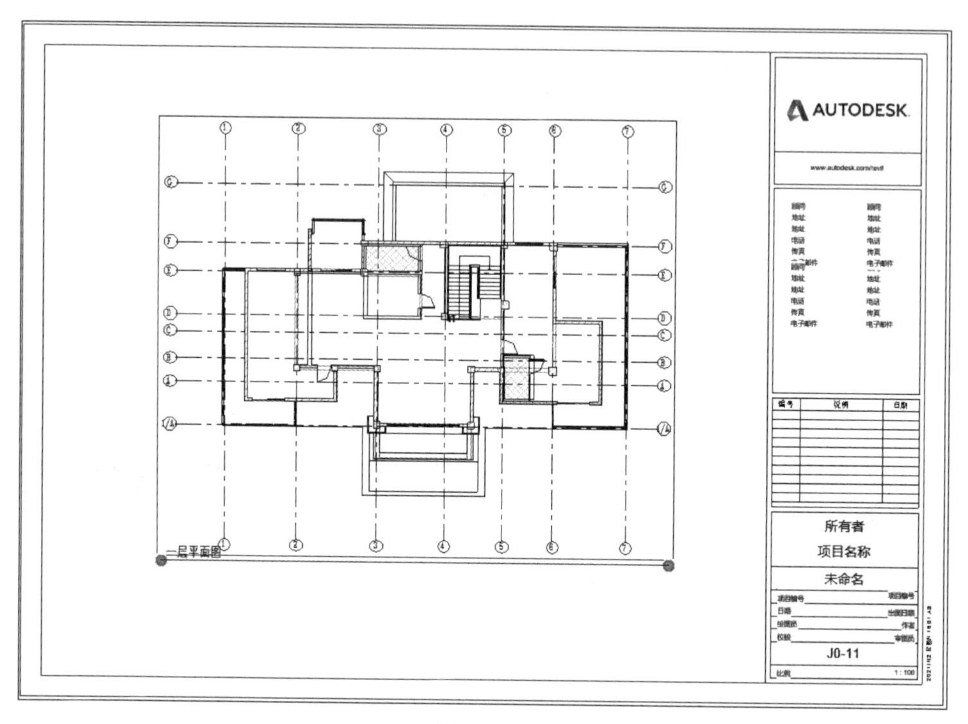

图 7-28

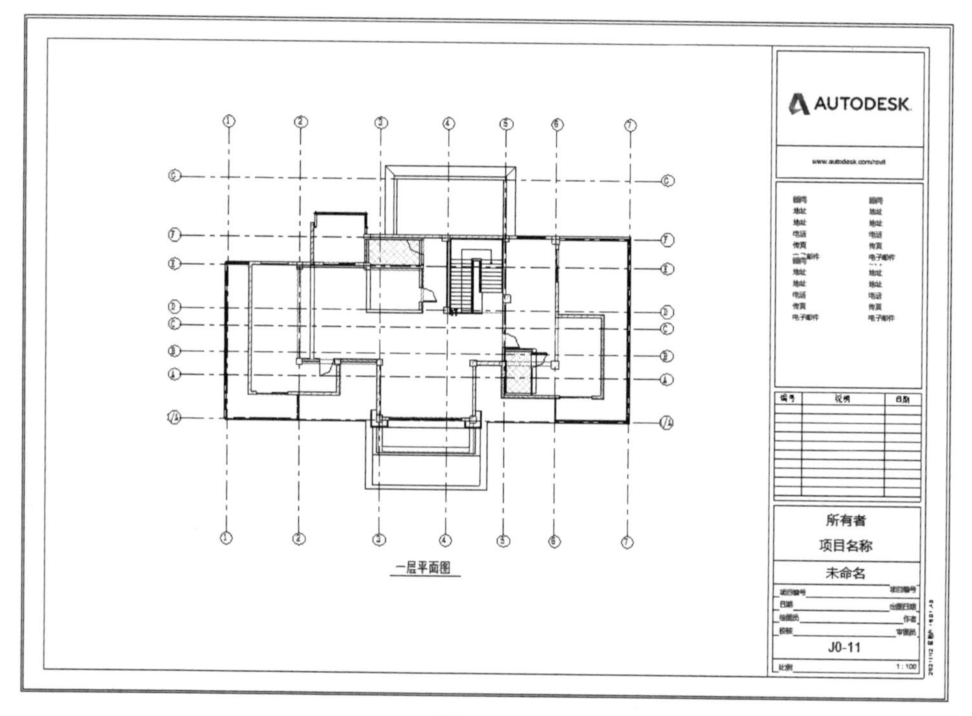

图 7-29

（9）右击“项目浏览器”中的“J0-11- 未命名”，如图 7-30 所示，选择“重命名”选项，在弹出的对话框中自定义编号，“未命名”改为“一层平面图”，如图 7-31 所示，单击“确定”按钮，完成平面图的制作。

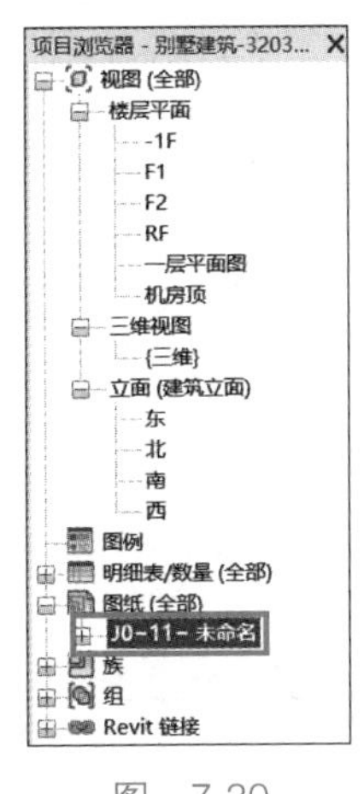

图　7-30

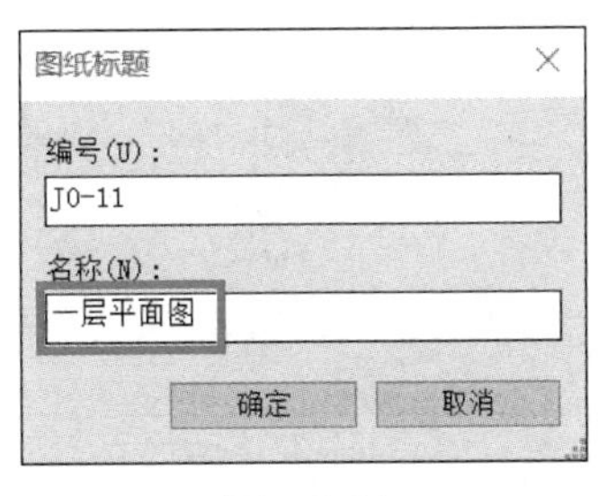

图　7-31

（10）剖面图出图以创建“1—1 剖面图”为例。双击“项目浏览器”中的“一层平面图”，进入一层平面图视图。依次选择“视图”→“剖面”命令，如图 7-32 所示，在绘图区域需要生产剖面的位置单击两次放置剖面，如图 7-33 所示。拖曳右边的控制按钮，与剖面线重叠（拖曳的目的是调整剖面的视图范围），如图 7-34 所示。

图　7-32

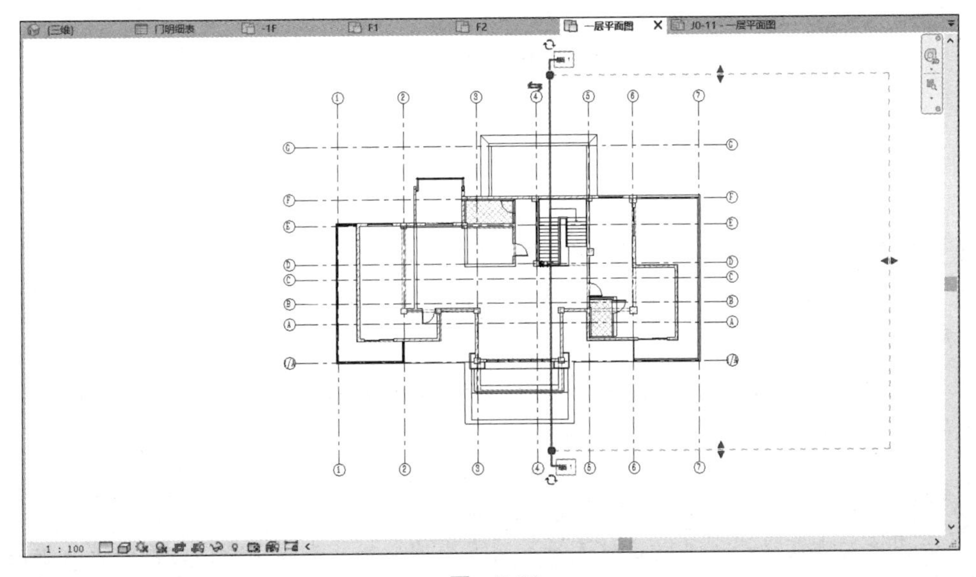

图　7-33

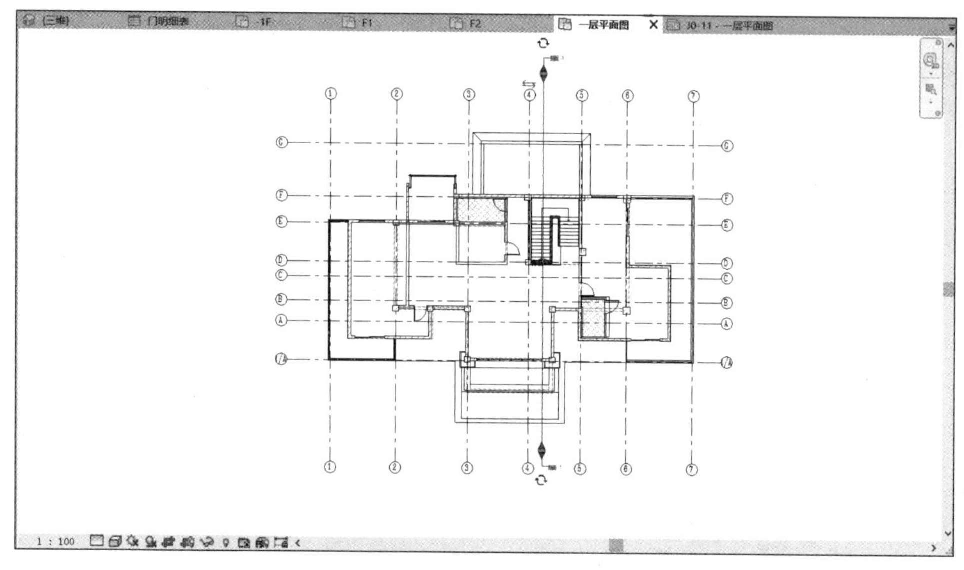

图 7-34

（11）右击剖面线，选择“转到视图”命令，进入剖面视图，如图 7-35 所示。

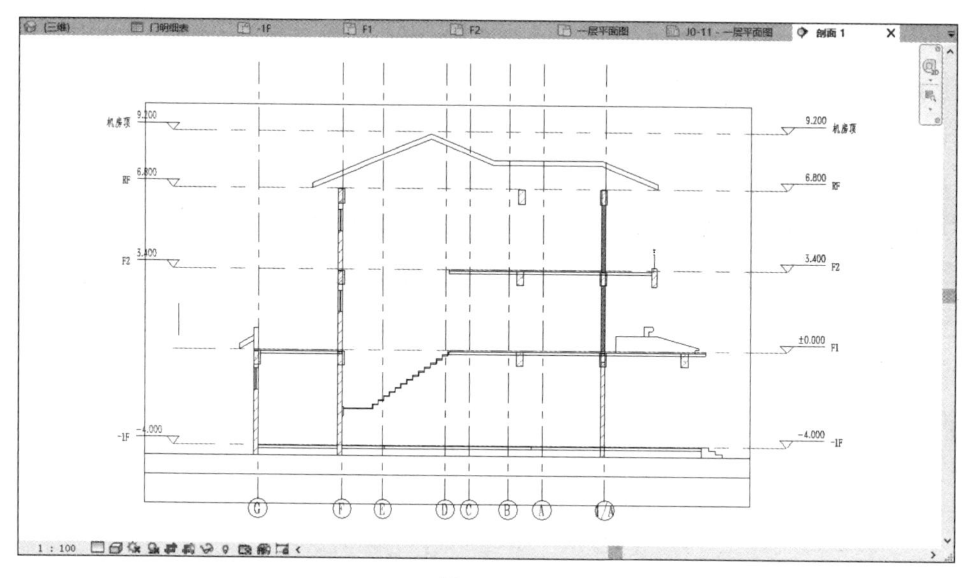

图 7-35

（12）将“详细程度”设为“精细”，如图 7-36 所示。

（13）带细节复制“项目浏览器”中的“剖面 1”，并命名为“1—1 剖面图”，如图 7-37 和图 7-38 所示。

（14）新建图纸，将“1—1 剖面图”放入图框，操作方法同创建平面图图纸，完成后如图 7-39 所示。

若图纸太大或太小，可以通过选择不同大小的图框或者改变视图比例的方法解决。

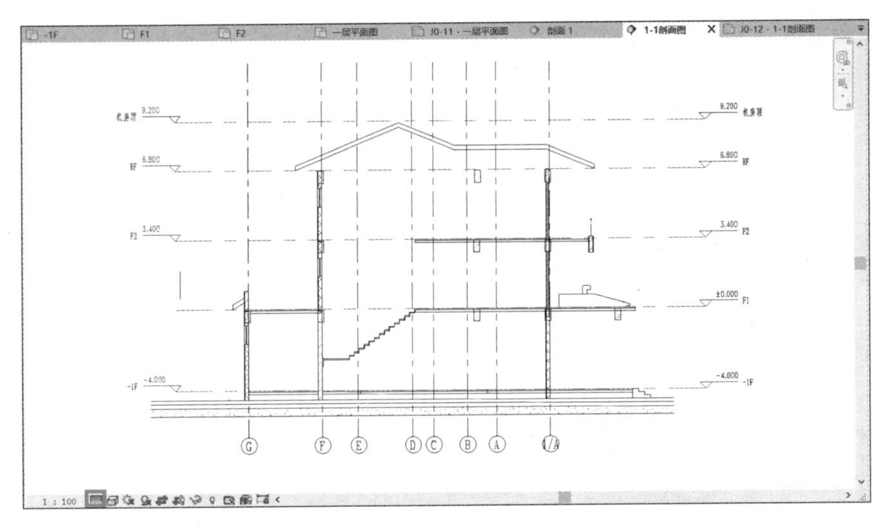

图　7-36

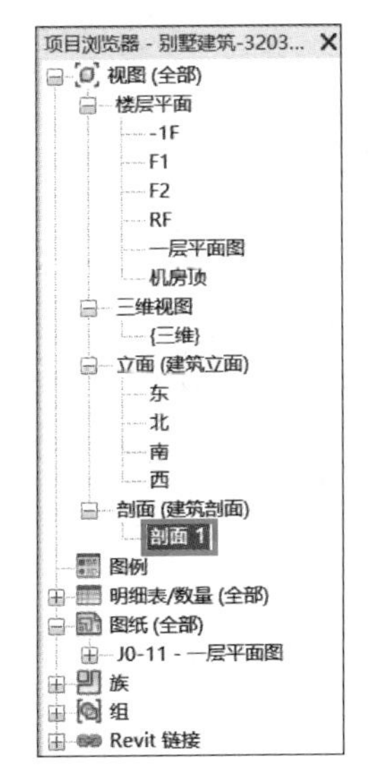

图　7-37

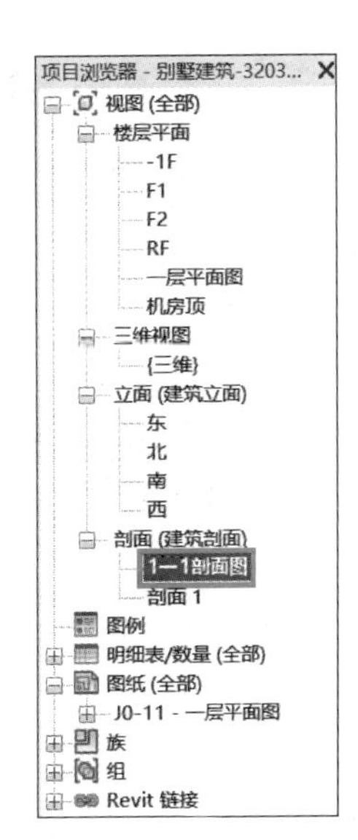

图　7-38

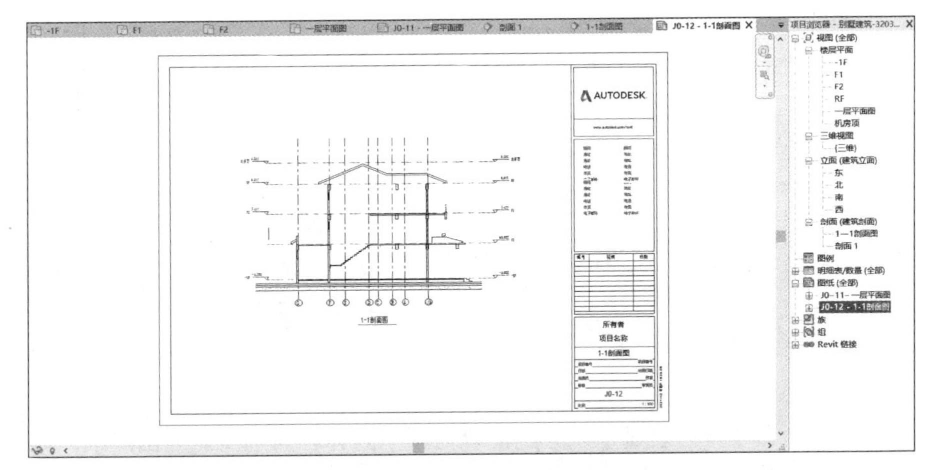

图　7-39

（15）导出 CAD 图纸。依次单击“文件”→“导出”→“CAD 格式”→“DWG”选项，如图 7-40 所示。

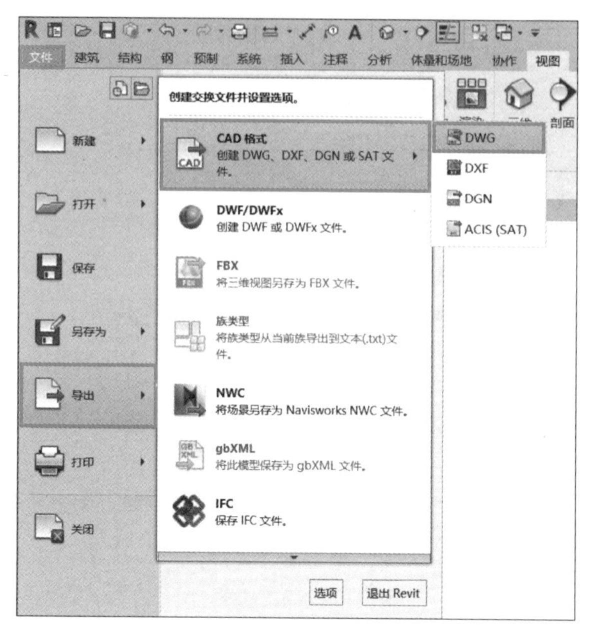

图 7-40

（16）在“DWG 导出”对话框中单击“...”按钮，如图 7-41 所示，在“修改 DWG/DXF 导出设置”对话框中选择“常规”选项卡，取消勾选“将图纸上的视图和链接作为外部参照导出”选项，“导出为文件格式”选择“AutoCAD 2007 格式”，如图 7-42 所示，单击“确定”按钮。

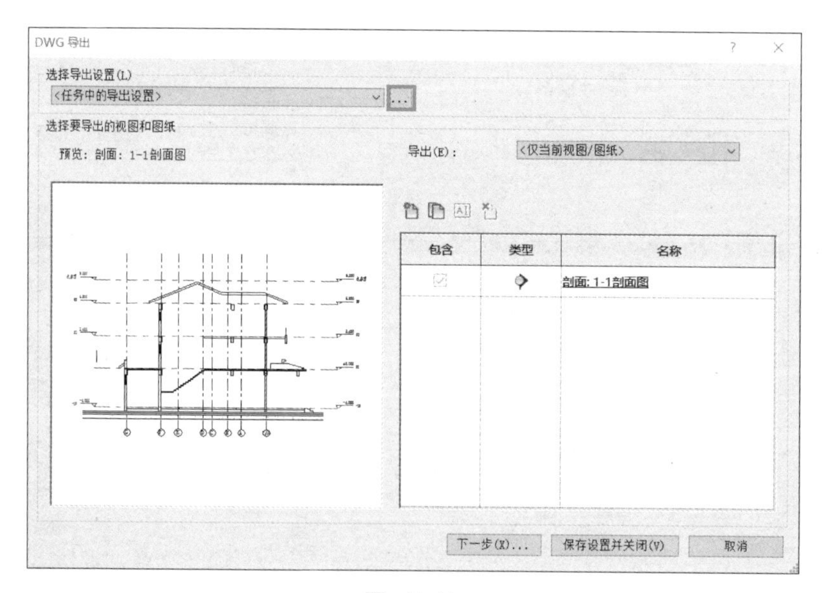

图 7-41

（17）“导出”和“按列表显示”分别设置为图中内容，勾选所需导出图纸，如图 7-43 所示，单击“下一步”按钮，将其导出到自定义文件夹，如图 7-44 所示，完成出图工作。

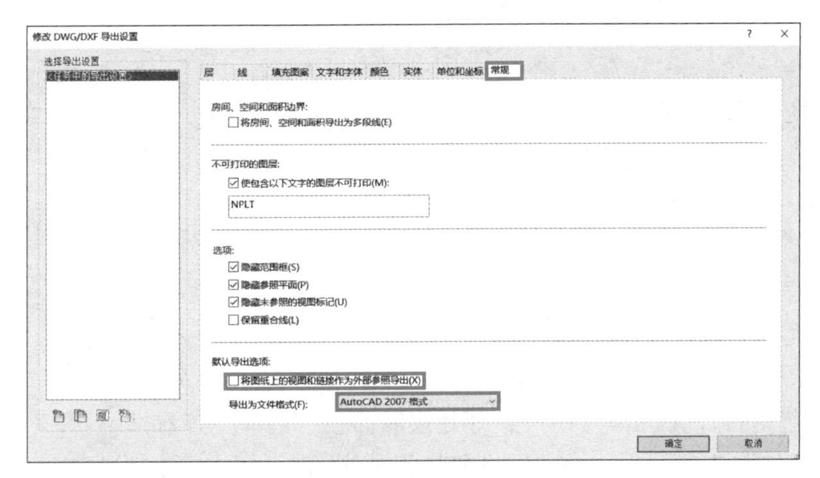

图　7-42

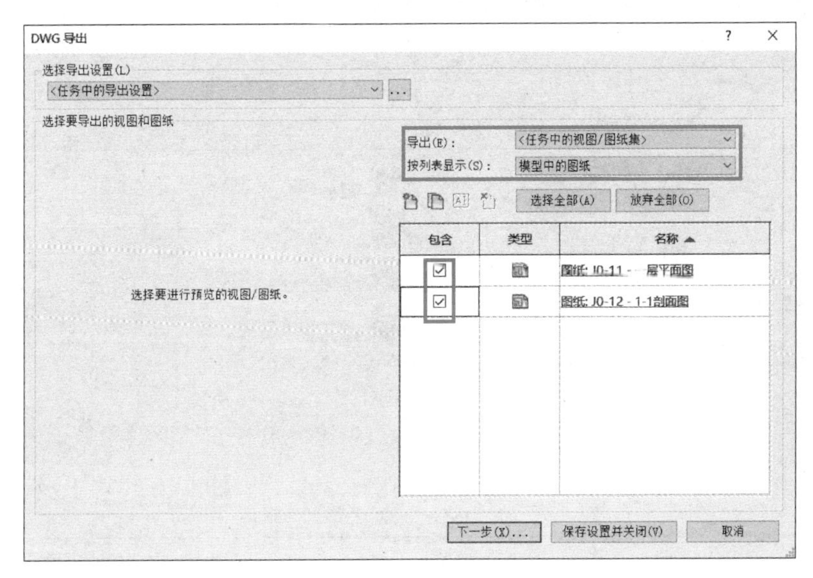

图　7-43

图　7-44

学习任务

根据给定项目图纸完成工程量的统计和出图。

任务 7.2 项目协同

任务流程：新建共享文件夹→映射网络驱动器→创建工作集→协同。

协同时角色分为负责人和所有人。

1）负责人的操作

（1）任选一台计算机作为主机，打开控制面板，选择“查看网络状态和任务”，如图 7-45 所示。在“网络和共享中心”对话框中单击“更改高级共享设置”选项，如图 7-46 所示。

教学视频：映射网络驱动器

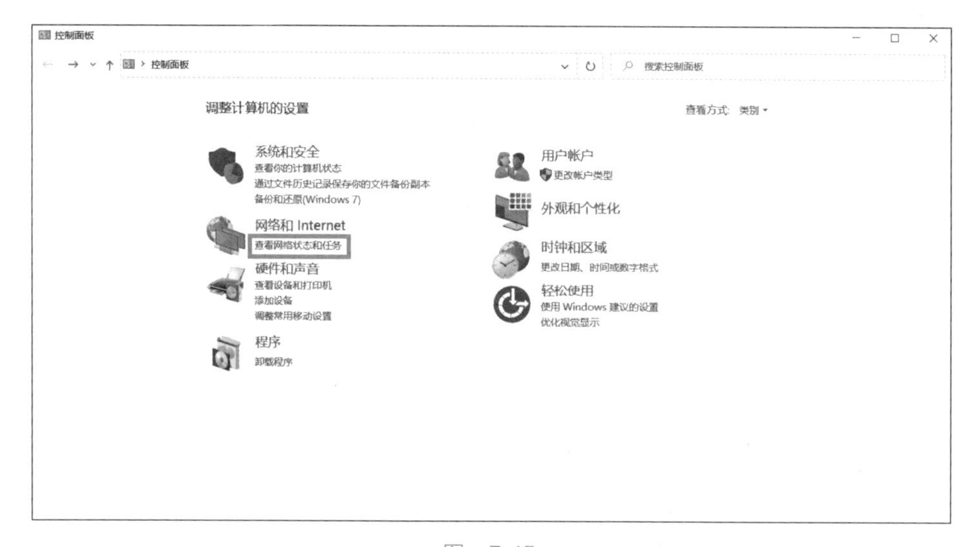

图 7-45

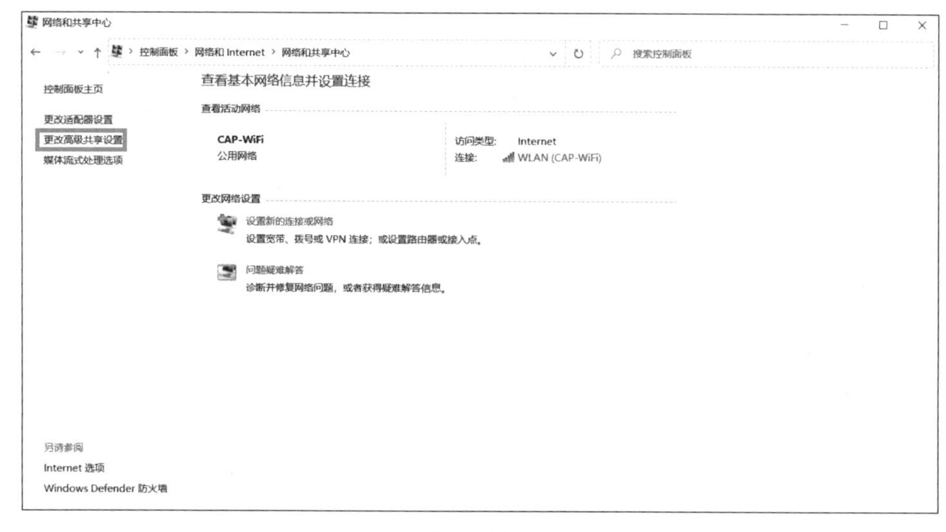

图 7-46

（2）在“高级共享设置”对话框中，单击“所有网络”右边的下拉箭头，如图 7-47 所示，选择“无密码保护的共享”选项，如图 7-48 所示，单击“保存更改”按钮。

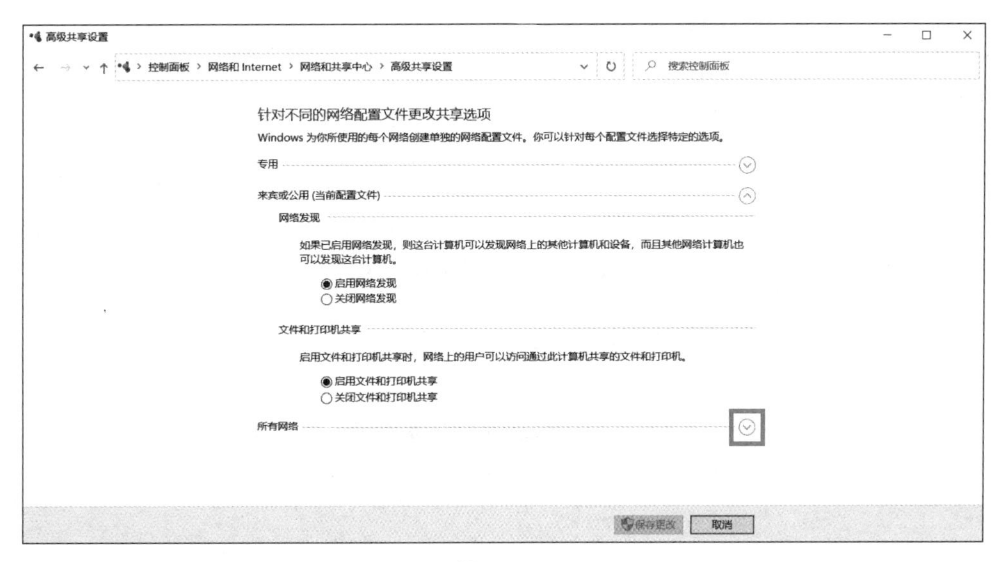

图　7-47

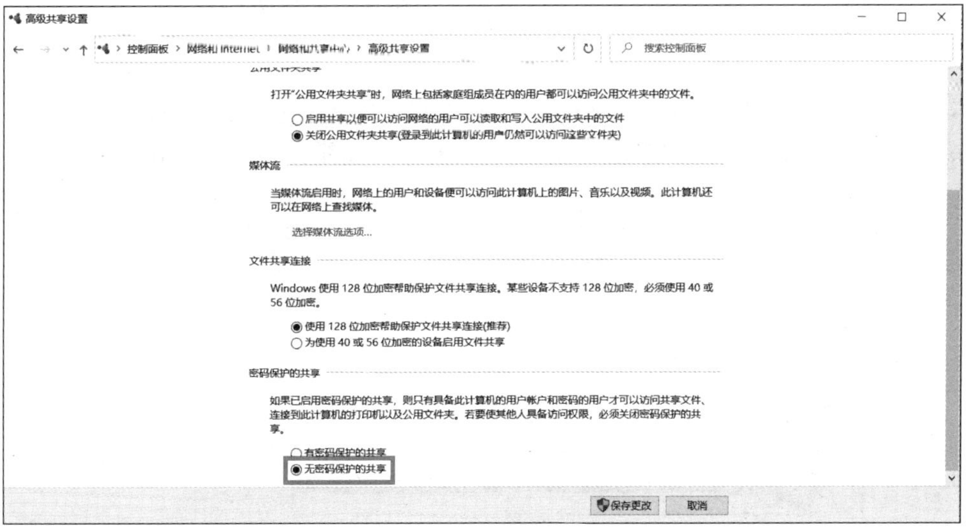

图　7-48

（3）在主机新建一个文件夹，名称自定义，此处命名为“中心文件”，如图 7-49 所示，右击新建的文件夹，选择“属性”选项，打开“属性”对话框，依次单击“共享”选项卡→“共享”按钮，如图 7-50 所示。

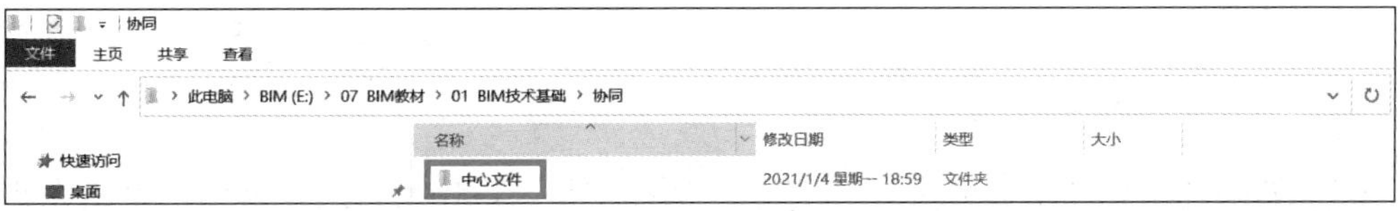

图　7-49

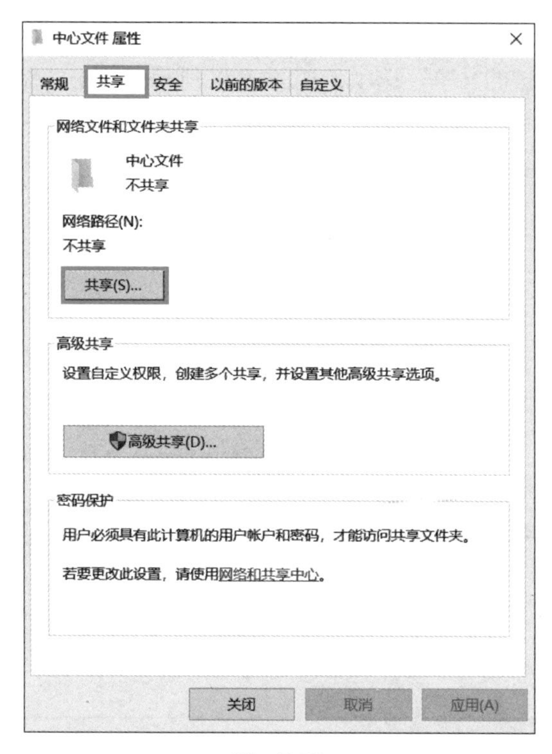

图 7-50

（4）在下拉列表中选择“Everyone”后单击“添加”按钮，如图 7-51 所示，将“Everyone”的权限级别改为“读取 / 写入”，如图 7-52 所示，单击“共享”按钮。

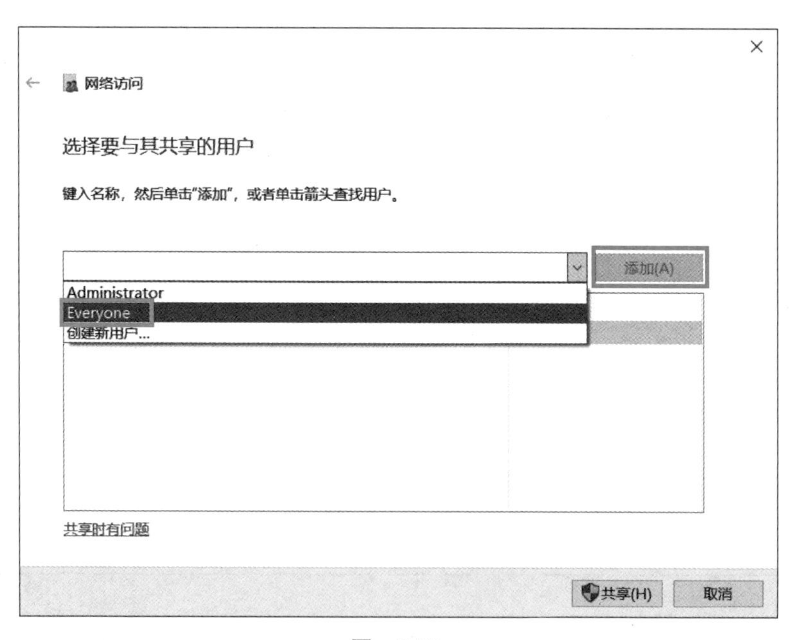

图 7-51

（5）如果弹出如图 7-53 所示的对话框，选择“是，启用所有公用网络的网络发现和文件共享”，提示“你的文件夹已共享”，如图 7-54 所示，单击“完成”按钮。

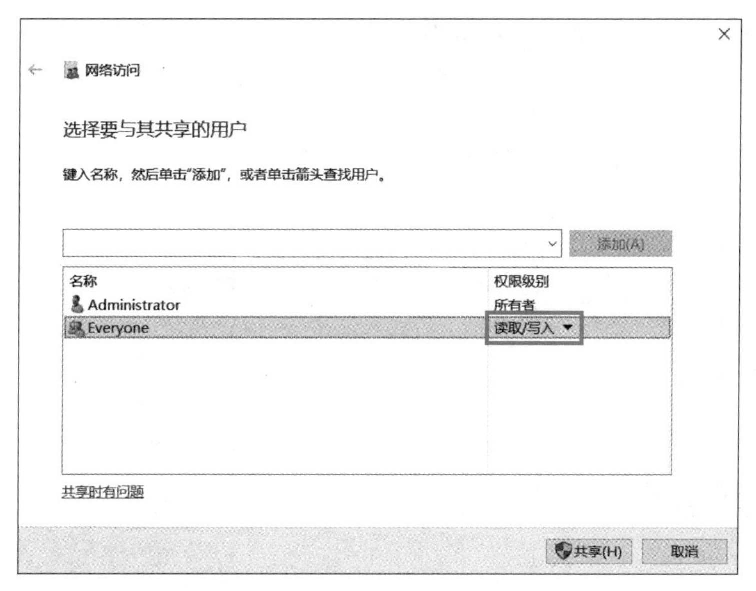

图　7-52

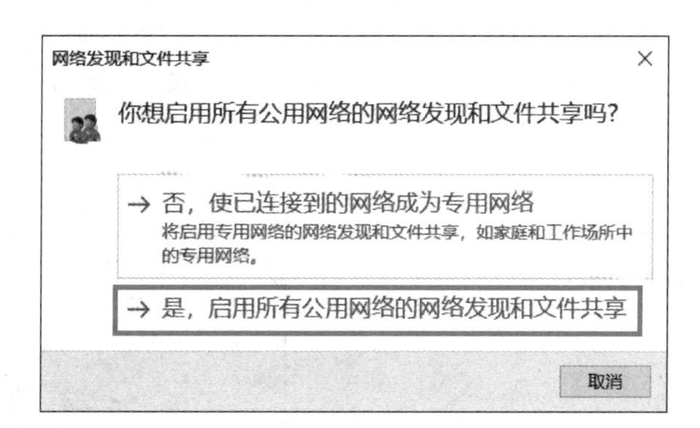

图　7-53

图　7-54

（6）将网络路径复制出来，如图 7-55 所示，发送给其他协同人员。单击“关闭”按钮。

2）所有人（包括负责人）的操作

（1）依次选择“此电脑”→“计算机”→“映射网络驱动器”选项，如图 7-56 和图 7-57 所示。

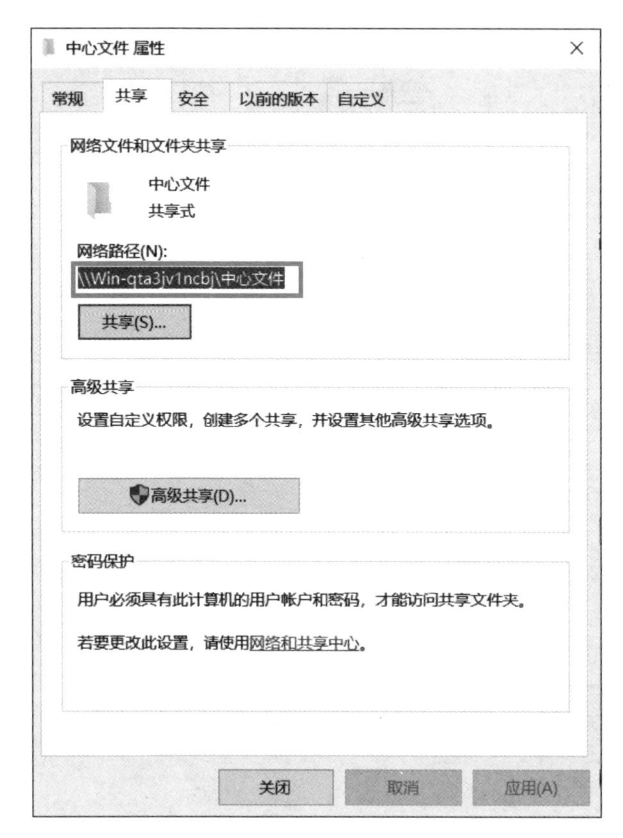

图 7-55

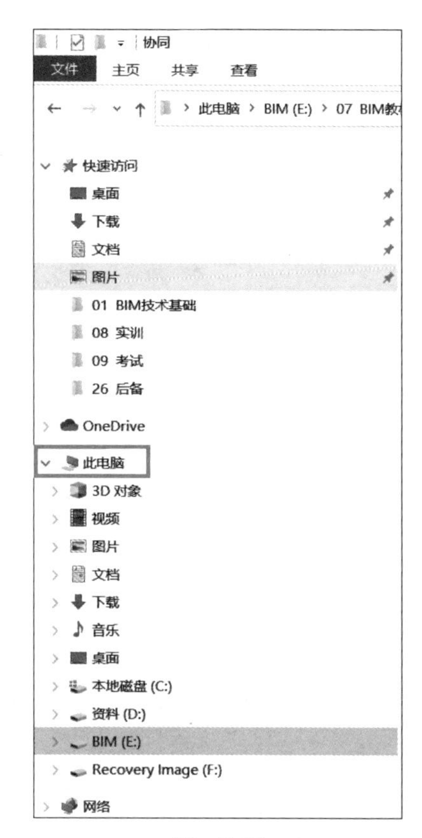

图 7-56

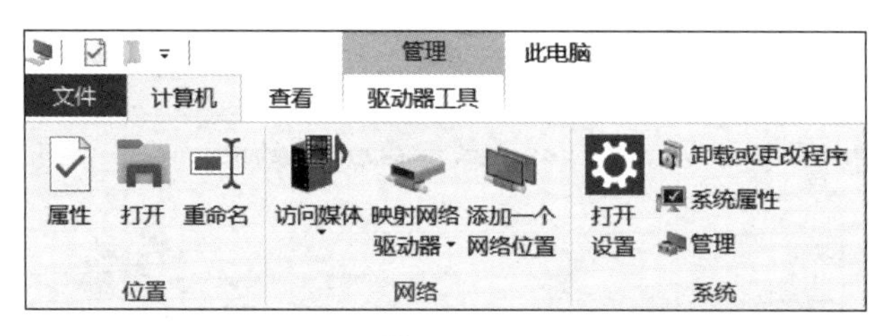

图 7-57

（2）选择驱动器，此处选择 Z 盘，在文件夹路径处粘贴上一步骤复制的路径，如图7-58所示，单击“完成”按钮。切换到“此电脑”，会出现映射的共享文件夹，如图7-59所示。

协同时，所有人的盘符需选择一致，否则协同时可能出问题。

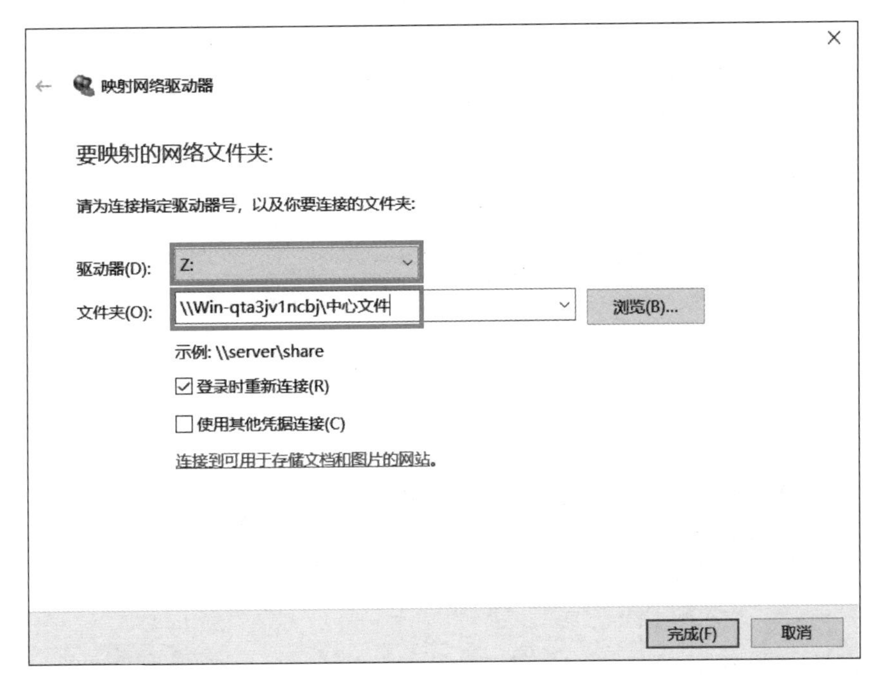

图　7-58

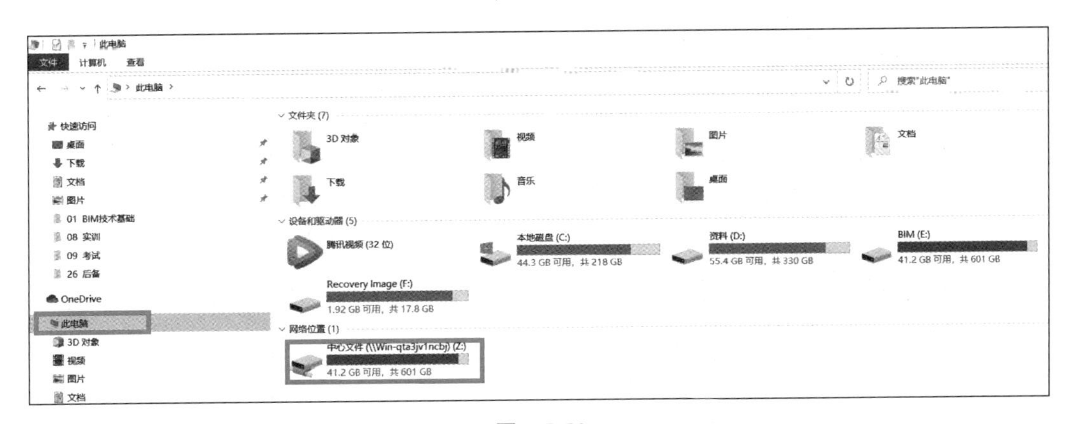

图　7-59

3）负责人的操作

打开 Revit 软件，新建项目或者打开已有项目，此处以新建项目为例。

（1）依次选择“协作”选项卡→“工作集”命令，如图 7-60 所示，在弹出的“工作共享”对话框中单击“确定”按钮，如图 7-61 所示，在“工作集”对话框中单击“确定”按钮，如图 7-62 所示。

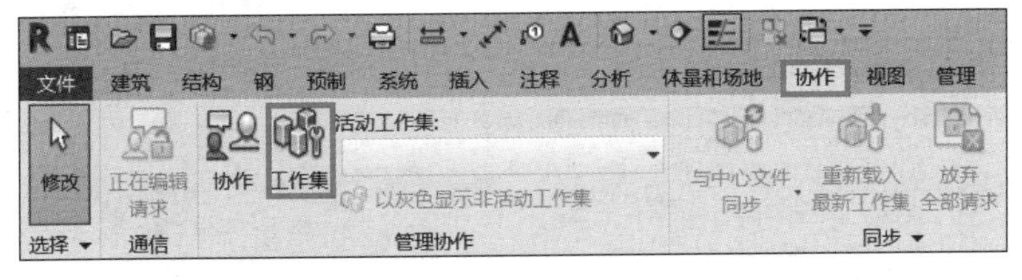

图　7-60

教学视频：中心文件协同

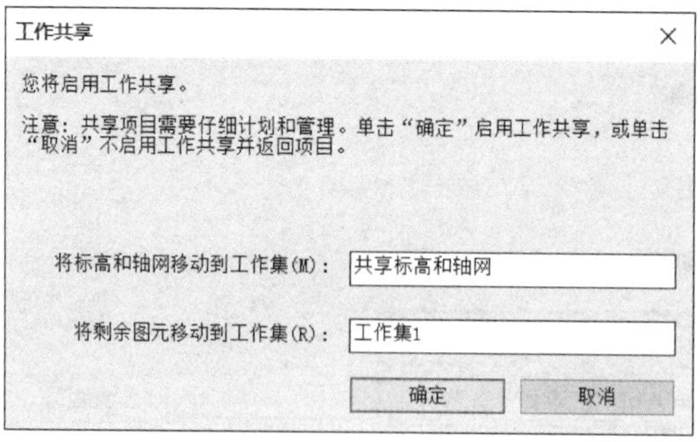

工作共享

您将启用工作共享。

注意：共享项目需要仔细计划和管理。单击“确定”启用工作共享，或单击“取消”不启用工作共享并返回项目。

将标高和轴网移动到工作集(M)：共享标高和轴网

将剩余图元移动到工作集(R)：工作集1

确定　取消

图 7-61

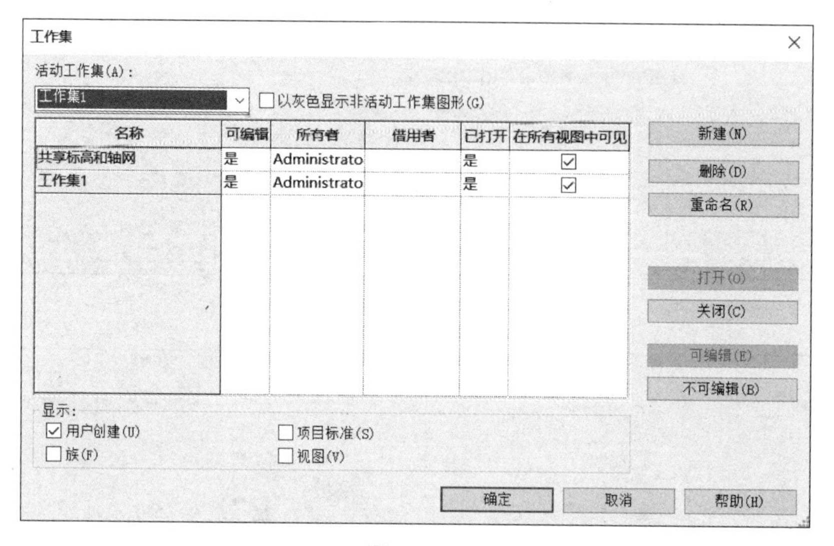

图 7-62

（2）将项目另存到网络位置的共享文件夹中，如图 7-63 所示，名称命名为“中心文件测试 20210104”，如图 7-64 所示。

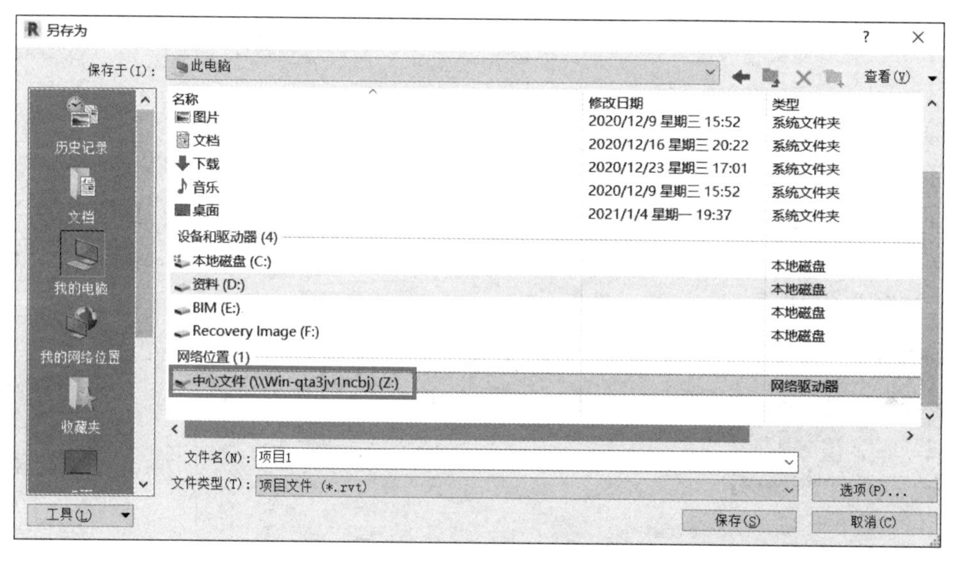

图 7-63

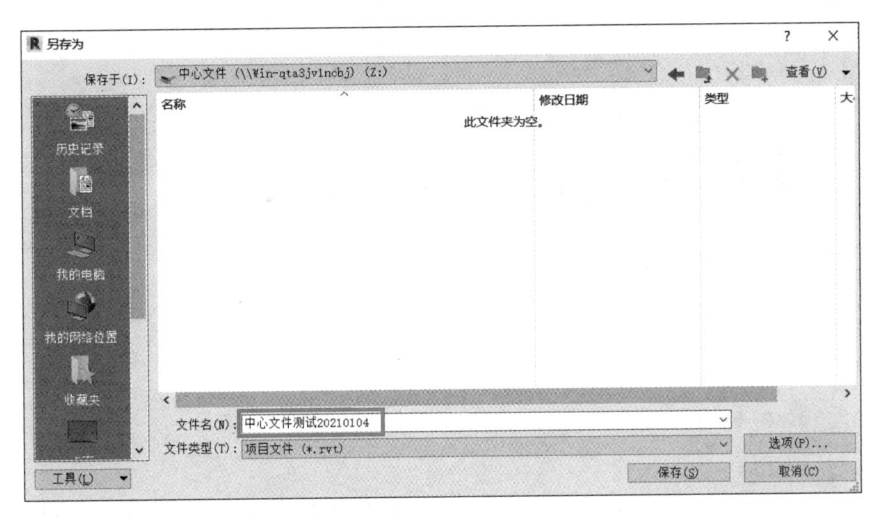

图　7-64

（3）依次选择“协作”选项卡→“与中心文件同步”命令，如图 7-65 所示，在弹出的“与中心文件同步”对话框中单击“确定”按钮，如图 7-66 所示。

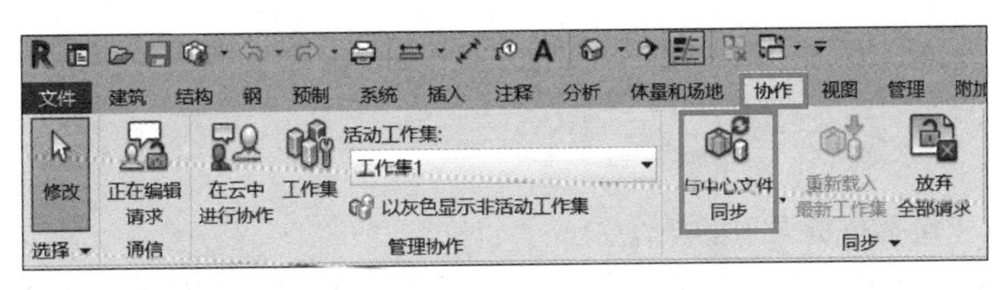

图　7-65

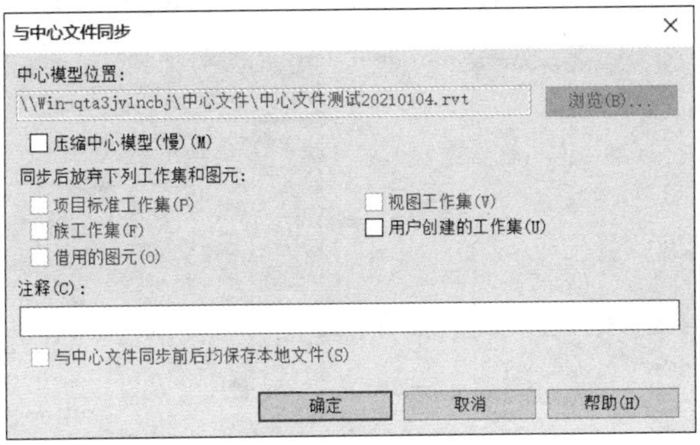

与中心文件同步

中心模型位置：

\\Win-qta3jv1ncbj\中心文件\中心文件测试20210104.rvt　浏览(B)...

☐ 压缩中心模型(慢)(M)

同步后放弃下列工作集和图元：

☐ 项目标准工作集(P)　☐ 视图工作集(V)

☐ 族工作集(F)　☐ 用户创建的工作集(U)

☐ 借用的图元(O)

注释(C)：

☐ 与中心文件同步前后均保存本地文件(S)

确定　取消　帮助(H)

图　7-66

（4）依次选择“协作”选项卡→“工作集”命令，如图 7-67 所示，将“可编辑”改为“否”，如图 7-68 所示，单击“确定”按钮。再次选择“与中心文件同步”命令后关闭项目。

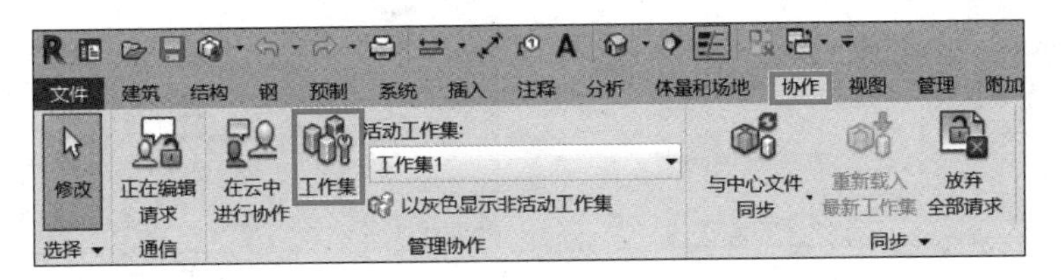

图　7-67

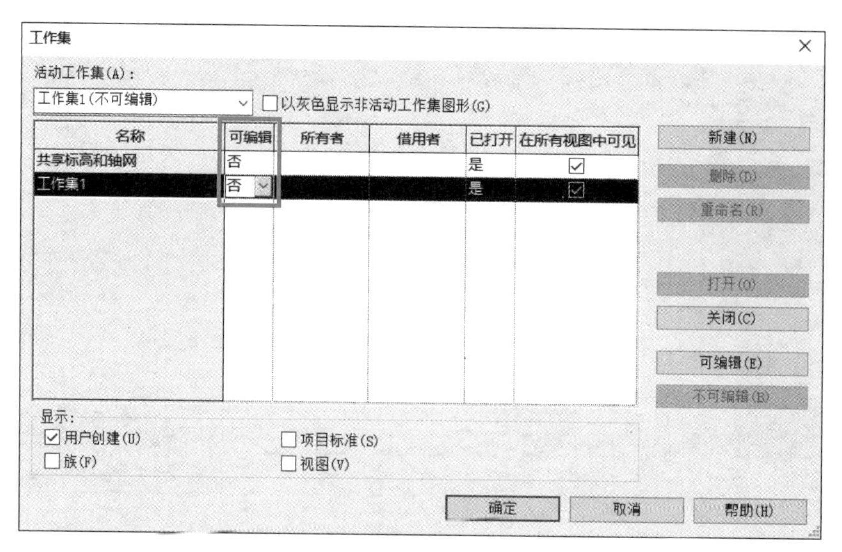

图 7-68

提示

负责人在此步骤建好中心文件后一定要关闭中心文件，否则会出现其他人不能同步的情况。

4）所有人（包括负责人）的操作

（1）打开Revit软件，选择“主视图”命令，如图7-69所示，依次选择“文件”→“选项”命令，如图7-70所示，将用户名改为自己的姓名，如图7-71所示，单击“确定”按钮。

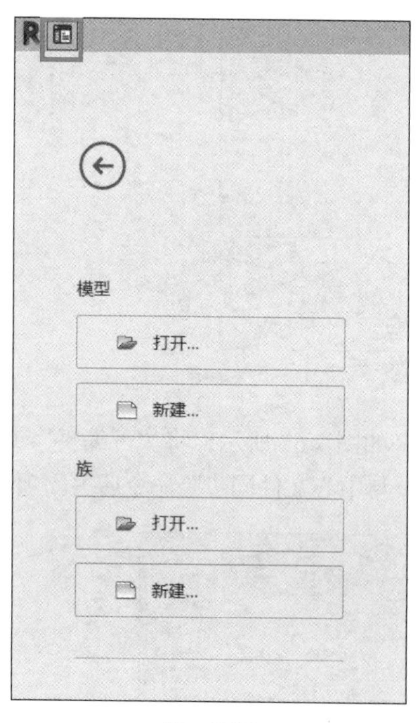

图 7-69

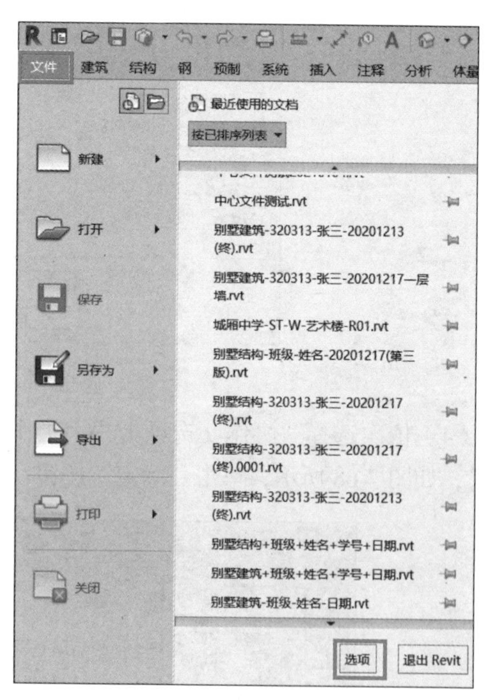

图 7-70

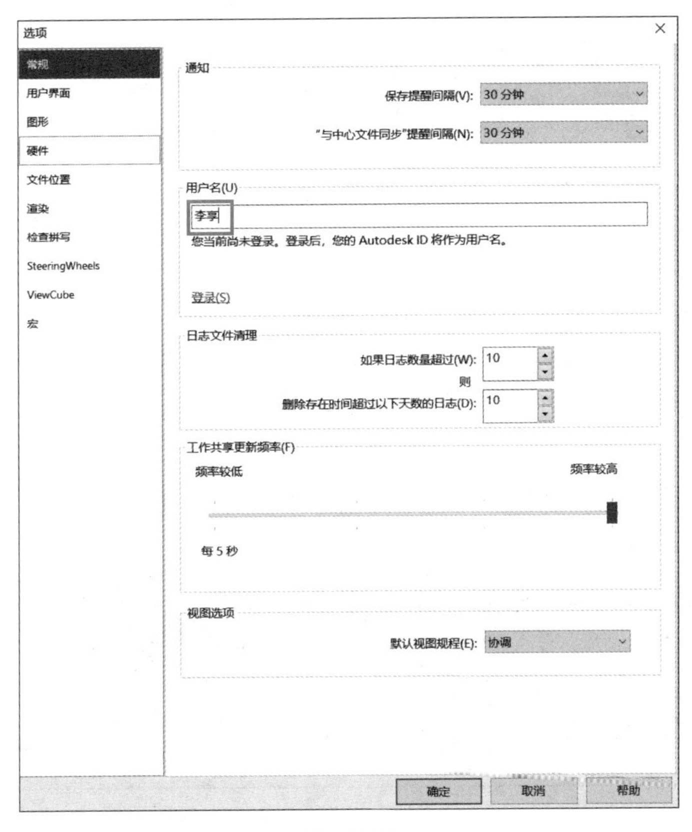

图　7-71

（2）选择“打开”命令，如图 7-72 所示，选择“网络位置”中的共享文件夹，如图 7-73 所示，双击“中心文件测试 20210104”，如图 7-74 所示。

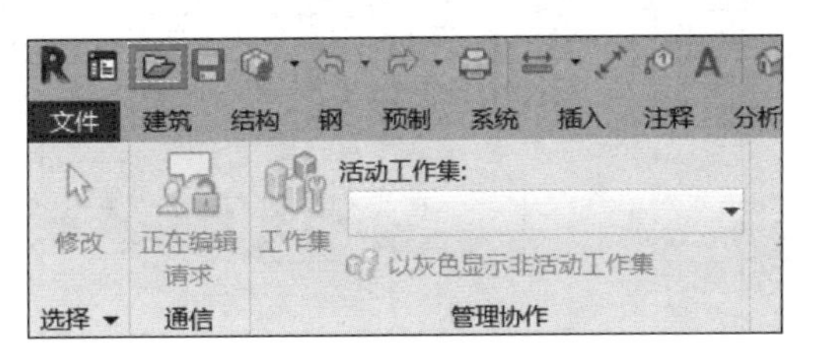

图　7-72

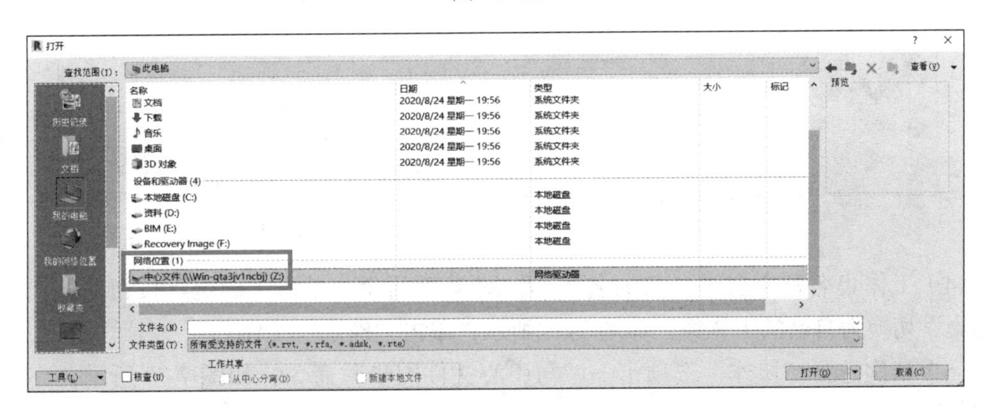

图　7-73

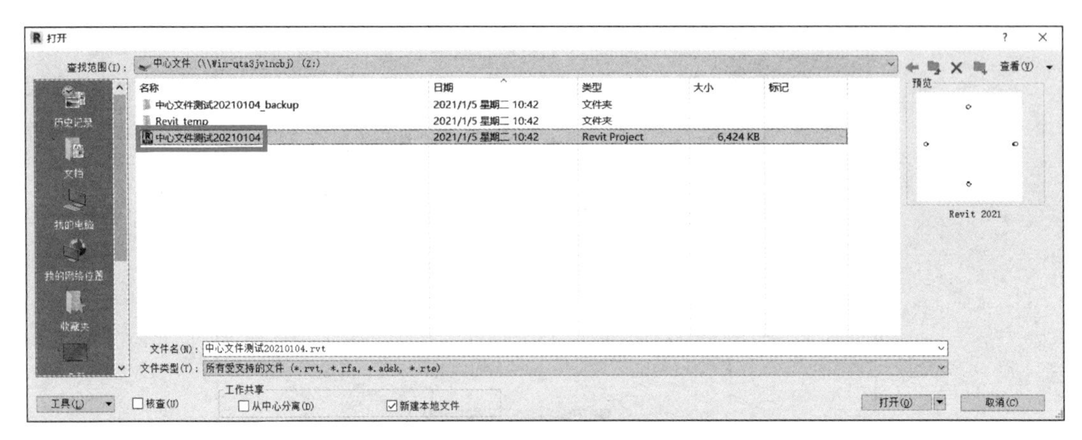

图 7-74

（3）依次选择“协作”选项卡→“工作集”命令，如图 7-75 所示，在“工作集”对话框中单击“新建”按钮，如图 7-76 所示。

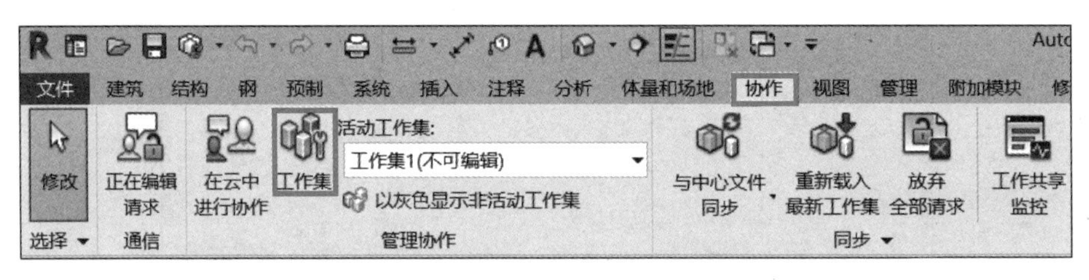

图 7-75

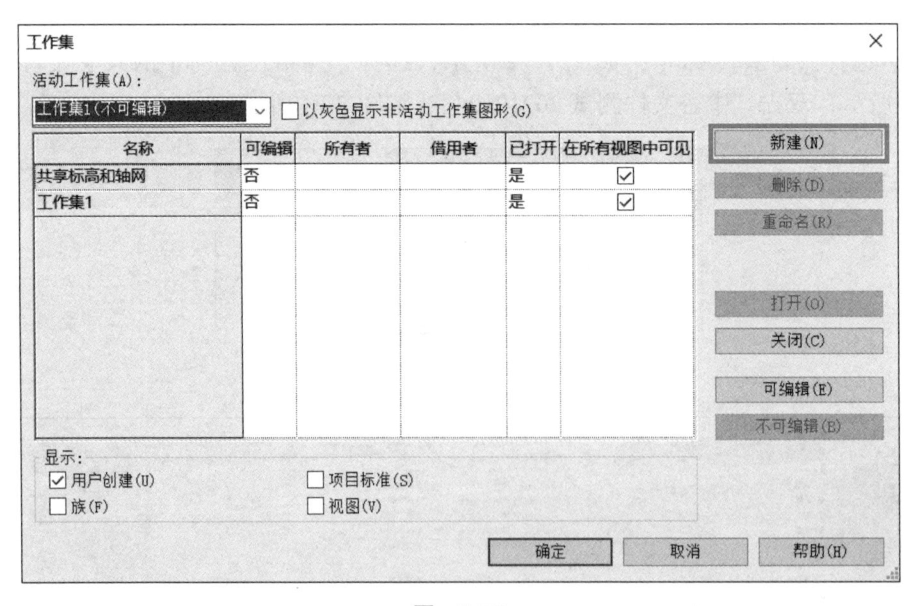

图 7-76

（4）工作集名称命名为自己的名字，如图 7-77 所示，单击“确定”按钮，将“活动工作集”切换为自己的工作集，如图 7-78 所示，单击“确定”按钮。

（5）依次选择“协作”选项卡→“与中心文件同步”命令，如图 7-79 所示，完成工作集的新建。

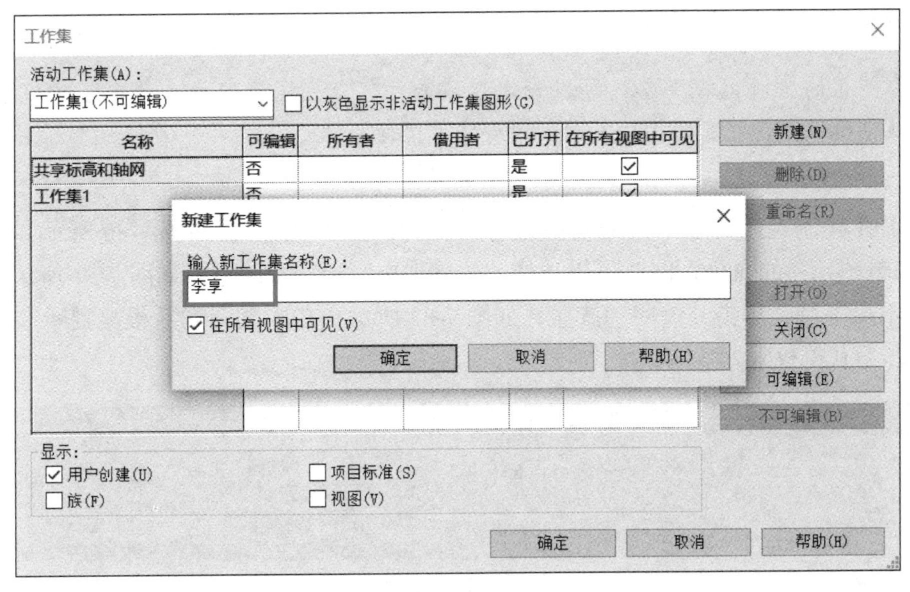

图　7-77

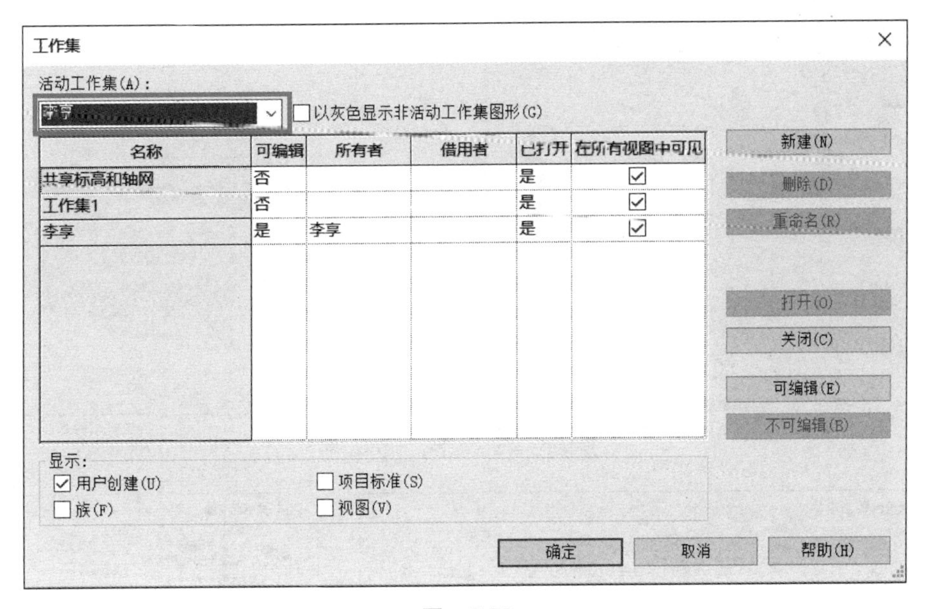

图　7-78

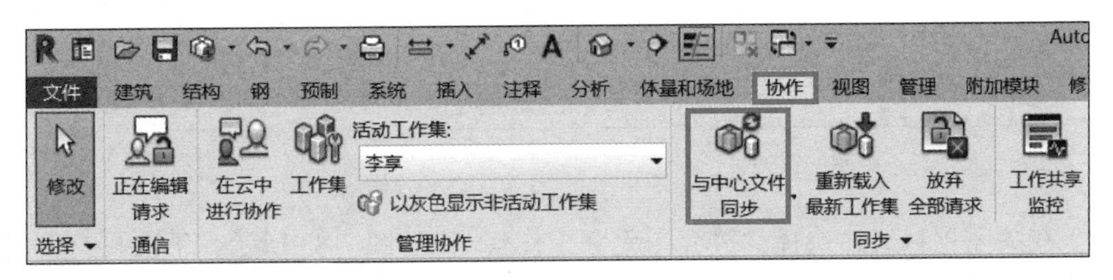

图　7-79

（6）在绘图区域任意画一面墙，再次选择“与中心文件同步”命令，其他人员随后再次选择“与中心文件同步”命令后，可以看见这面墙。

为防止同步时出现意外，可以先选择“保存”命令保存项目，若未能同步成功，还可以将项目中新创建的构件复制到中心文件里面。

（7）在其他人需要对本人的构件进行操作时，如“移动”，如图 7-80 所示，会提示“无法编辑图元”的命令，此时可以选择“放置请求”让本人同意，如图 7-81 所示，放置请求后不用等待，单击“关闭“按钮，如图 7-82 所示，在本人同意后根据提示获得权限或者同步后获得权限。

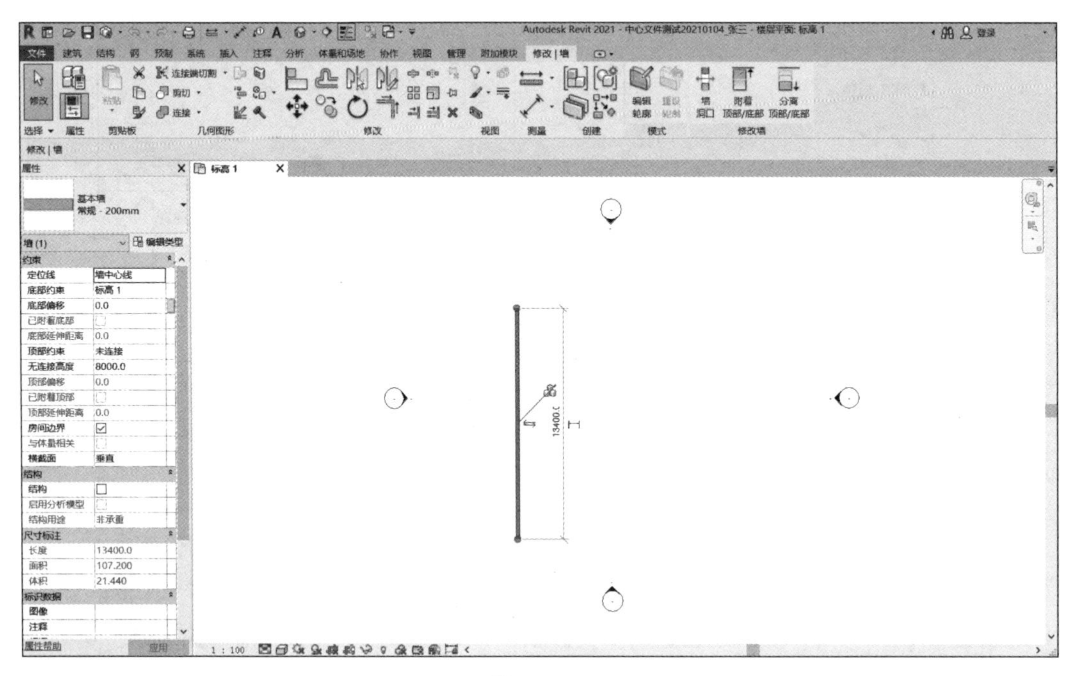

图 7-80

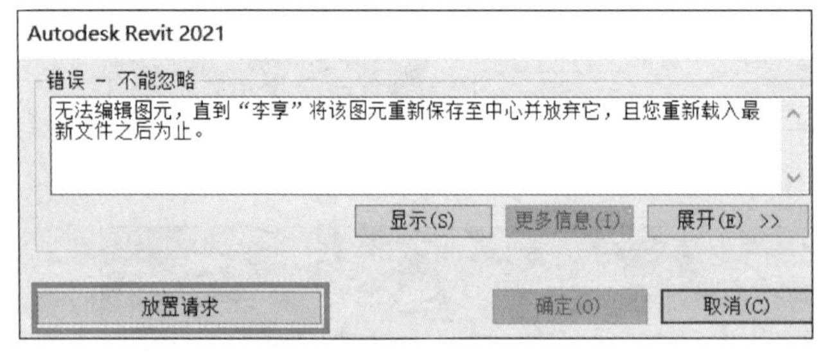

图 7-81

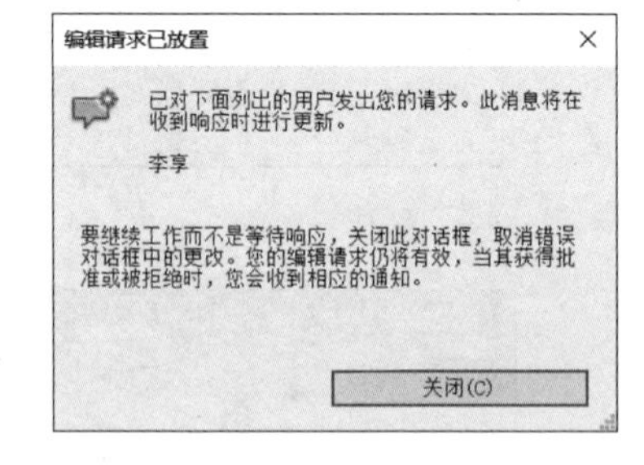

图 7-82

（8）在关闭项目时，选择“放弃图元和工作集”，如图 7-83 所示，下次再打开时重新建工作集。

（9）本人在收到请求后可以选择“授权”或“拒绝”。若未收到请求，可以依次选择“协作”选项卡→“正在编辑请求”命令，查看别人的请求，如图 7-84 和图 7-85 所示。

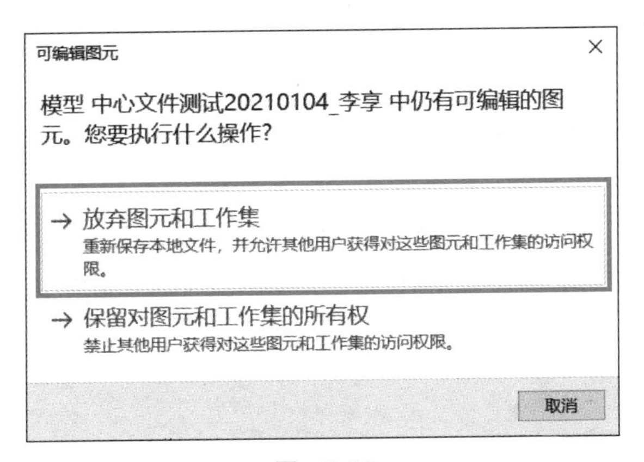

图　7-83

提示

选择“放弃图元和工作集”的目的是便于本人关闭项目后，其他人可以对本人的新建或修改图元进行操作，否则其他人没有权限而不能进行操作。

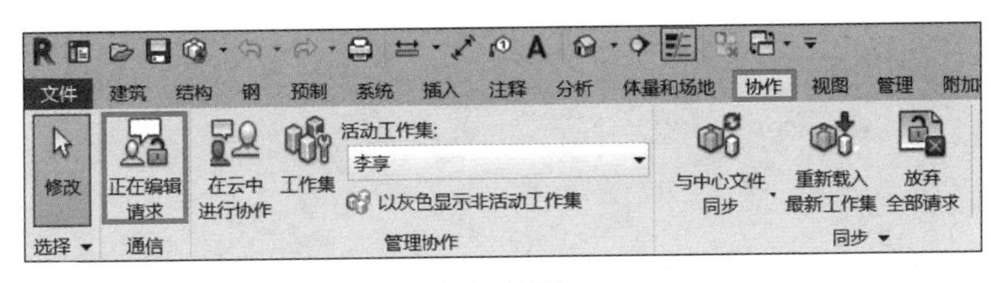

图　7-84

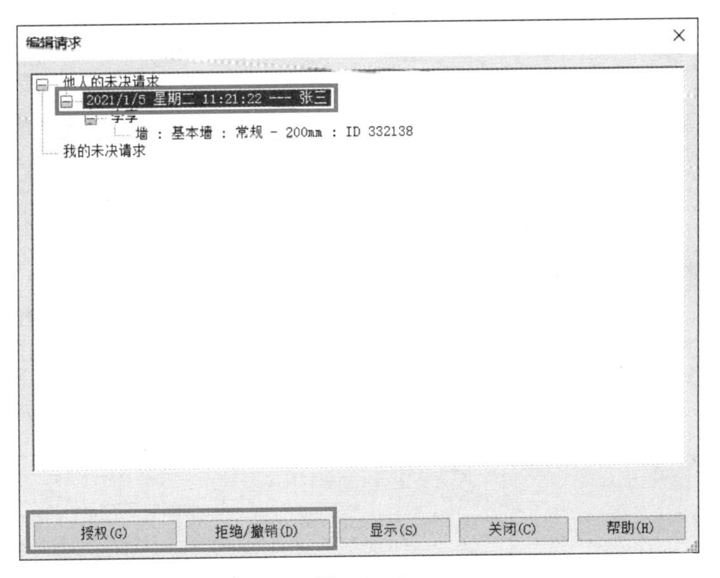

图　7-85

提示

在请求编辑图元的过程中，会经常提示需与中心文件同步，此时选择“与中心文件同步”命令即可。

学习任务

分组完成项目协同任务。

参 考 文 献

[1] 孙仲健 .BIM 技术应用——Revit 建模基础 [M]. 北京：清华大学出版社，2018.

[2] 胡仁喜，刘昌丽 . Revit MEP 2020 中文版管线综合设计从入门到精通 [M]. 北京：人民邮电出版社，2020.